クラウドゲームをつくる技術

マルチプレイゲーム開発の新戦力

Nakajima Kengo
中嶋謙互
［著］

技術評論社

本書に記載された内容は、情報の提供のみを目的としております。したがって、本書を参考にした運用は必ずご自身の責任と判断において行ってください。

本書記載の内容に基づく運用結果について、著者、ソフトウェアの開発元/提供元、株式会社技術評論社は一切の責任を負いかねますので、あらかじめご了承ください。

本書に記載されている情報は、特に断りがない限り、2018年8月時点での情報に基づいています。ご使用時には変更されている場合がありますので、ご注意ください。

本書に登場する会社名、製品名は一般に各社の登録商標または商標です。本文中では、™、©、®マークなどは表示しておりません。

本書について

クラウドが、あらゆるものを飲み込んでいきます。

1990年、Tim Berners-Leeが最初のWebブラウザである「WorldWideWeb」をNeXT用に開発し、HTTPを提案したときから、ドキュメントを置くための理想的な場所は、手元のコンピューターではなく、サーバーに変わりました。ドキュメントをWebサーバーに置き、Webブラウザからインターネット接続して取得することで、ドキュメントの価値そのものが飛躍的に高まりました。

これが、ドキュメントがクラウドに飲み込まれた瞬間だと言えます。このときから、クラウドの膨張は、指数関数的に加速してきました。

2002年に登場した現Amazon Web Servicesは、2006年からストレージサービスのS3と、計算機そのものをネット経由で提供するコンピューティングのEC2という、2つの重要なサービスの提供を開始しました。これによって、メールサーバーやWebサーバーのマシンを買う必要がなくなりました。また、手元で使うコンピューター用のストレージも、コンピューターそのものがクラウドに飲み込まれたので、大きなディスクも、強力なPCも、買い求める必要がなくなってしまいました。

地球全体を覆う、海底光ファイバー網が猛烈な速度で拡張され、また、携帯電話網がデジタル通信の能力を飛躍的に高めたことで、クラウドは、あらゆるデータ、あらゆるアプリケーションを次々と飲み込んでいきます。

2010年には、AWSがEC2において、NVIDIA Fermi GPUを搭載したインスタンスタイプを追加しました。これによって、GPUを利用する3D CADやレンダラー、映像制作ソフトウェアなども、クラウドに飲み込まれました。

2016年頃からは、各種のFPGA(Field-programmable Gate Array)や、GoogleのTPU(Tensor Processing Unit)などの人工知能/機械学習向けの特別なプロセッサ、IBM QやGoogleのQuantum Computing Playgroundといった量子計算機なども、クラウドで利用可能になりました。

このように、クラウドは、あらゆるデータ、あらゆるアプリケーションを、次々と飲み込み続けてきましたが、ビデオゲームだけは、クラウドに飲み込まれることはありませんでした。

ビデオゲームは、他のさまざまなアプリケーションと比べても、毎秒60回、操作に反応して画面を更新したいという、非常に強い要求があります。この要求のために、これまでクラウドは、ゲームを飲み込むことができませんでした。

しかし、2018年現在、AWSだけをとってみても、地球上の18個の地点で高性能のデータセンターが利用可能で、ゲームをプレイできるほぼすべての人口

の生活位置からそれぞれ1000km以内をカバーし、極めて高速かつ低遅延な通信が可能になりました。ユーザーに十分近い位置に、クラウドサーバーを置くことが可能になったのです。光ファイバーの能力は、現在も、早いペースで増強され続けています。IPv6によって通信効率が改善し、また数年後には5Gネットワークによって、モバイル通信が現在の有線通信並みに高速化します。

　筆者は、そのような高速通信の時代には、いよいよクラウドが、ビデオゲームを飲み込んでしまうのではないかと考えています。クラウドがビデオゲームを飲み込んだら、ゲームの利用者にとっては、ゲームを都度インストールしたり、アップデートする必要がなくなる上に、

- Webページを見るのと同じように、プレイしたいと思ったら、次の瞬間にプレイを始められる
- 途中でやめても、いつでも瞬間的にプレイを再開できる
- ゲームプレイの途中の状態で友達に送る
- 誰かがプレイしている最中のゲームを検索して参加する

など、これまでのゲームにはなかった楽しみ方ができるようになるでしょう。

　また、ゲームを作る開発者にとっては、各種のコンピューター向けにゲームを作る必要がなくなり、使い慣れたサーバーマシンで動くゲームを作れば、それを地球上の誰に対しても瞬間的に提供できるようになります。

　PCやゲーム機、モバイル端末の機種ごとに移植をする必要がなくなれば、機種ごとに移植層を出力することが基本となっているゲームエンジンの設計も、変わるかもしれません。プログラミング言語やライブラリの構成にも、大きな影響を与えるでしょう。

　マルチプレイゲームの実装方法についても、大きく変わることになります。従来、マルチプレイゲームを実装するためには、通信の遅延による問題が起きないように、非同期I/O、ソケット、RPCなどを駆使しながら、不正行為の余地が入り込まないように注意深くプログラミングをする必要がありましたが、その作業が不要になり、今までよりも多くの開発者がマルチプレイゲームの実装に参入できるようになるでしょう。

　本書では、ネットワークにつながっているゲームの大きな魅力である、マルチプレイのクラウドゲームの実装について、実際にゲームを制作して評価をするなど、本格的に踏み込んだ解説を行っています。

　本書は、クラウドが、まさにこれからゲームを飲み込むかもしれない……！というタイミングで書かれた、クラウドに飲み込まれた後のゲームのしくみと作り方についての本です。

筆者の前著『オンラインゲームを支える技術』は、2011年の時点ですでに確立していた、いわゆる「枯れた技術」を詳しく説明した本でしたが、本書は、これから起きることに焦点を当てた、かなり異なる方向性の本になりました。

　読者の皆さんには、これから数年以内に起きるであろう、携帯電話の5Gネットワークをはじめとした通信技術、クラウド技術のさらなる進歩をイメージしながら、これからの時代に対応したゲーム開発を考えてみるきっかけにしていただけたらうれしく思います。

2018年8月　中嶋 謙互

謝辞

　本書は、すでに完成している技術ではなく、これから出現する新しい技術に関する議論に主軸を置いた野心的な書籍です。

　本書におけるクラウドゲームの定義、分類、課題認識や基本的な設計思想については、筆者が2013年頃から参画していたシンラ・テクノロジーで、おもにビデオストリーム方式を採用したクラウドゲームの開発をしていたときの蓄積が基礎になっています。シンラ・テクノロジーはすでに解散してしまっていますが、Jacob Navok氏、岩崎 哲史氏、和田 洋一氏、そしてチームメイトたちには、技術的な挑戦と研究のチャンスをいただいたことに深く感謝します。また、このような野心的な企画を5年もの長い期間、消えないように温め続けてくれた編集の土井優子氏の尽力は本当に普通ではないと思い、感謝します。

　最後に、休日の多くを執筆に費やしたりして子供と過ごす時間が減ったりしても、いつも機嫌良く応援してくれた妻と家族にも感謝します。

本書の構成

本書の章構成と、ブロックごとのテーマは、以下のようになっています。

第0章 [ゲーム開発者のための]レンダリング再入門
「ゲームプログラムはほとんど描画ばかりを行っている」
　➡ 本書の内容を理解するための知識の準備をする

第1章 クラウドゲームとは何か
マルチプレイゲーム開発が変わる可能性が見えてきた(!?)

第2章 クラウドゲームのアーキテクチャ
実現したいゲーム×技術の適性を見定める
　➡ 本書におけるクラウドゲームの範囲を押さえる

第3章 開発の道具立て
開発環境と2Dクラウドゲームライブラリとしてのmoyai

第4章 OpenGLを用いたローカルレンダリングのしくみ
moyaiの基礎部分。描画APIと内部動作

第5章 スプライトストリームのしくみ
リモートレンダリング方式概論、スプライトストリームの基本設計

第6章 スプライトストリームの通信プロトコル
TCPによる送受信、ストリームのなかみ、関数群
　➡ クラウドゲームの設計と実装を理解する

第7章 [クイックスタート]クラウドゲーム
多彩な軸のサンプルゲームから見えてくる要所

第8章 [本格実装]クラウドゲーム
ネットワークプログラミングなしで、MMOGの実現へ
　➡ 実際にプレイできるゲームを動かしてクラウドゲーム開発を実体験する

　本書で扱うクラウドゲームは、従来からあるビデオゲームにおける画面に描画するプログラムの部分を、クラウドを形づくるソケット通信の技術を前提として設計し直すことで可能になる、新しい設計思想を持つゲームです。

　したがって、クラウドゲームを理解するためには、クラウドゲームではない、従来からあるビデオゲームがどのような技術を用いて画面を描画しているのかの基本的な考え方を理解して準備する必要があると言えます。

　そのために、本書では第0章として、従来型のビデオゲームが画面をどうやって描画しているのかを、大まかに理解するための説明を行っています。第0章でゲームの描画に必要な数段階の工程を理解できれば、その工程がどのようにクラウドに展開されるのかが理解できるようになるでしょう。

　第1章と第2章では、本書が扱うクラウドゲームと、その範囲を正確に定義します。現在、ゲーム産業ではまだクラウドゲームという用語自体が発展中であるため、その後の章でさらに詳しく技術を掘り下げるためには、正確な定義が必要であるためです。

　第3章から第6章までで、本書で扱うクラウドゲームのタイプである「クライアントサイドレンダリング方式」を実装するゲームライブラリmoyaiの内部構成や、通信プロトコルである「スプライトストリーム」がソケット通信の技術を用いて具体的にどう実装されるのかについて、詳しく解説します。

　本書では、理論と実践の両輪を目指し、第6章までの理論に加え、実際にプレイできるサンプルゲームを数種類実装し、ゲームサーバーをインターネット上に配置して、リモートでプレイしてみることができるようになっています。そのサンプルコードの使用方法や内容を、第7章と第8章で紹介します。

本書の読者対象および想定する前提知識

本書では、以下のような読者の方々を想定して解説を行っています。

- 現在、ビデオゲーム産業に関わっている幅広い方々。将来、ビデオゲーム産業に関わってみたい方
- インターネットやクラウドに関わる仕事をしている方。将来、その業界に関わる仕事をしてみたい方
- 現在主流のビデオゲーム（非クラウドゲーム）を形づくる描画技術について、大まかに短時間で把握したい方
- 現在のインターネットを支える通信プロトコルの基礎について、大まかに短時間で理解したい方

前提知識や解説レベルに関して、プログラミング部分は、ゲーム開発だけではなく、Web開発や業務アプリ開発などに関わる技術職であれば、しっかりと理解できるレベルを目指しました。

全体として、レンダリングやインターネット通信の基礎の基礎から解説しているので、技術職以外の企画職、経営者など、プログラミングの経験のない方々にも理解できる内容になっています。

合わせて、中学校〜高等学校前半までの数学や物理についての知識があれば、詳しい話も含めて理解できるように進めています。

そして、モバイル、PC、ゲーム機など、さまざまな環境でのゲームプレイ経験があると、本書の内容をより深く理解できるでしょう。

動作確認環境について

本書（おもに第7章や第8章）で実装しているサンプルゲームやベンチマークプログラムは、以下の環境で動作確認を行いました。

- macOS 10.13 High Sierra
- Xcode 9.4
- CentOS 7（ゲームサーバーで使用）
- Node.js version10系（Webブラウザ版Viewerプログラムやベンチマークプログラム dummycli.js で使用）
- Google Chrome 68

目次 ● クラウドゲームをつくる技術 ── マルチプレイゲーム開発の新戦力

本書について iii
本書の構成 vi
本書の読者対象および想定する前提知識 vii
動作確認環境について vii

第0章 [ゲーム開発者のための] レンダリング再入門
「ゲームプログラムはほとんど描画ばかりを行っている」............................ 1

0.1 ゲームプログラムは画面をどのように描画しているか 2
- 1秒間に60回、画面を書き換える ── リアルタイムかつ高速に実行し続ける 2
  - ピクセル数の増加
- GPUによる描画 3
- ネットワーク(通信)を駆使するクラウドゲーム 4
  - リモートレンダリングとローカルレンダリング／サーバーサイドレンダリングとクライアントサイドレンダリング／クラウドゲームと各種レンダリング手法
- クラウドゲームとネットワークの宿命 ── レスポンスと通信遅延、帯域幅、費用 6

0.2 レンダリングとは何か 6
- レンダリングの基本の流れ ── 最小限の2Dレンダラー 7
  - 塗りつぶしとフィルレート／PNGファイルへの出力 ── libpng
- 2Dスプライトゲーム向けのレンダラーへの拡張 10
- 最小限の3Dレンダラー 10
  - 座標変換 ── 透視投影変換／塗りつぶし ── フィルレートがポイント
- 一連の描画処理と出力 ── 最小限の3Dレンダラーと本格的なレンダラー 14

0.3 リアルタイムレンダリング 15
- リアルタイムレンダリングと性能 ── ポリゴン描画性能とフィルレート 15
- 2Dゲームのポリゴン描画性能とフィルレート 16

0.4 CPUとGPU 18
- CPUとGPUのおもな違い 18
  - 並列計算／並列化できない計算などの注意／CGの計算と並列化しやすいアルゴリズムの研究

0.5 グラフィックスライブラリ ── OpenGL 21
- OpenGL、基礎の基礎 21
  - 各種環境とグラフィックスライブラリ

0.6 補足:映像のエンコーディング 22
- フレームバッファと圧縮 22
- 差分とフレーム間予測 23
  - Column クラウドゲームを取り巻く、これまでの状況
    ── 「クラウドゲーム」登場からの現在までの、長い年月 24

0.7 本章のまとめ 24

第1章 クラウドゲームとは何か
マルチプレイゲーム開発が変わる可能性が見えてきた(!?) ... 29

1.1 クラウドゲームとクラウドの基礎知識──クラウドゲームの定義、クラウドの実体 ... 30
- クラウドゲームの定義 ... 30
- クラウドコンピューティング、基礎の基礎 ... 31
  - クラウドの実体／典型的なクラウドとオンラインサービス
- 計算機資源の利用効率と新たなサービス──リモートデスクトップと3D CADの例 ... 33
  - 大量のマシンを1ヵ所に集めると、変わること──利用効率や高速化と、ソフトウェア自体の設計見直し
- クラウドゲームの事業化とゲーム産業のビジネスモデル ... 36

1.2 クラウドゲームでゲームの「何」が変わるか
──クラウドゲームの技術的な特徴、ゲームの内容によらない変化 ... 37
- クラウドゲームの3つの技術的な特徴 ... 37
- 技術的な特徴から生まれる多くのメリット──ユーザー視点、開発者視点 ... 38
- クラウドゲームのおもな課題と解決の兆し──インフラ費用、通信の遅延 ... 39

1.3 マルチプレイゲームで起きる"大"変化──マルチプレイゲームが簡単に実装できる ... 40
- マルチプレイゲームを、オフラインゲームと同じ方法で実装できる(!?) ... 40
- ファミリーコンピュータ時代から学びたい。みんなで楽しむマルチプレイゲームのルーツ ... 40
  - 『バルーンファイト』の協力プレイ／マルチプレイゲームの基本形／『マリオカート8デラックス』の異なる視点のマルチプレイ／オフラインマルチプレイ──ゲームプログラムの基本構造は同じ
- クラウドゲームは、コントローラーのケーブルを地球の裏側まで伸ばしてくれる ... 43

1.4 オンラインマルチプレイとクラウドマルチプレイの対比
──ゲーム実装時、ネットワークプログラミングは不要になる ... 45
- オンラインマルチプレイの二大実装方法のおさらい ... 45
- クラウドマルチプレイとP2P MOゲームとの比較 ... 46
- クラウドマルチプレイとC/S MMOゲームとの比較 ... 47
- クラウドマルチプレイは富豪的な解決策(!?) ... 49
  - ゲームエンジンのマルチプレイ機能も、根本的な解決にはならない／スプライトストリーム──中ぐらいに富豪的な方法
  - **Column** vGPU機能──リモートデスクトップ用のシステム ... 51
- クラウドマルチプレイの特徴 ... 52

1.5 クラウドマルチプレイ最大の課題「インフラ費用」
──クライアントレンダリング方式の導入 ... 52
- インフラ費用の内訳 ... 53
  - **Column** 現行のクラウドゲームの料金体系 ... 53
- マシンを保持する費用──インフラ費用❶ ... 54
  - ビデオストリームとGPUの費用──GPUを用いる現在のクラウドゲームサービス
- 通信費用(インターネットに対する送信)──インフラ費用❷ ... 55
- ビデオストリームとサーバーサイドレンダリング──従来からのクラウドゲームサービス ... 55
- 「クライアントサイドレンダリング」という発想──数十〜数百人規模のマルチプレイゲームの実現 ... 56
  - 2Dゲーム向けのゲームライブラリの開発──既存のエンジンでは未実現

1.6 クライアントサイドレンダリングの基礎──ゲームの入力/処理/描画の分離 ... 57
- オフラインゲームのプログラムの基本構造──古典からクラウドマルチプレイまで ... 57
- 現代的なゲームプログラムの処理段階 ... 58
- クラウドマルチプレイは、入力がリモート ... 58

クライアントレンダリングで、描画する位置もリモート
───現代的なゲームプログラムの設計を活かして、サーバーとクライアントが連携して描画する 58
　　　図解でわかるクライアントサイドレンダリングのプログラムの構造
クライアントサイドレンダリングは、C/S MMOより多くの帯域とCPUを消費する 59
ゲーム内容に特化した抽象化───送信データの抽象度を高める 60
　　Column　クライアントレンダリングの2つの方式 61
　　Column　描画バッチ送信方式、スプライトストリーム（スプライト情報送信方式） 61
サーバーから送信するデータの内容と処理負荷
───クライアントサイドレンダリングと、ゲーム内容に特化した抽象化の比較 62
　　　ビームの破片が飛び散るエフェクトの例
スプライトストリームの概略───クライアントサイドレンダリングで用いる抽象度の高い通信プロトコル ... 64
　　　スプライトストリームで削減できるマシンを保持する費用と通信費用───サンプルゲームを用いた測定結果について

クラウドでMMOG───クラウドマッシブマルチプレイゲーム 65

1.7　本章のまとめ 66

第2章 クラウドゲームのアーキテクチャ
実現したいゲーム×技術の適性を見定める 67

2.1　物理的接続構造───1:1/1:N/N:N/M:N 68
物理的接続構造の分類───シングルプレイ用とマルチプレイ用 68
　　　ゲームサーバーのプロセスとプレイヤーの対応関係
1:1で見る物理的接続構造の基本───入力から出力までの流れ 69
物理的接続構造とゲームプレイ空間───図の簡略化から 70
1:1───技術的導入コストは低い、サーバーコストは高くなる 72
1:N───GPUから見ると1つの画面を描画しているが、実際にはプレイヤーは複数存在する 72
N:N───マルチプレイでゲームプレイ空間を共有する場合、ゲームプレイ空間の同期が必要 73
M:N───システム構造は複雑になるが、コスト面でメリットもある 73
サーバーマシンのCPUとメモリーの節約───1:NとM:Nのみ 73
　　　ゲームサーバーのCPU消費量の比較───1:Nのアドバンテージ❶／ゲームサーバーのメモリー消費量の比較
　　　───1:Nのアドバンテージ❷

2.2　画面描画の実装方法───サーバーサイドレンダリングとクライアントレンダリング 76
2種類の画面描画タイプ 76
図解でわかるサーバーサイドレンダリングとクライアントサイドレンダリング───GPUの位置に注目 ... 76
　　　サーバーサイドレンダリング／クライアントサイドレンダリング
サーバーサイドレンダリングとクライアントサイドレンダリングの歴史 78
サーバーサイド/クライアントサイドレンダリングの使い分け───ゲーム内容とさまざまな制約 79
　　　サーバーサイドレンダリングを使う最大の目的───高度なグラフィックスを求める
消費電力の大きさとサーバーサイドレンダリング
───必要な計算処理の量を消費電力で大まかに比較する 80
　　　ソフトウェアレンダリング───サーバーサイドレンダリングの特殊なオプション
クライアントレンダリングの苦手分野───クラウドゲームの制約とゲームデザイン 82
サーバーサイドレンダリングとクライアントサイドレンダリングの使い分け 82

2.3　ネットワークプログラミングなしでMMOGをつくれるか
───「1:N」と「クライアントサイドレンダリング」が持つ可能性 83
「1:N」では1つのプロセスが1つのゲームプレイ空間を保持───プロセス間通信が不要 83
プロセス間通信のおさらい───複数のプロセスで1つのゲームプレイ空間を保持 84

プロセス間通信の要不要——N:Nと1:N

ネットワークプログラミング、非同期プログラミングの難しさ
——ソケットを用いる場合のゲームサーバーに必要な機能 85

「1:N」では、ネットワークプログラミングなしでマルチプレイゲームの実現が可能である
——第1段階の結論 86

さらに、MMOGの実現に向けた、「クライアントサイドレンダリング」の潜在能力——第2段階の結論 ... 86

「ネットワークプログラミングなしでMMOGはつくれそう」である——現時点で導かれた結論 87

2.4 クラウドゲームに向いているゲーム、向いていないゲーム——遅延と経済性 87

クラウドゲームへの向き不向き——3つの観点で考える 87

❶ ゲームが許容できる遅延の大きさ——原因、インターネットの遅延、ゲーム内容、フレームレート 88

ビデオゲーム全般における遅延の原因／クラウドゲーム特有の遅延の原因

最大の原因はインターネットの遅延——pingコマンドで測定しておこう 91

ゲームの内容と、低遅延への要求——「リアルタイムゲーム」「ターンベースゲーム」の大枠から 92

タイミングゲーム——低遅延への要求／入力方式／操作系統による低遅延への要求の違い——継続的入力、ポイント&クリック

フレームレートの範囲を考える——基本とクラウドゲームでの注意点 94

フレームレートの調整時の注意点／フレームレートの調整とゲームプレイ——同じゲームでもコンテキスト次第で必要な条件は変わる

❷ サーバー運用者にとっての経済性 96

各種のインフラ費用——大半を占める通信費用 97

1同時接続あたりの通信費用／GPU＋CPUの費用——通信以外にかかるマシン費用

Column ビデオストリームとスプライトストリームの通信帯域消費 100

❸ エンドユーザーにとっての経済性 101

Column OpenGLと開発環境　moyaiで用いるグラフィックライブラリ 102

2.5 本章のまとめ 102

第3章 開発の道具立て
開発環境と2Dクラウドゲームライブラリとしてのmoyai 103

3.1 開発環境の基礎知識——ゲーム開発全般からクラウドゲームまで 104

ゲーム全般の開発環境の概略——「ゲームエンジンを使う」方法から 104

ゲームエンジンを使わない方法

クラウドゲームのために必要な開発環境の機能——既存の開発環境の状況 106

サーバーサイドレンダリングと既存の開発環境——独立ソフトウェア方式とゲーム内蔵方式／クライアントサイドレンダリングと既存の開発環境

クラウドゲーム実装の支援はこれからの伸びしろに期待 109

3.2 moyaiの基本情報——2Dの新しいクラウドゲームライブラリ 110

moyaiとシステム構成 110

moyaiの依存関係——外部モジュール 111

プロトタイプ制作用からクラウドゲーム対応の本格ライブラリへ——moyaiの特徴、機能、実装状況 111

3.3 [速習]各種ストリーム——クラウドゲームのための通信内容 113

データストリームとインプットストリーム 113

スプライトストリームとビデオストリーム——基礎の基礎 114

オーディオイベントストリームとオーディオサンプルストリーム 114

画面描画と音再生のストリームの組み合わせと、通信帯域／オーディオサンプルストリームの活用とCPU消費の注意

moyaiはおもにスプライトストリームとオーディオイベントストリームを想定 116

3.4 目指すゲームとライブラリ設計のための緻密な見積もり
──MMORTS/MMORPGを例に 116

最初のコミット──MMORTSの要素を持つMMORPGをつくる 117
Moai SDKを参考に、GLFWとC++で実装開始

MMORTS/MMORPGは、結果的にスプライトストリーム方式のクラウドゲーム向き（!?） 118
MMORTS/MMORPGと遅延、通信費用

オブジェクト数を中心とした見積もりは重要──ゲーム内容、性能、コスト 118
オブジェクト総数の見積もり／ゲームサーバーの1プロセスあたりの、オブジェクト数の上限──総アップデート頻度の上限

実装言語による違い 121
ゲームの処理と処理系の速度──コンテナ、メンバー参照／オブジェクトを検索する処理の例──シューティングゲームにおける敵キャラの当たり判定

思考ルーチンの計算負荷 123
最適な開発環境を探して 124
つくりたいゲームと開発環境の性能──ゲーム内容次第で適材適所 124
もし、毎フレーム動かすわけではないなら／シェーダを使って実装できるもの──ただし、GPU内部で完結している場合に限る／今回のゲームには大量のオブジェクトがある──変換のオーバーヘッドとその対応策、しかし…

サーバーとクライアントでC++コードを共有したい
──さらにクラウドゲームライブラリとして実現したいポイント 126
開発効率を重視し、「同じAPI」が良い──オブジェクトシステム、タスクシステム、算術API

つくりたいゲームのために、ライブラリをつくる──クラウドゲームありきではなかったmoyai 127

3.5 moyaiライブラリの基本アーキテクチャ──レンダリング工程に沿った機能の分割 127

moyaiの2つの利用形態──リモートレンダリング用、完全版 128
レンダリング工程別のレイヤー構成──「スプライトシステム」と「描画機能」 128
ローカルレンダリングとリモートレンダリングに対応するしくみ／リモートレンダリング用（サーバー専用ライブラリ）と完全版について

moyaiの対応状況と、現時点でできること 130

3.6 本章のまとめ 130

第4章 OpenGLを用いたローカルレンダリングのしくみ
moyaiの基礎部分。描画APIと内部動作 131

4.1 moyaiと汎用的な論理データ──レンダリング工程の第1段階 132

はじめてのmoyai──min2dでローカルレンダリングの動作確認 132
moyai APIの（汎用的な）論理データの構成──MoyaiClient、Layer、Prop2D 133
Layerの機能 134
CameraとViewportによるカリング 134
Viewportとゲーム空間における座標の関係／Cameraの位置／カリングの効果／Viewportの効果的な使い方／複数のViewportを併用する／Cameraを使ってスクロールゲームをつくる

LayerとCamera、Viewportの自由自在な組み合わせ 140
スプライトの見た目を決定する論理データ
──Texture、TileDeck、インデックス、スケール、位置、色、模様 141
OpenGLのテクスチャ描画機能とスプライトの描画 142
テクスチャとなる画像／PNG画像のなかみ／RGBAフォーマットとGPU／OpenGLにおける画像描画の指示──glGenTextures関数

UV座標（テクスチャ座標）──glDrawElements関数、頂点バッファ、インデックスバッファ 146
ポリゴンに色や模様をつける

スプライトシート... 148
                格子状のスプライトシート／柔軟なスプライトシート／moyaiのスプライトシート／TileDeckを使わず直
                接テクスチャを貼る方法

4.2　moyai内部のマシンに依存したポリゴンデータ──レンダリング工程の第2段階 153
          ポリゴンデータとバッチ化... 153
          グラフィックスハードウェア構成とレンダリング 153
                ローカルレンダリングの流れ／データの転送と所要時間
          バッファオブジェクト──GPUへの転送回数を減らす 155
                moyaiにおけるバッファオブジェクト──5種類／モバイル端末におけるOpenGL ES──バッファオブジェクトを
                使わないOpenGLプログラミングが不可能
          描画のバッチ化とglDrawElements関数 157
                複数スプライトをバッチ化するための条件──同じテクスチャと同じシェーダを用いている場合に限る
          ドローコールの回数を減らすための設計──スプライトを「同じテクスチャ」から描画する 159
                Column　予習&復習:moyaiのリモートレンダリングの基本構造 160

4.3　本章のまとめ.. 160

第5章　スプライトストリームのしくみ
リモートレンダリング方式概論、スプライトストリームの基本設計 161

5.1　クラウドゲームと画面描画──moyaiが対応する画面描画の通信方式 161
          クラウドゲームにおける画面描画の通信方式──7つの方式 161
                ❶外部機器方式／❷キャプチャーボード方式／❸独立ソフトウェア方式／❹ゲーム内蔵方式／❺OpenGL
                LAN仮想化方式／❻OpenGLインターネット仮想化方式／❼抽象度の高い通信方式
          OpenGLインターネット仮想化と抽象度の高い通信（スプライトストリーム）が送信するデータ........ 167
                Column　スプライトストリーム以外の抽象度の高い方式についての試案
                              ──Processingストリーム... 168
          moyaiのビデオストリームとスプライトストリーム 169

5.2　スプライトストリームのなかみ──抽象度の高い情報 170
          スプライトが持つ情報 171
                OpenGL関数の呼び出しと「OpenGL呼び出し用の情報」、moyai内部の「抽象度の高い情報」
          2Dゲームに特有の描画パターンと通信帯域への影響 172
                大きな差が生まれる原因は「バッチ化」

5.3　スプライトストリームの送信内容──min2dでmoyaiの動作を見てみよう 174
          min2dの動作確認とログの見方──スプライトストリームなし 174
                Column　OpenGLの仮想化を使う別の方法──ただし、原稿執筆時点では未実験 175
          min2dでのスプライトストリーム 176
          スプライトストリームの3段階の送信内容 177
                描画準備（リソース送信）の様子／スナップショット送信の様子／差分送信の様子
          スプライトストリームが向かない2Dゲーム 178
          3Dゲームにおけるスプライトストリーム 179
                Column　moyaiのWebブラウザ版Viewer 180

5.4　スプライトストリームのサーバー／クライアント構成とレプリケーション 184
          レプリケーションの基礎──スプライトストリームの特性を活かす 184
                レプリケーションサーバー

スプライトストリームの物理的接続構造とレプリケーション	185
レプリケーションサーバーの基本構成	185
レプリケーションツリー／レプリケーションのメリットとデメリット	
レプリケーションの構成パターン	187
スプライトストリームでのゲームサーバーの仕事/処理／スプライトストリームでのViewerの仕事/処理	
サーバーサイド1段レプリケーション	188
サーバーサイド多段レプリケーション	189
クライアントサイドレプリケーション	190
レプリケーションクライアントの4つの条件——リモートからの接続が可能、通信帯域、通信遅延、通信の安定性／レプリケーションマッチング／クライアントサイドレプリケーションのメリットとデメリット／クライアントサイドレプリケーションのセキュリティ——入力/出力、簡単な基準設定、改変の検出	
サーバー/クライアント混成型レプリケーション——レプリケーションサーバーの柔軟性を活かす	195

5.5 レプリケーション×伝統的なMMOG
——スプライトストリームのレプリケーションが応用可能 196

伝統的なMMOGの基本構成——レプリケーションサーバーなし	197
サーバーサイドレプリケーション×伝統的なMMOG	197
ゲームサーバーからの送信量——レプリケーションサーバーを使うメリットの大小	
クライアントサイドレプリケーション×伝統的なMMOG	199

5.6 カリングとストリームのチェックサム
——クライアントレプリケーションにおけるストリームの改ざんの検出 200

ストリームのチェックサムとカリングによるパケットの欠落	200
パケットのサイズと帯域消費	201
チェックサムを用いた抜き打ちの内容確認——改ざん防止	202
抜き打ちのチェックサムのメリット——柔軟に調整できる／抜き打ちのチェックサムの限界——パケットが欠損していないかはわからない	
Column TIMESTAMPパケットとリプレイ機能	204

5.7 本章のまとめ 204

第6章 スプライトストリームの通信プロトコル
TCPによる送受信、ストリームのなかみ、関数群 205

6.1 スプライトストリームとネットワークレイヤー——レイヤー1〜4、レイヤー5〜7 205

スプライトストリームのクラウドゲームシステムとレイヤー——本章の解説について	206
スプライトストリームを形づくる各層	207

6.2 レイヤー1〜4:スプライトストリームの基礎部分
——膨大な数の機材をつなげて、高品質な通信をどのように実現するのか 209

インターネットとは何か——地球全体をつなぐ壮大な技術	209
インターネットの基礎——パケット（データグラム）	210
パケット中継の経路を確認——traceroute/tracert	
クラウドゲームとパケットロス	211
電気信号（電波）のノイズによるパケットロス／ルーターの混雑によるパケットロス／ネットワークの輻輳——ルーターの混雑が悪化／ベストエフォート——できるだけがんばる	
大人数が一つの通信媒体を共有するための工夫	214
Ethernetフレーム——Ethernetでデータを送る	215
IP断片化とIP再構成／データの大きさと送信成功率	
TCPの基本	217

パケットの再送——TCPの送り方❶／順序保証——TCPの送り方❷／輻輳制御——TCPの送り方❸／スロースタート（アルゴリズム）／TCPの歴史的発展と最適なアルゴリズムの選択

UDPとデータグラムの喪失——UDPならストールは発生しない?.. 221
　　Column　RUDP.. 223
ストリーム指向プロトコルであるTCP——ストリーム指向とメッセージ指向 224
　データの区切り／ソケットプログラミングとバッファリング
TCPストリームへのデータの送信——パケットロスの影響をできるだけ小さくする 225
ネットワークを流れているパケットヘッダーの中身——Ethernet/IP/TCP 226
　IPパケット／TCPパケット（セグメント）
TCPの状態遷移 229
ソケットAPI ——ブロッキング、ノンブロッキング、非同期API、select/epoll 232
libuv——非同期I/Oの実現 233

6.3　レイヤー5〜7:スプライトストリームの送信内容 236

レイヤー1〜7:スプライトストリームのデータ——moyaiのヘッダー 237
レイヤー5:スプライトストリームの接続確立と維持 237
レイヤー6:スプライトストリームのパケット構造 238
パケットの中身 238
バイナリデータ、RPCの関数ID、関数への引数データ 239
レイヤー1〜6:スプライトストリームの内容自体には関わっていない 240
レイヤー7:スプライトストリームが送出されるまで 241
　スプライトストリームの実例——バイナリデータを見てみよう
スプライトストリームの関数呼び出し——描画準備、スナップショット送信、差分送信 242
　TIMESTAMPの受信時刻に関する注意点
「描画準備の送信」「スナップショット送信」「差分送信のループ」... 245
（接続完了直後）描画準備の送信——scanSendAllPrerequisites関数 245
（画面全体の）スナップショット送信——scanSendAllProp2DSnapshot関数 247
（スプライトの）差分送信——スプライトの状態の変化分を送信し続ける 248
差分抽出:すべてのスプライトの変化を検知——どのスプライトの差分を送るのかを決定する段階❶...... 249
　Prop2Dのスナップショットの構造体——PacketProp2DSnapshot構造体／PacketProp2DSnapshot構造体を用いた差分抽出
差分スコアリング:差分スコアでソートし、大きく動いたスプライトを優先送信
　——位置の同期モードと、どのスプライトの差分を送るのかを決定する段階❷ 252
　差形スコアリング——位置の同期モード❶／線形補間——位置の同期モード❷／速い物体と壁へのめり込み問題——moyaiのデフォルトが差分スコアリングである理由
可視判定:可視範囲に入っているスプライトだけを送る
　——どのスプライトの差分を送るのかを決定する段階❸ 256
Prop2Dの差分抽出と可視判定——2つの送信モード 256
補足:カリング処理と今後の課題——どのスプライトの差分を送るかを決定する段階を経て 257
スプライトストリームのデータ圧縮——送信量の削減❶ 258
スプライトストリームのバッファリングとヘッダー圧縮——送信量の削減❷ 259
　ヘッダーとデータの割合／moyaiのスプライトストリームでは、NagleアルゴリズムOFF／スプライトストリームの送信頻度の変更——send_wait_msオプション／遅延とフレームレートの問題——replayerツールとTIMESTAMPの値の活用／[実測]ヘッダー消費量

6.4　スプライトストリームとレプリケーション 263

レプリケーションサーバーにおけるカリング——送信量を削減するさらなる工夫 263
　レプリケーションサーバーの実体／カリングの対象
レプリケーションサーバーでスケールアウトできる、できない 265
　HUDとスプライトストリーム、レプリケーションサーバー

6.5　スプライトストリームの関数（抜粋）
——描画準備、実際の描画、サウンド/インプットストリーム/レプリケーションサーバー制御 267

スプライトストリーム関数の命名規則 267

描画準備のための関数群..268
　　　描画準備の流れ
インプットストリームの関数..272

6.6 本章のまとめ..274

第7章 ［クイックスタート］クラウドゲーム
多彩な軸のサンプルゲームから見えてくる要所 275

7.1 moyai_samplesのセットアップ..276
❶ 手元のMac環境でのビルド..276
❷ サンプルゲームを実行...278
❸ macOSマシン上でのスプライトストリームの確認 278
❹ Linuxでのビルド..279
❺ Linuxでの動作確認..280
サンプルコードの基本の起動オプション──-ss/-vs..282
min起動後の画面とviewerの状態表示 282
　　　ビデオストリームとスプライトストリームの違い

7.2 最小構成の設定を把握する──独自の定義は15行のサンプルプログラム「min」から..........285
min.cpp...285
サンプルコードのmain関数──sample_common.h、sample_common.cpp........................286
スプライトストリームの送信のための初期化──共通のオプション...287

7.3 性能限界を測定する──ベンチマークプログラム「bench」..289
benchの基本──起動、スプライトの数をどんどん増やして動作確認 289
CPU消費量──CPU時間の使い道の確認（macOSの例）...290
通信帯域の消費量と帯域節約の検討 292
　　　パケットの内容/サイズと通信量/理論値と実際の通信量、節約の可能性

7.4 通信遅延と帯域消費を確認する──弾幕シューティングのサンプル「dm」.............................293
dmのソースコード概説 293
通信遅延の確認──弾幕サンプルゲームの実行、遅延の追加 294
　　　通信のRTT──通信遅延の確認のポイント／遅延を追加して動作を見る──tcコマンドのnetemフィルター／遅延
　　　の許容範囲と測定──クラウドゲームとして成り立つか
通信帯域の確認──スプライトストリームの送信頻度 298
　　　送信頻度の変更オプション／ゲーム内容に合わせて送信頻度を調整──等速直線運動と線形補間／moyai
　　　のデフォルトの設定──アクションゲームに対応可能な最低限の頻度／-linear-sync-score-thresと線形補間／
　　　位置更新の基準となる累積の移動距離を調整する──線形補間が使えない自機や敵／最適を目指して、調
　　　整作業は続く

7.5 極小の「通信量×CPU消費×コード」で見えるスプライトストリームの威力
　　　──リバーシのサンプル「rv」...302
rvの基本──操作、起動、帯域消費の確認 303
　　　クラウドゲームとモバイル環境──通信の速度と料金
rvのソースコード──100行&ネットワークプログラミング一切なしで実現できるマルチプレイ 304
　　　グローバル変数定義／初期化関数reverseInitの定義／更新関数
通信量もCPU消費量もソースコード量も極小のrv
　　　──ネットワークプログラミングなしでマルチプレイを実現する、スプライトストリームの威力...........................309

7.6 通信遅延に、シビアな"衝撃波"を繰り出す── 一対一の対戦格闘サンプル「duel」......310

duelの基本 310
対戦格闘ゲームで確認する通信の遅延とクラウドゲームの限界 311
　　　　　自動操作とプレイ感覚の確認／リモートサーバーを使う場合のプレイ感覚とUDP
duelのソースコード概説──250行でつくる対戦格闘ゲーム 313

7.7 大人数同時プレイのMMOGへの第一歩
──スクロールとDynamic Cameraを操るサンプル「scroll」 315

scrollの特徴──Dynamic CameraとDynamic Viewport 315
scrollの基本 315
scrollのソースコード 316
　　　　　PCクラスの定義──画面の描画や操作をクライアントごとに保持／PCのコンストラクタの前半／PCのコンストラクタの後半
キーボード/マウスの個別化とDynamic Camera/Dynamic Viewport──scrollのポイント 319
scrollでのキーボード処理 320

7.8 本章のまとめ 323

　　Column　論理データと、ポリゴンデータ/物理データの関係 324

第8章 [本格実装]クラウドゲーム
ネットワークプログラミングなしで、MMOGの実現へ 325

8.1 k22の開発基礎──「scroll」ベースの全方向シューティングゲーム 325

k22の基本情報──スプライトストリームのクラウドゲームのサンプル 326
k22のビルド 327
クラウドゲームでゼロからつくるMMOG! k22の開発の流れ──マルチプレイ化が簡単 328
開発準備:画面に描画される要素をリスト化──ゲーム内容の洗い出し、作業やコードの量の見積もり 328
　　　　　k22のゲーム内容を形づくる要素のリスト
各段階におけるk22のリビジョン 330

8.2 第1段階:シングルプレイゲームの実装 331

❶ moyai_samplesからソースコードをコピーする 331
　　　　　main関数と全体像の準備／ゲームの初期化:gameInit関数／ゲームのメインループ
❷ ゲームのオブジェクトシステムを実装する 336
　　　　　moyaiの省力化のしくみ／クラスの階層構造──省力化のしくみ❶／アップデート関数の鎖構造──省力化のしくみ❷／ツールで見る関数呼び出しの連鎖／サブモジュールのリビジョン／コードで見る関数呼び出しの連鎖／アップデート関数の鎖構造のまとめ
❸ 必要なキャラクターの動きと見た目を定義する 345
　　　　　プレイヤーキャラクターの登場／子Prop2D──キャラクターのパーツの重ね合わせ
❹ キャラクターをキーボードで操作する 350
　　　　　Padクラスと2つのメリット／キーボードから入力をキャラクターの動きに反映させる／キーの押し下げ状態をベクトルに変換するPadクラス／障害物や通れない場所の扱い
❺ 背景と地形を表示する 354
　　　　　チャンキング
❻ ビーム弾を撃つ 359
❼ 音を鳴らす 362
❽ 敵を出現させて倒す 363
第1段階のまとめ──シングルプレイの段階で楽しめる要素をひととおり実装する 365

8.3 第2段階:マルチプレイ化 366

マルチプレイ化の流れ 366

- ❶ gameInit関数でRemoteHeadを初期化する部分を追加 ... 366
- ❷ コールバック関数を追加 ... 369
- ❸ main.cppにaddPC、delPCなどを追加──onConnectCallback、onDisconnectCallback ... 369
- ❹ グローバル変数 g_mouse、g_keyboard などをPCクラスのメンバー変数に変更 ... 371
  - k22とrvのキーボード/マウスの操作イベントの流れの違い──参加者全員でキーボードとマウスを共有するrv
- ❺ PCクラスのコンストラクタで、keyboardやmouseなどのメンバー変数を初期化 ... 373
- ❻ キーボード操作イベントの処理内容を変更 ... 374
- ❼ マウス操作イベントの処理内容を変更
  ──onRemoteMouseButtonCallback、onRemoteMouseCursorCallback ... 375
- ❽ PC::charPoll関数でグローバル変数ではなく、メンバー変数を使うように変更 ... 375
- 第2段階のまとめ──桁違いに小さな作業でマルチプレイ化 ... 376

8.4 第3段階:プログラムの性能測定と運用コスト予測 ... 377

- k22の運営のためのコストの概観 ... 377
- ゲームアプリにおけるインフラ費用予測──同時接続数から考える ... 378
- CPU消費量──k22は何のためにCPUを消費しているか ... 378
  - キャラクターを動かす処理と通信のための処理／キャラクターを動かす処理とCPU消費量／通信のための処理とCPU消費量／CPU消費量の内訳を確認──「プロセスのサンプルを収集」／圧縮機能と、CPU&通信帯域の消費量
- 通信帯域の測定 ... 386
- k22の簡易的な負荷テスト ... 387
  - 負荷テストで見積もるCPU&通信帯域の消費量／負荷テストと実運用
- メモリー消費量 ... 390
- インフラ費用試算の目安の値──k22のCPU、メモリー、通信帯域の消費量 ... 390
- インフラ費用の試算 ... 390
  - クラウドサービスの利用──コンテナと仮想マシン
- 仮想マシンの費用──CPUとメモリーの使用料金 ... 391
  - Column AWSの各種インスタンス ... 394
- 通信帯域の費用 ... 395
- コスト試算の結果──k22のサーバーをAWSで運用した場合 ... 395
- アクセス量の変動とピーク調整比 ... 396
  - ピーク調整比を加味した、通信費用とマシン費用の予測
- 第3段階のまとめ ... 397

8.5 第4段階:将来に向けた開発を見通す ... 398

- 通信量の削減──最も効果の大きいところから順番に変更せよ ... 398
- サーバーの運用/管理を支援するツールの開発 ... 401
- ゲーム内容の追加/修正 ... 401
- 第1段階から第4段階までの実装時間 ... 402

8.6 思考実験──非クラウドゲームとして実装していたら、どうなっただろうか ... 403

- ネットワークプログラミングなしと各種のトレードオフ──通信帯域、CPU負荷 ... 403
- スプライトストリームのクラウドゲーム×伝統的なMMOG ... 404
  - 出現するものごとの比較
- スプライトストリームと典型的なオンラインマルチプレイの違い ... 407

8.7 本章のまとめ ... 408

索引 ... 409

第0章

[ゲーム開発者のための]
レンダリング再入門

「ゲームプログラムは ほとんど描画ばかりを行っている」

　ゲームプログラムは、CPUとGPUを使ってゲームを実装しています。

　見た目に非常にきれいなグラフィックスや圧倒的なリアルタイムアニメーション表現を行う、グラフィックス品質に重点を置くゲームでは、CPUだけでなく、GPUの能力を描画のために限界まで使い切るように調整されています。

　グラフィックスに重点を置いていないゲームでも、GPUの計算能力の一部を、建物を破壊したときに発生する大量の破片の動きや、煙や水の流れをシミュレーションしたりなどの、描画以外のゲームロジック(game logic)に使うこともありますが、そのようなゲームでもやはり、描画のために使う以上の計算量をシミュレーションに割り当てることはまれです。

　ほとんどのゲームでは、90%以上の計算能力を描画のために使っていると言っても過言ではありません。それは、ゲームエンジンで描画機能だけをOFFにすると簡単に測定できます。フレームレート(frame rate)[注1]が「60」だったところ、描画をOFFにすると急にフレームレートが「600」と10倍に上昇したら、ほとんどのCPU負荷が描画の準備のためのものだったとわかります。

　ゲームの描画そのものをOFFにした場合は一切のグラフィックス処理が行われないため、画面は真っ暗となり、GPUの処理が行われません。GPUがまったく使われないので、GPU負荷はゼロの状態です。

注1　通常、フレーム/秒(frame per second、FPS)。フレームレートが「60」の場合、60フレーム/秒。「フレーム」については、次ページを参照。

[ゲーム開発者のための]レンダリング再入門

本章では準備も兼ねて、従来からのゲームプログラムの描画やレンダリングの基本を取り上げておくことにしましょう注2。

0.1

ゲームプログラムは
画面をどのように描画しているか

ビデオゲーム（*video game*）のゲームプログラムは、画面描画を行います。

スマートフォン（*smartphone*）やPC（*Personal Computer*、パソコン）を筆頭に、身の回りにある端末の解像度は上がり続けています。また、スマートフォンやPCには、GPU（*Graphics Processing Unit*）が搭載されています。

1秒間に60回、画面を書き換える　リアルタイムかつ高速に実行し続ける

『オンラインゲームを支える技術』(第3章)で、「ビデオゲーム」というソフトウェアの最大の特徴は、そのおもしろさを最大限に引き出すために、プレイヤーによる「認知➡判断➡操作」の繰り返しをスムーズに継続できることを挙げ、そのためには、入力、ゲームロジック（ゲームのあらゆる判定）の処理、出力をリアルタイムかつ高速に実行し続けなければならないと説明しました。

「リアルタイムかつ高速」とは、大まかに言うと1秒間に60回、画面を書き換えることです。1回あたりの画面更新やその1画面を「1フレーム」(*1 frame*)と呼びます。1秒間に60回の場合、1回あたり16.6ミリ秒以内に更新するということです。

ピクセル数の増加

本書原稿執筆時点のスマートフォンの場合、だいたい1000×2000ピクセル（*pixel*）程度、200万ピクセル以上の解像度を持っています。これは、2005年のiPhone（320×480ピクセル）発売から13年間で、約13倍に増えた計算になります。

1秒間に60回、200万ピクセルを何らかの色で塗るためには、「ピクセルに色を置く」処理を、1秒間に1億2000万回行う必要があります。最新の4K（*4K resolution*）対応したVR（*Virtual Reality*）ゲームであれば、1フレームに4000×2000

注2　次章以降に向けて少し補足しておくと、現行のデータセンターを用いるタイプのクラウドゲームサービス（ビデオストリーム）では、ゲーム画面の描画以外にも、さらに映像のキャプチャー（*capture*）とエンコーディング（*encoding*）を行うため、CPUとGPUの処理はさらに増えます。現行のクラウドゲームのサーバーでは、CPUとGPUのコストのほとんどが「描画」と「映像送信」のために使われています。

= 800万ピクセルも塗る必要があり、いわゆるVR酔いを軽減するためには、さらに1秒あたり90回や120回描画が要求されるようになってきています。

　Googleが開発予定のVRディスプレイでは、片目で2000万ピクセルと言われています[注3]。Googleによれば、人間の目と脳の処理能力はさらに高いところに限界があるとのことで、ディスプレイ技術の上限はまだ見えていないようです。

GPUによる描画

　スマートフォンやPCには、画面を構成するピクセルに1秒間に何億回もの速度で色を置いていく、といった処理に最適化された**GPU**が搭載されています。

　昨今はディスプレイの解像度が高く、画面に描画したい文字や画像、図形、ウィンドウなどのオブジェクトの数も多くなり、なめらかな動きが要求されるようになったため、CPUを用いてピクセルを置いていく処理を実装すると遅過ぎるようになりました。

　そのため、Webブラウザやオフィス系ソフト、モバイルアプリなどよく使われるアプリケーションのほとんどで、内部的には、アプリケーションプログラムで処理しやすい**論理データ**（文字コードや図形の座標やリスト構造など）を保持しておき、画面に描画をするときに、GPUに直接渡すことができる**ポリゴン**（*polygon*）**データ**（頂点やテクスチャのデータなど、物理データ）に変換し、変換後のデータをGPUに送信して描画を行っています（**図0.1**）。

図0.1 アプリケーションのデータが画面に表示される流れ

　図0.1のように、ディスプレイに表示されている文字や画像、図形などは、アプリケーション内部では、アプリケーションによって異なる、描画とは直接関係のない論理データとして保持されています。それを一種のポリゴンデータに変換してから、そのポリゴンデータをGPUに転送して表示しています[注4]。

注3　URL https://vrinside.jp/news/google-is-developing-10x-pixels-display-for-headsets/
注4　ポリゴンデータを生成するのは図0.1のとおりアプリケーションプログラムなのですが、アプリケーションプログラムで直接ポリゴンデータを生成するコードを書く必要は通常はありません。アプリケーションがOpenGLやDirectXなどのグラフィックスライブラリの関数を呼び出すと、ライブラリの内部でGPUとの通信が行われ、GPUの機種や設定に応じた適切なポリゴンデータが生成されます。

GPUは、ポリゴンデータを高速に処理し、ディスプレイのピクセルに配置します。この工程全体を広い意味で「レンダリング」（rendering）と呼んでいます。コンピューターグラフィックス（computer graphics、CG）の文脈で「レンダリング」を狭い意味で使うときは、ポリゴンデータをGPUに転送するところを指します[注5]。

ネットワーク（通信）を駆使するクラウドゲーム

クラウドゲームは、図0.1の3つあった矢印部分のいくつか、または全部で、ネットワークを介して、他のコンピューターにデータを転送してレンダリングすることで、今までにないゲームの提供方法を可能にするしくみと捉えることができます。それを図にすると、**図0.2**のようになります。

図0.2 クラウドゲームではネットワークを介する

リモートレンダリングとローカルレンダリング

図0.2の「ネットワーク」には、LAN（Local Area Network）などの近距離ネットワークや、インターネットなどの地球規模の遠距離ネットワークが含まれます。どちらの場合でも、別の場所にあるマシンは「リモート（remote）マシン」と呼び、同じ場所（物理的筐体）にあるマシンを「ローカル（local）マシン」と呼びます。

本書では、リモートマシンを使ってレンダリングする場合を**リモートレンダリング**、ローカルマシンを使ってレンダリングする場合を**ローカルレンダリング**と呼びます。単純に「ローカル＝同じ場所」「リモート＝離れている場所」と考えると良いでしょう。

この図では、次のような3つのネットワーク通信を行っているので、リモートレンダリングを行っていると言えます。

注5　CG分野以外で、たとえば、コンピューター音声を扱う分野では最終的な波形データを生成すること、また、Webサーバー開発分野ではWebブラウザに向けて送信するHTMLを生成すること（Web開発分野におけるサーバーサイドレンダリング）を、いずれも「レンダリング」と呼ぶなど、何らかのデータから最終的な成果となるデータを生成する処理が広く「レンダリング」と呼ばれています。

❶ 論理データをリモートマシンに送って、ポリゴンデータに変換
❷ ポリゴンデータをリモートマシンに送って、GPUへの指示（コマンド）に変換し描画
❸ GPUの描画結果をリモートマシンに送って、ディスプレイに出力

サーバーサイドレンダリングとクライアントサイドレンダリング

　さらに、インターネットを利用するアプリケーションでは、ハードウェアやソフトウェアがある場所について、「ローカル」「リモート」という文字どおりの用語で区別するのに加えて、ハードウェアやソフトウェアの役割に関して、「クライアント」「サーバー」という用語を用いて区別します。

　クライアントは「仕事を依頼して結果を受け取る側」で、サーバーは「仕事を実際に行って結果を返す側」です。Googleなどの検索エンジンでは、検索をするのがGoogleのサーバーマシンあるいはサーバーソフトウェアで、検索結果を受け取るのがクライアントであるWebブラウザのプログラムやエンドユーザーのマシンです。プログラムでもマシンでも「クライアント」と呼びます。

　クラウドゲームでは、上記で説明したように❶～❸のレンダリングの各ステップが分割され、さまざまな場所で段階的に実行されます。

　そこで本書では、ゲーム内容を進行させるプログラムやマシンを「サーバー」、エンドユーザーが直接手で触れるマシンやプログラムを「クライアント」と呼びます。ゲーム内容を進行させるサーバー側でおもにレンダリングを行う場合を、**サーバーサイドレンダリング**、エンドユーザーの端末でレンダリングを行う場合を、**クライアントサイドレンダリング**と呼んで区別します[注6]。

クラウドゲームと各種レンダリング手法

　クラウドゲームのサービスでは、提供したいサービスの内容に応じて、論理データからディスプレイへの出力に至るまでの工程の、どこにネットワークを挟むのか、また、クライアントサイドレンダリングをするのか、サーバーサイドレンダリングをするのか、などを選択して実装します。

　PlayStation Now[注7]をはじめとした現行の商用クラウドゲームサービスは上記❸のタイプで、GPUの描画結果をリモートのディスプレイに送信します。ま

注6　ゲームサーバーから見たときにリモート（遠隔）にあるプロセスが必ずクライアントであるとは言えないため、クライアントサイドレンダリングとリモートレンダリングを区別する必要があります。たとえば、5.1節のクラウドゲームの画面描画の通信方式（7つの方式）で紹介する方式の一つで、ゲームサーバーからLANにあるレンダリングサーバーに命令を送ってレンダリング（リモートレンダリング）し、その結果をクライアントに送る方式の場合、レンダリングはサーバーサイドで行っていますが、リモートレンダリングを行っています。

注7　URL http://www.jp.playstation.com/psn/playstation-now/

[ゲーム開発者のための] レンダリング再入門

た、拙作のゲームライブラリmoyaiは、❶の論理データをリモートに送るタイプになります。❷は、MicrosoftのRemote Desktopが提供するvGPU (p.51) が該当するでしょう。❶〜❸のうちの2つ以上を併用することも、もちろん可能です。

以上からわかるように、クラウドゲームは、アプリケーションのデータを画面に描画するにあたり、ネットワークを駆使して柔軟に構成するための技術という一面を持ちます。しかし、ネットワークを駆使することで新しい課題が浮上します。

クラウドゲームとネットワークの宿命　レスポンスと通信遅延、帯域幅、費用

先に少し触れたとおり、ビデオゲームでは、操作に対するレスポンス（*response*、反応速度）が極めて重要です。クラウドゲームでは先ほどの❶〜❸のそれぞれの段階において、速度/帯域ともに不安定なネットワーク（通信）を駆使するため、通信を使うごとに遅れ（**通信の遅延**）が発生する可能性があります。

また、通信の遅延だけではなく、使用できる**帯域幅**にも強い制限があります。これは、通信ケーブルを通せるパケット量に限界があるだけではなく、通信の**費用**が高くなるという問題も含みます。

クラウドゲームでは通信に関する、これらの制限に対処するために、さまざまな工夫や調整を行います。送信データの無駄をなくす、圧縮率を向上させるといった一般的な工夫はもちろん、ゲームの内容に合わせて、**解像度**や**画質**（圧縮品質）といった描画周りの調整をすることが肝要です。最終的には、キャラクターの操作方法や、ゲーム画面の設計自体にもその工夫は及ぶことになります。

クラウドゲームは、ゲーム画面をリモートに描画するための技術です。したがって、ゲームプログラムがゲーム画面をどのように描画しているのかを理解することは、クラウドゲームの理解には不可欠です。以下で、簡単におさらいしてみましょう。

0.2
レンダリングとは何か

本書で扱っていく「**レンダリング**」とは、何らかの、画像ではない元となるデータをアルゴリズムによって変換し、画像、または連続した画像として映像を出力することです。

レンダリングの基本の流れ 最小限の2Dレンダラー

画像ではない元となるデータは、わりと何でもOKです。たとえば、**リスト0.1**のような日本語を含む3行のテキストデータを考えましょう[注8]。

リスト0.1
```
画像サイズ 40, 40 黒 ……………… ❶
四角形 (10, 10) - (20, 20) 赤 ……… ❷
四角形 (15, 15) - (25, 30) 青 ……… ❸
```

このテキストを読み込んで、PNGやJPEGなどの画像ファイル、あるいはメモリーにを出力するプログラムを「レンダラー」(renderer)と言います。レンダラーはリスト0.1を読み込んで、**図0.3**のような画像を出力します。

このレンダラーは、リスト0.1 ❶を読み込んだら40 × 40 = 1600ピクセル分のメモリーを確保し、黒で塗りつぶします。座標系は(x,y)で、左上角が(0,0)、右下角が(39,39)でピクセルの位置を指定できます。次に❷を読み込んで、奥の小さな矩形(赤)を描画し、❸で手前の大きめの矩形(青)を描画します。

図0.3 2Dレンダラーが出力した画像(イメージ)※

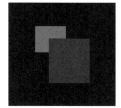

※実際の画面では、奥に小さな赤い矩形、手前に大きめの青い矩形が表示される。
なお、これは厳密にレンダラーを実装して動作させた結果ではなく、解説の雰囲気を掴むために作った絵である(後出の図0.5と図0.6も同様)。

❶について、このレンダラーは次の書式で背景となる矩形を描画します。

```
画像サイズ w, h bgcolor
```

❶を読み込み、字句解析をして、「画像サイズ」という文字列に続く2つの数値を画像の「w」(幅)と「h」(高さ)、末尾部分を「bgcolor」(背景色)として読み込みます。この字句解析は、Rubyなどの言語なら正規表現を使えば1行でできます。

このレンダラーは、wとhがそれぞれ40であれば、40ピクセル四方の四角形の画像だと決定します。プログラム内部では、1ピクセルを1バイトで保持します。全部で40 × 40 = 1600バイトを確保します。コンピューターのメモリーは1次元のデータなので、0～1599バイトめを**図0.4**のような順番に並べます。

注8 このデータは「ソースデータ」「ソース」などと呼ばれます。ファイルに保存することに着目して、「ソースファイル」と呼ばれることもあります。なお、日本語で指定できるようにしているのに深い意味はなく、日本語を使う人が扱いやすいようにするためです。

図0.4 コンピューターのメモリーと1次元のデータ

左上(0,0)にあたるピクセルが0番め、右下(39,39)にあたるピクセルが1599番めです。wとhがそれぞれ40なので、(x,y)にあるピクセルの色を変更するには、

```
n = x + (y * w) ……………………「w」は40
```

と計算した結果のnバイトめのデータを書き換えます。レンダラーによって、プログラム内部で保持するデータの表現方法はさまざまに異なります。

リスト0.1❶の末尾に「黒」と書かれています。このレンダラーでは、メモリーに0が書かれていたら黒、1なら赤、2なら青、3なら緑と定義しているとしましょう。この4つの色だけを描画できるレンダラーというわけです。

❷に進みます。このレンダラーは次の書式で四角形を描画します。

```
四角形 (x0, y0) - (x1, y1) color
```

まず「四角形」という文字列で始まる行を見つけたら、行末までを字句解析して、x0、y0、x1、y1、colorの5つの値を取り出します。(x0,y0)は矩形の左上の点の座標で、(x1,y1)は矩形の右下の座標です。それぞれ0〜40の値をとります[注9]。colorは黒/赤/青/緑のいずれかです。❷では「赤」なので値は1です。

読み込んだら、レンダラー側で**リスト0.2**のような二重ループを実行します。

リスト0.2

```
for (i = x0; i < x1; i++) {
  for (j = y0; j < y1; j++) {
    index = i + j * w;
    buffer[index] = color;
  }
}
```

注9 もし仮に(x0,y0)が(10,10)で(x1,y1)が(30,30)であれば、x1−x0の差分が20、y1−y0の差分が20となるため、画面のちょうど真ん中に20×20ピクセルの大きさの矩形が描画されます。

このループの最も内側では、レンダラーの内部ピクセル表現であるメモリー領域bufferのindex番目にcolorを設定しています。bufferの内容に書き込みを行うと出力画像が変わるので、それを「描画」と呼んでいるわけです。

塗りつぶしとフィルレート

このレンダラーでは、bufferに1バイト書くことで1ピクセルを描画できます。この処理の回数は、描画する四角形の面積に比例します。(10,10) – (20,20)であれば、この書き込みは10 × 10 = 100回実行されます。現代のCPUでは、プログラムの実行速度はメモリーに対する書き込みの回数や量でほぼ決まるため、このプログラムの実行速度は、描画する四角形の面積に比例します。

レンダラーが描画するときの「塗りつぶし」の処理は、より高度な機能を持つ3D画像のレンダラーであっても、基本的にはここで紹介したように二重ループで実行され、その実行コストは塗りつぶす面積に比例します。

「塗りつぶし」は「フィル」(fill)と呼ばれ、塗りつぶしの速度はCPUやGPUのハードウェアの性能でだいたい決まります。塗りつぶしの速度を「フィルレート」(fill rate)と呼びます。GPUには塗りつぶしの処理をCPUに対して何倍もの速度で、非常に高速に実行できる専用のハードウェアが搭載されているため、実用的なゲームではGPUをできるだけ活用するようにプログラムします。

リスト0.1 ❷ではcolorが1(赤)で、リスト0.1 ❸はcolorが2(青)でした。これで、bufferの中には、0、1、2という3種類の値が並びました。

PNGファイルへの出力　libpng

描画はこれで完了で、最後にPNGファイルに出力します。bufferのような整数の配列をPNGファイルとして出力するためのコードは、自分で書く必要はありません。RubyやPython、C言語など多くの言語処理系において、「libpng」[注10]というライブラリにbufferのポインターを渡し、各バイトの値が何色に対応しているのかのパレット情報をセットするだけでPNGファイルに変換してくれます。

これで、最小限のレンダラーの実行が完了しました。ここで例に挙げたレンダラーは、2D(two-dimensional、2次元)で四角形の塗りつぶししかできないという最小限のものでしたが、それでも棒グラフを描画したりといった実用的な用途には使えます。

注10　URL http://www.libpng.org/pub/png/libpng.html

2Dスプライトゲーム向けのレンダラーへの拡張

先ほどの最小のレンダラーに拡張を行うと、古典的な2Dスプライトゲームのためのレンダラーを実現できます。次の記述を処理できるように、拡張します。

```
画像 cat.png 22, 23
```

「画像」という文字列で始まる行があれば、字句解析をして、ファイル名と描画の開始位置を読み込みます。レンダラーは、libpngなどを使って圧縮されているPNG画像を読み込んで圧縮を解き、今後何度も行うことになるコピー操作に備え、圧縮展開後の画像データとしてメモリーに格納し、そのメモリーから出力画像の内部表現にさらにコピーします。すると図0.5のような画像が出力されます。これで、ゲームのキャラクターを描画できるようになりました。

図0.5 2Dレンダラー（2Dスプライト拡張版）が出力した画像（イメージ）

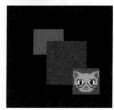

最小限の3Dレンダラー

本書では2Dゲームに焦点を絞っていますが、レンダラーの全体イメージを掴むために、3D（*three-dimensional*、3次元）画像の描画についても少し触れておきます。3D画像を出力できるレンダリング方式はいろいろとありますが、ここではビデオゲームで使われるレンダリング方式についてのみ紹介します。

3Dレンダリングとは、高さと幅に加えて「奥行」の大きさを持つデータを画像に変換することです。最小限の3Dレンダラーのソースファイルは、**リスト0.3**のようになるでしょう。

リスト0.3
```
画像サイズ 40, 40 黒 ················ ①
直方体 (10, 10, 10) - (20, 20, 20) 赤 ········ ②
直方体 (15, 15, 20) - (20, 25, 30) 青 ········ ③
```

リスト0.1の2Dレンダラーに比べると、「四角形」が「直方体」に、座標の指定が(10,10)などから(10,10,10)などへと変わり、「奥行」の情報が増えました。

これを3Dレンダラーに読み込ませて出力した画像は図0.6のようになります。

図0.6 3Dレンダラーが出力した画像（イメージ）※

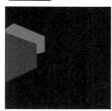

※実際の画面では、奥に赤い立方体、
手前に青い直方体が表示される。

　3Dレンダラーの出力した絵は、奥行があるように見えますね。青い直方体が重なっていて、大き過ぎて画面から見切れてしまっています。

　さっそく3Dレンダラーの動きを見ていきましょう。レンダラーの内部表現は2Dレンダラーと同じで、まずリスト0.3❶を読み込んで40 × 40ピクセルの画像のために1600バイトのメモリーを確保し、黒で塗りつぶします。つまり、バッファのすべてを0で埋めます。次に、3Dレンダラーは❷を読みます。

```
直方体 (10, 10, 10) - (20, 20, 20) 赤
```

　これは直方体ですが、すべての辺が同じ長さなので立方体ですね。この立方体には、8つの頂点と6つの面があります（図0.7）。

図0.7 立方体の8つの頂点と6つの面

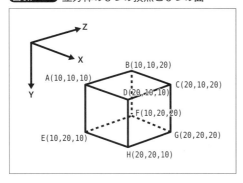

　リスト0.3❷の立方体（赤）は、頂点A～Hの8個の頂点を持っています。頂点の座標は`(10,10,10) - (20,20,20)`という記述から決まります。

　レンダラーはこの立方体をレンダリングするために、8つの頂点から構成される6つの面に分けます。XY平面に平行な面が面ADHEとBCGF、YZ平面に

平行な面が面ABFEと面DCGH、XZ平面に平行な面がABCDとEFGHです。

　この3Dレンダラーは最小限のレンダラーで、直方体の立体座標が与えられたら、それを人間が立体として認識できるように**座標変換**をした上で、同じ色で**塗りつぶして**画面に描画することしかできません。ビデオゲームでよく使われるような、それぞれの面にライトを当てて明るさを変えて描画する機能などはありません。

座標変換　透視投影変換

　次に、すべての頂点の座標について、**座標変換**（*coordinate transformation*）を行います。ここでの座標変換とは、(10, 20, 10)のような3次元座標を、何らかの計算をして2次元座標に変換することです。

　ゲームでよく使われるのは**透視投影**（*perspective projection*）**変換**です。透視投影変換は、3次元空間のある点に単焦点のカメラを設置し、そのカメラの位置（視点の位置）からそれぞれの頂点に直線を引き、カメラから一定の距離に置かれた、フィルムに相当する面のどの位置にその直線の交点がくるかを計算します（**図0.8**）。

図0.8　透視投影変換[※]

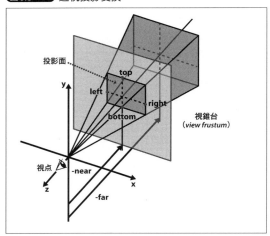

[※]出典：「コンピュータグラフィックス」の「第8回：スクリーンに映す」(p.2)
URL http://www.wakayama-u.ac.jp/~tokoi/lecture/cg/cgnote08.pdf

　この図で手前の四角の面（の濃いグレー部分）が「フィルム」に相当し、「投影面」と呼びます。投影面は長方形で、画面にそのまま対応しています。視点から投影面を結ぶと四角錐の形になります。描画する最も遠い平面までを含む、この描画範囲全体を「視錐台」（視野錐台）と呼びます。描画されるものはすべて視錐台の中に入っています。

いま仮に定義している最小限の3Dレンダラーでは、カメラ（視点）の位置は(0,0,0)に固定、視線の方向は(0,0,1)に固定、視野角も固定など、変換に必要な各種変数群がすべて固定になっています。実際のゲームではカメラは自在に動き回ります。

さて、3Dレンダラーは立方体の6つの面を、最も奥にある面から順に並べ替えて描画します。この順番が狂うと、視点から見て反対側の面が手前に見えてしまい、画面が壊れてしまうからです。「奥にある」とは、面の中心の座標と視点の距離が大きいということです。

次に、面ABCDを描画する場合を考えます。まず4つの頂点A/B/C/Dについて、透視投影変換をそれぞれ行います（計4回）。すなわち、ベクトルと行列の積を4回計算します。結果として得られた新しい座標は、2次元座標になります。

それをA'/B'/C'/D'とし、新しい座標を投影面にプロットすると**図0.9**のようになります。画面サイズは 40×40、A'は $(5,8)$、B'は $(12,10)$、C'は $(12,19)$、D'は $(5,22)$ のような座標になっています（厳密な計算結果ではありません）。

図0.9 新しい座標を投影面にプロット

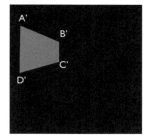

塗りつぶし　フィルレートがポイント

A'/B'/C'/D'の4つの点から成る多角形（ポリゴン）を塗りつぶすと、面ABCDの描画は終わりです。透視投影変換をすると、画面の端に対して垂直や平行ではない斜めの塗り方が必要になります。斜めの辺を含む四角形をきれいに塗りつぶすには、2Dのレンダラーで使ったような単純なforの二重ループではできません。斜めの塗りつぶしにはさまざまな高速化手法がありますが、最小限のレンダラーではBresenham（ブレゼンハム）の単純なアルゴリズム（*Bresenham's line algorithm*）を用いて塗ることができます。

このアルゴリズムもやはり、塗りつぶす多角形の面積に比例した計算コストが必要になります。3Dレンダリングでも2Dと同じように「フィルレート」が問題になるということです。現在のCPUやGPUには、斜めを含む多角形の塗りつぶしを超高速に行うハードウェア（ラスタライザー/*rasterizer*と呼ばれる）が備

[ゲーム開発者のための]レンダリング再入門

わっていて、厳密に面積に比例するわけではありませんが、それでも基本的には面積に比例したコストがかかります。

リスト0.3❷を読み込んだレンダラーは立方体を6個の面に分割し、上記のしくみですべて描画しました。次は❸を読み込んで、同様に描画をしていきます。

一連の描画処理と出力　最小限の3Dレンダラーと本格的なレンダラー

最小限の3Dレンダラーの場合は、ここまでの描画処理で終わりとなります。

しかし、説明用の最小限のレンダラーではない、実際のGPUを用いた本格的なレンダラーの場合は、直方体のデータを与えるときに、ライトを当てて光の反射光を計算したり、半透明の計算をしたり、奥行の情報を精密に計算してポリゴンのめり込みを解決したりといった、いくつもの描画処理を追加で実行するように指示できます。

そうして描画を行った結果は、最終的には、フレームバッファ（*frame buffer*、後述）に自動的に出力されます。スマートフォンやPCに搭載されている汎用のGPUには、フレームバッファに格納されているレンダリング結果をそのまま画面に出力するための専用のハードウェアが搭載されているため、GPUがフレームバッファに対する描画をするために必要な情報、つまり直方体の位置やカメラの位置/角度、ライト、色情報など描画に必要な情報をレンダラーに渡すところまでをアプリケーションで記述すれば、後はレンダラーがハードウェアを用いて画面に表示してくれます。

以上、最小限の3Dレンダラーを例に、処理の流れを大まかに見てきました。『Minecraft』のような立方体の頂点がそのまま見えるようなゲームだけでなく、ゲーム機やPC用、モバイル用などで、高品質な立体表現が行われているゲームでも、ほとんどはここで説明したポリゴンを用いる方法で描画が行われています[注11]。ただし、高精細な絵を表現するために、テクスチャに関連したさまざまな機能、GPUを効率的に使うための機能、シェーダなどに膨大な知識と技術が投入されています。半透明の動く水面を表現するだけのためでも、過去50年以上にわたる長いCG技術の歴史的な積み重ねがあります。

本節では、原理の説明だけにとどめます。CG関連の高度な技術について、詳しくは専門の文献等を参照してください。

注11 昨今は、GPUの性能がさらに向上したため、レイトレーシング（*ray tracing*、光線追跡法）などのより計算負荷が高い方法を使うゲームも少しずつ増えているようです。

0.3 リアルタイムレンダリング

　2Dであっても3Dであっても、ゲームで使うためには、映画とは異なり、ユーザーの入力に対してリアルタイムに反応して描画結果を変化させなければなりません。映画であれば、映画の映像作品を作るときに高性能なコンピューターを使って一度だけレンダリングし、その結果をファイルに保存（プリレンダリング/*pre-rendering*）しておくことができますが、ゲームの場合は、ユーザーの入力に応じて、その都度レンダリングを行う必要があります。

　ゲームにおいては、毎秒30〜60回、VRアプリでは毎秒100回以上、レンダリングができなければなりません。このように、高速にレンダリングし続ける方式を「**リアルタイム（実時間）レンダリング**」（*real-time rendering*）と呼びます。

リアルタイムレンダリングと性能　ポリゴン描画性能とフィルレート

　リアルタイムレンダリングに必要な性能は、「ポリゴン描画性能」（1秒間に描画可能なポリゴンの数）と「フィルレート」の2つの指標で考えることができます。

　ポリゴン描画性能は、大量のポリゴンの空間座標を、カメラから見た座標系に変換する処理で、**フィルレート**は、座標変換した後のポリゴンの形状に合わせて、画面のピクセルを塗りつぶす処理に対応しています。

　図0.10は『Minecraft』の画面です。

図0.10　『Minecraft』のレンダリングに必要な計算機資源を見積もる

©2018 Mojang.
MINECRAFT®is a trademark of
Mojang Synergies AB.

『Minecraft』は、比較的グラフィックス性能の低いマシンでも動作するアプリケーションです。図0.10の画面には、だいたい15万〜30万のポリゴンが含まれています。それぞれのポリゴンの大きさは、小さいものは1ピクセルにも満たず、大きいものは手前に見えている草で、30×30ピクセル程度になるでしょうか。これを1秒あたり60回レンダリングする必要があります。仮に、画面に含まれるポリゴンが30万ポリゴンだとすると、ポリゴン描画性能としては、60を掛けて1800万ポリゴン/秒でポリゴンを描画できなければなりません。

フィルレートはどうでしょうか。一般に、半透明な要素が多いほど高いフィルレートが必要です。この画面は半透明な部分がないため、この画面であれば画面サイズの2〜3倍以内に収まります。

つまり、1回描画をするためには、たとえば1169×684ピクセルの3倍とすると、約240万ピクセルを塗りつぶししなければなりません。これを1秒あたり60回行うので、約1.4億ピクセル/秒のフィルレートが必要になります。

したがって、図0.10の画面をレンダリングするために必要な計算機資源(コンピューターリソース)は、1800万ポリゴン/秒の透視投影変換のための行列計算能力と、1.4億ピクセル/秒のフィルレートとなります。

『Minecraft』は32ビットカラーで描画されるため、1.4億ピクセルを塗るには1ピクセルあたり4バイト、最低でも5.6億バイトをメモリーに書かなければなりません。560MB(*megabyte*)を1秒でメモリーに転送する必要があるということです。

最新のNVIDIAのTeslaなどの強力なGPUであれば、フィルレートを決定するメモリー転送速度は70GB(*gigabyte*)/秒を超えます。これは『Minecraft』で必要な560MB/秒の100倍以上です。また、ポリゴン描画性能も50億ポリゴン/秒を超え、これも200倍以上の性能です。TeslaなどのハイエンドGPUの処理能力が、『Minecraft』の必要とする処理能力よりも100倍以上も高性能とわかりました。

現在のスマートフォンなどに搭載されているモバイル向けGPUは、Teslaなどに比べると10分の1とか100分の1ほどの性能しかありません。しかし、Minecraftはそもそも多くの描画処理を要求しないため、それらのモバイル向けGPUの性能があれば、何とかゲームをプレイすることができることがわかります。

2Dゲームのポリゴン描画性能とフィルレート

本書でターゲットにしている2Dゲームでも、ポリゴン描画性能とフィルレートを見積もってみましょう。**図0.11**は筆者がよくプレイしている『Factorio』という2Dゲームで、画面に描画されるスプライトの数が、他のゲーム(2D/3D)に比べて極端に多いのが特徴です。

図0.11 『Factorio』※

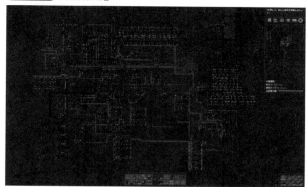

©Wube software
URL https://www.factorio.com/

　現代の2Dゲームは、前項で説明した最小限の2Dレンダラーのようにforループを使って塗りつぶすのではなく、3Dレンダラーと同様の方法で描画を行います。ただし、「透視投影変換」ではなく「平行投影変換」という変換方法を使って、画面が立体的に歪んでしまわないようにしています。

　『Factorio』でが、ポリゴンの数は画面に表示されている地形タイルが400×400 = 16万ほど、建造物や動くものが10万件ほど表示されます。このため、合計で26万ほどのポリゴンが表示されています。これに60を掛けると1560万ポリゴン/秒となり、これは『Minecraft』で1800万ポリゴン/秒であったのに比べると若干低くなっています。

　また、『Factorio』では木や建造物などが半透明のポリゴンになっています。フィルレートは、画面のサイズの2倍程度が必要なので、1169×684×2×60 = 9600万ピクセル/秒が必要です。『Minecraft』が1.4億であったのに比べると、少し低い程度になっています。『Factorio』は実際に『Minecraft』と同様に、スペックの低いマシンでも動くので、上記の見積もりが正しいことがわかります。

　『Factorio』のような高精細な2Dゲームと『Minecraft』のようなポリゴンの少なめな3Dゲームは、だいたい同じくらいのポリゴン描画性能とフィルレートを必要としていることがわかりました。

　なお、ここでは高精細な3Dゲームについては説明を省略しますが、たとえば「ファイナルファンタジー」シリーズのような高精細な3Dゲームは、描画クオリティの設定ができるようになっており、その設定次第では先述のNVIDIA Teslaのような高性能GPUの性能も簡単に消費し尽してしまうことからも、高精細な3Dゲームでは現状、GPUがいくらあっても足りないということになります。

[ゲーム開発者のための]レンダリング再入門

0.4
CPUとGPU

　座標変換と塗りつぶしが高速にできれば、リアルタイムレンダリングができることがわかりました。これらの処理は必要度合いが大きいため、Intel Core i7 シリーズのような汎用のCPUでも、スマートフォン用のGPU内蔵CPUでも、NVIDIA TeslaのようなGPUでも、座標変換用の行列計算やメモリーコピーの専用命令などのための専用ハードウェアが搭載されています。

　ただし、クラウドゲームの観点では、Amazon Web Services（AWS）のEC2のようなプラットフォームでGPUを使うと料金が高くなるため、できる限りCPUのみでシステムを実装する動機があります。ここでは、CPUとGPUの違いを簡単に見ておきましょう。

CPUとGPUのおもな違い

　少々極端ですが結論から言うと、CPUはとても速くて多機能な計算コアが数個から数十個搭載されている部品で、GPUは遅くて単純な計算コアが数十個から数千個搭載されている部品です（**表0.1**）。

表0.1 CPUとGPUのハードウェアの違い

	CPU	GPU
コア数	1〜数十	数十〜数千
コアの機能	OSを実装できるほど高機能	計算ができるだけの単純なもの

　現在、CPUだけでなく、GPUにおいても、コア数を増やす方向で開発が進められています。その理由は、プロセッサコアの動作周波数を現在以上に向上させることが難しく、1つのコアあたりの処理性能が頭打ちになっているため、さらなる性能向上にはコア数の増加が有効な手段になっているからです。

並列計算

　計算コアの数を増やして全体の計算性能を向上させるには、計算を並列化する必要があります。並列計算のイメージを掴むために、1000個の要素を持つ配列の和を求める計算をしてみましょう。

　素直に書くと、次のようになります。これは、並列計算をしていません。CPUでもGPUでも、同様のコードになります。

```
total = 0;
for (i = 0; i < 1000; i++) total += array[i];
```

　並列計算をしない場合、CPUのコアのほうが高速なのでCPUでは1μ秒(マイクロ秒)で終了するところ、GPUでは3μ秒かかる、という具合になります。

　GPUに10個の計算コアがあると仮定しましょう。すると、「10個に並列化」できます。1個のプログラムは1個のコアでしか動作できないので、上記のプログラムを以下の10個に分けます。

```
total0 = 0;
for (i = 0; i < 100; i++) total0 += array[i];     プログラム0

total1 = 0;
for (i = 100; i < 200; i++) total1 += array[i];   プログラム1

total2 = 0;
for (i = 200; i < 300; i++) total2 += array[i];   プログラム2

＜中略＞

total9 = 0;
for (i = 900; i < 1000; i++) total9 += array[i];  プログラム9

total = total0 + total1 + total2 + ＜中略＞ + total9;   仕上げ用プログラム9
```

　プログラム0〜9は、1000個の要素を持つ配列を100個ごとに分けて和を計算します。配列を10分割することで要素数が10分の1になるので、それぞれのプログラムは10分の1の実行時間で完了します。

　10個のプログラムをコンパイルしたら、プログラム0をGPUのコア0に、プログラム1をGPUのコア1に……とプログラム9までを、10個あるGPUのコアそれぞれに転送します。

　転送ができたら、それぞれを実行するように指示します。計算の根拠となる配列arrayの必要な部分も転送しなければなりません。実行が終わったら、プログラム0〜9では、total0からtotal9という変数に、配列の部分の和が格納されています。

　最後に仕上げ用プログラムを実行し、total0からtotal9の和を計算し、配列全体の1000個の要素の和の計算が完了します。

　実行時間を比較すると**図0.12**のようになります。

図0.12 並列実行の並列度による実行時間の違い

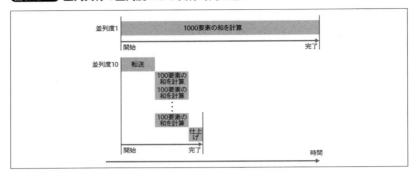

並列化できない計算などの注意

並列度1のときに比べると、並列度10のときは和を求める計算が速く終わる分、全体の和を求める実行時間が小さくなっています。並列度を100にしたらさらに終わるのは速くなりそうですが、転送の時間と仕上げの時間は並列度には関係なく必要なため、いくらでも速くなるというわけにはいきません。

アプリケーションで必要な計算は、このように並列度を上げて高速化ができる処理ばかりではありません。配列の要素の和を求める計算は、「和の計算は部分に分解できる」という数学的な特性があるから可能になっていますが、計算の内容によっては並列化ができない場合があります。

たとえば、「配列の前から足していって合計値が100になったら0にリセットする」という条件が追加された場合、どの位置でリセットするかによって合計の結果が変わるので、101～200個めの結果を求めるには、最初の100個の計算結果が必要になります。その場合は並列化ができません。

CGの計算と並列化しやすいアルゴリズムの研究

このように、計算の並列には厳しい制約があるのですが、CGでは、頂点のアニメーションや透視変換など行列計算、ラスタライズ、ライティング、深さ、半透明、ピクセルの後処理など、あらゆる処理において並列化しやすいアルゴリズムが研究され、実用化されているため、GPUに搭載されている何千という計算コアを活用できるのです。結果として、グラフィックスレンダリングの速度は、GPUを使うとCPUに対して10～100倍以上という差が生まれます。

現在は、スマートフォンやPCやゲーム機などのユーザーが直接触れるマシンには、ほぼ何らかのGPUが搭載されていますから、そのおかげでさまざまなゲームが楽しめると言えるでしょう。

0.5
グラフィックスライブラリ　OpenGL

　0.2節では、レンダラーに日本語で書かれたテキストファイルを渡していましたが、何十万ポリゴンという量のゲームの描画内容を1秒に60回も受け渡しをするためには、テキストファイルでいちいち描画内容を伝えていたら、テキスト解析のオーバーヘッドだけでCPUが足りなくなってしまいます。

　そこでリアルタイムレンダリングをするときには、そのようなソースファイルを介することなく、OpenGLやDirectXといったグラフィックスライブラリを使ってGPUに指示をします。Unityなどのゲームエンジンを使う場合は、ゲームプログラムからではなく、ゲームエンジンがこれらの関数を呼び出します。

OpenGL、基礎の基礎

　第3章のmoyaiでは**OpenGL**を使います。OpenGLのAPIで三角形を1つ描画するように指示する場合、関数をいくつか呼び出す必要があります。三角形は3つの頂点があるので、次のように3つの座標の組を配列に格納します。

```
static const GLfloat g_vertex_buffer_data[] = {
   -1.0f, -1.0f, 0.0f, ……………………… 頂点x
    1.0f, -1.0f, 0.0f, ……………………… 頂点y
    0.0f,  1.0f, 0.0f, ……………………… 頂点z
};
```

　次のようにして、OpenGLが管理しているメモリー領域に、「頂点バッファ」（VertexBuffer）と呼ばれるオブジェクトを1個生成します。

```
GLuint vertexbuffer;
glGenBuffers(1, &vertexbuffer);
glBindBuffer(GL_ARRAY_BUFFER, vertexbuffer);
```

　配列に格納してあった頂点の座標を、頂点バッファに転送します。

```
glBufferData(GL_ARRAY_BUFFER, sizeof(g_vertex_buffer_data),
                                     g_vertex_buffer_data, GL_STATIC_DRAW);
```

　三角形を1個描画するのに、上記のコードが必要です。moyaiは、この関数呼び出しを内部で行っています。カメラや視錐台の設定などのために、さらに十数個の関数を呼び出すための数十行のコードが必要ですが、ここでは割愛します。

[ゲーム開発者のための]レンダリング再入門

各種環境とグラフィックスライブラリ

　レンダリングを行うためには、マシンにOpenGLのようなグラフィックスライブラリ（API）が準備されている必要があります。スマートフォンやPCでは、たとえばOpenGLが、ゲーム機では各ゲーム機専用のAPIが、インストールされています。これらのAPIは、C言語やアセンブリ言語で実装されていて、可能な限りオーバーヘッドが小さくなるように設計されています。

0.6
補足：映像のエンコーディング

　GPUがレンダリングした結果、生成された画像は、GPUの内部または高速な回路で接続された「フレームバッファ」と呼ばれるメモリー空間に出力されます。フレームバッファに出力された画像は、通常はディスプレイに対して出力されます。ただし、現在商用化されている多くのクラウドゲームサービス（p.24）では、ディスプレイに出力せず、フレームバッファの内容をGPUの機能を使って圧縮するか、メインメモリーに取り出してからCPUを使って圧縮し、それを閲覧ソフトウェア（ゲームビューワー、**Viewer**）[注12]に送ります。

フレームバッファと圧縮

　フレームバッファには、圧縮前の画像のピクセルが格納されています。フレームバッファの内容を圧縮するには、基本的には画像をJPEG画像に圧縮する方法に似た方法が使われます。その大まかな手順は、以下のようになります。

❶ RGBデータをYUV[注13]データに変換する
❷ サンプリングする
❸ 8×8ピクセルごとにDCT（*Discrete Cosine Transform*、周波数分解）の変換を行う
❹ ブロックごとに量子化
❺ ブロックごとの値を一列に整列する
❻ 符号化する

注12　この閲覧ソフトウェアはユーザーが直接触れるソフトウェアで、WebにおけるWebブラウザに対応するプログラムです。本書では、この閲覧ソフトウェアを「Viewer」や「ゲームブラウザ」、ゲームサーバーに対置するものとして「ゲームクライアント」「クライアント」など、文脈に応じて呼び分けることがあります。
注13　人間の知覚特性を活用して、単位ビット数あたりの画像情報の密度を向上させた色情報の表現形式です。

このうち❺と❻以外は、画像の部分（ブロック）ごとに互いに関係がないため、GPUを使って並列度を上げることが可能です。現在は、CPUにも画像圧縮のための特別な計算コアが内蔵されている[注14]ため、GPUを使った場合でも何十倍も速くなることはなく、数倍程度の差に収まるようです。

差分とフレーム間予測

　静止画の圧縮であればこれで終わりですが、動画の場合は手順に続きがあります。Youtubeで配信されるような静的な映像コンテンツの場合は、連続したフレームの内容が似ていることを利用して、さらにデータ量の圧縮を試みます。

　MPEG系の映像フォーマットでは、1つのフレーム（画面）を完全に再現できる全部の情報を含む画像を「キーフレーム」（Iフレーム）、前のフレームからの差分の情報だけを含むフレームを「差分フレーム」（PまたはBフレーム）と呼びます。

　キーフレームの画像の圧縮を「フレーム内圧縮」、フレーム間の差分を利用した圧縮を「フレーム間予測」と言います。差分フレームは、フレーム間予測の結果をエンコードしたものです。一般的に映像の圧縮では、フレーム間予測による圧縮効果のほうが、フレーム内圧縮に比べて圧倒的に圧縮効果が高く、その効果は数十倍以上に上ります。

　そのため、画質を落とさず、差分フレームを多くできるように、工夫をしたりコストをかけます。映像コンテンツは1回だけエンコードして完成したらそれを何度でもコピーできるので、動きの予測精度を上げることにかなりの計算処理能力を費やしても、十分なメリットが得られます。

　映像コンテンツを理想的にエンコードできたら、次のような感じでフレームが並びます。Kはキーフレーム、Pは差分フレームです。

```
KPPPPPPPPPPPPPPPPPPPPPPPPPPPPPPPPKPPPPPPPPPPPPPPPPPPPPKPPPPPP
```

　ほとんどがPで、たまにKがある、という状態が理想です。キーフレームは、場面ががらりと切り替わるところでは必要になります。

　本書のmoyaiは、ビデオストリーム（*video stream*、後述）を出力できます。ただし、フレーム間予測の機能がなく、すべてのフレームがキーフレームになっています。本格的に商用化されるクラウドゲームでは、差分フレームがなるべく多くなるように調整されます。

　将来的には、クラウドゲームにおける映像の圧縮は、映像情報の入力として、圧縮前のフレームバッファの画像そのもの以外に、ゲームのキャラクターの動

[注14]　たとえば、IntelのQuick Sync Videoなど。

[ゲーム開発者のための]レンダリング再入門

きやGUIの表示内容など、ゲームプログラムにエンコーダーを内蔵するからこそ、可能な画面の動きの予測システムが組み込まれていくでしょう。

0.7 本章のまとめ

　本章では、ビデオゲームにおけるグラフィックスの描画、すなわちレンダリングについて、最も基本的な概念のおさらいをしました。次章からは、本章で説明した考え方を応用し、クラウドによってゲームのレンダリングがどのように拡張されるのか、どのような選択肢が増えるのかについて、紹介していきます。

Column

クラウドゲームを取り巻く、これまでの状況

「クラウドゲーム」登場からの現在までの、長い年月……

　2000年、Gクラスタがはじめてクラウドゲームのデモを行い、「クラウドゲーム」という言葉は2000年代後半頃から、ゲーム業界で広く使われるようになりました。この頃から、多くの人にクラウドゲームについて「サーバーでゲームアプリを動作させて映像を送信してプレイすることによって、利用者の端末にゲームアプリをインストールしなくても遊べるゲーム」といった風に認識されるようになりました。Wikipediaの「クラウドゲーム」の記事[注a]でも、映像と音声をストリーミングすることが強調されています。
　映像や音声をストリーミングするものは、「ビデオストリーミング型」と呼びます。
　一方、映像と音声をストリーミング送信せずに、ゲームのファイルをプレイするたびに送信して、見た目上専用のゲームソフトをインストールしないで済むように見せているタイプのサービスとして、たとえばGoogleのInstant Appsがあります。これは「ファイルストリーミング型」と呼ばれ、クラウドゲームに含められることがあるようですが、本書で「クラウドゲーム」と言う場合は、ファイルストリーミング型のものは含めません（本書における用語の定義について、詳しくは次章を参照）。
　また、クラウドゲームは、「ゲームオンデマンド」(Game On Demand)や「Game as a Service」などと呼ばれることもありますが、用語の意味は基本的には同じです（ただし、これらの用語でも、ファイルストリーミング型は含まれないようです）。

注a　URL https://ja.wikipedia.org/wiki/クラウドゲーム/

Column

さて、クラウドゲームをめぐる状況は、どのようになっているのでしょうか。

クラウドゲームに次々に参入する企業

日本や北米をはじめ世界中の地域で、さまざまな企業がクラウドゲーム事業に参入しています。各社が提供するクラウドゲームサービスのメリットは、**ゲームのインストールが不要**で、スマートフォンや性能が低い端末に対しても**ハイエンドなグラフィックスを使うゲームを提供できる、ゲームデータの不正利用を防げる**といった点があります。

それぞれの企業が独自の特徴を持つサービスを展開していますが、大きく分けると、汎用のシンクライアント（thin client）PC環境を提供する企業がホスト側のマシンにGPUを付加してゲームアプリケーションにも対応できるようにしたものと、最初からゲームに特化してゲームを提供するサービスプラットフォームとして立ち上がっているものとに分かれます。

シンクライアントPC

前者のシンクライアントPCは、リモートにあるPCをインターネット回線を経由して使うアプリケーションです。たとえば、Paperspace[注b]やAWSのWorkspaces[注c]サービスなどが含まれますが、よく使われているのはMicrosoftのRemote Desktopです。広い意味では、TeamViewer[注d]のようなリモートデスクトップ共有ソフトウェアや、Skypeのデスクトップ共有機能なども含まれるでしょう。

このような汎用的なリモートデスクトップサービスは、数え切れないほどたくさんあります（p.33）。これらはゲームをプレイすることがおもな目的ではなく、リモートからPCを使う環境を提供しているだけであるため、目的のゲームがその環境で動くかどうかは自分でインストールして動作確認しなければなりません。また、映像のエンコーダーがゲーム画像の最適化されていなかったりする可能性もあります。ゲームソフトによっては、ビデオストリーミングを通じた使用を禁じていることもあるため、注意が必要です。

以上は、シンクライアントPCのサービスをゲームに流用する形になります。本書原稿執筆時点でシンクライアントPCのサービスでゲーム向けに展開しているもので、ゲームのパブリッシャーにとって魅力的な規模になるほどサービス利用者を増やしているものはまだありません。技術的にも、ゲームに特化した工夫が積極的に行われているわけではないようなので、本書ではシンクライアントPCのサービスはここで紹介するにとどめます。

ゲーム専用のプラットフォーム

一方、最初からゲームを提供するための専用のプラットフォームとして設計/実装されたサービスも多くあります。それらについては、Wikipedia英語版の「Cloud Gaming」の記事[注e]

注b　URL https://www.paperspace.com/
注c　URL https://aws.amazon.com/jp/workspaces/
注d　URL https://www.teamviewer.com/
注e　URL https://en.wikipedia.org/wiki/Cloud_gaming

[ゲーム開発者のための] レンダリング再入門

Column

がたいへん良くまとまっています。

このページでは、「クラウドゲーム用のシステム」と「クラウドゲームのサービス」に分けてリストが書かれています。このリストを見るとわかりますが、ソースコードを公開しているものは「GamingAnywhere」[注f]のみで、それ以外の利用可能なシステムは、すべてがプロプライエタリなものでソースコードや詳細な仕様が公開されていません。GamingAnywhereは映像のエンコーダーにFFmpegを用いたもので、GPUを搭載しているサーバーでゲームプログラムを動作させ、その描画結果をGamingAnywhereのプログラムが横取りしてエンコードし、ビデオストリーム(映像のストリーミング)としてクライアントのViewerに送信します。

GamingAnywhere以外で、重要な商用クラウドゲーム専用サービスはさらに2つに大別できます。一つは、サービス提供者がデータセンターに(仮想)マシンを用意し、そこでゲームを動作させるもの、もう一つは、プレイヤーが購入したゲームソフトを自分のマシンで動かし、それをネットワークを通じて(おもに家庭内で)リモートプレイできるようにするものです。

データセンターで提供されるタイプ

ゲームがデータセンターで提供されるタイプで主要なものとして以下が挙げられます。

- Ubitus(ユビタス)社の技術を使うGクラスタやGameCloud、Yahoo!ゲームなど
- GeForce NOW
- PlayStation Now

これらのサービスは、狭義の「クラウドゲームプラットフォーム」と言えるでしょう。いずれも似ていますが、UbitusはWindowsとNVIDIAのGPUを利用し、PCゲームをおもなターゲットにしています。GeForce NOWも同様ですが、NVIDIAはハイエンドなグラフィックスを必要とするゲームに特化しようとしているようです。PlayStation NowはPlayStation 3やPlayStation 4のゲーム専用なので、上の2つとターゲットは重なっていません。

データセンターを用いるタイプのものは、関わっているマシンの物理的な位置を図示すると**図C0.a**のようになります。

個人用ツール

プレイヤーが自分でゲームを購入し、自分のマシンにインストールして動作させるタイプのもので、比較的大きな資本を持つ企業によって運営されているものは、以下の3つがあります。観測範囲はおもに日本、北米、欧州であることに注意してください。中国国内専用のサービスなどは多数あるはずですが、リストには含まれていません。

注f　GamingAnywhereのサイトによると、Windows、Linux、macOS、Androidに対応しており、遅延はOnLive(2015年にサービス停止)やStreamMyGameなどよりもかなり小さいと主張しています。2016年あたりから、GamingAnywhereの活発な開発はあまり活発ではなくなっていますが、何ヵ月かに1回は小さな修正が行われているので、完全に停止したわけではないようです。GamingAnywhereはBSD Licenseであるため、クラウドゲームサービスのためにソースを公開せずに商用利用することも可能です。
　　URL http://gaminganywhere.org/

Column

図C0.a データセンターで提供されるタイプのクラウドゲームの構成

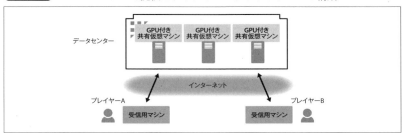

- SteamのIn-Home Streaming
- PlayStationのリモートプレイ
- NVIDIAのGeForceで使えるGameStream機能

　PlayStationやSteamなどゲームのプラットフォームはゲームの使用価値を、GPUのメーカーがGPUの使用価値を、さらに高くするために提供していることがわかります。

　大資本によるサービス以外にも、ゲームソフトを自分のPCで動作させ、ネットワークを通じてNintendo Switchや各種のゲーム機を含むさまざまなモバイル端末に送信して楽しめるようにするというコンセプトのソフトウェアはいろいろなものがあるようです注g。

　これらのような、個人が所有するゲームを個人使用の範囲内でリモートプレイできるようにするものは、個人用ツールと分類できます。個人用ツールを使う場合に、関係するマシンの物理的な位置関係を図示すると、**図C0.b**のようになります。

図C0.b 個人用ツールを使ったクラウドゲームの構成

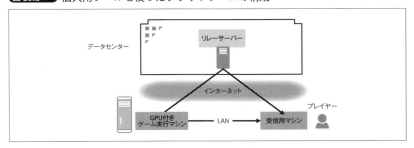

注g　2017年には「Rainway」というプロジェクトの開発開始がアナウンスされ、今後に期待されています。
　　URL https://rainway.io/
　　前出のStreamMyGameもそうしたソフトウェアの一種として有名ですが、現在は公式サイトが利用できない状態になっています。

> Column

　プレイヤーは2台のマシンを所持しています。図C0.bの左側にあるゲーム実行マシンが、プレイヤーが所持するゲームソフトを実行する、GPUを搭載しているPCやゲーム機です。そのマシンから、LANまたはデータセンターに設置したリレーサーバー(これもプレイヤーが設置したもの)を通してビデオストリームを送信して、受信用のマシン(タブレットやPC、ゲーム機など)でゲームをプレイします。

　こうすることで、ゲーム実行マシンから離れた場所で、ゲームをプレイすることができます。個人用ツールでは、ゲーム実行マシンもリレーサーバーも受信用マシンも、すべてプレイヤーが自分用に用意しているところがポイントです。

　大半の商用ゲームは不特定多数へビデオのストリームの送信を使用規約で禁止しているので、ゲームの所有者以外にプレイさせると違法行為になります。このように、個人用ツールはゲームソフト自体を自分で用意する必要がありますが、ゲーム実行マシンからビデオストリームを送信することで、「受信用マシン」にゲームをインストールすることなしにゲームをプレイできるようにしているため、広い意味でインストールを不要化するクラウドゲームのシステムに含められます。また、ゲームの使用規約さえ許せば、自分が所有するGPU付きマシンを使って、ゲームをLANまたはインターネットにおいて不特定多数のプレイヤーにプレイさせることも可能です。たとえば、大学などにおいてゲームに類するものを大学の敷地内の誰でもがアクセスできるようにするなどの応用が考えられます。

　上記で紹介したクラウドゲーム関連のシステムやサービスを中心に分類すると、**図C0.c**のようになります。現行のサービス/技術はいずれも、すでに完成しているゲームのプログラムをできるだけ変更せずに動かすことを重視して実装されています。

図C0.c 現在のクラウドゲーム関連のシステムやサービス

第 **1** 章

クラウドゲームとは何か
マルチプレイゲーム開発が変わる可能性が見えてきた(!?)

　2000年にGクラスタがはじめてクラウドゲームのデモをしてから、長い年月が経過しました(p.24)。その間、いくつものクラウドゲーム事業者が現れては消えることを繰り返してきました。2018年になり、**ビデオストリーム**(映像のストリーミング)を用いたクラウドゲームのサービスが持続可能なビジネスとして現れてきた状況で、PlayStationやNVIDIAのサービスが継続的に提供されるようになりました。しかし、まだ、一般ゲーマーの多くにクラウドゲームサービスが普及してきたとは言えない状況でしょう。

　クラウドゲームは、なぜこれほどまでに普及に時間がかかっているのでしょうか。その原因の中で、とくに重要なのは**インフラのコストと性能**です。インフラとは、クラウドゲームのサーバーを運用する企業が支払うサーバーマシンやインターネット回線、クラウドゲームのユーザーが使うインターネット回線です。

　まずコストについては、2000年から現在までの間、クラウドゲーム事業者が使うサーバーのCPU費用もインターネット回線費用も、少しずつ値下がりをしてきていますが、現時点では数分の1の価格になったという範囲で、何十分の1といった劇的な値下がりはまだ実現されていません。

　また、ユーザーが使う回線について、とくに日本ではゲームはモバイルで楽しむことがほとんどで、モバイル回線の費用が高くなっています。俗に「映像を見るとギガが足りなくなる」などと言われる状況です。クラウドゲームの映像を長時間送信するには、まだまだ高額な料金が発生してしまうのが現実です。

インフラの性能について、インターネット回線の遅延はどうでしょうか。有線の固定回線については、2000年当時からクラウドゲームが提供可能な速度でしたが、モバイルについては、2018年現在の4G (*4th Generation*) 回線でもまだ不十分で、次世代の5G (*5th Generation*) を待つ必要があります。

現在はコスト／性能とも、このような強い制約があるため、将来に向けた巨額の投資ができる企業だけしか、クラウドゲームサービスを提供できない状態です。

本章では、クラウドゲームを取り巻く基本的な技術的制約を中心に、クラウドゲームの全体像を把握していくことを目指します。

そして、現状の厳しい制約を何とか打開するための技法の一つとして、「クライアントサイドレンダリング」についても、考えてみることにしましょう。

1.1 クラウドゲームとクラウドの基礎知識
クラウドゲームの定義、クラウドの実体

「クラウドゲーム」は、その名のとおり、クラウド（クラウドコンピューティング／*cloud computing*）を使うゲームです。まずは、本書の対象であるクラウドゲームとクラウドの基本から概観していきましょう。

クラウドゲームの定義

ゲーム産業では「クラウドゲーム」という用語の正確な定義がないまま、大まかに、サーバーからプレイ映像をストリーミングするゲームのことだよね、というような感じで使われているのが現状ではないでしょうか。さらに最近では、画像ファイルをクラウドから動的にダウンロードするだけでも、クラウドゲームと呼ぶ業者も現れるほどに意味が広がってきたようです。

本書でクラウドゲームの技術を扱うにあたり、「クラウドゲーム」という用語を、できるだけ正確に、以下のように定義しておきましょう。

> ゲームロジック（ゲームのあらゆる判定）のすべてがサーバー側で実行され、エンドユーザー側はその処理結果をリアルタイムに受信する汎用のViewer（ゲームビューワー）を通じてプレイする設計になっているゲーム

ここで言う「汎用のViewer」とは、特定のゲーム専用の閲覧ソフトウェアではなく、複数のゲームに同じプログラムで対応できるViewerのことです[注1]。

また、「サーバー側」とは、AWSに代表されるクラウドサービスのデータセンターで稼働するサーバーマシン/サーバープロセスのほか、一般ユーザーが所有するPC（たとえばp.26の個人用ツール）やサービス提供側が自前で用意したマシン群（たとえばp.33の3D CADサービスの一部）などで、サーバープロセスを起動し、LANやインターネットを経由して使う場合を含んでいます。

クラウドコンピューティング、基礎の基礎

クラウドコンピューティングとは、雲のようなコンピューターを使って何かをすることです（図1.1）。この図の雲（クラウド）の中は、3つの層があります。

図1.1 クラウド（クラウドコンピューティング）※

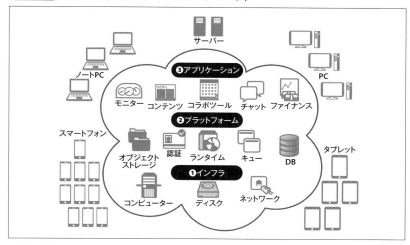

※ 参考：URL https://ja.wikipedia.org/wiki/クラウドコンピューティング/

まず、図中❶**インフラ**が基盤となるハードウェア層で、コンピューター（計算機）、ディスク（ブロックストレージ）、ネットワーク機器が含まれます。❷**プラットフォーム**が、ハードウェアを有効活用するためのソフトウェアプラットフォーム層です。さらに❸**アプリケーション**で、そのソフトウェアプラットフォ

注1 たとえば、『オンラインゲームを支える技術』で取り上げた、C/S MMOタイプ（後述）のゲームは「ゲームロジックのすべてがサーバー側で実行」されていますが、特定のゲームのためにクライアントプログラムを作成するため、クラウドゲームとは言えません。

ームを利用して、メールやチャットなどのアプリケーションや、コンテンツの配信、監視といった具体的なアプリケーションが実装されます。

GoogleやApple、Amazon Web Servicesのような巨大企業は、❶から❸までのすべての層にわたるサービスを展開しています。TwitterやDropboxのような企業は❸だけを提供していたり、Linode[注2]のような企業が❶だけを提供していたり、各層においてさまざまな企業が競争を繰り広げています。クラウドコンピューティングには、これら幅広い形態が含まれます。

クラウドの実体

クラウドを構成するこうした要素は複雑に絡み合っていて、まさに雲のようですが、「クラウドの実体」と言えるものは**莫大な量のハードウェア**（コンピューター、ディスク、ネットワーク機器）そのものです。これらの機器は、地球全体に分散して配置されていて、その数は、現在ではもはや数えることはできませんが、コンピューターが数億台、ディスクも数億台、容量で言えば数EB（$exabyte$、10^{18}）以上、ネットワーク機器も数億台以上といった、莫大な量の計算機資源が利用可能な状態になっています。

たとえば、AWSは東京と大阪にクラウド用のデータセンターを建設していて、両方合わせて、コンピューターは数十万台以上の規模になっていると考えられます（公式発表はないようです）。AWSは全世界に何十ヵ所ものデータセンターを建設していて、かなりの速さで増え続けています。

これらの計算機資源を、LANケーブル、光ファイバーケーブルやモバイル通信、海底ケーブル、衛星通信、電話線などあらゆる通信手段を経由して、遠隔地から、必要な人が、必要なときに、必要なときだけ活用できるのが、クラウドコンピューティングのすごいところです。

典型的なクラウドとオンラインサービス

クラウドの用途は多様ですが、典型的な使い方は、オンラインゲームやWebサービスなど、オンラインサービスを提供するためのサーバーをクラウド上に立ち上げることでしょう（**図1.2**）[注3]。

クラウド以前は、個人用のPCをたくさんインターネットにつないでいる状態と（今と比べると）大差がありませんでした。この図のように、Webサイトやオンラインゲームなどのインターネットサービスを立ち上げるためには、コン

[注2] URL https://www.linode.com/
[注3] クラウドインフラ事業者によるインフラだけではなく、クラウドサービス提供者が自前でハードウェアを用意する場合も、同じ形態、同じ使い方です。

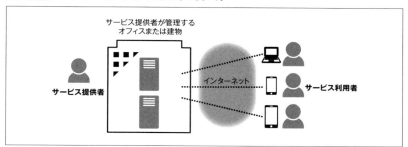

図1.2 クラウドインフラの典型的な使い方

ピューターやストレージ、ハブやルーターなどのネットワーク機器を自分で購入し、オフィスに設置したり、データセンターの建物を借りて物理的に設置し、インターネット接続業者と通信回線の契約をし、ケーブルや電源設備を敷設工事し、エアコンや防塵フィルターを設置し……といった、物理的で、場合によっては数週間などと多くの時間がかかる作業が必要でした。これらの作業をして設置した後も、メンテナンスや機材の更新をずっと続けなければなりません。

しかし、クラウドではこの図で示したように、必ずしもサービス提供者は物理的な機材を購入することなく、Webページで数回クリックして機材の種類を選ぶだけで、Linuxなどがインストールされたサーバーを借り（使用する権利を購入し）、起動し、必要なソフトウェアをインストールし、遠隔操作を行って、稼働開始することができます。ほんの数秒〜数分以内の作業でできるのです。

クラウドのインフラは、クラウド上でサービスを提供する事業者には圧倒的なメリットがあるため、2015年頃までには、軍事用や古過ぎるシステムとの連携が必要などの特殊な用途を除いて、オンラインサービスを提供する場合に、最初に検討/採用される選択肢になりました。

計算機資源の利用効率と新たなサービス　リモートデスクトップと3D CADの例

クラウドは、素晴らしく便利なものです。しかし、便利なだけではない、もう一つ重要なことがあります。それは、計算機資源の利用効率を大幅に高めることで、新しいサービスが可能になるということです。ここでは、「リモートデスクトップ」(remote desktop)のアプリケーションを例にして説明します。

リモートデスクトップは、遠隔地にあるWindowsなどのGUIマシンでグラフィックスを使うアプリケーションを動作させ、その画面をリアルタイムにキャプチャーし、映像をネットワーク経由で送信して、手元のマシンで受信し表

示することで、遠隔にあるマシンを、あたかも手元にあるように操作できるアプリケーションです。リモートデスクトップは、クラウド以前からありました。

典型的には、会社にあるWindowsマシンに、3D CADや映像編集のような、大量のメモリーやGPUを使うソフトウェアがインストールされていて、それをネットワーク経由で自宅や出張先から使うような使い方です。

図1.3は、A社とB社にそれぞれマシンが置かれていて、3D CADソフトがインストールされているとしましょう。それをA社とB社の社員がそれぞれ自宅から利用しています。A社とB社にある各マシンは、社員が利用していない間は休眠状態になっています。これが、クラウド以前の利用形態でした。

図1.3 リモートデスクトップ（クラウド以前）

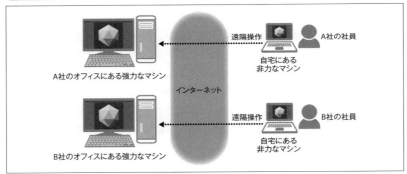

この3D CADソフトとマシンをクラウド化すると、**図1.4**のようになります。図1.4では、3D CADソフトをインストールした大量の強力なマシンを管理している「3D CADデスクトップクラウドサービス企業」が出現しました[注4]。A社、B社、そして全世界のCADソフト利用者は、そのクラウドサービス企業と契約をし、たとえば月額数千円といった3D CADサービス使用料金を支払います。A社やB社の社員は、いつでも必要なときにCADソフトをインターネット経由で使えます。その利用料金が、自前でマシンを買うよりも大幅に安いために、多くの人たちが、このクラウドサービス企業のサービスを使うというわけです。

注4 念のため補足しておくと、エンドユーザーに対して3D CADのようなクラウドサービスを提供するときには、典型的には2通りのビジネスの組み立て方があります。一つは「垂直統合」で、ここでの3D CADサービスの例で言うと、ケーブルやマシン、電源、空調設備、建物などの、サービスのインフラとなるハードウェアを3D CADサービス企業が準備するパターンを言います。このメリットは、ハードウェアや要件を3D CADサービスのために最適化することができる点です。垂直統合で有名な例としては、Dropboxが最初はAWSを使って、途中で自社のインフラに切り替えて利益率を向上させたケースがあります。もう一つは「水平分業」で、自社でハードウェアを準備することなく、AWSのようなクラウドインフラ事業者が提供するインフラを利用し、その上に3D CADのサービスを提供するパターンです。後者は、まだ十分な量の顧客を獲得していない企業が開発スピードを稼ぎながらお金も節約するためには良い方法です。

なぜ、大幅に安くできるのでしょうか。

図1.4 クラウド化したリモートデスクトップ

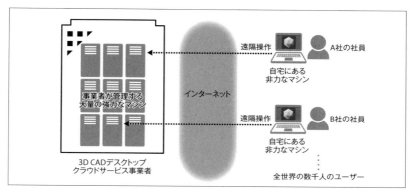

大量のマシンを1ヵ所に集めると、変わること
利用効率や高速化と、ソフトウェア自体の設計見直し

　この図と、図1.3を比べると、ただ単にマシンが1ヵ所に集まっただけに見えますが、実際には**利用パターン**や**CADソフトの構造**などを活用して、大幅に計算機資源の利用効率が高められているのです。

　実は、3D CADソフトの使用中、大半の時間で、CPUとGPUは重い計算処理を行っていません。ここでの重い処理とは、レイトレーシングを有効にした高精細なレンダリングや、精密な物理シミュレーションなどの実行処理です。

　一方で軽い処理は、図面の修正や、表面のテクスチャの割り当てを変更したり、仮組みの位置を変更したりといった操作です。3D CADソフトの性質や用途にもよりますが、明らかにCADソフトの利用者（設計をする人）は、ちょっと図面を修正しては資料を確認したり、過去のバージョンと比較してみたりといった、軽い操作をしている時間がほとんどです。

　重い処理は、1時間あたり平均して10分もないかもしれません。この間、GPUやCPUはただ単に待っているだけなので、有効活用されていません。しかし、利用者が、いつ重い処理を開始するかわからないので、計算機資源を手放すわけにもいかないのです。

　3D CADアプリケーションを提供するクラウドサービス事業者は、この利用（操作/処理）パターンに着目して、典型的には3D CADソフトの設計を改良し、重い処理を、CPUやGPUが空いているマシンにオフロード（負荷を移転）できるようにします。そうすれば、いままではA社とB社で合計2台のマシンが必要だったところ、1時間に重い処理が10分なれば、計算上は、6社まで（1時間は60分あるので）1台のマシンで対応可能という計算が成立します。

3D CADソフトにおける重い処理のオフロードをするためには、何GBもある大量のモデルやテクスチャデータを超高速に、数秒で他のマシンにコピーする必要があります。クラウドサービス事業者は、高速なコピーのために、データセンターにおけるLANの接続には極めて高速なケーブルを用意します。このような高速のコピーは、大量のマシンを1ヵ所に集めることによって始めて可能になるのです。

このように、ソフトウェアの設計を見直し、さらに高速なネットワークを構築して重い処理をオフロードできるようにすることで、クラウドサービス事業者がこれまでになく安価に3D CADサービスを提供できるようになります。

クラウドによって新しい価値が生まれてくる背景には、ほとんどの場合、この3D CADソフトのように「ソフトウェア自体の設計の見直し」という作業が含まれています。この点にも着目しておきましょう。

それと、クラウドサービス事業者の利益という観点でも、大量のマシンを集中させればさせるほど高まります。そのため、AWSなどの企業も何十万台という大量のマシンを1ヵ所に集めています。

クラウドゲームの事業化とゲーム産業のビジネスモデル

クラウドゲームの事業化は、2010年代、前項で説明した3D CADのリモートデスクトップのクラウドサービス事業者と同じ事業モデルから始まりました。すなわち、クラウドサービス事業者が、強力なマシンを大量にデータセンターに配置し、GPUを持たない携帯型ゲーム機やスマートフォン、Webブラウザに対して映像信号を送信してゲームをプレイできるようにしたのです。

しかし、これまでのところ、多くの企業がサービスを開始しては倒産やサービス中止を余儀なくされてしまっています。その原因は、ゲーム産業のビジネスモデルが、仕事用のソフトとは違うことにありそうです。

ゲームは、膨大な量のCPUとGPUを消費するわりに、ユーザーあたりの単価が小さい（手軽に遊べる）という特徴があります。

たとえば『Minecraft』であれば、3000円で購入した後、何ヵ月でも何年でも遊び放題です。ユーザーから見ると、1時間あたりで言うと数円しかかかりません。さらに、F2P（*Free to Play*）と呼ばれる課金モデルがあります。F2Pとは、無償でプレイ開始できるが、より深くゲームを遊ぶためにはお金を支払うというモデルです。このモデルでは、10人が無償でプレイしていて、1人が多くのお金を支払うという感じになります。ゲーム提供側から見るとF2Pは高い壁となっていて、1人あたりの固定の売り上げが小さくなる、売り上げに対して必要なマシン資源が計算できません。

以上のような理由により、これまでのところ、ゲーム産業におけるクラウドゲームのサービスは、なかなか事業として成立しないという状況が続いています。しかし、クラウドインフラのコストは現在、比較的速いペースで低下し続けていることに加え、これから本書でいくつかを見ていきますが、技術的観点で諸条件に変化も起きつつあり、これから先、ある時点で急激に事業化しやすくなる可能性はあります。クラウドゲームは現在、大規模に利用される一歩手前の段階であると考えられるかもしれません。

1.2

クラウドゲームでゲームの「何」が変わるか
クラウドゲームの技術的な特徴、ゲームの内容によらない変化

　クラウドゲームの技術によって、ゲーム（プログラム）にはどのような影響があるのでしょうか。クラウドゲームの技術的な特徴と、そこから生まれるメリット／デメリットを取り上げます。

クラウドゲームの3つの技術的な特徴

　本章の冒頭で、本書における「クラウドゲームの定義」について取り上げました。そこから、クラウドゲームの技術的な特徴として次の3つに着目してみましょう。

❶ゲームロジックがすべてサーバー側にある
❷クライアントが汎用的なプログラムである
❸ゲームロジックの処理結果がリアルタイムにサーバーからクライアントに送信される

　クラウドゲームでは、ゲームロジックのためのプログラムを、ユーザーのマシンから物理的に離れた位置にある、サーバーマシンのみで動作させます[注5]。
　クライアントには、多くのゲームのViewerとして機能する汎用的なプログラムをインストールします。このViewerプログラムには、ゲーム固有の画像や音やコードは一切含まれないので、ゲームに必要な画像や音やあらゆる描画内容は、ゲームサーバーからリアルタイムに送信し続ける必要があります。

注5　これは、データセンターで提供されるタイプのクラウドゲームでも、個人が所有する複数のマシンを活用するための個人用ツールとしてのクラウドゲームでも、同じです。

技術的な特徴から生まれる多くのメリット　ユーザー視点、開発者視点

　上記の特徴により、ゲームの利用者の端末に、ゲームごとに作られた専用プログラムやデータをインストールする必要がなくなり、ゲームを始めるまでに必要な手間や時間が少なくなります。また、プログラムを利用者の端末に送信しないため、ゲームの内容をリバースエンジニアリング（*reverse engineering*）するのが難しくなり、結果として製品が違法にコピーされる危険性が減ります。

　ゲームプログラムの実装方法についても、現在とはバランスが変化します。現在は、Windows PC、Mac、ゲーム機、スマートフォン、あるいはWebブラウザといったような多様なデバイス（*device*、装置）があり、ゲームプログラム自体に、デバイスの違いを吸収するための複雑な移植層を実装する必要があります。UnityやUnreal Engine、GameMaker Studioなどのゲームエンジン（後述）を使うことで移植層をゲーム開発者が自分で実装する労力を減らせますが、その引き換えとして、かなり大きな移植層の実行時、開発時のオーバーヘッドを受け入れる必要があります。

　クラウドゲームでは、特定のサーバーマシンで動くゲームを一度実装できれば、Viewerが装備されている全環境で動作するため、移植層の実装が不要になります（もちろん、Viewerが各デバイス向けに実装されている必要はあります）。

　映像をストリーミングする**ビデオストリーム**のクラウドゲームでは、Viewerのおもな仕事は映像のデコード（*decode*）をして画面に描画することです。Viewerにおいて映像をデコードする処理は、現在では専用ハードウェア[注6]が小型化していることもあり、スマートフォンを含めて、3Dの描画性能が貧弱なマシンでも十分な性能を期待（問題なく実装）できます。

　したがって、強力なGPUを搭載した高い3D描画性能を持つサーバーを使って、スマートフォンやテレビのような強力なGPUを持たないデバイスに、高品質なグラフィックスを実装したゲームを提供することも可能になります。

　また、本書で取り上げる**スプライトストリーム**では、ビデオストリームとは異なり映像の不可逆圧縮を行わないため、原理的に画質の劣化が起きません。したがって、画質の問題が出やすい文字/数字のフォントを多用するゲームやシミュレーションゲームのように細い線を使うゲームでは、きれいな絵を描画できます（p.284）。さらに、画面サイズ（ピクセル数）を大きくしても通信帯域が増えないため、4Kなどの大画面を用いたゲームに向いていると言えます。

　これらの変化は、プレイヤーにとってはゲームの楽しみ方が増え、開発者にとってはゲーム開発手法の選択肢が増えることになる、大きなメリットです。

[注6] Intel CoreシリーズのプロセッサやiPhoneに搭載されているAppleのA9プロセッサ以降などに内蔵されているハードウェアアクセラレーション回路のこと。

クラウドゲームのおもな課題と解決の兆し　インフラ費用、通信の遅延

　一方、本章冒頭で触れたとおり、クラウドゲームには解決されるべき課題が2つ残っています。それは**インフラ費用**（コスト）と**通信の遅延**（性能）です。

　クラウドゲームでは、インフラ費用が多く発生します。まず、ゲームロジックをすべてサーバー側で実行するため、AWSなどでマシンを借りて動作させるか、サーバーマシンを自前で買う必要があります。また、データをストリーミングするために、大量の通信を行う必要があります。とくに、AWSなどのクラウド基盤を使う場合は、サーバーからインターネットに対する通信には料金が発生するため、ゲームを提供する側にはそれが経済的な負担になります。

　現在では、ゲーム提供側の企業がクラウドゲームに参入できない理由としては、このインフラ費用の問題が最も重要なものです。AWSなどのクラウドサービスの費用は、毎年下がり続けていて、競争がさらに激化しているため、この問題は解決に向かっています。

　次の問題は「通信の遅延」です。インターネットを経由通信するときには遅延が発生し、リアルタイムかつ高速な実行が重要であるゲームにとって、その遅延は問題です。とくに対戦格闘ゲームのように、小さな遅延でもプレイ感覚が悪くなるようなゲームは、現在のインターネット環境においては、クラウドゲームとして提供するのが難しい場合があります。しかし、通信の遅延についても、二つの技術発展によって大きく改善することが予想されます。

　一つは、AWSなどのクラウドインフラ事業者が、世界の各国だけではなく、各都市にデータセンターを配置し続けていることです。先日も日本の大阪にAWSのデータセンターが開設され、日本のとくに西日本へのクラウドゲームサービスが急に現実化してきています。地球上の1000km以内に1個はクラウドデータセンターがある、というような状況が急速に近づいています。

　もう一つは、実験が始まっているモバイルの5Gネットワークです。5Gでは遅延が光ファイバー並みに小さくなり、モバイル端末から光ファイバー網まで1〜5ミリ秒の遅延で到達するようになるようです。4Gの課題であったパケット通信の遅延は数十ミリ秒の単位だったため、将来的にはリアルタイム性の高い対戦ゲームでも、モバイル環境でプレイできるようになると言われています。

　本節で説明した変化は、ゲームの内容によらない変化ですが、それ以外にもマルチプレイゲーム（マルチプレイヤーゲーム）でのみ起きる変化があります。それは、「**マルチプレイゲームをつくるのが、大幅に簡単になる**」ことです。

1.3

マルチプレイゲームで起きる"大"変化
マルチプレイゲームが簡単に実装できる

　クラウドゲームで、マルチプレイゲームの実装方法がどう変わるかを端的に言うなら、「マルチプレイゲームを、オフラインゲームと同じ方法で実装できるようになる」ということです。

マルチプレイゲームを、
オフラインゲームと同じ方法で実装できる(!?)

　『オンラインゲームを支える技術』では、マルチプレイゲームを実装する方法は、大きく分けると「P2P MO」(*Peer to Peer Multiplayer Online*)タイプ、「C/S MMO」(*Client/Server Massively Multiplayer Online*)タイプが用いられていると説明しました。

　P2P MOでもC/S MMOでも、「プレイヤー1がアイテムXを取った」「敵(ID12)が地形(位置(4,3))を破壊した」というような、「ゲームプレイ空間」(ゲームの規則に従ってゲームを遊ぶときに必要な情報のすべて、1つのプロセス)がどう変化したかを、ソケットAPI(*socket API*、後述)を使ってネットワークに送信する処理を実装していました。『オンラインゲームを支える技術』は、ゲームプログラマーがこの通信の処理を実装するときに、コードの設計を失敗するとバグの温床やメンテナンス不可能なコードになってしまうため、どのように設計していくと良いかを説明するのに重点を置いていたと言えます。

　ところが、クラウドゲームでは、ゲームプログラマーがソケットAPIを使って通信を実装する必要自体がなくなり、昔ながらのオフラインゲームと同じ方法で実装できるようになるのです。

　実は1970年代、通信ゲームが一般化する前から、マルチプレイゲームは大人気でした。

ファミリーコンピュータ時代から学びたい。
みんなで楽しむマルチプレイゲームのルーツ

　1970年代にコンソールゲーム機が登場したときから、1台のゲーム機を使って2人以上が遊ぶ対戦プレイはとても人気がありました。**図1.5**は1983年に発売された「ファミリーコンピュータ」の写真で、最初から2つのコントローラー

が付属していて、多くのゲームで2人以上の同時プレイが可能でした。

図1.5 「ファミリーコンピュータ」(任天堂、1983年発売)

『バルーンファイト』の協力プレイ

ファミリーコンピュータ用の人気ソフト『バルーンファイト』は、1つの画面に2人のキャラクターが登場し、2つのコントローラーを同時に使って協力プレイができます(**図1.6**)。

図1.6 2つのコントローラーを同時に使って協力プレイ

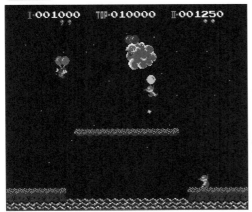

『バルーンファイト』©1985 Nintendo

1P(図1.5の、向かって本体左側のⅠコントローラー)は赤い風船(図1.6の風船のうち、左上が実際の画面では赤い風船)を、2P(図1.5の、向かって本体右側のⅡコントローラー)は青い風船(図1.6の風船のうち、一番上側)のキャラクターを操作します。プレイヤーは、この2つのコントローラーを使って、ゲームプログラムに対して操作情報を入力します。ファミリーコンピュータ本体で

動作するゲームプログラムは、入力されたボタンの状態の情報を処理し、画面に表示しているキャラクターの座標を動かすなどしてから、画面に出力します。

マルチプレイゲームの基本形

一般的に、ファミリーコンピュータの時代のマルチプレイゲームは、ゲーム機にコントローラーを2台接続して、通信機能なしでマルチプレイを実現していたのです。

この時代の、ゲームのプログラムを疑似コードで示すと、次のように書かれていました。

```
while(1) {
    コントローラー1の状態を読む
    プレイヤー1を動かす
    コントローラー2の状態を読む
    プレイヤー2を動かす
    敵などを動かす
    描画する
}
```

『マリオカート8デラックス』の異なる視点のマルチプレイ

2000年代になると、ゲーム機のハードウェア処理性能が向上し、1つの画面を2つ以上に分割し、コントローラーも2つ以上接続して、異なる視点が必要なゲームでもマルチプレイができるようになりました。図1.7は、Nintendo Switch用のソフト『マリオカート8デラックス』の画面です。

図1.7　異なる視点のマルチプレイを楽しめる

『マリオカート8デラックス』　©2017 Nintendo

| **オフラインマルチプレイ**　ゲームプログラムの基本構造は同じ

　Nintendo Switchのコントローラーはファミリーコンピュータとは異なり、Bluetooth無線を使って接続されていますが、ここで行われていることは『バルーンファイト』と同様です。入力の情報を、ケーブルではなく、Bluetoothを使って送る部分が異なっているだけだと言えます。

　また、出力をするときに画面を4分割する表現を行っているだけなので、『バルーンファイト』とのようなマルチプレイゲームと比べて、ゲームプログラムの基本構造に変更はありません。

　『バルーンファイト』や『マリオカート8デラックス』のように、1台のゲーム機にケーブルやBluetoothなどを用いて複数のコントローラーを接続してネットワーク機能を使わずにマルチプレイを行うことは、一般的に「オフラインマルチプレイ」と呼ばれます。

クラウドゲームは、コントローラーのケーブルを地球の裏側まで伸ばしてくれる

　ゲーム機につないでいるコントローラーは、数個のボタンが押されたかどうかの情報をゲーム機の本体に伝えるのが仕事です。その情報量はとても小さいので、ネットワークを使ってどこまでも遠くまで延長できます。

　たとえば、ファミリーコンピュータであれば、十字ボタンとAボタン、Bボタンなどいくつかのボタンが必要ですが、通信機能を備えたゲーム機などであれば、それらと同等のボタンが搭載されているため、そのボタンの状態をそのままインターネットを経由して、ゲーム機本体にインターネットを使って送り、ゲームを操作することができます（**図1.8**）。

図1.8　インターネット経由でゲーム機本体へ入力を送るとしたら

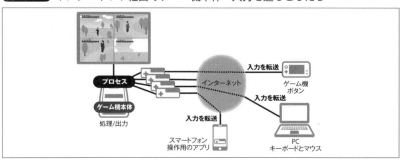

クラウドゲームとは何か

スマートフォンやPCではゲーム機と同じようなボタンは搭載されていませんが、画面にコントローラーの絵を表示したり、キーボードを代用したりすれば、十字ボタンとAボタン、Bボタン程度ならば簡単に代用可能です。

ただし、この図のままコントローラーのボタンの状態を通信しているだけではゲームをプレイするのは難しいので、画面の状態を何らかの方法でプレイする人に送らなければなりません。そのためにはSkypeなどでビデオを送ったりといった方法も使えなくもないでしょうが、より便利にするために、操作アプリと映像（または描画内容）の送信は同じアプリに実装するのが良いでしょう。

この図の物理的なコントローラーは、通信技術を使って遥か遠方にまで延長されています。ところが、ゲーム機が実際に動かしているゲームのゲームロジックの動作は、これまでのオフラインマルチプレイとまったく変わらず、1台のゲーム機のハードウェアの上で動作する1つのプロセスが行います[注7]。

2人用のクラウドゲームのコードを考えてみましょう。

```
while(1) {
    コントローラー1の状態を読む
    プレイヤー1を動かす
    コントローラー2の状態を読む
    プレイヤー2を動かす
    敵などを動かす
    描画する
}
```

以上のとおり、オフラインマルチプレイゲームとまったく変わりません。

違うのは、コントローラー1と2の状態について、OSまたはクラウドゲームに対応したゲームエンジンが、インターネットの向こうから送信されてきたコントローラーの操作情報を受信して、自動的に結果を反映してくれることです。

ゲームプログラマーが、ネットワークコードを書く必要はなくなりました。

このコードで示したように、オフラインマルチプレイとまったく同じゲームコードだが、コントローラーがネットワーク通信によって遠隔地と接続されているようなクラウドゲーム特有のマルチプレイ（疑似オフラインマルチプレイ）を、本書では「**クラウドマルチプレイ**」と呼ぶことにします。

注7 　ゲームロジックの動作だけではなく出力の方法についても、ゲームロジックと描画ライブラリを分離して設計できされすれば、オフラインマルチプレイとまったく同じになります。たとえば、ゲームロジックが「スプライトをxyの位置に表示する」という命令を描画ライブラリに渡すようになっていれば、描画ライブラリが、その内部でOpenGLなどのAPIを用いて、サーバー側のローカルマシンのGPUを使って描画（**サーバーサイドレンダリング**）しても良いし、本書で実装しているmoyaiライブラリのように、ネットワーク経由でスプライトの位置を送信し、リモートにあるPCで描画（**クライアントレンダリング**）しても良いのです。

1.4
オンラインマルチプレイとクラウドマルチプレイの対比
ゲーム実装時、ネットワークプログラミングは不要になる

　クラウドマルチプレイと、クラウドゲーム以前のマルチプレイの実装方法である「オンラインマルチプレイ」との重要な違いとして、ネットワークプログラミングの知識が不要なことを挙げました。この違いをさらに詳しく説明するため、オンラインマルチプレイの実装方法と対比してみます。

オンラインマルチプレイの二大実装方法のおさらい

　先述のとおり、オンラインマルチプレイの実装方法は『オンラインゲームを支える技術』で詳しく解説している、P2P MO、C/S MMOの実装方法があります。この2つのタイプの実装方法を、簡単におさらいしましょう。

　P2P MOゲーム（**図1.9**）は、インターネットに専用のサーバーが設置されず、ユーザーが所持するスマートフォンやPCなどの端末で端末ソフトウェア、つまりゲームソフトを動作させ、それぞれがインターネット経由で直接通信をするタイプのマルチプレイゲームです。

　この方式では、エンドユーザーの通信回線の負担が大きくなるため、8～15人程度の少人数しか同時マルチプレイができません。

図1.9　P2P MO（フルメッシュ型の例）

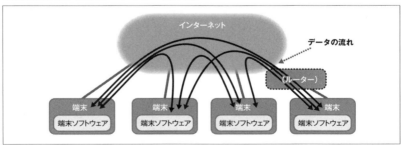

　C/S MMOゲーム（**図1.10**）は、インターネットに専用のサーバーマシンが設置され、ゲームプレイに必要なデータのすべてを保持し管理しています。プレイヤーは、端末ソフトウェアを使ってサーバーマシンに接続してプレイします。

　このサーバーマシンは、エンドユーザーの端末よりも大幅に安定していて、

高速な回線に接続されるため、安定して数十〜数百人、数千人という大規模なマルチプレイを実現することが可能です。

図1.10 C/S MMO（ピュアサーバー型の例）

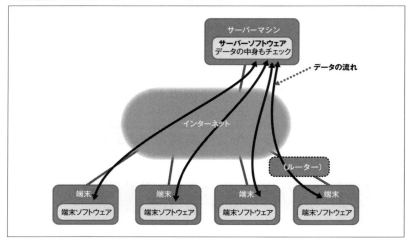

クラウドマルチプレイとP2P MOゲームとの比較

　P2P MOゲームでは、専用のゲームサーバーを設置しません。たとえば、将棋ゲームで2人でプレイする場合は、ゲームプレイ空間は、インターネット上の離れた位置にある2つの端末にコピーされて2つ存在しています。将棋盤が2枚、駒が2セットあると考えてください。

　図1.11のように、プレイヤーAとプレイヤーBが1枚ずつ持っている将棋盤は、最初（時刻0）は同じ状態になっています。時刻1にプレイヤーA（先手）が5六に歩を打つと、まずプレイヤーAの将棋盤の状態が5六歩の状態に変わります。

　このままだと、プレイヤーAとプレイヤーBの将棋盤の状態が異なっているため、ゲームが進行できません。そこで、時刻2でプレイヤーAの将棋盤の同期情報をプレイヤーBに送信します。これはインターネットを使っている場合は、数ミリ秒から数秒かかります。時刻3で同期情報が到着すると、2つの将棋盤の状態は同じになります。これを同期ができた状態と言います。

　このように標準的なP2P MOタイプのオンラインマルチプレイゲームでは、プレイヤーが操作してゲームプレイ空間の状態が変化した後に、同期パケットを互いに送信し合ってゲームプレイ空間の一貫性を保つ方法が用いられます。

　時刻2で送信している同期パケットの内容は、「5六歩」と日本語でも3文字で

図1.11　2つのゲームプレイ空間とP2P MO

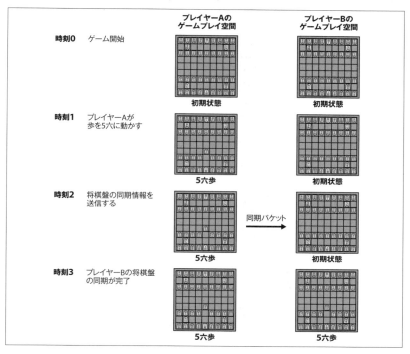

表せるほどに小さな情報です。プログラムで処理可能なデータの量にしても、数バイト以内に収まるでしょう。

クラウドマルチプレイとC/S MMOゲームとの比較

　C/S MMOゲームでは、将棋盤はプレイヤーA/プレイヤーBの端末でもなく、インターネットにあるゲームサーバー上に存在していて、盤の状態を変化させる処理はゲームサーバーが行います。そのため、プレイヤーAの端末とプレイヤーBの端末の間で通信をする必要はありません。

　プレイヤーが持つ端末では、このゲーム専用の将棋アプリがインストールされていて、プレイヤーが操作をして、駒を動かすときは、ゲームサーバーに対して「5六歩」といった指示パケットを送信します。

　ゲームサーバーはその指示を受信したら、駒を動かし、新しい状態に変化した盤の状態（どの駒がどのマスにあるかの論理情報）を将棋アプリに送信し、将棋アプリは盤を描画します（**図1.12**）。

図1.12　1つのゲームプレイ空間とC/S MMO

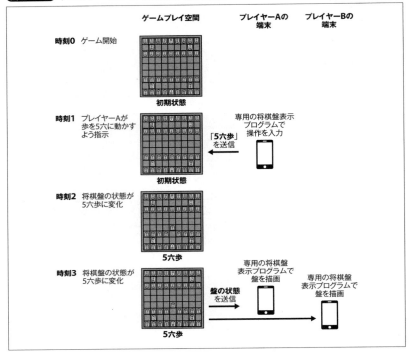

　クラウドマルチプレイの場合は、C/S MMOと同じようにゲームプレイ空間である将棋盤の状態は、すべてインターネットのサーバーで管理されていますが、サーバーと通信する内容と、プレイヤーが所持する端末にインストールするプログラムの内容が違います。

　図1.13はクラウドマルチプレイの状態を示します。クラウドマルチプレイでは、プレイヤーが所持する端末には将棋アプリではなく、汎用のViewer（ゲームビューワー）がインストールされます。

　プレイヤーが端末の画面をタッチすると、Viewerは、5六歩といった将棋特有の操作情報ではなく、「画面内の(345,121)の位置がタップされた」といった汎用性の高い情報をサーバーに送信します。クラウドマルチプレイのサーバーでは、どの座標に何を描画しているか知っているので、そのタッチ位置は5六歩であると認識でき、盤面を操作し、盤をどのように描画すべきかを決定し、盤の状態ではなく描画内容（画面写真と同等の情報）をViewerに送信します。

　クラウドマルチプレイでは汎用のViewerを用いるため、アプリのインストールをすることなく、将棋以外のゲームサーバーに接続すれば、すぐ他のゲームを楽しむことができます。

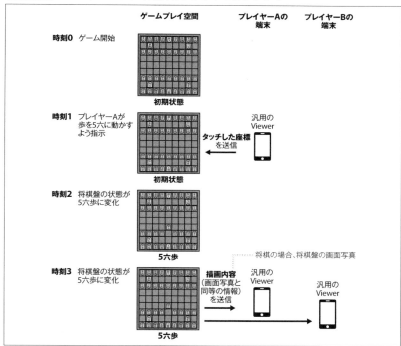

図1.13 1つのゲームプレイ空間とクラウドマルチプレイ

クラウドマルチプレイは富豪的な解決策(!?)

　クラウドマルチプレイは、C/S MMOに比べると、同じこと(同じプレイ体験)を、より富豪的な方法で実現するための方法であると言えます[注8]。

　将棋ゲームのクラウドマルチプレイは、C/S MMOタイプの実装に比べると、かなり富豪的だと言えます。オンラインマルチプレイとの違いが最も現れるのは、図1.13の描画内容(画面写真と同等の情報)を送信する部分です。

　とくに、現行のクラウドマルチプレイでは、ゲームの画面が変化したら、それを撮影して、プレイヤーの端末に向かって画面写真や映像を送信します。こ

注8　ここで言う「富豪的な方法」とは、ある機能をプログラムで実現したいときに、より多くの計算機資源を使うことで、プログラミングの工数を少なく抑えたり、必要な知識を省略したりする方法の総称です。まるで富豪のように気前良くお金を使って、高額なメモリやプロセッサを投入して、問題を経済力で解決するイメージです。なお、何が「富豪的な方法」であるかは相対的なものです。計算機資源のコストパフォーマンスは時代とともに向上し続けているため、20年前には富豪的な方法と言われたC++言語でも、現在ではそうとも言えません。あるいは反対に現在でも、計算機資源が極めて限られている組み込み系では、C++はアセンブリ言語等に比べれば富豪的な方法に分類できます。

この例では、将棋盤の画面写真を送信していて、プレイヤーはその写真を見て将棋の情勢を判断してゲームを進めます。写真のデータサイズは、将棋盤であれば数十〜数百KBに及ぶでしょう。送信するデータサイズだけでなく、画像を圧縮するためのCPU/GPUによる計算処理も膨大になるはずです。付随して、メモリー消費量も増えます。

一方、オンラインマルチプレイでは、将棋の例で通信するデータは「5六歩」で、ほんの数バイトでした。クラウドマルチプレイで送る写真のサイズが数百KBだったとすると、その差は数万倍と桁違いに増えています。

オンラインマルチプレイで、「5六歩」といった小さな情報量の通信で済ませることができるのは、将棋盤の状態をプレイヤー側の端末で保持し、5六歩のような抽象的なデータを受けたときに、将棋盤の状態を正しく更新し、描画を行う専用のプログラムをC/S MMOやP2P MOのゲームと同様の方法で実装し、プレイヤーの端末にインストールしているからですが、その専用プログラムの開発には、ネットワークプログラミングをよく知っているプログラマーが必要で、そのような人材は希少です。

クラウドマルチプレイでは、プレイヤーの端末側では画像を表示しているだけであって、将棋ゲームの専用プログラムをインストールする必要はありません。したがって、ゲームの同期を実装する処理自体が必要ありません。

ネットワークプログラミングの知識も、作業も、必要ないのです。

ゲームエンジンのマルチプレイ機能も、根本的な解決にはならない

Unityなどでは、オンラインマルチプレイを簡単に実装できる通信機能が用意されているので、P2P MOやC/S MMOのゲームで必要なネットワークプログラミングの手間を削減して、半分以下や5分の1程度まで減らしてくれます。とくに、ソケットやTCP/IPを把握している必要がほとんどなくなります。

しかし、ネットワークを使ってゲームプレイ空間の同期をしていることには変わりがないため、❶非同期プログラミングの基本的な動きを理解していることや、❷ゲームのチートを防ぐ工夫、❸同期の遅れによるデータの不整合に対応する工夫などは、どうしても必要です。

クラウドマルチプレイでは❶〜❸の知識すらも不要になるので、マルチプレイゲームの開発にとっては大きなメリットになります。

スプライトストリーム　中ぐらいに富豪的な方法

ここまで見てきたように、クラウドマルチプレイ、とくに現行のクラウドマルチプレイは、画面写真や映像をサーバーから送信することで、従来からある

オンラインマルチプレイに比べて、何桁も大きな通信費用、CPUやメモリーの費用をかける代わりに、ネットワークプログラミングの必要性をなくす、富豪的な方式だと言えます。

しかし、商用のゲームにおいては、持続的に採算がとれていて、利益を出せる状態を保つ必要があるため、必要な計算機資源の費用が増え過ぎるのは困ります。そこで、本書では、現行のクラウドマルチプレイのおもな課題である通信量とCPU消費量について、本書では将棋の例で紹介した専用プログラムを実

Column

vGPU機能　リモートデスクトップ用のシステム

リモートデスクトップ用のシステムで、MicrosoftのRDS（*Remote Desktop Service*）のvGPUという機能は、ゲーム向けに将来期待できるかもしれません。

vGPUは、Remote Desktopサービスのサーバーが稼働しているホストマシン上で、物理的なGPUではなく仮想のGPUデバイスがOSが認識/利用できるようにしたものです。vGPUは、仮想GPUを実現するために設計されたデバイスドライバーをOSに登録し、その仮想GPUデバイスをアプリケーションが選択して使います。アプリケーションのGPUに対する描画命令は、vGPUのデバイスドライバー経由でRDP（*Remote Desktop Protocol*、Microsoftが実装している通信プロトコル）に変換され、ネットワークに送信されます。RDPを受信できるクライアントプログラムでは、データをネットワークから受信したら、クライアント側のGPUで実際に描画コマンドを物理GPUに送信して描画します（**図C1.a**）。

vGPUのメリットは、サーバーマシンに物理的なGPUを搭載する必要がなくなるため、安価な仮想マシンを用いてグラフィックスアプリケーションをリモートに対して利用可能にすることができるということです。現在は、vGPUで実際に描画できる内容（描画API）に制限があるため、多くのゲームで使えるという状態にはなっていないものの、vGPU専用にゲームを実装することでその問題を回避できる可能性があります。

図C1.a　vGPUのしくみ

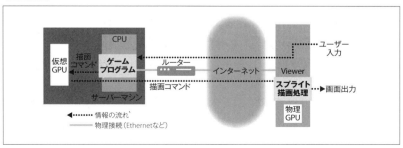

装して状態の変化のみを送る方法と、汎用のViewerで画面写真や映像を送る方法の中間に位置する、「スプライトストリーム」という手法を検討して実装し、評価しています。

　この方法は、サーバー側でレンダリングを行わず、画面に描画されるべき内容をリアルタイムにクライアントに送信し、クライアントでレンダリングを行います。スプライトストリームでは、サーバーから画面写真や映像を送らないため、それらを送信する方式に比べて、桁違いに小さな通信量とCPU消費量でクラウドマルチプレイを実現できます。

クラウドマルチプレイの特徴

　クラウドマルチプレイの特徴をまとめると、標準的なオンラインマルチプレイやオフラインマルチプレイに比べて**表1.1**のような違いがあると言えます。

表1.1 マルチプレイの比較

	オンラインマルチプレイ	オフラインマルチプレイ	クラウドマルチプレイ
ネットワークを通じて送るもの	ゲームプレイ空間の変化を同期するための情報	なし(同じスクリーンを複数人で見て、マシン1台に複数の入力機器を接続して遊ぶ)	ゲームパッドやキーボードなどの入力情報、描画内容(画面写真や映像、それらと同等の情報)
ゲームプログラミングの知識が実装に必要か?	必要	必要	必要
ネットワークプログラミングの知識が実装に必要か?	必要。性能や安全性について書けるレベルが必要	不要	**不要**。向き/不向きを理解していると、なお良い
クライアント側CPUの費用	比較的小さい	なし	多い
サーバー側CPUの費用	比較的小さい	なし	大きい
インターネット通信費用	比較的小さい	なし	中程度〜大きい

1.5
クラウドマルチプレイ最大の課題「インフラ費用」　クライアントレンダリング方式の導入

　クラウドマルチプレイのデメリットとして、「(サーバーの)インフラの維持費用が多くなる」ことと、「ゲーム内容によっては遅延が問題になる」ことを挙げました。遅延については、それほど多くのゲームジャンルで問題にならないことから、ここではいったん置いておきます。

一方、インフラ費用は、どのゲームでも避けて通れない大きな問題です。

本節では、サーバーインフラの維持費用を削減するための基本的な戦略を解説します。

インフラ費用の内訳

インフラ費用は、以下の部分から成ります。これら以外にもドメイン保持費用やバックアップなど細かい費用が発生しますが、金額ではほとんど誤差になるのでここでは省略します。

- マシンを保持するための費用
- 通信費用（インターネットに対する送信）

Column

現行のクラウドゲームの料金体系

各社がサービス対象のゲームを選定する際には、トランプゲームやボードゲームのようなCPUやGPUの負担が非常に小さく、画面の動きも小さく、映像の送信量が少ないものや、一世代前の人気ゲームを最新世代のサーバーで提供するなどがよく行われます。これらの工夫によって、1台のサーバーマシンで10～100のゲームプロセスを動作させることができ、採算性を向上させています。それでも、スマホゲームの『Pokémon GO』のように、数百万人が無償で遊んでいて、一部の人が課金するというようなモデルを採用することは難しく、無償で遊べるプランは提供されません。

2018年8月時点での、主要な3つのサービスの使用料金を以下で紹介しておきます。

- PlayStation Now：月額2500円で遊び放題
- Gクラスタ：月額500円で、CPUとGPUの負荷が低いものを中心に数十の限定タイトルは遊び放題。これに含まれないゲームはゲームごとに購入（1000円～数千円程度）
- GeForce NOW：月額7.99ドル

一般的なスマホゲームが、無償で何十時間でも遊ぶことができ、気に入ったら支払うというモデルであるのに比べると、相当なコストがかかっていることが、この料金体系から見て取ることができるでしょう。クラウドゲームがなかなか普及しない原因は、このあたりにもありそうです。

マシンを保持する費用　インフラ費用❶

まず、マシンを保持する費用から見ていきましょう。マシンを保持する費用は、GPUを搭載しているマシンのほうが大幅に高くなります。

ビデオストリームとGPUの費用　GPUを用いる現在のクラウドゲームサービス

現在利用可能なクラウドゲームサービスは、ゲームの画面への出力を「ビデオストリーム」でユーザーに送信します。そのため、送信元となるゲームが動作しているマシン（PCまたはゲーム機）には、ゲーム画面の描画を行うためのGPUが搭載されています。

サーバー側マシンとしてWindowsを利用しているUbitus社のサービス等では、DirectXやOpenGLのAPIを用いて描画を行います。ゲーム機を使用しているPlayStation NowなどはDirectXやOpenGLといったAPIの内部実装をクラウドゲームサーバー用のものに置き換えることができ、それによって複数のゲームプロセスによって効率良くGPUを共有することが可能になります。

ビデオストリームを送信する際のデータの流れを図にすると、一般的に**図1.14**のようになります。ここではサーバーの維持費用に注目したいため、維持費用にほとんど関係がない入力については、ここでは説明を省略します。

図1.14　ビデオストリームのクラウドゲーム

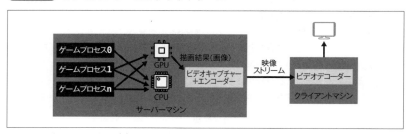

サーバーマシンにはCPUに加えてGPUが搭載されていて、そのマシン上で複数のゲームのプロセスが動作します。それぞれのゲームプロセスはCPUとGPUを共有するため、1台のマシンで複数のプレイヤーに対するサービスを行うことができます。サーバーマシンで動作しているビデオキャプチャーとエンコーディングを行うプログラムは、GPUのビデオメモリー（VRAM、グラフィックスメモリー）からゲームの描画結果を毎フレーム読み出し、それを映像データにしてクライアントに向けてネットワーク経由で送信します。

この図で示したように、GPUを搭載したマシンは、ゲーム画面を描画する処理と、ビデオエンコーディングの処理の両方に使われています。

通信費用（インターネットに対する送信） インフラ費用❷

先に少し触れましたが、AWSやGoogle Cloud Platform（GCP）、Azureなどの大手のクラウド基盤サービスでは、インターネットからクラウドマシンに対する送信は無償で、クラウドマシンからインターネットに対する送信は有償というビジネスモデルを共通に採用しています。

典型的には、1GBあたり10円程度の費用がかかります。この費用は、毎年少しずつ価格低下が進んでいて、1ヵ月に1TB（terabyte）の送信が数百円でできるクラウドサービスも存在します。

現行のクラウドゲームでは、サーバーで描画したビデオ信号をクライアントに送信します。ゲームを快適にプレイするためには、フレームレートは最低でも20、できれば30、理想的には60がほしいところです。

ビデオ信号の消費帯域は、エンコーダーの性能、画質、フレームレート、画面の変化量などが複雑に絡み合って決まります。しかし、だいたいの目安を挙げると、ファミリーコンピュータ時代の画質で100〜300Kbps、最近のゲーム機など高画質なもので4〜10Mbpsという帯域を消費します。仮に4Mbpsの場合は、1秒間に500KBを送信することになるため、2000秒で1GBですから約30分のプレイで約10円の通信料金が発生する計算になります。

この回線の費用は、画質やフレームレートを落としても問題がない、細かい文字などがないゲームとか、できるだけ画面の動きが小さいゲームであるほど、採算性が良くなります。たとえば、カードゲームや麻雀のようなゲームでは、画面の動きが極めて少ないため、かなり圧縮率が望めます。

ビデオストリームとサーバーサイドレンダリング
従来からのクラウドゲームサービス

現行のクラウドゲームサービスは、すべて「ビデオストリーム」を用いた実装になっています。ビデオストリームを使うので、サーバーにはGPUを搭載する必要があり、通信帯域を大量に消費します。このように、サーバーにGPUを搭載して、描画処理と映像エンコーディングをサーバーで行うものを「サーバーサイドレンダリング」と呼びます。

サーバーサイドレンダリングのメリットは、既存のゲームプログラムを、修正せ

ずに使えることです。クラウドゲーム事業者は、ゲームの配信ライセンスを獲得したら、追加の開発をせずに、サービスを開始することができます。

しかし、サーバーサイドレンダリングを用いる場合、大量のCPUとGPU、通信帯域を消費します。そのことによって、現在はまだクラウドゲームに多くの企業が参入することができません。

しかし、もしビデオストリームを使わなかったら、GPUは不要になり、通信の量も減るのではないでしょうか。

「クライアントサイドレンダリング」という発想
数十～数百人規模のマルチプレイゲームの実現

本書では、サーバーのCPUとGPU、通信帯域を大量に消費するサーバーサイドレンダリング（＆ビデオストリーム）方式に代わる手法として、「クライアントサイドレンダリング」という手法について検討し、実装/検証をしていきます。

クライアントサイドレンダリングとは、サーバー側でビデオゲームの画面へのレンダリングを行わず、抽象度の高い描画コマンドをクライアントに送って、クライアント側のGPUを使って描画をする方法です。

クライアントサイドレンダリングでは、サーバー側でGPUを使わないことで、マシンを保持する費用を数十分の1から数百分の1に削減でき、ビデオ信号を送信しないことにより、通信費用を数分の1から100分の1に削減できます。

クライアントサイドレンダリングでは、マシンを保持する費用と通信費用が桁違いに小さくなることにより、1つのサーバープロセスあるいはサーバーマシンで対応できるプレイヤーの数（**同時接続数**）が何桁も向上します。

サーバーサイドレンダリングでは、2～4人程度のマルチプレイが限度となっていますが、クライアントサイドレンダリングを使う場合は、数十～数百人のプレイヤーが同時に参加できるマルチプレイゲームを1プロセスで実現できます。

大規模マルチプレイゲームを、ネットワーク通信のプログラムを書くことなしに実現できてしまうのは、魅力的で、今後のマルチプレイゲームの実装方法に大きな影響を与えるはずです。クライアントサイドレンダリングによって、ゲーム開発の新しい選択肢が増えて、競争が始まることが期待できます。

2Dゲーム向けのゲームライブラリの開発　既存のエンジンでは未実現

本書原稿執筆時点で、クライアントサイドレンダリングのために使えるゲームエンジンやライブラリはまだありません。本書では、検証を進めていくにあたり、よく普及している汎用的なゲームエンジンの改造は行わず、2Dゲームの

実装に焦点を当てて動作検証を行います。クライアントサイドレンダリングを実現するためには、ゲームエンジンやフレームワーク、描画ライブラリの根本的な部分で、画面に描画する内容の、抽象的な表現への変換が必要であり、既存のフレームワークなどの修正を行うのは大規模な作業になるためです。

本書では、小規模な2Dゲーム向けの既存の描画ライブラリに修正を加えた、新しいライブラリを使って、ゼロからゲームを実装することで実験を行います（ライブラリおよびサンプルプログラムはGitHubで公開。後述）。第3章以降で、クライアントサイドレンダリング方式を用いたマルチプレイのクラウドゲームを取り上げ、実際に実装して、動作確認と性能検証を行っていきます。

以下では、クラウドマルチプレイとクライアントサイドレンダリングについて、もう少し詳しく見てみましょう。

1.6 クライアントサイドレンダリングの基礎
ゲームの入力/処理/描画の分離

クライアントサイドレンダリングの基礎になっている考え方が「入力/処理/描画の分離」です。実は、この概念は古典的なオフラインゲームのプログラムの基本的な構造をそのまま説明しているだけです。

したがって、クライアントサイドレンダリングは、ゲームロジックそのものに大幅な変更をすることなく、実装していくことができます。

オフラインゲームのプログラムの基本構造
古典からクラウドマルチプレイまで

古典的なオフラインゲームのプログラムは、次のような構造になっています。

```
初期化する
while (true) {
    ステップ❶ プレイヤーからの入力を読み込む
    ステップ❷ スプライトの状態を変更する      ……繰り返し
    ステップ❸ 画面に描画（レンダリング）する
}
```

重要なのはwhileメインループの中身です。❶〜❸をずっと繰り返します。

❶で入力を読み込んだ時点では、ゲームプレイ空間は変更されていません。❷でスプライトの状態を変更するときには、❶で読み込んだ情報を使ってキャラクターを動かしたり敵と衝突したりします。この段階では、画面の描画内容は一切変化しません。❸では、❷で動いたゲームプレイ空間の状態を画面に描画します。

現代的なゲームプログラムの処理段階

1980年代までのゲームでは、利用可能なCPUやメモリーが極端に小さかったため、❶〜❸が完全には分離されていませんでしたが、現代的なゲームプログラムでは大抵❶〜❸は完全に分離されているように作ります。

❶〜❸の処理段階は独立なので、それぞれ、止めたり、動きを変えたり、置き換えたりすることが可能です。

たとえば、❶のプレイヤーの入力は、通常はキーボードやゲームパッドなどのハードウェアに搭載されているボタンのスイッチの状態を読み込みますが、これを、ファイルに記録された操作履歴から読み込むようにすると、ゲームのリプレイを実装できます。このとき、各ステップが分離されているので、❷や❸のコードを一切修正しなくても、リプレイが実装できるのです。

クラウドマルチプレイは、入力がリモート

クラウドマルチプレイでは、❶でハードウェアボタンを読む代わりに、ネットワークから受信したキー操作イベントなどを読み込むようにします。

そうすることで、リモートにいるプレイヤーがゲームを操作することができるようになります。やはり、❷や❸の変更は必要ありません。

クライアントレンダリングで、描画する位置もリモート

現代的なゲームプログラムの設計を活かして、サーバーとクライアントが連携して描画する

クライアントサイドレンダリングでは、❸の描画プログラムを、専用のプログラムに入れ替えます。

❸で通常、GPUを使って描画をするときは、❷で更新されたゲームプレイ空間の情報(スプライトの座標や色、画像番号、大きさなど)の論理データをすべて調べ、それを、GPUに渡すために必要な、より具体的な座標や回転行列などのポリゴンデータに変換し、それができたら実際にGPUに渡します。

図解でわかるクライアントサイドレンダリングのプログラムの構造

図 1.15 に、ローカルレンダリングとクライアントサイドレンダリングのプログラムの構造を示します。クライアントサイドレンダリングでは、実際にハードウェアからの入力を読むのも画面に描画をするのもクライアント（図右下）ですが、スプライトの状態を変更するのはサーバー（図左下）です。

図1.15 ローカルレンダリングとクライアントサイドレンダリング

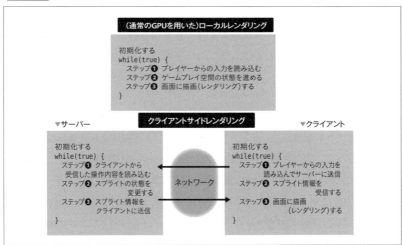

ゲームプログラムの価値や独自性のほとんどは、p.57のステップ❷のスプライトの状態を変更する部分です。これは、キャラクターの動きや報酬の判定、画面の演出などのゲーム内容のすべてを含む部分です。

実装済みのゲームをクライアントサイドレンダリングに変更するときには、❷にはまったく手を加えず、❶と❸だけを変更するだけでできます。

このように、現代的なゲームプログラムでは、入力/処理/描画が3つに分離した設計になっています。クラウドマルチプレイおよびクライアントサイドレンダリングでは、その設計方針をうまく活用することで、プログラムの大きな修正を行うことなく導入できるのです。

クライアントサイドレンダリングは、C/S MMOより多くの帯域とCPUを消費する

インターネットに専用サーバーを常時接続し、そのサーバーを使ってのみプレ

イできるという点では、クライアントサイドレンダリングもC/S MMOも同じです。ただし、その通信内容とプログラムの処理内容が異なり、それに応じて通信帯域とCPUの消費量も違ってきます。

マルチプレイゲームをクライアントサイドレンダリング方式で実装する場合、通信内容と処理内容は以下のとおりでした。

❶クライアント端末から、入力デバイスのイベントをすべてサーバーに送信
❷サーバーで、イベントの処理をしてゲームプレイ空間に反映
❸新しく変化した画面の描画内容を、クライアントに送信

将棋ゲームで言うと、マウスをドラッグして駒を動かす場合、上記❶でマウスのドラッグのイベントが1秒に数十回程度発生するものを、全部サーバーに送信する必要があります。サーバーは、駒がドラッグされて動くごとに、スプライトの表示位置を送信し続ける必要があります。

C/S MMOゲームでは、以下のようになります。

❶クライアント端末から、ゲームプレイ空間に対する操作の論理情報を送信する
❷サーバーで、操作の内容をチェックしてゲームプレイ空間に反映
❸新しく変化したゲームプレイ空間の論理情報を、クライアントに送信

ここでも将棋ゲームで言うと、駒をマウスドラッグしている間、通信は発生しません。駒の位置を確定させたときに、「5六歩に置いた」という情報を1回だけサーバーに送信します。サーバーはそれを受けると盤面を動かし、「歩が5六歩に移動した」という更新情報を相手に送るだけです。

将棋ゲームで考えてみると、クライアントサイドレンダリングでマウスイベントを全部送るのは回数にして数十回、それに対して、C/S MMOで操作内容を送るのは回数にして1回と、かなり違うことがわかります。

また、サーバー側で必要なCPUの処理についても、「マウスの座標から、どの駒を操作しようとしてるかを判定する」処理や、そもそも「駒のスプライト位置を全部保持して変更を追跡する」処理など、クライアントサイドレンダリングでのみ、必要な処理が多くなっていることもわかります。

ゲーム内容に特化した抽象化　送信データの抽象度を高める

この比較からわかるように、C/S MMOでは、送受信する内容が、より抽象度

の高い、かつ送信するデータの大きさが最も小さいものとなっており、それに従ってCPUの処理も最小限になっています。

C/S MMOで、送信内容の抽象度を最大限に上げるためには「ゲームの内容に特化する」ことが必要です。将棋で言えば「5六歩」という情報は、オセロや他のゲームでは使うことができないのは明らかです。ゲーム内容に特化した専用プログラムがクライアントとサーバーの両方で必要になるのは、そうすることで抽象度を最大化できるからなのです。

このように、ゲーム内容に特化することで抽象度をできる限り上げ、通信とサーバー負荷を最小限にする C/S MMOの実装方法を「ゲーム内容に特化した抽象化」と呼ぶことにします。

Column

クライアントレンダリングの2つの方式

描画バッチ送信方式、スプライトストリーム（スプライト情報送信方式）

クライアントサイドレンダリングの場合は、文字どおりレンダリングをクライアント側で行うため、画面に何を描画すべきなのかを正確に示す情報をクライアントに送信する必要があります。クライアントサイドレンダリングは大きく2通りの方式があります。

一つめは、描画バッチ送信方式です。描画バッチ送信方式では、ステップ❸（p.57）で、この描画バッチという一種のポリゴンデータをネットワーク経由で他のマシンに送信して、その描画バッチを受信したマシンで描画します。

二つめは、スプライトストリームです。スプライトストリームでは、❸で描画バッチを作る前にすべてのスプライトをスキャンする段階で、変化があったスプライトの情報をネットワークに送信します。スプライトの情報は、描画バッチよりも抽象度が高いため、情報量が少ない傾向があります。とくに、変化した差分だけを送ることができるため、画面に動きの少ないゲームでは大きな効果が見込めます。典型的な2Dゲームでは、描画内容のほとんどが地形や背景であるため、かなり大きな効果を期待できます。

ただし、スプライトの設定可能な規定の項目に含まれない、テクスチャを構成するピクセルデータや頂点データなどを動的に生成するような表現手段を使っている場合は、スプライトストリームでは対応できません。描画バッチ送信方式とスプライトストリームは、排他的な関係にあるわけではなく、両方を同時に使うことも可能です。

なお、本書で使用するmoyaiライブラリでは、原稿執筆時点でスプライトストリームのみに対応しています。描画バッチ送信方式は今後、実装予定となっています。本書の以降の部分におけるクライアントサイドレンダリングの解説はすべて、実装と動作確認ができているスプライトストリームを扱っています。

サーバーから送信するデータの内容と処理負荷
クライアントサイドレンダリングと、ゲーム内容に特化した抽象化の比較

　前項で説明したように、クライアントサイドレンダリングに対して、C/S MMOでは、ゲームごとに、ゲームの内容に合わせた専用のクライアント（MMOではゲームクライアントなどと呼ばれる）プログラムを実装して、操作を最大限に抽象化して送信します。そのため、サーバーからクライアントに向けて送信するデータを、極めて小さくすることができます。また、それに付随して、サーバーの処理負荷を極限まで削減することができます。C/S MMOで専用のクライアントプログラムを用意する目的と意味は、そこにあります。

　C/S MMOでは、それぞれのゲーム専用のViewerは、C++などを用いたネイティブプログラム、UnityとC#などを用いたもの、HTMLやJavaScriptを用いてWebブラウザで動作するものなどを含みます。

ビームの破片が飛び散るエフェクトの例

　ここで、例として本書のサンプルゲームに登場する「ビームの破片が飛び散るエフェクト」の演出を、サーバーからクライアントに向けて送る処理を通して、クライアントサイドレンダリングとゲーム内容に特化した抽象化の違い、とくに消費する通信帯域とCPUについて考えてみましょう。

　図1.16は、左下のキャラクター（結い髪）がビームを撃って敵キャラ（中央より少し右上の物体）に当たり、ビームが飛び散っているところです。敵キャラ近くに光った小さいパーティクル（破片、粒子）が約10個ほど飛散していることがわかります。このスプライトの初期位置はビームがヒットした位置で、そこからランダムな方向に大きさを変えながら飛び散ります。

図1.16　ビームの破片が飛び散るエフェクト

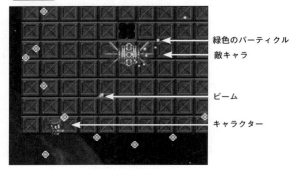

moyaiが実装しているスプライトストリームによるクライアントサイドレンダリングでは、すべての通信がスプライトの変化内容として送信されるため、この10個のスプライトの出現から消去までの、約30フレームの間のすべての変化を送る必要があります。

まず10個分のスプライトを出現させるために、画像番号や初期位置、色など基本的な情報を1個あたり64バイトずつ送信することが必要なので、10 × 64 = 640バイトです。スプライトの移動のために座標を送信する必要があるので1個あたり24バイトずつ必要で、さらにそれが30フレーム分なので24 × 30 × 10 = 7200バイトです。スプライトを消去するためにスプライトのID（論理ID）を通知する必要があるため、1個あたり12バイト必要なので10 × 12 = 120バイト、合計で最低でも約8KBのデータを送信する必要があります。

第8章で、このエフェクトのための、送信データの量を削減する方法を取り上げ、2KB以下に削減していますが、それでも2KBです。また、すべてのスプライトを走査して変化分を調べる処理などが必要で、CPUを消費します。

C/S MMOでは、可能な限り抽象度を高くして情報を表現します。ゲーム独自のクライアントプログラムに対して、サーバーから以下の情報を送れば、このエフェクトを表現できます。

- ビーム飛散エフェクトのID：16ビット整数
- X座標：32ビット浮動小数点数（初期位置X）
- Y座標：32ビット浮動小数点数（初期位置Y）
- X速度：32ビット浮動小数点数（動きの向きX）
- Y速度：32ビット浮動小数点数（動きの向きY）

上記の合計で、144ビット = 18バイトで済みます。専用のクライアントは、これらのデータを受信したら、10個のスプライトを生成してランダムな方向に動くように初期化します。10個分のスプライトのデータを受信する必要がないのです。その代わり、このゲーム以外では、このクライアントは使えません。

クライアントサイドレンダリングで帯域削減した上で2KBを送るのに比べると、100倍以上小さなデータです。明らかに、C/S MMOで行われているゲーム内容に特化して抽象化した通信のほうが、圧倒的に抽象度が高いことがわかります。

サーバーのCPU消費量についても、抽象度の高い通信をすれば良いだけなので、最小限で済みます。その代わり、ゲームサーバーのプログラムも、ゲームの操作や操作結果のタイプごとに、専用のものを何十から何百種類も用意しなければならないため、たくさんの専用のコーディングが必要になります。

1980年代にインターネットが普及し始めたときは、通信回線やサーバー設備が高コストであったために、専用のクライアントプログラムを実装して、極限まで通信量を削減する必要がありました。

しかし、通信インフラが廉価になったおかげで、もっと抽象度の低い大量のデータを送るクライアントサイドレンダリングも、現実的な選択肢になる可能性が出てきたと言えるでしょう。もしかしたら将来は、描画バッチ送信タイプ（p.61）も使用可能なほどに通信回線が安くなるかもしれません。

クライアントサイドレンダリングと、C/S MMOゲームで使われるゲーム内容に特化した抽象化の共通点や違いをまとめると、**表1.2**のようになります。

表1.2 クライアントサイドレンダリングとゲーム内容に特化した抽象化

	クライアントサイドレンダリング	ゲーム内容に特化した抽象化
クライアントプログラム（Viewer）	多くのゲームで共通	各ゲーム専用
通信量	多い	最小限
サーバーCPU消費	多い	最小限
サーバープログラム	ネットワークプログラミングが不要	ネットワークプログラミングが必要
ゲームロジックの実行場所	サーバー側	サーバー側

スプライトストリームの概略
クライアントサイドレンダリングで用いる抽象度の高い通信のプロトコル

本書では、クライアントサイドレンダリングで用いる通信プロトコル「スプライトストリーム」について、以降の章で詳しく扱っていきます。まず簡単に、概略を把握しておきましょう。**図1.17**は、抽象度の高い通信を行うスプライトストリームの、物理的な構成を示しています。

図1.17 抽象度の高い通信であるスプライトストリームの物理的な構成

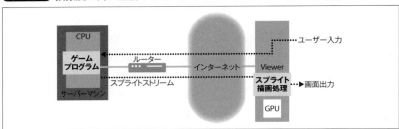

サーバーマシンではゲームプログラムが動作しますが、サーバーマシンにはGPUが搭載されていません。サーバーマシンは「この位置にこの画像をこの大きさと色で描画せよ」といった内容のパケットを毎秒何十個もクライアントに送り続けます。一方、クライアントではその情報を受信して、GPUを用いてゲーム画面の描画を行い、ユーザーに提示します。ユーザーはゲームパッドなどを操作してゲームに対して入力を行い、クライアントからサーバーに送信します。

スプライトストリームで削減できるマシンを保持する費用と通信費用
サンプルゲームを用いた測定結果について

詳しくは、以降で取り上げていきますが、本書のサンプルゲームを用いて測定/検証を行っていったところ、かなりアクション性の高い2Dゲームで、スプライトストリームによって、1コアのCPUで、1コアあたり300人の同時プレイに対応可能でした(8.4節)。

また、スプライトストリームが使う通信帯域については、1人あたり10〜200Kbps程度という結果が得られました(第8章)。これは、ビデオストリームが画質にもよりますが1.5〜10Mbps以上(p.100の表C2.aの高フレームレート列を参照)を使うことを考えると、10Mbpsを200Kbpsで割ると50倍、1.5Mbpsを10Kbpsで割ると150倍の改善になります。検証では、2Dゲームについては、マシンと通信に関する費用について、想定どおりの削減が確認できました。

クラウドでMMOG クラウドマッシブマルチプレイゲーム

スプライトストリームでは、ビデオストリームに比べてマシン1台あたりの同時接続プレイヤー数が数十倍以上、通信量が数十分の1になります。

このことは、1つのサーバープロセスで、数百以上の同時プレイヤーに対応できることを意味します。その人数になれば、それは十分にMMOG (*Massively Multiplayer Online*、多人数同時プレイ)であると言えるでしょう。

図1.18❶は、CPUだけを用いたスプライトストリームのサーバーが、インターネット経由で、100以上の接続を受け入れてMMOGを実現しています。それぞれの接続では、低遅延/狭帯域の通信が行われます。クライアントはスプライトストリームを受信して、端末にあるGPUを使ってゲーム画面を描画します。

一方、❷は、CPUとGPUを併用したビデオストリームのサーバーが、10程度の端末に対してサービスを提供しています。クライアント端末はインターネット経由で映像信号を受信し、それを端末に搭載されているCPUとGPUを使ってデコードし、画面に描画します。

図1.18 スプライトストリームとビデオストリーム

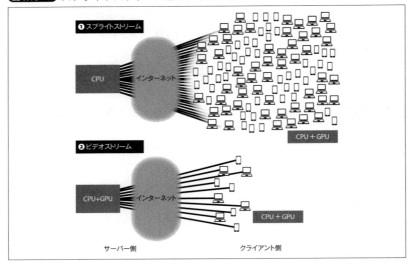

スプライトストリームを使えば、クラウドゲームにおいて、1つのゲームプレイ空間に対して100以上、数百という数の端末から参加することができ、ビデオストリームよりも大幅に安価に同時プレイの人数を増やすことができます。

1.7 本章のまとめ

本章では、クラウドゲームの基本事項をひととおり解説し、とくにマルチプレイゲームにおける大きな変化について、オフラインマルチプレイ、オンラインマルチプレイ、そしてクラウドマルチプレイの比較も交えて見てきました。また、サーバーサイドレンダリングとビデオストリーム、クライアントサイドレンダリングも詳しく取り上げました。

そして、クラウドゲームでスプライトストリームを使う、そのことにより、「ネットワークプログラミングなしでMMOGをつくる」ことが現実味を帯びてきました。そこには、MMOGのつくり方が、これまでとはまったく異なる、簡単なものになる可能性があります。次章以降では、「ネットワークプログラミングなしでMMOGをつくる」、その具体的な実現に向けて、クラウドゲームについて基礎から順に追っていくことにしましょう。

第**2**章

クラウドゲームのアーキテクチャ
実現したいゲーム×技術の適性を見定める

　クラウドゲームにおいては、インターネットとクラウドの力を活用してビデオゲームのレンダリング方法を拡張することによって、より柔軟なやり方でゲームのサービスを実装することができます。クラウドゲームの価値はその**柔軟性**であるため、その実現方法は一つとは限らず、さまざまなパターンがあり得ます。本章では、クラウドゲームの分類に2つの軸を用いて、アーキテクチャを捉えてみることにしましょう。

　1つめの軸として、クラウドゲームのさまざまな実装パターン(アーキテクチャ)を、それぞれの要素が物理的にどう接続されているかという**物理的接続構造**の軸を用いて「1：1」「1：N」「N：N」「M：N」の4つに分類します。

　2つめの軸として、**画面描画の実装方法**の軸を用いて、「クライアントサイドレンダリング」「サーバーサイドレンダリング」の2つに分類します。

　このように2つの軸の組み合わせで、1：1のクライアントサイドレンダリング、N：Nのサーバーサイドレンダリング、のように、さまざまな実装パターンの分類と説明が可能になります。

　クラウドゲームの分類と説明が可能になれば、実現したいゲームの内容のためには、どのようなパターンでのクラウドゲーム実装が向いているのか、あるいは向いていないのかを、ゲームプレイで発生する遅延やインフラ費用、技術的難易度の点などから、幅広く考えることができるようになります。

2.1
物理的接続構造 1:1/1:N/N:N/M:N

「物理的接続構造」の軸では、ゲームロジックを実装するサーバーに対して、エンドユーザーが直接触れるソフトウェアがどのように物理的に接続するのかという観点で、クラウドゲームを分類できます。

一方、「画面描画の実装方法」の軸では、グラフィックスをどのようにレンダリングするのかという観点で分類します。

本節で、物理的接続構造から見ていくことにしましょう。

物理的接続構造の分類　シングルプレイ用とマルチプレイ用

まず、物理的接続構造は、以下の4つのモデルに分類できます。

- 1:1　　シングルプレイ
- 1:N
- N:N　　マルチプレイ
- M:N

1:1は、シングルプレイゲーム(シングルプレイヤーゲーム)を実装するための方法で、「クラウドシングルプレイ」のゲームを実装する場合は、1:1の構成を使うことになります。

「1:N」「N:N」「M:N」はマルチプレイゲームを実装するための方法で、これらの3つの方法は「クラウドマルチプレイ」のゲームの実装方法です。

ゲームサーバーのプロセスとプレイヤーの対応関係

物理的接続構造の「1:1」の左側にある「1」は、**ゲームサーバーのプロセス数**を指していて、右側にある「1」は、**ゲームのプレイヤー数**を指します。

「1:1」は、**1つのプロセスに1人のプレイヤーが対応している**という意味です。

クラウドゲームのマルチプレイ実装において、ゲームサーバーのプロセスと実際のプレイヤーがどのような対応関係にあるのかは、ゲームサーバーのプログラムを設計/実装するときに最も重要なことです。その数が1つなら「1」、複数なら「N」、Nと異なる複数の場合は「M」というように、物理的接続構造のタイプを表現しています。

1：1で見る物理的接続構造の基本　入力から出力までの流れ

　図2.1は「1：1」、すなわちシングルプレイゲームの場合の物理的接続構造（入力から出力までの流れ）を示したものです。この図では、薄いグレーの四角（文字囲み）がハードウェア、濃いグレーの四角（文字囲み）がソフトウェアを示します。

図2.1　1：1の物理的接続構造（入力から出力までの流れ）

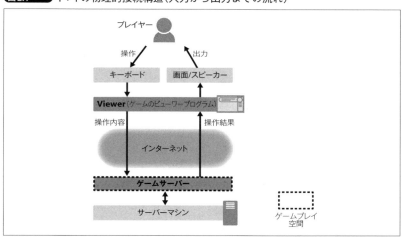

　上半分はプレイヤー側の端末で、PC、モバイル機器、ゲーム機、テレビ、Webブラウザなど、さまざまなものを含みます。この図はサイクルになっており、一番上にいるプレイヤーがタッチパネル等を操作すると、それをゲームのViewer（ビューワープログラム）が受け取り、解釈した上で操作内容をパケット（バイト列）に変換します。パケットの内容は、たとえば「十字ボタンの上が押された」とか「座標(110,245)がタッチされた」などです。

　操作内容のパケットは、インターネット経由でゲームサーバーに送信され、それを受信したゲームサーバーは、内蔵しているゲームロジックに従って操作内容を解釈してキャラクターを動かすなどし、ゲームプレイ空間の内容を変更し、その結果を「何らかのデータ列」に変換して、Viewerに対してインターネット経由で送信します。

　「何らかのデータ列」とは、具体的にはビデオストリーム（映像のストリーム）や、音声のストリーム、本書で説明するスプライトストリーム、画像ファイルやシェーダなど、Viewerのプログラムが画面を描画するために必要なすべてのデータが含まれます。

2018年時点で商用運用されているクラウドゲームサービスはすべて1：1で、描画方式は「サーバーサイドレンダリング」を用いています。サーバーサイドレンダリングの場合は、ゲームサーバーは、ビデオストリームを送信しています。

　ゲームサーバーがビデオストリームをどのように生成しているかは、細かくはいろいろありますが、基本的には、OpenGLやDirectXなどのAPIを用いて実装されたゲームを、GPUを搭載したサーバーマシン上で動作させ、GPUがラスタライズした結果をGPUのビデオメモリーから取り出し、さらにGPUとCPUを併用してエンコーディング（画像圧縮）し、その画像を連続的にクライアント（Viewer）に送る、というしくみになっています。これを「ビデオストリーム」と呼びます。ビデオストリームのフォーマットは、JPEGなどの圧縮率の高いものや、H.264などの映像フォーマットが使われます。

　本書では、GPUを搭載していないサーバーマシンを用いたり、ゲームサーバーのCPU負荷を大幅に下げるために、サーバーサイドレンダリングではなく、クライアントサイドレンダリングの手法を検討し、実際に実装しています。

　本書で扱うクライアントサイドレンダリングの場合は、ビデオストリームではなく、スプライトストリームを送信します。本書と同じ方式で商用運用しているサービスはまだありませんですが、今後は増える可能性があります。

　Viewerは、ビデオストリームやスプライトストリームを受信すると、それを画面に出力して、プレイヤーに提示します。プレイヤーはその画面を見て、次の入力を行います。

　クラウドゲームでは、これを高速に、毎秒数十回繰り返します。

物理的接続構造とゲームプレイ空間　　図の簡略化から

　前項では1：1、シングルプレイクラウドゲームを例に、基本事項を紹介しました。本項からは、マルチプレイも扱いますが、その際に、多数のゲームサーバーやViewerなどが登場するため、前項で紹介した図を簡略化して少ない記号で表すように変更します。その対応関係が**図2.2**です。

　前項ではサーバーマシン、ゲームサーバー、インターネット、Viewerなどを縦に積み上げて表現していましたが、この図からキーボードや画面やプレイヤーを省略し、「game」「インターネット」「Viewer」だけにして横一列に表現します。Viewerは、つねに「1人のプレイヤーが操作する」と紐付けて理解してください。「game」は、1：1で説明したゲームサーバーです。

　このように簡略化した上で、**図2.3**では、1：1を含む、4つの物理的接続構造を並べています。

図2.2 ゲームサーバー（プロセス）とプレイヤーの対応関係（以降の図解のための簡略化）

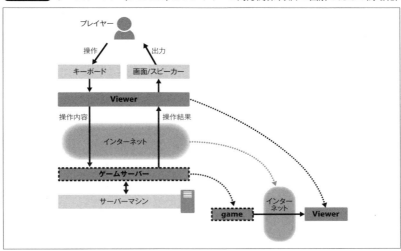

図2.3 4つの物理的接続構造

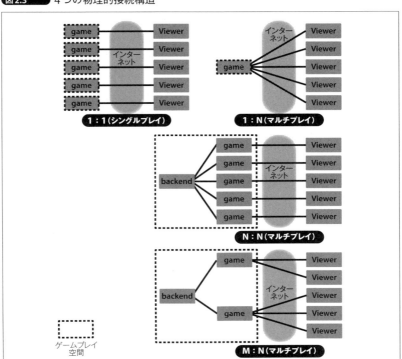

クラウドゲームのアーキテクチャ

1:1 技術的導入コストは低い、サーバーコストは高くなる

1:1モデルから、見てみましょう。「インターネット」と書かれた円の左側に、5つの「**game**」(ゲームサーバー)があります。これはデータセンターで動作しているゲームサーバーが5つあるということです。これは**5プロセス**であると考えてかまいません。インターネットの右側には「**Viewer**」が5つ、ゲームサーバーと同じ数だけ存在しています。これは**5人のエンドユーザー**(プレイヤー)が、それぞれ異なるゲームサーバーに接続していることを意味します。これはシングルプレイゲームであり、それぞれの「ゲームサーバーのゲームプレイ空間は独立」しています(黒い点線)。**ゲームプレイ空間は5つある**ということです。

第1章で少し触れましたが、ゲームプレイ空間とは「**ゲームの規則に従ってゲームを遊ぶときに必要な情報のすべて**」です。たとえば、将棋というゲームのゲームプレイ空間は、盤、決められた数と種類の駒、盤にどのように置かれているか、持ち駒の状態、持ち時間の長さ、といった情報が、1つのゲームに必要なゲームプレイ空間であると言えます。将棋は2人で遊ぶゲームなので、プレイヤーが4人いる場合は2つの独立したゲームプレイ空間が必要です。

ゲームプレイ空間が独立しているとは「それぞれのゲームプレイ空間の状態が、他のゲームプレイ空間の状態に影響を与えることがない」ということです。もし、影響を与えるならば、それは1つのゲームプレイ空間であると言えます。

1:1は、すでにできあがっているシングルプレイのゲームをそのまま移植するために最適です。技術的な導入コストは最も低いと言えます。その反面、ゲームをプレイしているプレイヤーの人数と同じだけのゲームサーバーが必要になるので、サーバーコストが高くなります。

1:N GPUから見ると1つの画面を描画しているが、実際にはプレイヤーは複数存在する

次に、1:Nモデルはどうでしょうか。1:Nでは、ゲームサーバーのプロセス1つに対して、複数(N)人のプレイヤーが接続してゲームをプレイします。これは、据え置きゲーム機でよく見られる、ゲーム機にコントローラを複数接続するが、同じテレビ画面を全員が見るタイプのゲームや、画面を複数に分割してプレイするタイプのものに相当します。

画面を描画するGPUから見ると、1つの画面を描画しているだけなのに、プレイヤーは複数人存在する、というわけです。1個のゲームサーバープロセスに対してN個のViewerが接続しているため、1:Nと呼びます。

この場合は、プレイヤー人数よりもゲームプロセスの数のほうが少なくなるので、サーバーコストは、1:1に比べると小さくなります。

N:N　マルチプレイでゲームプレイ空間を共有する場合、ゲームプレイ空間の同期が必要

　N：Nモデルでは、サーバー側で同じゲームプレイ空間を共有しているN個（少数～多数）のゲームサーバープロセスが、同じ数のViewerからの接続を1つずつ受け入れています。N個のゲームサーバーとN個のViewerが組になって接続されているため、N：Nと呼びます。N：Nにおいて、ゲームプレイ空間を共有するためには、ゲームプレイ空間の同期を何らかの方法で行う必要があります。

　図2.3では、すべてのゲームサーバーがバックエンドサーバー（backend）に対して接続し、ゲームプレイ空間の同期パケットをやり取りしています。これ以外にも、バックエンドサーバーを用いずに、ゲームサーバー同士がデータセンター内部で直接接続しあって同期したりという方法も利用可能です。もちろん、これらの方法を併用することも可能です。

M:N　システム構造は複雑になるが、コスト面でメリットもある

　M：Nモデルは、N：Nと1：Nを合わせたものです。サーバー側で複数のゲームサーバーがN：Nと同様の方法でゲームプレイ空間を共有していて、それよりも多い数のViewerがゲームサーバーに接続してプレイします。

　N：Nに比べて、どのViewerをどのゲームサーバーに接続させるのかの割り当てのしくみが必要になるため、システムの構造が複雑になりますが、ゲームサーバーの実行コストがN：Nよりも少なくなります。

サーバーマシンのCPUとメモリーの節約　1:NとM:Nのみ

　1：NとM：Nでのみ、サーバーマシンのメモリーとCPUの消費量を小さく抑えることができます。

　まず、1：1またはN：Nでは、プレイヤー1人（CCU[注1] = 1）に対して、1つのゲームサーバープロセスが割り当てられるため、サーバープロセスの数とCCUがいつも一致しています。そのため、CPUやメモリーの消費量もCCUに正比例します。

　それに対して、1：NとM：Nでは、1つのプロセスを複数のプレイヤーが共用します。そのため、CCUあたりの必要なCPUやメモリーの消費量は、1：1やN：Nに比べるとかなり下がります。

注1　同時接続数。「ConCurrent User」の略。

ゲームサーバーのCPU消費量の比較　1:Nのアドバンテージ❶

図2.4は、1:Nを中心に、ゲームサーバーのCPU消費量を比較したものです。一番上の1:1とN:Nについては、プレイヤーが3人いて、「ゲームロジック」と「描画」の両方にCPUを使っています。図中の「描画」部分には、ビデオストリームを使う場合のエンコーディングの時間も含まれています。

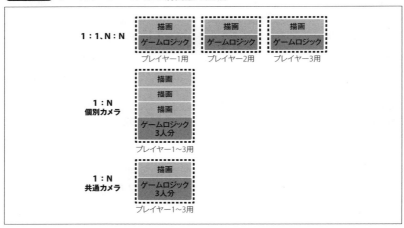

図2.4　ゲームサーバーのCPU消費量の比較

1:Nの個別カメラでは、3人のプレイヤーがそれぞれ別の視点からゲームプレイ空間を見ています。そのため、ゲームロジックの3人分に加えて、3回の描画を行う必要があります。ゲームロジックについては、3人分の合計量が、1:1の場合に比べてかなり少なくなります。これはゲーム内容にもよりますが、たとえば「モンスターハンター」シリーズのようなゲームでは、数体の敵キャラと3人のプレイヤーが戦うような状況が典型的です。そのような状況では、ゲームの処理は、おもに敵キャラや背景の物体や天候の動きなどであり、それらはプレイヤーの人数によらず1回だけ処理したら十分だからです。

1:Nの共通カメラを見てみると、カメラが共通な場合は、さらに描画も1回だけで済むため、CPU消費量が人数に比例しなくなります。将棋や落ち物パズルのような、みんなが同じ画面を見て楽しむゲームの場合は、カメラを共通にすることは容易です。ただし、ボードゲームでも、麻雀のように相手に隠さなければならない部分があるときは、共通にはできません。

なお、M:Nについては、1:Nのサーバー同士が通信をしている違いがあるだけなので、CPU消費量の削減度合いは1:Nと同じです。

ゲームサーバーのメモリー消費量の比較　1:Nのアドバンテージ❷

ゲームサーバーのメモリー消費量についてはどうでしょうか（図2.5）。これについても、1:Nを中心に見てみましょう。

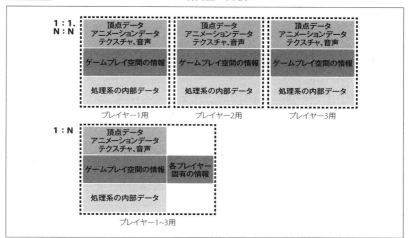

図2.5　ゲームサーバーのメモリー消費量の比較

1:1とN:Nの場合、ゲームサーバーでは、C言語のランタイムやUnreal Engineなどの処理系のランタイムが内部的に確保しているメモリーと、ゲームプレイ空間に必要なメモリー、頂点データなどの描画や音声再生に必要なメモリーがすべてプレイヤー1人あたり1セットずつ必要です。

1:Nの場合は、処理系が一つしかいらない上、ゲームプレイ空間の情報も背景などについては共通になり、描画に必要な頂点などのデータも、ほとんどが共通のものを使えるため、メモリー消費量が大幅に削減できます。ただし、ゲームプレイ空間の情報については、それぞれのプレイヤーの装備品などの各種状態のための専用領域がプレイヤーの人数に比例して必要になるでしょう。

なお、M:Nについては、CPUと同様、1:Nのサーバー同士が通信をするだけの違いなので、メモリー消費量の削減度合いは1:Nと同じです。

ここまでの説明で、マルチプレイを前提としたクラウドゲームの場合、1:NまたはM:Nを用いることによって、CCUあたりの「インフラ費用を大幅に削減できる」ことがわかりました。これは重要なポイントです。この点については、改めて2.3節以降で詳しく見ていきます。

2.2
画面描画の実装方法
サーバーサイドレンダリングとクライアントレンダリング

冒頭で述べたとおり、物理的接続構造とは別の軸で、画面描画の実装方法でもクラウドゲームを2つに分類できます。

2種類の画面描画タイプ

画面描画タイプには、以下の2つがあります。

- サーバーサイドレンダリング
- クライアンドサイドレンダリング（ヘッドレス[注2]）

この2つは、マルチプレイ、シングルプレイにかかわらず、選択可能です。「1:1」「1:N」「N:N」「M:N」のタイプとも、関係ありません。

図解でわかるサーバーサイドレンダリングとクライアントサイドレンダリング　GPUの位置に注目

図2.6では、❶サーバーサイドレンダリングと❷クライアントサイドレンダリングを比較しています。

この図で注目したいのは**GPUの位置**です。実際にポリゴンやスプライトのラスタライズ処理を行うのはGPUですが、そのGPUがサーバー側にあるのが❶**サーバーサイドレンダリング**で、クライアント側（Viewerが動作している側）のマシンにあるGPUを使うものが❷**クライアントサイドレンダリング**です。

サーバーサイドレンダリング

サーバーサイドレンダリングでは、ゲームサーバーで画面描画を行い、それをJPEGなどにエンコーディング（圧縮）して、インターネット経由で送信（ストリーミング/*streaming*）します。Viewerはそれを受信してデコードし、画面に描画し、プレイヤーはそれを見ます。

注2　ソフトウェアがGUIなしで動くことで、とくにポリゴンデータへの変換とGPUによるラスタライズをサーバーで行わない、クライアントサイドレンダリングの方式を、インターネット向けソフトウェア開発の業界では「ヘッドレス」と呼びます。

図2.6　サーバーサイドレンダリングとクライアントサイドレンダリング

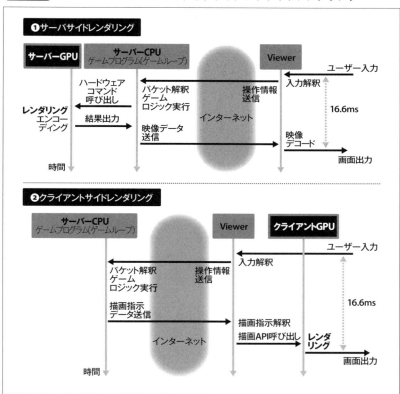

クライアントサイドレンダリング

　クライアントサイドレンダリングでは、ゲームサーバーでは画面描画を行わず、どの座標にどの画像をどの角度と透明度で描画するのかといった、画面を描画するために必要なコマンドの列を、リアルタイムにクライアント側に送信し、実際の描画は、クライアント側のGPUを用いて（GPUが不要な場合は使わず）描画します。

　サーバー側で描画をしないため、サーバー側のGPU消費量は当然ゼロになり、CPU消費量も大幅に削減することが可能です。また、映像や画像を送り続けるのと比べて、インターネット経由で送信する必要のあるデータ量が桁違いに小さくなります。しかも、映像圧縮を行わないので、ジャギー（Jaggy）や画面がぼやけることがなく、完全にクリアな最終画質を得ることができます。

サーバーサイドレンダリングと
クライアントサイドレンダリングの歴史

　前述のとおり、ビデオゲームにおける「サーバーサイドレンダリング」の大規模な展開は、2000年のGクラスタのサービスがその起点とされています。しかし、ビデオゲームのサーバーサイドレンダリングは、明らかにPCのデスクトップ環境をリモートから使う技術の延長線上にあります。

　2000年より前の1995年には、Windows用のRemote Desktopの前身となる製品（Citrix WinFrame）が販売開始されていたことからも、それがわかります。

　1995年という時期は、ちょうどHTTPをベースとするブラウザが利用可能になり、Windowsが3.1から95になってマルチタスク能力が飛躍的に向上し、通信を活用したメーラーやメッセンジャー、ビデオチャットなどのアプリケーションが急激に普及し始めた時期です。インターネット通信とそれを活用するアプリケーションが一気に普及している中で、リモートデスクトップを用いて、離れた場所にあるGUI環境を使うことができるようになったのです。

　2000年頃に比べると、昨今はGPUの性能は数百倍に向上し、映像の圧縮アルゴリズムも飛躍的に改善しましたが、それと同時に画面の解像度も向上し、ビデオゲームで使われる3Dデータのポリゴン数も増えているため、現時点でも映像の圧縮はかなり計算コストのかかる処理のままになっています。

　そのため、クラウドゲーム事業者は、特別に設計したビデオドライバーや通信ソフトウェアを使ったり、エンコーダーを専用にチューニングしたりして、映像送信のコスト削減に取り組み続けています。

　一方、実は「クライアントサイドレンダリング」の歴史は古く、インターネット接続の帯域幅がまだ貧弱だった頃から使われています。たとえば、X Window System[注3]では1980年代からこの方式で通信を行っています。

　X Window Systemのプロトコルをそのまま流用することは可能でしょうか。筆者もそれを検討しましたが、難しいと判断しました。

　X Window Systemは、おもにテキストデータと、ベクター図形を描画することに特化しており、高速に変化し続ける画像を送信し続けるためには最適化されていません。とくに、3Dには対応していません。ここでは詳細の説明を割愛しますが、ゲームを実装するには適さないことがわかりました。そのため、クライアントサイドレンダリングのクラウドゲームシステムを実現するにあたっては、新しい設計によるプロトコルが必要になります。

注3　URL https://www.x.org/

サーバーサイド/クライアントサイドレンダリングの使い分け
ゲーム内容とさまざまな制約

　さて、サーバーサイドレンダリングでは、サーバー側でGPUを使うため、サーバーの運用コストが高いことがわかりました。それはたとえば、AWSのGPUインスタンスなどの利用料金が、通常のインスタンスの数倍の価格になっていることからもわかります。

　すると、常にクライアントサイドレンダリングを使うべきなのでしょうか。結論から言うと、ゲームの内容や、実現したいサービスの内容によって使い分けることになります。

サーバーサイドレンダリングを使う最大の目的　高度なグラフィックスを求める

　サーバーサイドレンダリングを使う最大の目的は、クライアントサイドレンダリングでは描画できないような「高度な内容のグラフィックスを描画」するためです。典型的な例は「Call of Duty」シリーズや『Unreal Tournament』などのような、3Dのハイエンドグラフィックスを誇るゲームを、モバイル端末に向けてクラウドゲームとして実現したい場合です。

　図2.7は、元々PC用のゲームとして人気の『Cities: Skylines』という都市開発ゲームで、PCのGPUをフルに活用し、都市の遠景を素晴らしいクオリティで描画しています。

図2.7　『Cities: Skylines』

©Paradox Interactive AB

　このゲームは、数万に及ぶ建造物やキャラクターを描画し、1秒あたり合計数十億ポリゴンを描画します。その上で、美しい影や水面の動き、雲、画面周辺のレンズ効果などのグラフィックス効果を楽しむことができます。

このゲームでは、マシンのスペックに合わせて描画クオリティを調整できるようになっているものの、この図のように4Kクオリティで描画するためには、ビデオメモリー（VRAM）の量が3GB以上、できれば5〜6GBが必要になります。PCでこのゲームを楽しむために、GeForceやRadeonシリーズの上位機材を購入するゲームファンも多く、なかにはNVIDIA GeForce GTX 1080[注4]のような強力なGPUを2つ以上搭載し、800W以上の強力な電源を搭載したようなマシン（グラフィックスPC）を作り、高解像度ゲームを楽しむ人も多いようです。

消費電力の大きさとサーバーサイドレンダリング
必要な計算処理の量を消費電力で大まかに比較する

それに対して、家電製品やカーナビ、携帯電話やタブレットなど、PCやゲーム機以外の端末では、GPUのトランジスタ数が小さかったり、使える電力の量が少なかったりといった制約が厳しくなっています。消費電力の比較で言うと、本格的なグラフィックスPCでは800Wに対し、ノートPCでは10〜20W程度、携帯電話では数W程度と、数百倍の開きがあります。

現在のプロセッサは高度に最適化されているため、電力消費量の差は、ほぼ計算処理能力の差だと言ってかまいません。したがって、ここではグラフィックスの計算処理の量を、電力消費量でだいたい比較することができます。

サーバーサイドレンダリングの必要性については、消費電力の大きさを目安にして判断することができます。たとえば、ゲームをノートPCでも遊べるようにするなら20W程度、携帯電話でも遊べるようにするなら数W程度の、計算で処理できるようなレンダリング内容についてはクライアントサイドレンダリング、つまりゲームをプレイするときに使う端末の側での実装が可能で、消費電力がそれより大きくなってしまうような描画内容であれば、サーバーサイドレンダリングが必要と判断できます。

たとえば、『Cities: Skylines』のようなゲームでは、遠くまで描画するほど、描画するべきものは増えていきます。通常は、視界距離の2乗に比例します。

『Cities: Skylines』では、LOD（*Level of Detail*）という技法を使って、遠くのもののポリゴン数を非常に低くしてGPUの処理を抑えているため、描画性能の低いマシンほど、近いところにある建造物でLODが有効になり、おおざっぱな形状に変化するといった調整が自動で行われます。

『Minecraft』では建造物の形が一定していないため、そのような単純化ができ

注4　URL http://www.nvidia.co.jp/graphics-cards/geforce/pascal/jp/gtx-1080/

ず、GPUの能力が低いマシンでは、遠くの描画が単純にスキップされます。単純計算すると、たとえば、距離100まで描画する場合に消費電力が800Wであった場合、距離を10にすると、描画する内容が距離の2乗に比例して小さくなるため、100分の1になります。そのため、消費電力を8Wに抑えることができます。実際に、モバイル用の『Minecraft』では、極端に近い場所しか見えないようになっています。

　もし、クラウドゲームにおいてゲームをモバイル用に提供したい場合で、どうしても100Wを消費する程度のグラフィックスにしたい場合は、サーバーサイドレンダリングを検討しなければならないということになります。

　一般的には、見える範囲を狭くする以外にも、解像度を落とす、アンチエイリアスをやめる、フレームレートを落とすといった調整で、消費電力を大きく削減することができます。しかし、そういった調整だけでは、数百倍の削減をするのが難しい場合も多いでしょう。

　ハイエンドグラフィックスを必要としないゲームについては、サーバーサイドレンダリングを用いる場合でも、1つのゲームサーバーが1個のGPUを専有する割合が小さいため、1個のGPUを10以上のゲームサーバーで共有することも可能です。その場合は、サーバーコストを減らすことができるでしょう。

ソフトウェアレンダリング　　サーバーサイドレンダリングの特殊なオプション

　サーバーサイドレンダリングの特殊なオプションとして、サーバーのGPUではなく、CPUを用いて描画することも可能です。その方法とは「ソフトウェアレンダラー」というソフトウェアを用い、CPUだけでラスタライズ処理をし、ソフトウェアだけでJPEG圧縮をするソフトウェアレンダリングです。そのために、FlashやOpenGLのソフトウェアモード、GD Graphics Library (LibGD)[注5]やImageMagickのようなミドルウェア、ベクターグラフィックスライブラリなどが使用可能で、最終的に画像を出力できるものなら何でもかまいません。

　ソフトウェアレンダリングは、『Angry Birds』やソーシャルゲーム、レトロゲームのような「Flashで実現できそうなレベルの描画内容」のゲームであれば、パフォーマンスの問題もありません。サーバーのGPUを用いない分、CPUの使用率が上がりますが、GPUを搭載していないIaaS (*Infrastructure as a Service*) の上にも実装が可能なので、ゲームの内容によってはGPUを使うよりも全体のコストを削減できる可能性があります。

　ソフトウェアレンダリングの選択肢も含めると、サーバーサイドレンダリングには大まかに2つの選択肢があるということになります。

[注5] URL https://libgd.github.io/

クラウドゲームのアーキテクチャ

クライアントレンダリングの苦手分野
クラウドゲームの制約とゲームデザイン

　クライアントサイドレンダリングも、万能ではありません。たとえば、10万個のパーティクルが画面内を飛び回るゲームで、それぞれのパーティクルが完全に予測できない動きをする場合は、毎フレーム、10万個の座標を送り続けなければなりません。

　クライアントサイドレンダリングでこのようにスプライトの数を増やすと、サーバーサイドレンダリングでのJPEG圧縮した画像よりも、1フレーム分のスプライトストリームのサイズのほうが大きくなってしまい、帯域幅が足りなくなってしまいます。

　クラウドゲームの実現には、ゲーム内容に対して何らかの制約が発生するため、ゲームデザインをする際にはそれを念頭に置く必要があります。

サーバーサイドレンダリングとクライアントサイドレンダリングの使い分け

　ここまでで説明したサーバーサイドレンダリング（2通り）と、クライアントサイドレンダリングの特徴をまとめると**表2.1**のようになります。

表2.1 サーバーサイドレンダリング（2通り）と、クライアントサイドレンダリングの特徴

	サーバーサイド（ハードウェア）レンダリング	サーバーサイド、ソフトウェアレンダリング	クライアントサイドレンダリング
ハイエンド3D	o	×	×
2D/ローエンド3D	○	○	○
サーバー側GPU	必要	**不要**	**不要**
CPUラスタライズ負荷	なし	あり	あり
サーバー側エンコーディング負荷	あり	あり	なし
クライアント側GPU負荷	なし	なし	あり
必要なエンドユーザー帯域	大	大	小
最終画質、音質	帯域次第で劣化	帯域次第で劣化	**劣化なし**

　将来的には、サーバーサイドレンダリングとクライアントサイドレンダリングを、ゲームのプレイ中に動的に切り替えたり、併用をするシステムも考えられます。自動的に切り替えるとまではいかなくても、プログラムのごくわずかな変更で、必要に応じてモードを変更できるようにはなるでしょう。

たとえば、ゲームの利用者がiOSやゲーム機など、強力なGPUを持つ端末を使ってゲームをプレイしているときはクライアントサイドレンダリングが自動選択され、インターネット対応テレビに配信するときはサーバーサイドレンダリングが選ばれるという具合にです。

2.3
ネットワークプログラミングなしでMMOGをつくれるか 「1:N」と「クライアントサイドレンダリング」が持つ可能性

　前節までで、クラウドゲームの全体像について、複数の切り口で解説を行ってきました。本節ではそれらのうち、クラウドゲームの「**1：N**」「**クライアントサイドレンダリング**」に注目して、「**ネットワークプログラミングなしでMMOGがつくれるか**」について、順を追って考えてみましょう。

　それでは、MMOG（多人数同時プレイ）の前に、ネットワークプログラミングなしで「マルチプレイゲーム」がつくれるかを考えます。ここまで見てきたとおり、ネットワークプログラミングをせずにマルチプレイゲームを実現できるのは「1：N」のみです。その理由から説明します。

「1:N」では1つのプロセスが1つのゲームプレイ空間を保持
プロセス間通信が不要

　2.1節では、「1：1」「1：N」「N：N」「M：N」というクラウドゲームにおける4つの物理的接続構造を紹介しました。先に触れたとおり、これらのうちマルチプレイゲームを実装できるのは、1：1以外の3つです。マルチプレイゲームを実装できるかどうかには、画面描画の方法は関係ありません。

　さて、マルチプレイゲームの実現とは「**ゲームプレイ空間を、複数のプレイヤーが共有する**」ことを意味します。これは、複数のプレイヤーによって操作されるViewerが、同じゲームプレイ空間に接続していることにより実現されます。

　4つの物理的構造を並べた図では、1つのゲームプレイ空間は、黒の点線で囲んだゲームサーバーやゲームサーバー群が保持していました。点線の囲み1つが、1つのゲームプレイ空間（将棋で言うと、1つの盤）を表します。

　1：Nでは、1つのプロセスが、1つのゲームプレイ空間を保持します。N：NとM：Nでは、複数のプロセスが、1つのゲームプレイ空間を保持します。

プロセス間通信のおさらい　複数のプロセスで1つのゲームプレイ空間を保持

　現在のOSでは、プロセスが分かれている場合、メモリー空間も分かれているため、同じデータにはアクセスできません。そのため、何らかのプロセス間通信のしくみを使って、プロセスからプロセスへ、ゲームプレイ空間の情報を送信する必要があります。

　ここで使えるプロセス間通信の選択肢は、TCP/IPやUDPなどのネットワークや、同じマシン内なら共有メモリーや、場合によってはファイルやDB（*database*）など、さまざまな手段がありますが、マシンの境界を越えて使える実用的な手段となると、基本的にはネットワークを使ったパケット通信が必要です。

プロセス間通信の要不要　N:Nと1:N

　たとえば、将棋ゲームの場合、N：Nで2人で対戦しているときは、ゲームサーバープロセスが2つ起動しています。片方のゲームサーバーAでプレイヤーaが駒を打った場合は、盤の状態が変化するため、その変化後の状態をもう片方のゲームサーバーBに対してネットワーク経由で送信し、ゲームサーバーBは変化したことをViewerへの通信を通じてプレイヤーbに教える必要があります。

　図2.8 ❶は「N：N」で、ゲームサーバーとViewerとプレイヤーの関係を示しています。❶ではプロセス間通信のしくみを使って、ゲームプレイ空間の情報を共有しています。仮に、ゲームサーバーAとゲームサーバーBの間が切り離されていたら、将棋の対戦は成立しません。

　図2.8 ❷は「1：N」の場合です。ゲームサーバーは1つだけで、そこに2つのViewerが接続しています。プロセスが1つなので、プロセス間通信は不要です。

図2.8　ゲームサーバーとViewer/プレイヤーの関係

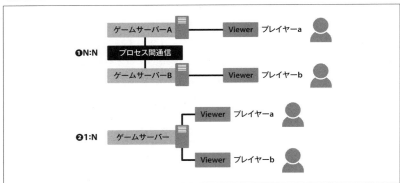

ネットワークプログラミング、非同期プログラミングの難しさ
ソケットを用いる場合のゲームサーバーに必要な機能

　プロセス間通信を実現するために、典型的には「ソケット」(socket)を用います。ソケットを用いる場合には、以下のような機能をゲームサーバーに実装しなければなりません。

- ソケットの作成、接続、破棄、エラー処理
- ゲームプレイ空間の情報が変化したことを捉える処理
- 捉えた変化を他のプロセスに送信するためのパケットを構成する
- 構成したパケットを送信する
- ソケットに何らかのデータが到着しているかを常に調べる
- パケットを受信して内容を解析する
- 解析した結果をゲームプレイ空間に反映する
- これらの処理を非同期で実装し、必要であれば排他制御を実装する

　これらはすべて、「ネットワークプログラミング」と呼ばれる分野に含まれる内容です。マルチプレイゲームにおけるプロセス間通信は、ネットワークプログラミングの技術を駆使する必要があるのです。
　将棋のような小さなゲームであれば、盤や持ち駒などの変化を送信することが必要ですが、RPGなどの内容の多いゲームになると、送信したいデータの種類やタイミングや量が増え、このコーディング作業が非常に煩雑になってきます。
　何よりも、すべてを「非同期プログラミング」の手法を使って実装する必要があり、また、将棋で同じ位置に駒を置こうとしたときに、駒が消えてしまったりといったことが起きないように、排他制御を組み込むなどの必要が生じます。
　こうしたネットワークプログラミング作業の負荷を軽減するためのミドルウェア製品などがいくつも存在し、筆者も開発していますが、それらを使ったとしても、「ゲーム内容が増えてくる」と、非常に面倒くさい、バグを生みやすい、そして極めて難易度の高い作業となることは変わりません。
　それに、ゲームプログラミングを始めたばかりの人や、シングルプレイゲームをつくってきた人は、ネットワークプログラミングの知識を持っていないのがほとんどで、ゼロから習得していくのはかなりの負担がかかってしまいます。

「1:N」では、ネットワークプログラミングなしでマルチプレイゲームの実現が可能である　第1段階の結論

しかし、1：Nでは、プロセス間通信をする必要がないため、ネットワークプログラミングをする必要がまったくありません。1：Nではネットワークプログラミングなしで、マルチプレイゲームをつくることができるのです。

筆者がクラウドゲームに関して最も期待しているのは、この部分です。既存の開発者にのしかかっていた負担も大幅に減らせますし、新規に開発に参加するための敷居をぐっと下げることもできるでしょう。

なお、ここまでの説明では、意図的にM：Nを省いていました。M：Nにおいては、プレイヤーaとプレイヤーbが同じゲームサーバープロセスに接続しているときはプロセス間通信が必要ありませんが、プレイヤーcが別のゲームサーバープロセスに接続しているので、やはりプロセス間通信を使ったゲームプレイ空間の同期処理が必要になります。

さらに、MMOGの実現に向けた、「クライアントサイドレンダリング」の潜在能力　第2段階の結論

先に説明したとおり、サーバーサイドレンダリングでは、画面描画（描画準備とラスタライズ）のためにGPUまたはCPUを多量に使います。また、画像エンコーディングのためのCPU負荷が高く、サーバー側で必要な通信帯域も大きくなります。

したがって、ゲームサーバープロセスが1つだけしかない1：Nでは、数人〜10人程度のプレイヤーまでしか対応できません。つまり、サーバーサイドレンダリングで1：Nを用いる場合は、少人数の同時プレイだけしか実現できないのです。CPUの1スレッドあたりの性能はほぼ頭打ちになっているため、この条件は、今後数年は変化しそうにありません。

ところが、「クライアントサイドレンダリング」を使う場合、サーバーのCPUでは、描画準備、ラスタライズ、エンコーディングの処理を行いません。

これによって、ゲーム内容にもよりますが、**ゲームサーバーのCPU負荷が100分の1程度にまで減少**します。

ということは、100人、500人、1000人といった規模の人数のマルチプレイゲームを1：Nで実装できるというわけです。100人以上、500人以上となれば、それはMMOGだと言えるでしょう。

「ネットワークプログラミングなしでMMOGはつくれそう」である　現時点で導かれた結論

ここまで来たら、もう気づいた方も多いかもしれませんが、

- **1：N**では、ネットワークプログラミングなしでマルチプレイゲームが実装できる
- **クライアントサイドレンダリング**では、ゲームサーバーのCPU負荷が100分の1になる

という2点を組み合わせれば、「ネットワークプログラミングなしでMMOGをつくることは可能」という結論が自然と導かれます。

この段階ではまだ、これは理論に過ぎません。第3章から実際に検討や実装を進めて、プレイできるゲームとして理論を現実化していきます。第7章以降で、クライアントサイドレンダリングも実装したゲームエンジンであるmoyaiを用いてサンプルゲームを実装/運用して、実用上の問題点を洗い出します。

2.4

クラウドゲームに向いているゲーム、向いていないゲーム　遅延と経済性

時折、「対戦格闘ゲームはクラウドゲームに向いていない」などと聞くことがあります（実際、大抵向いていない）。具体的には、どのようなゲームがクラウドゲームに向いているか、あるいは向いていないのでしょうか。

クラウドゲームへの向き不向き　3つの観点で考える

どのようなゲームがクラウドゲームに向いていて、どのようなゲームがクラウドゲームに向いていないかは、次の3つの観点で考えることができます。

- ❶ ゲームが許容できる遅延（総合的な遅延、後述）の大きさ
- ❷ サーバー運用者にとっての経済性
- ❸ エンドユーザーにとっての経済性

結論から言ってしまうと、ゲームが許容できる「遅延」の大きさが大きく、サ

ーバーとエンドユーザーにとっての「費用負担」が小さくなるゲームがクラウドゲームに向いていて、そうではないゲームがクラウドゲームに向いていないと言えます。

❶ ゲームが許容できる遅延の大きさ
原因、インターネットの遅延、ゲーム内容、フレームレート

表2.2は、ゲームが許容できる遅延の大きさを、ゲームのジャンルごとに分類しています。

表2.2 ゲームジャンルごとの、許容できる遅延の目安

ゲームジャンル	遅延
FPS（FP/*First-Person shooter*、PvP/*Player versus Player* 公式戦）	5〜15ミリ秒
FPS（PvP一般）	10〜30ミリ秒
対戦格闘（一対一）	5〜30ミリ秒
レースゲーム（PvP）	10〜50ミリ秒
スマブラ系PvP	10〜50ミリ秒
2D横視点ジャンプゲーム	10〜50ミリ秒
VR空間共有	10〜100ミリ秒
FPS（PvE/*Player versus Environment*）	30〜100ミリ秒
RTS（*Real-time Strategy*）/MOBA（*Multiplayer Online Battle Arena*）	20〜100ミリ秒
2D見下ろしアクション	50〜100ミリ秒
TPS（*Third Person Shooter*）	50〜100ミリ秒
スマートフォンリアルタイムアクション	50〜200ミリ秒
ボイスチャット	50〜200ミリ秒
超多人数戦争	100〜300ミリ秒
MMORPG（*Massively Multiplayer Online Role-Playing Game*）	100〜500ミリ秒
スマートフォンターン制	200〜1000ミリ秒

この表では大まかにまとめてしまいましたが、ゲームの内容は極めて多様であり、この表のようにきれいに分類できないゲームのほうが多いことには注意が必要です。実際に、クラウドゲームとして提供したいゲームの内容をすみずみまで考えたり、調整するにあたっては、ビデオゲームにおける遅延が全体として、どのような原因で発生するかを把握しておくことが有効です。

以下では、ビデオゲームにおける遅延の原因を少し細かく見てみましょう。

ビデオゲーム全般における遅延の原因

クラウドゲームにおいて最も重要な技術的制約は「光の速さ」、つまりサーバー

とクライアントの間に発生する「通信の遅延」です。これは避けることができません。現在は、光の速さよりも速い速度で通信をすることはできないからです。

　繰り返し述べてきたとおり、ゲームでは「操作に対するレスポンス」が極めて重要ですが、クラウドゲームではプレイヤーの操作をいったんサーバーに送信してゲームプレイ空間を操作し、さらに描画をし、その結果をクライアントに送り返すというしくみで動作します。そのために、どうしても操作に対する反応の時間に、インターネット通信の遅延時間が追加されてしまいます。この遅延が大きければ大きいほど、ゲームプレイに対する悪影響が大きくなります。

　プレイヤーが操作をした入力イベントがゲームのプログラムに渡され、処理され、描画され、プレイヤーの目に届くまでには、クラウドゲームではなくても、ある程度の遅延が必ず発生しています。クラウドゲームではない、ネットワークを使わないゲームにおける遅延の原因には、以下のようなものがあります。

- **ボタンやタッチパネルなどの入力デバイスの物理的な構造による遅延**：物理的ボタンであれば、押し下げる距離が長いボタンは、押し下げるために必要な時間が数ミリ秒～数十ミリ秒必要になるため、プレイヤーによって遅延と感じられる。現在販売されているゲームパッドやキーボードの物理ボタンは薄いものも多く、5～10ミリ秒程度で押し下げることができる。ゲーム機のコントローラーなどでアナログ入力ができるボタンの場合は、閾値の設定次第では押し下げの距離が長くなってしまうので、調整をしなければならない。また、スマートフォンの静電容量式タッチパネルの場合は、方式によっては、タッチの検出に数十ミリ秒かかることがある

- **入力デバイスの入力データを端末に送信するときの遅延**：ゲームパッドやキーボード、マウスなどからUSBケーブルを使って端末に接続している場合はμ秒単位の遅延で無視できるが、Bluetooth通信を使ったリモコンなどの場合は数ミリ秒の遅延が発生することもある

- **端末が入力を受けてからゲームプログラムに渡るまでの遅延**：OSを持たないゲーム機やリアルタイムOSを用いたものでは遅延は無視できるが、汎用OSのイベントを用いた実装になっている場合は、他のプロセスなどとの関係のために数ミリ秒～数十ミリ秒遅れることがある。スマートフォンのOSは、かなり遅い傾向がある

- **OSやバーチャルマシン処理系による遅延**：UnityやFlashのようなバイトコード実行をする処理系や、何らかのエミュレーターを用いてゲームプログラムを実行している場合、そのバイトコード処理系を介して入力イベントを受け渡しする必要がある。受け渡しの段階が1段階増えるため、受け渡しの際に入力の遅延が追加される場合がある。顕著なのは、ゲーム機における古いゲームのエミュレーションで、数十ミリ秒の遅延が発生することが多々ある

- **ゲームプログラムが入力に対応する処理をするために必要な時間**：ゲームプログラムが入力イベントを受け付けてから、ゲームプレイ空間に反映させるために必要な時間である。これは多くのゲームで、50～100回/秒のループで実

装されるため、10〜20ミリ秒、典型的には毎秒60回で、16.6ミリ秒以下の遅延になるように設計される。反応速度が重視されるVR向けやeスポーツ向けなどでは、10ミリ秒以下の高速なループが採用されることもある

- **ゲームプログラムが描画を実行するために必要な時間**：これも典型的には毎秒60回以上、16.6ミリ秒以下になるように実装されるが、ゲームによっては描画結果の品質を高めるため、毎秒30回や20回が採用されることもある

- **描画されてから画面に実際に表示されるまでの時間**：GPUがフレームバッファに最終出力をした後、HDMI (*High-Definition Multimedia Interface*) や何らかの通信デバイスを用いてディスプレイにデータを送信し、ディスプレイがそのデータを解析して液晶などに反映させるために必要な時間である。ディスプレイの機種によってこの解析速度には大幅な差があるため、安価なディスプレイで4Kなど解像度の高い画面を描画すると、数十ミリ秒以上のかなり大きな遅延が発生することがある。エミュレーションを用いている場合も、この遅延が追加される場合がある

以上のように、ゲームの操作にはさまざまな遅延が発生します。スマートフォンで、Bluetoothを用いてHDMI接続をし、高解像度のゲームをプレイするなど、悪条件が重なると、数十ミリ秒の遅延が重なって300ミリ秒以上遅れたりします。そうなってくると、アクションゲームをプレイすることは難しいでしょう。

クラウドゲーム特有の遅延の原因

クラウドゲームでは、上記に加えて、さらに以下の遅延が追加されます。

- **入力データをインターネットを通じて転送する時間**：ソケットAPIを用いて、ボタンの入力情報を送信する。このデータはごく小さいパケットで送信できるため、インターネットの通信に必要な時間はpingしたときの測定時間とほぼ同じになる

- **ゲームの描画結果をエンコードする時間**：ビデオストリームのときのみ必要。映像をエンコードするには膨大なCPUまたはGPUの処理が必要になるため、高速なGPUをもってしても長い時間がかかる。解像度が上がるほど、この時間は多く必要である。800×600の解像度であれば0.5ミリ秒で終わるエンコードでも、4000×1900の解像度だとピクセルの数が15倍以上になるため、時間もそれに応じて7ミリ秒などといった時間が加算される。また、映像の画質の損失を減らすといったことを行いたい場合は、さらに時間がかかる

- **エンコードされた映像をインターネットを通じて転送する時間**：ビデオストリームのときに多く必要。映像データは入力データに比べて非常に大きいため、インターネットを通じて送信するときにも、1フレームの最初から最後までのデータが数百KBに達することがある。100Mbpsの回線で100KBのフレームを送るには1ミリ秒程度の時間がかかる。スプライトストリームは映像ほど大きくならないが、1フレームの再現に必要なデータが増えると時間が長くなる。この遅

延の最低の大きさは、インターネットでpingしたときの測定時間と同じになる
- **受信した映像をデコードする時間**：ビデオストリームでのみ必要。エンコードほどの時間はかからないが、画質に応じてその半分程度の時間はかかるだろう

最大の原因はインターネットの遅延　pingコマンドで測定しておこう

　いくつもある遅延の原因の中で、クラウドゲームにとっては通常、「インターネット経由の通信による遅延」が最も大きくなります。ゲームを提供したい地域で、インターネットの遅延を測定しておくことは重要な作業です。

　インターネットの通信遅延を測定するために、LinuxやWindowsではpingコマンドを用いるのが基本です。

　pingではICMP ECHOというタイプのパケットを相手のマシンに向かって投げ、ICMP ECHOパケットを受信したインターネットに接続されたホスト（マシン）はICMP ECHOを送り返すようになっています。

　ICMP ECHOには送信した時刻が書かれているので、pingコマンドはインターネット上をパケットが伝達され、相手のマシンから戻ってくるまでの時間を測定することができます。パケットの往復時間はRTT（*Round Trip Time*）などとも呼ばれ、pingはICMP ECHOを利用したRTTの測定ツールです。

　筆者の自宅からgoogle.co.jpにpingしたら、1回めは15.959ミリ秒、2回めは15.926ミリ秒かかっていることがわかります。2つのパケットを送信して2つ受信したため、パケットロス（*packet loss*）がなかったこともわかります。

```
$ ping google.co.jp
PING google.co.jp (216.58.196.227): 56 data bytes
64 bytes from 216.58.196.227: icmp_seq=0 ttl=55 time=15.959 ms
64 bytes from 216.58.196.227: icmp_seq=1 ttl=55 time=15.926 ms
^C
--- google.co.jp ping statistics ---
2 packets transmitted, 2 packets received, 0.0% packet loss
round-trip min/avg/max/stddev = 15.926/15.942/15.959/0.016 ms
```

　pingを使ってパケット往復時間を測定すれば、インターネットによって遅延がどの程度追加されるかがわかります。日本は、高速な光回線をはじめとするインターネット回線がほとんどの場所に敷設されていて、世界的に見てもインターネット通信の遅延が小さい地域です。両端が光ファイバーを用いた有線ネットワークを使っている場合、パケットを往復するには、およそ以下に示す程度の時間がかかります。

- 東京都内同士の通信　　　：5〜15ミリ秒
- 東京と大阪の通信　　　　：10〜20ミリ秒
- 地方都市と東京の通信　　：15〜30ミリ秒
- 地方都市同士の通信　　　：20〜50ミリ秒
- 北海道と沖縄の通信　　　：30〜100ミリ秒

　真空中の光の速度は30万km/秒ですが、光ファイバー中では20万km/秒ほどになります。長距離ネットワークではほとんどの区間で光ファイバーを経由することになるため、仮に、1000km離れている2地点間でパケットを往復すると2000km走ることになり、単純計算では100分の1秒（10ミリ秒）で往復が可能です。北海道と沖縄でも1500km程度なので、15ミリ秒程度で往復できるはずですが、実際にはその2倍以上の時間がかかります。

　その原因は、途中に何段階も経由するルーターが信号を解析して再出力するために必要な時間と、無線LANなどの光ファイバーではないメディアによる追加的な遅延があります。筆者の自宅では、数千円で購入した一般的な無線LANルーターを使っていますが、このルーターに手元のPCからpingコマンドで往復すると1ミリ秒程度かかります。10mもない距離では数百万分の1秒で往復できるはずが、その数千倍もの時間がかかっています。

　モバイル通信を使う場合は、現在の世代（4G、あるいはLTE/*Long Term Evolution*）では、上記の時間に対して、さらに片側で50ミリ秒から200ミリ秒の遅延が追加されます。モバイルネットワークでは、混雑している状況ではかなり大きく遅延が増えるため、都市部ではその増加幅は大きくなっています。

　海外と通信をすると、さらに長い往復時間が必要です。東京から米国西海岸では安定して100〜150ミリ秒が必要になり、ヨーロッパでは200ミリ秒以上、東欧やロシアだと300ミリ秒かかることもあります。

　現在、一般に利用可能なインターネット回線では、この通信遅延を大幅に短縮することは難しいため、与えられた条件と考える必要があります。

ゲームの内容と、低遅延への要求
「リアルタイムゲーム」「ターンベースゲーム」の大枠から

　「ゲームの実装方法そのものによる遅延」と「インターネット通信による遅延」の合計を、ここでは「総合的な遅延」としてみましょう。総合的な遅延は、プレイヤーが何らかの入力をしてから、その結果が画面に反映されるまでの時間です。総合的な遅延がどの程度になれば、ゲームのプレイ体験にとって致命的と

言えるのでしょうか。ここではビデオゲームの分類を通して、許容できるこの総合的な遅延の大きさについて考えます。

まずビデオゲームは、ゲームの基本的なルールについて、「リアルタイムゲーム」「ターンベースゲーム」に大まかに分けることができます。

リアルタイムゲームは、何らかのシミュレーションや物理計算が行われており、プレイヤーが何も操作しなくてもゲームがどんどん進行していくものです。シューティングゲームのプレイ中の状態や、FPS（*First-Person shooter*）やレースゲームなど、ゲームパッドから手を離していてもゲームが進行するゲームがこれにあたります。

ターンベースゲームでは、プレイヤーが入力をするまでゲームが進行しません。「ドラゴンクエスト」シリーズのようなコマンド入力型のRPGや、囲碁、将棋、リバーシなどのパズルゲームがこれにあたります。ターンベースゲームは総合的な遅延がかなり大きくても、ゲームが勝手に進行することがないため、画面に反映されるまで待って、じっくり考えてから入力をすることができます。そのため、遅延が500ミリ秒以上、場合によっては数秒程度と大きい状態でもプレイができます。

秒単位の遅延になると、操作してから一呼吸置いて画面に反映されるため、Webブラウザで表示するWebページとして実装されている将棋ゲームのプレイ感覚と近くなるかもしれません。リアルタイムゲームとターンベースゲームが併用されているゲームも数多くあります。ターンベースゲームにおいて時間制限が付加されているものや、リアルタイムゲームでも時々時間が止まってじっくり考える時間が与えられているものなどもあります。

タイミングゲーム 低遅延への要求

リアルタイムゲームの中でも、「タイミングゲーム」と呼ばれるゲームは低遅延を要求します。

タイミングゲームの代表的なものは、画面の上から落ちてくる記号に合わせて正確なタイミングでボタンを押す、リズムゲームがあります。絶妙のタイミングでバットを振る必要がある、野球ゲームなどもタイミングゲームです。

また、『スーパーマリオブラザーズ』のような、ぎりぎりのタイミングでジャンプすることが必要なプラットフォームアクションゲームも、タイミングゲームの一種だと言えます。『スーパーマリオブラザーズ』は一瞬の遅延が致命的な結果（ゲームオーバーなど）につながるので、低遅延への要求はかなりシビアだと言えるでしょう。

入力方式/操作系統による低遅延への要求の違い　継続的入力、ポイント&クリック

　画面の見た感じが同じようなゲームでも、入力方式/操作系統によって低遅延への要求は変化します。たとえば「Diablo」シリーズのように、いつも画面の中心にプレイヤーキャラクターがいる、ハック&スラッシュ（*Hack and Slash*）タイプのTPS（*Third Person Shooter*）ゲームにおける継続的入力方式は、ポイント&クリック入力に比べて低遅延を要求します。

　継続的入力は、ⓌⒶⓈⒹキーや、ゲームパッドの方向キーなどを押し下げている間だけキャラクターが動作し、ボタンを押すとすぐに何かの行動を起こす方式です。ポイント&クリックは、おもにPC用のゲームで、マップ上のある地点をクリックしたら移動を開始するタイプの操作系です。

　以上のように、個別のゲーム内容の組み合わせや操作系統の細かい違いによって、低遅延の必要性が大きく変わるため、ゲームのジャンルや対象ハードウェアによって簡単に分類することができません。

　しかし、一つだけ利用しやすい目安があります。それは「そのゲームのフレームレートの範囲を考えてみる」ことです。

フレームレートの範囲を考える　基本とクラウドゲームでの注意点

　図2.9は、『Minecraft』のビデオ設定の画面です。この画面では、「最大フレームレート」の設定が可能で、一番低い値は10で1秒間に10回の描画を行います。1秒間に10回ということは、操作してから反映されるまでに最大100ミリ

図2.9　『Minecraft』のビデオ設定画面

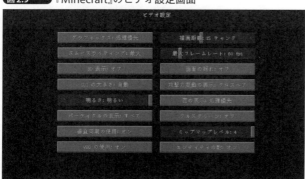

秒の遅延が発生するということになります。

　フレームレートを10に設定して『Minecraft』で遊ぶと、かなりプレイしづらいですが、それでも何とかプレイできることがわかります。『Minecraft』でも「ぎりぎりのタイミングでジャンプ」をするような局面はありますが、それはまれであり、ブロックを掘削したり建築をしたりクラフトしたり農作業をしたりといったほとんどの作業には、フレームレートが10あれば何とかなってしまうのです。筆者は、『Minecraft』というゲームを楽しむことはぎりぎり可能だと思えました。『Minecraft』は、かなり遅延に強いゲームだと言えます。

　フレームレートを下げることで、モバイル環境での電池消費量を大幅に削減できるため、Steamなどで一般に販売されているPC用のゲームソフトでは、フレームレートを変更する機能を持つものは多くあります。

　総合的な遅延が100ミリ秒以下というのは、日本のインターネット環境であれば、東京にサーバーを置いた場合、沖縄などの離島を除けば、無線LANがある環境ではほぼ問題がないと言えるでしょう。モバイルでは、LTEなどの現行世代ではぎりぎり難しいかもしれませんが、次世代の5Gなら問題ないかもしれません。

フレームレートの調整時の注意点

　フレームレートを下げられるかどうかで検討する方法で注意しなければならないのは、実際には、**クラウドゲームではフレームレートを下げるわけではない**ということです。クラウドゲームでは、フレームレートが60のまま、遅延だけが100ミリ秒に増えるという状態になります。

　フレームレートが高い状態で遅延だけが増える場合、フレームレートが下がるよりもプレイ体験に与える悪影響が小さいことには注意が必要です。

フレームレートの調整とゲームプレイ
同じゲームでもコンテキスト次第で必要な条件は変わる

　『Minecraft』は低遅延の要求があまり厳しくないことがわかりましたが、それは遊び方によるかもしれません。『Minecraft』はFPSゲームとしてつくられているので、PvP（プレイヤー同士の戦い）の対戦トーナメントなどでは、弓矢での撃ち合いと避け、あるいは白兵戦などが繰り広げられます。その場合は、遅延の要求が厳しくなります。

　同じゲームであっても、コンテキスト次第では必要な条件が変わるということです。この場合でも、フレームレートを下げてもプレイできるか、と考えることができます。たとえば、『Minecraft』を使ってPvPのFPS戦を行いたい場合は、飛び道具が100ミリ秒で20ブロック分進むということから、フレームレートをできる限り高く保たないと、攻撃を一瞬で避けたりといった戦闘中の機転

クラウドゲームのアーキテクチャ

や判断を楽しめない、つまりフレームレートが低いと戦術が単調になってしまうかもしれない、などと考えることができます。

『Minecraft』以外のゲームではどうでしょうか。仮に、落ち物パズルの『ぷよぷよ』のフレームレートを10にすることを考えてみます。『ぷよぷよ』では、落ちる速度がだんだん速くなり、最高速では1秒間に10マス以上の速さで落ちます。その間にさまざまな操作を行うため、フレームレートが10しかないと、その落ちる速さよりも画面の更新が遅いという結果になります。

『ぷよぷよ』ではディスプレイの能力に合わせた高いフレームレート、通常は60かそれ以上が必要という意見が多くなるでしょう。一般に動きが速いゲームは、タイミングもシビアになる傾向があります。

『ぷよぷよ』で高速に落ちてくるぷよや、『Minecraft』で飛んでくる矢など、1フレームあたりの移動速度が速く、かつゲーム内容としても重要なものの速度に注目して考えます。

仮に、『ぷよぷよ』をクラウドゲームにする場合で、遅延を1フレームの時間である16.6ミリ秒以下に抑えたいとするならば、総合的な遅延を16.6ミリ秒以下に抑える必要があります。描画などを除いて、通信に許されるRTT時間はおそらく10ミリ秒の水準が必要で、東京にサーバーを置く場合は首都圏のみで提供可能となるかもしれません。

しかし、ここで発想を変えて、『ぷよぷよ』の最高速を少し遅く調整し、30フレーム/秒でも問題なくプレイできるように調整できれば、東京サーバーでも日本国内であればだいたい問題なく提供できるかもしれません。

同じ『ぷよぷよ』でも、競技大会を行いたいのか、幅広いユーザー層に遊んでほしいのかなど、プロジェクトの目的ごとに調整の仕方を工夫していく必要があるということがわかります。

❷ サーバー運用者にとっての経済性

本節冒頭で挙げた3つの観点のうち、❷サーバー運用者にとっての経済性を取り上げます。これが不十分だと、サービスを継続することが難しくなります。

サーバー運用者にとっての経済性は、マーケティングやゲーム内容の新規開発などのコストは通常のオンラインゲーム（従来のオンラインゲーム）と同じですが、ゲームサーバーが消費するインフラの量がクラウドゲームでは多くなり、とくにビデオストリームを使う場合はかなり大きくなることが異なります。

各種のインフラ費用　大半を占める通信費用

先述のとおり、インフラ費用にはCPUに加えて、GPU、メモリー、ストレージ、通信や各種サービスなどさまざまなものがありますが、これらのうち、とくに通信帯域の消費量が多くなるか、典型的には大半を占め、ほとんど全部にもなります。とくに、ビデオストリームを用いる場合は、スプライトストリームを用いる場合よりも通信帯域の消費量が大幅に増えます。

1同時接続あたりの通信費用

通信の費用は、「単純に送信した量の総量に比例して増える」と考えてかまいません。たとえば、1ヵ月に1TBだけ送信したら1万円、2TBなら2万円、といった具合です。

ゲームサーバーからクライアントに対して送信するデータの総量は、当然ながらユーザーが増えたら大きくなります。そのため、ユーザーを多く集めるゲームは、多くのデータを送信することになります。ユーザーが多いゲームでは、売り上げも多いはずです。ユーザーの絶対数は、ゲームを企画する段階では仮定することしかできないので、クラウドゲームのサービスを考えるときには、**ゲームの1同時接続あたりにかかる費用**を計算する必要があります。

ここでは、1本の接続が1ヵ月間続いた場合に必要な費用を試算します。通信の費用は、スプライトストリームでもビデオストリームでも、単純に量に比例することに注意してください。低解像度のビデオストリームよりも多くのデータを、スプライトストリームが送信することも十分にあり得ます。

クラウドゲームにおける、ゲームプレイ中に必要な通信の速度と、1時間あたりの受信バイト数、1ヵ月連続した場合のバイト数、AWSを例にした参考費用は**表2.3**のようになりました。

表2.3　通信関連の参考費用（AWSの例）

	1時間 （バイト数）	1ヵ月連続 バイト数	AWSでの通信課金額 （割引を計算に含めない目安）	可能な用途
1Kbps	450KB	324MB	3円	低頻度スプライトストリーム
10Kbps	4.5MB	3.24GB	30円	低頻度～中頻度スプライトストリーム
100Kbps	45MB	32.4GB	300円	高速スプライトストリーム
1Mbps	450MB	324GB	3000円	低品質ビデオストリーム／高速スプライトストリーム
10Mbps	4.5GB	3.24TB	3万円	高品質ビデオストリーム
100Mbps	45GB	32.4TB	30万円	4K/8K/360度ビデオストリーム

表の左端の列は、1秒あたりの通信量をビット/秒で示しています。その速度で1時間通信したときのバイト数が「1時間（バイト数）」で、1ヵ月（720時間）通信したときの量が「1ヵ月連続バイト数」の列、その右側の列は1ヵ月連続バイト数をサーバーから送信したときにAWSに支払いが必要な通信費用の目安です。AWSは通信量が増えると価格が割引になるため、実際にはこの目安よりも安くなります。ただし、半分以下になることはありません。Azureなどだと、この目安よりも安くなる可能性が高くなります。

右端の列は、それぞれの通信速度で送信することができるストリームの内容です。1〜100Kbpsの通信速度では、ビデオストリームを送信することはほぼ不可能なので、用途はスプライトストリームに限られます。1Mbps以上では、画質によってはビデオストリームを送信でき、10Mbps以上では、それほど大量のスプライトストリームを送信しなければならないゲーム内容が想像できないため、ビデオストリームとしての用途に限られます。

同時接続数が1増えるためには、ゲームの客層や内容にもよりますが、通常は10から数十人のMAU（*Monthly Active Users*、月間アクティブユーザー数）が必要と言われています。

仮に、MAUが10人であれば、ある月にMAUが1人あたり10円を売り上げる場合、その分の売り上げは100円となり、それに対して100Kbpsのスプライトストリームを送るならば表2.3から、1ヵ月に32.4GBの送信量＝300円かかる、という計算になります。100円の売り上げが、300円の支出に対して小さ過ぎるため、これでは採算が成立しません。少なくとも、MAU1人あたりの売上を今の3倍に増やす必要があります。

GPU＋CPUの費用　通信以外にかかるマシン費用

ビデオストリームの場合は、サーバー側でCPUだけでなく、GPUも使う必要があるため、サーバー運用者にとっての経済性は悪化します。一般にクラウドインフラサービスにおいては、GPUを使うマシンのほうが1時間あたりの費用が大幅に高いためです。ただし、ビデオストリームを使う場合でも、通信の費用のほうが、GPUによって増加する費用よりも、やはり高くなります。

とくに、ビデオストリームの映像圧縮は、GPUに映像を送る処理やGPUから圧縮結果を取り出してビット列にまとめる処理などをCPUで行うため、GPUと協調動作するCPUの費用も、通信の費用に加えて大きい要素になります。

本書では、ビデオストリームについて本格的に掘り下げることをしないため、実際の数字を使って比較などは割愛しますが、筆者の経験から、だいたい**表2.4**に示すようなバランスになることが多いはずです。この表では、GPUを搭載している

マシンの1ヵ月あたりのマシン費用と映像の送信に必要な通信帯域の費用を、映像品質が高い場合と低い場合に分けて比較をしています。

表2.4 CPUやGPUのコストと通信の費用の大まかな比較（2018年8月時点）

	ドル/h マシン	ドル/month マシン	映像品質	CCU/台	帯域/CCU	合計帯域/台	bytes/h	bytes/month	ドル/month @0.09/GB
g3.8xlarge	3.16 ドル	2275 ドル	低	60	3Mbps	180Mbps	81GB	58TB	5119ドル
			高	20	8Mbps	160Mbps	72GB	52TB	4665ドル

　2018年5月現在では、AWSでGPUを使う場合の基本的な選択肢になっているG3インスタンスで、g3.8xlargeは「32 vCPU」「2 GPU」のコストパフォーマンスが良いインスタンスタイプです。

　表の「ドル/hマシン」の列は、1台あたり1時間使った時の費用です。それを1ヵ月間起動し続けると、「ドル/monthマシン」の列の2275ドルとなります。

　このマシンの性能はAWSの資料によると、1080p30（1080p、30フレーム/秒）の動画ストリームを、H.264で18個同時にエンコーディングできるとされています。ゲームでは、映像のレンダリングとキャプチャーも行う必要があるため、同時に10個までエンコーディングできると見積もると、GPUが2個搭載されているため、1080pの高品質映像では10 × 2 = 20本（CCU）、低品質（480p）ではその3倍の60本まで同時にストリームできると見積もれます。筆者がGPUを用いて大量のレンダリングターゲットにレンダリングした仕事の経験からしても、この見積もりは2倍外れることはない程度の精度になっているはずです。

　低品質の場合は3Mbps × 60 = 180Mbpsのビデオストリームが、高品質の場合は8Mbps × 20 = 160Mbpsのビデオストリームが送出できます。

　これを1ヵ月続けると、それぞれ58TB、52TBとなり、通信の費用はどちらも4000ドル以上（1GBあたり0.09ドル = 約10円）となり、マシンを借りるコストの2倍強かかる計算になっています。つまり、大部分の費用は演算ではなくビデオストリームの送信費用なのです。他社のクラウドサービスでは条件によって安いこともありますが、何倍も違うことはありません。

　このことから、ビデオストリームを送信する場合のインフラ費用は、通信費用のほうがマシン費用より高いだろうということが言えます。

　もちろん、それでもCPUとGPUを無駄なく活用するための工夫をすることは意味があります。たとえば、マルチプレイをうまく設計し、本書で定義している1：Nを使えば、ビデオストリームを用いる場合にもCPUとGPUを効率良く使えます。なお、スプライトストリームの場合については、CPUやGPUのコストが全体に与える影響がさらに小さくなります（詳しくは第8章で後述）。

クラウドゲームのアーキテクチャ

Column

ビデオストリームとスプライトストリームの通信帯域消費

　ビデオストリームを用いる場合に必要な通信帯域は、4つの要素「**画面のピクセルサイズ**」「**フレームレート**」「**画質**」「**画面の動きの速さ、動き方**」によって決まります。

　たとえば、ターンベースゲームは、ゲーム内容の動きは遅いですが、キャラクターが派手に踊っている場合や、細かな粒子のエフェクトが常に飛んでいるような内容で画面の変化が激しい場合は、ビデオストリームの送信量は極めて多くなります。また、画面が広く、高精細な描画をするゲームでも、画面の動きが小さい場合は圧縮アルゴリズムの効果が強く現れるため、ビデオストリームの送信量はかなり小さくなります。とくに、2Dゲームで平面スクロールをする場合は圧縮アルゴリズムの威力が発揮されます。

　表C2.aは、Youtubeの動画の推奨ビットレートの表です。画面のピクセルサイズとフレームレートから、Webの動画共有サービスとして多くの利用者に許容されるデフォルトの画質における、お勧めのビットレートの範囲を示していますが、クラウドゲームにおけるビデオストリームについても、ゲームサーバーに接続しているプレイヤー1人あたりの消費帯域は、基本的にはこれと似たような帯域消費になります。

　フレームレートが高く、クオリティの高い映像が求められる、最新のゲーム機向けのゲームでは、画面のサイズは720pまたは1080pでフレームレートは30以上が必要です。その場合は5〜8Mbpsが必要になります。また、2010年頃に流行していたFlashゲームのような、比較的質素な画面のゲームであれば480pで十分であり、フレームレートも25あれば問題ない場合があるでしょう。そうしたゲームでは、2〜3Mbpsが見込まれます。また、表C2.aにはないですが、ファミリーコンピュータ時代のようなレトロゲームの映像品質であれば、1Mbpsを下回ることも可能だと考えられます。

　スプライトストリームを用いる場合に必要な通信帯域は、「**ゲームにおいてどれだけ多くの非線形な軌道で動くスプライトがあるか**」で決まります。

　これについては、2Dゲームを例に次章以降で詳しく説明します。3Dゲームについても、基本的には2Dゲームと似たような考え方が通用するはずですが、本書では検証を十分に行っていないため、将来の検討課題としておきたいと思います。とは言え、ビデオストリームに比べたら1桁以上少なくなるはずです。

表C2.a Youtubeの動画の推奨ビットレート[※]

タイプ	標準フレームレート（24、25、30）	高フレームレート（48、50、60）
2160p (4K)	35-45 Mbps	53-68 Mbps
1440p (2K)	16 Mbps	24 Mbps
1080p	8 Mbps	12 Mbps
720p	5 Mbps	7.5 Mbps
480p	2.5 Mbps	4 Mbps
360p	1 Mbps	1.5 Mbps

※ **URL** https://support.google.com/youtube/answer/1722171?hl=ja

❸ エンドユーザーにとっての経済性

　通信にかかる費用は、サーバー運用者だけでなくプレイヤーも支払う必要があります。とくに、モバイルについては、極端に高額な通信費用が発生したり、1ヵ月あたり可能な高速通信の量の制限が極端に小さかったりするため、注意が必要です。

　ゲームの提供側として考えると、無線LANの電波が届かない、屋外や外出中でもゲームを楽しくプレイできるようにしたいものですが、その場合は、モバイル通信キャリアが提供する4GやWiMax（*Worldwide Interoperability for Microwave Access*）などのサービスを利用する必要があります。

　2018年現在では、モバイル通信において、完全に無制限なパケット通信が利用できるモバイルキャリアは筆者が調べた限りでは存在しませんし、おそらく存在できません。なぜなら、4Gの下り最大速度は技術的には150Mbps以上が可能ですが、全ユーザーに対してこの速度での無制限な通信を許すだけのバックボーンインフラが存在しないためです。

　どのモバイルキャリアでも、1ヵ月あたり2〜10GBまでの通信を定額で購入したり、1000円追加で支払えば数GB追加でき、その制限量を超える前は100Mbps以上の高速通信が可能だが、超えた場合は月の終わりまで通信速度が128Kbps〜1Mbpsに低下するといったような条件が付いています。筆者による簡単な調査の範囲になりますが、1Mbps以上の通信を何時間/何日もずっと続けることができるモバイルキャリアは存在しないようです。

　エンドユーザーのモバイル環境で、1ヵ月あたり仮に5GBの制限が一般的だとすれば、10Mbpsでは1時間で4.5GBの通信が必要なので1ヵ月あたり1時間弱のプレイ、1Mbpsでは10時間弱のプレイ、100Kbpsでは100時間弱のプレイが可能ということになります。

　このことからも、モバイルに対して高品質なビデオストリームを送信するのは、現在のモバイル通信の契約条件では、まだかなり難しいということがわかります。クラウドゲームをWi-Fiだけではなく、モバイルキャリアでの通信環境にも対応させるには、ビデオストリームは無理で、スプライトストリームを使う必要があると結論できます。

　2018年現在、次世代のモバイルネットワークである5Gネットワークの課金体系を各社が検討しているところで、動画のストリーミングが可能な体系になるように努力が続いています。近いうちに、具体的な料金体系が発表されるはずです。

2.5
本章のまとめ

　本章の前半では、クラウドゲームを、物理的接続構造の「1：1」「1：N」「N：N」「M：N」と、画面描画の実装方法の「サーバーサイドレンダリング」「クライアントサイドレンダリング」の、2つの軸で分類しました。

　その上で、本章の後半では、クラウドゲームに向いているゲームの特性を、❶ゲームが許容できる遅延の大きさ、❷サーバー運用者にとっての経済性、❸エンドユーザーにとっての経済性、の3つの観点から、クラウドゲームに向いているゲームとそうでないゲームについて、基本的な考え方を紹介しました。

　重要な点は、クラウドゲームとして提供しやすいゲームジャンルといったような一般論では語ることができず、ゲーム画面に何を描画するか、画質、フレームレートやキャラクターの動く速さ、アニメーションの仕方など、画面の見え方、見せ方に関していろいろな工夫をすることで、商業的な着地点を探す必要があるということです。

Column

OpenGLと開発環境　　moyaiで用いるグラフィックスライブラリ

　次章からは、開発環境について解説します。moyaiで用いるOpenGLについて少しだけおさらいをしておきましょう。

　OpenGLは、ゲームのプログラムが動作しているのと同じマシンに搭載されているGPUに対して、GPUメーカーが提供するビデオドライバーソフトウェアが提供するAPIを経由して描画命令を発行します。ビデオドライバーは、たとえば筆者のMacBook ProではNVIDIAのビデオドライバーです。

　OpenGLは、glDrawElementsのような関数を、メーカーがチップの種類ごとに用意している個別の関数に翻訳する仕事をするライブラリ（API）です。これによって、異なるメーカーのGPUを搭載しているマシンでも、プログラムを修正する必要がなくなるため、PCのようにさまざまなハードウェア構成が可能なプラットフォーム向けに配布するためのゲームを実装するためには、OpenGLのようなグラフィックスライブラリが必要です。広く使われているグラフィックスライブラリは、OpenGLのほかにもDirectXなどがあります。

第 3 章

開発の道具立て
開発環境と2Dクラウドゲームライブラリとしてのmoyai

現在、一般的にゲーム開発を支援するための開発環境[注1]として、UnityやUnreal Engine、GameMakerなどのゲームエンジンや、SDL（*Simple DirectMedia Layer*）[注2]などのゲームライブラリが使われています。こうしたゲーム開発を支援するシステムをまったく使わないと、画面に単純な三角形を1つ描画するだけでも、膨大な量のプログラミングが必要になってしまうためです。

本章では、まずゲーム全般の開発環境の基本を押さえた上で、クラウドゲームを実現するためのゲーム開発環境にはどのような機能や特性が必要になるのかを明らかにしていきます。

続いて、独自のゲームライブラリを実装するに至った経緯と、必要条件を満たす設計を見つけ出すための考察の一例として、人気ジャンルの一つであるMMORTS（後述）/MMORPGの開発事例を交えて紹介します。

クラウドゲームを実現するために、MMORTSやMMORPGのような大量のキャラクターなどを動かすゲームにおいても、リモートレンダリング、すなわちサーバーサイドレンダリングまたはクライアントサイドレンダリングでゲームを実装できることが求められるでしょう。

しかし、現在は既存のツールにはリモートレンダリングを可能にする機能が

注1　本書では、ゲームエンジンやライブラリ、フレームワークなどをひとまとめに「開発環境」（ゲーム開発環境）と呼ぶことにします。
注2　URL https://www.libsdl.org/

内蔵されていない状況です。拙作のmoyaiライブラリは、ゲームライブラリの描画システムそのものが、リモートレンダリング、とくにクライアントサイドレンダリングを効率的に実現できるように設計することができました。本章の後半では、moyaiの基本構造を解説していきます。

3.1 開発環境の基礎知識
ゲーム開発全般からクラウドゲームまで

　ゲーム用の開発環境は、UnityやUnreal Engineなどの本格的なデータ駆動型のゲームエンジンをはじめ、Cocos2d-xなどのライブラリ型のもの、Moai SDKなどのフレームワーク型のものなど、いろいろなものがあります。広く普及しているものは安定している上、機能やWeb上のコードサンプルなども多く、開発の助けになる情報もたくさん入手できます。以下では、クラウドゲームの開発環境の解説の前に、ゲーム開発全般の開発環境から説明を行うことにしましょう。

ゲーム全般の開発環境の概略　「ゲームエンジンを使う」方法から

　ビデオゲームの開発をする方法は、「ゲームエンジンを使う」方法と、使わない方法に大別できます。ゲームエンジンを使うことで、プログラムを書く量を減らし、ゲームを構成するデータの作成だけを行うことでゲームを完成させることが可能になります。

　ゲームエンジンは市場規模の小さいものや、特定のゲームジャンルのためのものを含めるとたくさんありますが、とくにシェアの大きい汎用のゲームエンジンとしてUnity、Unreal Engine、GameMaker等が挙げられるでしょう。筆者も、ゲーム開発の仕事ではUnityやUnreal Engineをよく使っています。

　これらの主要なゲームエンジンは、およそ次のように機能します。

❶レベルデータやシーンデータを入力する。スクリプト言語によるコードも含む
❷ゲームエンジンがデータを解析し、C言語やC++のソースコードを各プラットフォーム向けに出力する
❸各プラットフォーム用のコンパイラが、プログラムをコンパイルして実行形式を出力する

ゲームエンジンを使うことの最大のメリットは、さまざまなプラットフォーム用に専用のコードを用意しなくても対応できることです。そのため、❷のコードの出力を可能にするために、❶で入力するデータは「プラットフォームにできるだけ依存しない形式」で記述できるようになっています。

ゲームエンジンを使わない方法

現在では、ゲーム機やスマートフォンの性能が向上したこともあり、C#やJava、JavaScriptなどの、多くのプラットフォームで動作するバイトコード処理系を用いて、ゲームエンジンを使わずにゲームをつくる方法も、以前よりも広く使われるようになっています。とくに2015年頃から、Webブラウザでも動作するWebAssembly形式のバイナリフォーマットの開発が進展して、効率が改善したため、比較的能力の低いマシンでもWebブラウザベースのゲームが実行できるようになることが期待されています。

ゲームエンジンを使わない方法は、このC#/Java/JavaScript/WebAssemblyなどのバイトコード処理系を使う方法のほか、バイトコード処理系を使わず、C言語やC++などのネイティブコードを使う方法があり、二つに大別できるでしょう。

バイトコードを使う場合でも、使わない場合でも、プラットフォームごとの異なるハードウェア仕様の上で、できるだけ同じ出力を得るためには、プラットフォームごとに異なるAPIの移植層がどうしても必要です。プラットフォームごとに異なる部分は、画面に描画するAPI、サウンドを再生するAPI、ネットワークやキーボードなどのその他の入出力のためのAPIがあり、ゲームを実現するためにはいずれも必要です。

現在の主要なOSには、たとえば描画用にはOpenGLやDirectXなどのC言語で書かれたライブラリが搭載されています。例外もありますが、大抵のケースでは、画面に描画するためにはそれらのライブラリを使わなければなりません。そうしないと、ハードウェア構成が異なるマシンやOSのバージョンが変わった場合に動かないプログラムになってしまうからです。

バイトコード処理系を使う方法では、C#などを使ってゲームのコードを書き、それを.NETなどの処理系がバイトコードに変換します。処理系にC言語で書かれたライブラリを読み込ませ、内部でバイトコードから呼び出せるようにします。これが**図3.1** ❶のパターンです。

バイトコード処理系を使わない方法は、さらに二つに分けられます。OpenGLやソケットライブラリなどの個別のライブラリを直接C/C++コードから呼び出して使う方法（図3.1 ❷）と、描画やサウンド、入出力など必要なAPIをひとと

おり含む統合型ゲームライブラリを用いて、その統合型ライブラリが下位にあるOSが提供するライブラリを呼び出すという方法（図3.1 ❸）の二つです。

統合型ライブラリでは、GLFWやSDLなどがよく使われます。たとえば、GLFWであれば、Windows、macOS、LinuxといったPC向け以外にもiOSやAndroidでも動作するので、C/C++で書いた1つのコードを多くの環境向けに展開することができます。

図3.1　ゲームエンジンを使わない方法の分類

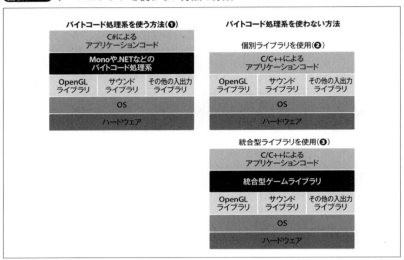

なお、ゲームエンジンを使うときは、ゲームエンジンが必要なソースコードを自動生成してくれるため、開発者がこのアーキテクチャを意識する必要はありませんが、コンピューターの上で起きていることは結局のところ同じです。

たとえば、UnityやGameMakerが出力するコードは、バイトコード処理系を使う方法になります。Unreal Engineであれば、バイトコード処理系を使う方法と使わない方法を併用したコードが自動生成されます。他のゲームエンジンでも、だいたいこの2パターンのうちのいずれかです。

クラウドゲームのために必要な開発環境の機能
既存の開発環境の状況

クラウドゲームに対応するために、ゲームの開発環境に必要な条件は、サーバーサイドレンダリングとクライアントサイドレンダリングで大きく異なります。

サーバーサイドレンダリングと既存の開発環境 　独立ソフトウェア方式とゲーム内蔵方式

サーバーサイドレンダリングでは、ゲームのプレイ映像をできるだけ小さな遅延で撮影し、エンコードしてクライアントに送る必要があります。

サーバーサイドレンダリングでは、ゲームサーバーのマシンにGPUが搭載されています。現在のOSでは、そのGPUで行われた描画結果であるフレームバッファの内容を、ゲームサーバーとは異なる外部プログラムから読み出すことができます。さらに、OSから直接音声を取り出して配信することができます。

このように、ゲームプログラム自体に追加の機能を実装せず、同じマシンで他のプログラムを同時に起動することで映像のキャプチャとエンコーディングを実現する方式を、本書では「独立ソフトウェア方式」と呼びます。

その代表的なプログラムは、ゲームの実況に使われるOpen Broadcaster Software[注3]のような画面キャプチャーソフトウェアです[注4]。これらのソフトウェアを使うと、ゲームプログラム自体に何も修正することなく、GPUから直接映像を取り出して、さらにOSから直接音声を取り出して配信することができます。

これらのソフトウェアを最適に調整すれば、200ミリ秒〜1秒程度の遅延での映像配信が可能です。解像度を下げてチューニングをすれば、おそらく100ミリ秒以下の遅延も実現できそうですが、筆者はこれまで試したことはありません。100ミリ秒以下になれば、クラウドゲームでも使える可能性があります。

外部プログラムを使う場合は、ゲームがどのような方法で実装されていたとしても関係なく、ビデオストリームを送信できます。ただし、プレイヤーの入力をゲームプログラムに伝えるためには、何らかのイベントを中継するためのプログラムを追加する必要があります。

GクラスタやNVIDIA GRIDなどのクラウドゲームサービスでは、独立ソフトウェア方式を基本としつつも、効率や画質をさらに高めたり、遅延を小さくしたりするために、ゲームアプリケーションに直接キャプチャー用のライブラリを組み込む、後述のゲーム内蔵方式を併用する方法でサービスが実現されています[注5]。ただし、これらの仕様は外部には非公開で、ゲームパブリッシャーにのみ情報が共有されている状況です。本書では詳しく扱うことができません。

注3　URL https://obsproject.com/ja/

注4　独立ソフトウェア方式のサーバーサイドレンダリング型のクラウドゲームについては、オープンソースソフトウェアによる実装がいくつか存在するようです。目立つものでは、2016年に活発に開発されていたGamingAnywhere（p.26）がありますが、その後開発が停滞しているようで安定的に利用可能な製品はまだ見つけられていません。

注5　たとえば、NVIDIA GRID向けには、NVIDIA Capture SDKという高効率な画面キャプチャーと圧縮用ソフトウェアが提供されていて、画面のどの部分の圧縮品質を上げるのか/下げるのかなど、ゲームアプリのコードから細かく指定することで、ビデオストリームの帯域消費を抑えたり遅延を削減できるなどの工夫が可能になっています。

開発の道具立て

　GPUのフレームバッファを読み出してエンコードする処理を、ゲームプログラムに内蔵することも可能です。この方式を本書では「ゲーム内蔵方式」と呼びます。

　その場合は、描画完了のタイミングと取り出しのタイミングを同期できるので、無駄なエンコード処理が発生しない（同じフレームを2回エンコードしたりしない）ので、独立ソフトウェア方式に比べると全体の処理負荷が少し下がるかもしれません。これも筆者が試したことはありません。

　映像化の処理を内蔵する場合は、UnityやUnreal Engineなどのゲームエンジンであれば、フレームバッファの内容を読み出すモジュールがあるため、それを使って映像化の部分を実装できます。また、それをインターネットに送り出すときも、ゲームエンジンが提供するソケット通信をするためのAPIをスクリプトから呼び出して実現できます。

　この方法であれば、独立ソフトウェア方式よりも依存しているソフトウェアシステムが小さい分、安定してサービスできそうです。ただし、本書原稿執筆時点で、Unityではゲームサーバーからビデオストリームを送信する使用方法については利用規約で禁じられているため、Unity Technologiesと交渉が必要です。Unreal Engineでは、そのような制限はありません。GameMaker Studioでは、利用規約で関連する記述を見つけることはできませんでした。

　現状の結論としては、現在一般的に利用されているゲームエンジンでは、サーバーサイドレンダリングを実現するための機能を最初から搭載していたり、簡単に実装できるようになっているものはないようです。

クライアントサイドレンダリングと既存の開発環境

　2018年時点では、クライアントサイドレンダリングのための機能を持っているゲームエンジンやゲームライブラリを見つけることはできませんでした。

　本書のmoyaiライブラリは筆者が独自に実装したものですが、UnityやUnreal Engineなどのゲームエンジンにクラウドゲームの機能を追加すること自体は、筆者は試していませんが可能なはずです。以下は仮定の話になりますが、最も普及しているゲームエンジンの一つであるUnityの場合で考えてみましょう。

　まず、Unityで画面に表示されているキャラクターや背景やボタンや文字などのすべては「GameObject」と呼ばれるC#のオブジェクトです。複雑なゲームでは、GameObjectの数は数千から数万以上に及びます。このC#のオブジェクトは、「Mesh」と呼ばれるモデルデータや、「Material」と呼ばれるテクスチャやシェーダのようなデータなど、GPUに指示するためのすべての情報を保持しています。

GameObjectが保持している情報には、レンダリングに関係ない情報と、レンダリングのために必要な情報の両方がありますが、レンダリングに必要な情報について、サーバーとクライアントでまったく同じに保つことができれば、Unityでクライアントサイドレンダリングを実現できることになります。

　さて、クライアントプログラムもUnityを使って実装されていると仮定します。必要なことは、サーバー側でGameObjectのUpdate（更新処理）が全部終わった時点で、すべてのGameObjectを走査し、レンダリングに必要な情報の差分、たとえば、テクスチャやシェーダ、モデルデータやアニメーションの変化分をすべて抽出し、それをクライアントに送り、クライアントでは受信したデータをGameObjectに反映することだけです。

　GameObjectが持っている、レンダリングに必要な情報は非常に多いため、ある程度GameObjectの数が増えると、これらの差分抽出の処理をすべてUnityアプリケーションを開発するための標準言語であるC#で書くと、それだけでかなりのCPU負荷が発生することが見込まれます。さらに、C#のGameObjectが保持しているデータ量は多いことで、通信量も大きくなってしまうでしょう。

　これを回避するには、Unityの上に簡単なラッパー（wrapper）を定義して、そのラッパーを使ってゲームを実装するという方法が使えるでしょう。ラッパーは極端な例を挙げると、「単色塗りの立方体のみしか表示できない」というような規則を定義し、立方体の追加や削除、大きさや色の変更だけができるAPIを定義し、それのみを使ってゲームをつくります。

　こうすることで、立方体の位置、色、大きさだけをクライアントに送れば良く、GameObjectの内容そのものを送信する必要はなくなります。なお、ラッパーの仕様をどうすべきかについて、一般的な解答はありません。ラッパーの仕様は、「どのようなゲームを実現したいか」から考えるほかないからです。

クラウドゲーム実装の支援はこれからの伸びしろに期待

　ここまでで見てきたように、ゲームエンジンやゲームライブラリなどの開発環境において、クラウドゲーム開発を支援する製品はこれから登場するかどうかという段階で、まだまだ成熟していないことがわかりました。

　現在、とくにビデオストリームを使うサーバーサイドレンダリングでは、通信にかかる費用が大き過ぎるため、ユーザーあたりの売り上げが高く見込めるゲーム以外では、ほとんどのゲームで商用化することが難しいのがその原因としてあると考えられます。通信の費用を大幅に下げるクライアントサイドレンダリングは今後に期待できますが、その試みはまだ始まったばかりです。

3.2 moyaiの基本情報　2Dの新しいクラウドゲームライブラリ

　本書では、拙作の2Dのクラウドゲームライブラリ「moyai」のスプライトストリーム機能を用いて、サンプルゲームを実装しています。元々実験的につくり始めたため、まずは2Dの用途に絞ってあります。

moyaiとシステム構成

　moyaiのソースコードは以下で入手できます。moyaiはオープンソースで、MIT Licenseのもとに提供されます。

URL https://github.com/kengonakajima/moyai/

　moyaiを使ったシステム構成は**図3.2**のようになっています。

　描画とイベント処理のために、OpenGLのツールキットの一つであるGLFWを用い、音声処理のためにはOpenAL、ネットワークにはソケットAPIを使っています。文字描画にはFreetype GLを使っています。

　moyaiライブラリは、クラウドゲーム用のスプライトストリームとビデオストリームの送信、Viewerまで含めても2万行程度しかない、非常に薄いラッパーになっています。OpenGLの複雑な処理や、OSごとに異なるウィンドウやイベントの処理については、GLFWという良く設計されたOpenGLラッパーを使っているため、独自の処理は最小限にし、C++コードは各種の下位のライブラリをグルー（*glue*、のりづけ）しているだけです[注6]。

図3.2 moyaiとシステム構成

注6　moyaiはゲームライブラリであって、ゲームエンジンではありません。前述のとおり、ゲームエンジンはデータドリブンで、データの作成をするためのツールで、コーディング作業をなくすことを含め、できるだけ減らすことを主眼としているものを言います。一方、moyaiはC++を用いてゲームのプログラムを書く作業を助けるためのゲームライブラリとして実装されていて、コーディング作業を減らすことを目的としていません。

moyaiの依存関係　外部モジュール

moyaiは、フォントの描画や音声再生などを実現するために、以下のような外部モジュールに依存しています。

- **LodePNG**：PNG画像を読み込むためのC言語ライブラリ
- **zlib/bzip2/LZ4 library**：圧縮展開ライブラリ。フォントを読むために使う
- **libuv**：ソケットを用いた通信をするための、イベントドリブンライブラリ
- **FMOD**：Firelight Technologiesによる音声再生ライブラリ。音声再生は、デフォルトではOpenALが使われるため、ビルド時にリンクされることはない。現状ではそのような環境は見つかっていないが、OpenALがどうしても動作しない環境の場合、これをリンクして使うことが可能である。moyaiに含まれているのはFMODの非商用版なので、商用化する場合はライセンス料を支払う必要がある
- **FreeType**：TrueTypeファイルを用いてフォントの描画（ラスタライズ）をするためのライブラリ
- **Freetype GL**：FreeTypeを用いて画像になったフォントをOpenGLを使って描画をするためのライブラリ
- **GLFW**：OpenGLのラッパー。macOSとWindowsのウィンドウ操作や入出力の差異を吸収
- **UNTZ**：音声再生用のライブラリ。極めて単純なAPIを提供。内部でOpenALを用いている
- **Snappy**：データ圧縮用の高速なライブラリ
- **GLEW**：GLFWをWindowsとLinuxで使うための補助ライブラリ
- **GLUT**：OpenGLプログラミングを助けるための補助ライブラリ
- **jpeg-8d**：ビデオストリーム用に使う、画面キャプチャーをJPEG画像に圧縮するライブラリ

オーディオについてはBGMと効果音を再生することができ、内部ではUNTZを経由してOpenALまたは非商用版のFMODを使用します。デフォルトではFMODは使われず、将来的にはOpenALが安定したら削除される予定です。

プロトタイプ制作用から クラウドゲーム対応の本格ライブラリへ　moyaiの特徴、機能、実装状況

moyaiは、GLFW経由でOpenGLを使って実際の描画を行う、通常のシングルプレイゲームもつくることができるゲームライブラリで、クラウドゲームのための機能を持っています。

また、moyaiを使って、クラウドゲームではないゲームを実装することも可能です。実際に、筆者がSteam向けに開発した『WondershipQ』は、moyaiを用いて開発しました（図3.3）。

図3.3 『WondershipQ』

前項で説明したとおり、本書原稿執筆時点で筆者が知る限り、クラウドゲームのために必要な要件を満たすゲームライブラリは存在しない状況です。moyaiは当初、筆者がいろいろな2Dゲームをプロトタイプを制作するために実装したので、クラウドゲーム用の機能は実装されていませんでした。

『WondershipQ』の開発が進むと同時にmoyai自体のバグが修正され、機能も追加され、完成度が高まりました。その後、クライアントサイドレンダリング式のクラウドゲーム用の機能が実装されました。

そのクライアントサイドレンダリングのクラウドゲームを実装するために、最低限必要なゲームライブラリ機能は、以下の2つです。

- スプライトストリーム方式に対応する
- 音声もストリーミングできる

その後、本書の原稿執筆中、おもに性能比較の目的でビデオストリーム方式への対応を追加しました。

また、これらの機能を実装する際の細かな要件として、以下を設定しました。

- ローカルレンダリングするゲームのためのAPIを変えない
- ローカルレンダリングするゲームの性能を損なわない
- ゲームプログラムをほとんど変更せずに、ローカルレンダリングにもストリーミングにも対応できる

- macOSとWindowsとLinuxで同じゲームプログラムソースが動作する
- GPUのないLinux上でストリーミング用のゲームサーバーを実行できる

とし、2018年8月時点では表3.1のような実装状況になっています。

表3.1 moyaiの実装状況

	macOS	Windows	Linux
スプライトストリーム	Server/Client	Server/Client	Server
ビデオストリーム	Server/Client	Server/Client	未実装
オーディオイベントストリーム	Server/Client	Server/Client	Server
オーディオサンプルストリーム	Server/Client	Client	未実装

表3.1で、「Server」となっているのはストリームを送信する側が実装されているということ、「Client」となっているのはストリームを受信するViewerが実装されているということを示します。また、現状のバージョンでは、ローカルレンダリングゲームを実装できるのは、macOSとWindowsです。Linux版moyaiは、OpenGLを用いた描画にまだ対応していないためです。

3.3

[速習]各種ストリーム　クラウドゲームのための通信内容

上記表3.1の、moyaiのスプライトストリーム/ビデオストリーム/オーディオイベントストリーム/オーディオサンプルについて簡単に紹介しておきます。

データストリームとインプットストリーム

図3.4は、moyaiがクラウドゲームを実現するために実装している、通信機能の基本構成を示しています。

図3.4 moyaiの通信機能の基本構成

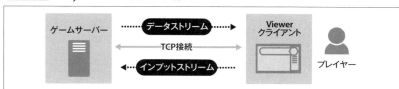

この図において、薄いグレーの両矢印は1本のTCP接続を示します。ゲームサーバーはmoyaiライブラリを用いて書かれたサーバープログラムで、Linux、macOS、Windowsで動作します。

データストリームは、前述した4種類のストリーム（スプライトストリーム/ビデオストリーム/オーディオイベントストリーム/オーディオサンプルストリーム）のデータパケットが細切れになった状態で混じり合って含まれた、1つのストリームです。

インプットストリームは、プレイヤーのキーボードやマウス、タッチなどの操作情報が混じり合った内容のストリームです。

続いて、データストリームに含まれる4種類のストリームについて取り上げます。

スプライトストリームとビデオストリーム　基礎の基礎

スプライトストリームとは、画面に描画されるキャラクターや背景画像の種類や位置の情報だけを、動くたびにリアルタイムにViewerに対して送信して、Viewerがキャラクターを動かすストリームです。

ビデオストリームとは、サーバー側のGPUを使ってラスタライズをした後、描画バッファの内容をメモリーに取り出し、それをJPEGに変換し、毎フレームViewerに送信するストリームです。

現在、moyaiではフレーム内圧縮のみを実装しており、フレーム間予測(p.23)を行っていないため、スプライトストリームに比べると大幅に帯域を消費してしまっている点には注意してください。

オーディオイベントストリームとオーディオサンプルストリーム

オーディオイベントストリームとは、効果音が再生されたときに「どの音声ファイルを再生開始するか」のイベント情報だけをリアルタイムに送信するストリームです。ViewerにあらかじめWAVファイルを送信しておく必要があります。

オーディオサンプルストリームとは、サーバー側でオーディオのミキシングまでを行い、毎フレームその出力結果をPCM (*Pulse Code Modulation*) データとしてViewerに対してストリームするものです。オーディオサンプルストリームを使うと、BGM再生のタイミングを同期することや、サーバー側でリアルタイムに音声を生成したり常時変化する音場の実現が可能です。

オーディオサンプルストリームは、オーディオイベントストリームに比べて、多くの通信帯域と、サーバー側でのCPU消費量が必要になります。

まず通信帯域については、オーディオイベントストリームは、たとえばmoyaiでは、30KBの音声ファイルを一度送った後は、音声のID番号（32ビット整数）と音量（32ビット浮動小数点数）を送信するだけなので、合計で32ビット値を2つ（＝4×2バイト）送るだけで音声を再生できます。

それに対して、オーディオサンプルストリームは、たとえば音質が44.1KHzステレオで32ビット浮動小数点数のサンプルデータだとした場合、44100回/秒の32ビット浮動小数点数がステレオ2チャンネル分となり、44100×4バイト×2チャンネル＝352KBを送り続ける必要があります。

これは、ビデオストリームに比べると少ない帯域となりますが、スプライトストリームよりも多くなる場合もあります。

画面描画と音再生のストリームの組み合わせと、通信帯域

したがって、スプライトストリームを用いるゲームでオーディオサンプルストリームを使うと、ストリームで送信するデータの総量のほとんどが音声データになってしまい、スプライトストリームによる通信帯域削減の効果を減らしてしまうので、オーディオイベントストリームを使うのが自然です。

その反対に、ビデオストリームを用いるゲームではオーディオサンプルストリームを用いるのが自然だと言えます。ただし、ビデオストリームを使うゲームでも、通信帯域を少しでも節約したいときは、ビデオストリームとオーディオイベントストリームを併用することももちろん可能です。

なお、オーディオサンプルストリームは、Ogg Vorbisのような圧縮アルゴリズムを用いて圧縮することができます。その場合は、必要な通信帯域は圧縮率によりますが4分の1から10分の1に削減できます。ただし、サーバーで音声をエンコードするためのCPU消費量がかなり増大します。

オーディオサンプルストリームの活用とCPU消費の注意

オーディオサンプルストリームを用いるのが最適なゲームもあり得ます。

たとえば、レーシングゲームのエンジン音は、固定の効果音を再生しているのではなく、エンジンの回転数の変化に合わせて、毎フレーム効果音を合成しています。このような効果音を実現するには、オーディオイベントストリームは不適です。

moyaiはおもにスプライトストリームとオーディオイベントストリームを想定

moyaiは、とくにゲームサーバー側において、MMOGを実装できるほど軽量に動作することを念頭に置いているため、スプライトストリームとオーディオイベントストリームを組み合わせて使う方法を主として設計しています。

Linuxでは、スプライトストリームおよびオーディオイベントストリームのサーバー側だけが実装されています。これは、Linux版は「ネットワークプログラミングなしでMMOGをつくる」ことにまずは特化しているため、CPUを多く消費する処理とGPUを使う処理を後回しにしたためです。

さらにmoyaiでは、スプライトストリームを使ってMMOGを実装できるようにするために、スプライトストリームに関連するCPU負荷を別のプロセスに移転させることができる「レプリケーション」（replication）機能を実装しています。これはちょうどMySQLなどのDBMS（Database Management System）のレプリケーション機能のような規模拡張性をmoyaiのスプライトストリームに追加し、大人数に対するサービスを可能にします。

スプライトストリームのレプリケーションについては、5.4節以降で解説していきます。

3.4 目指すゲームとライブラリ設計のための緻密な見積もり MMORTS/MMORPGを例に

moyaiは、OpenGL用の、2Dスプライトの描画に重点を置いたC++のゲームライブラリです。APIを構成するクラス名や関数名は、基本的にはLuaベースのフレームワークであるMoai SDK[注7]のAPIの構成を模倣しています。

UnityやCocos2d-x、Love2Dなどの良いゲームエンジンやライブラリがいろいろと存在するのに、筆者があえてそれらではないゲームライブラリをつくっているのはなぜか、一部個人的な理由も含まれますが、開発のリアルな例の参考に、目指すゲームとライブラリの設計の過程についてmoyaiライブラリの歴史と合わせて少し辿ってみることにします。

注7　URL https://github.com/moai/

最初のコミット　MMORTSの要素を持つMMORPGをつくる

　moyaiの最初のコミットは、さかのぼること2013年2月でした。このとき筆者は、自分が試作し始めたMMORTS（*Massively Multiplayer Online Teal-Time Strategy/Simulation*）ゲーム[注8]が2Dスプライトを使ったもので、極端に多くの物体を動かす必要がありました。

　MMORTSは、現在ではかなり人気のオンラインゲームのジャンルです。

　通常のRTSでは、1～4人程度のプレイヤーが、数百から数千のモブ（*mob*、さまざまな種類の戦闘ユニットや兵士、建造物など）に指示して、生産したり鉱石を掘り出したりして、勢力を競い合います。

　MMORTSでは、そのRTSの世界を100人分、1000人分つなぎ合わせて、それぞれの境界をなくし、そこで起きる複雑で予測できない経済現象/社会現象を楽しむのがおもなゲーム内容です。筆者が試作していたゲームは、MMORTSの要素を持つMMORPGと言えるようなものでした。

Moai SDKを参考に、GLFWとC++で実装開始

　このとき、最適なゲームエンジンやライブラリを探しましたが、その時期には、新しく登場したLuaベースのMoai SDKと、Unity、Cocos2d-xなどが候補になりました。性能評価をした結果、MMORTSを実現するために必要となる**数百万のゲームオブジェクトを動かす**という点でいずれも性能が足りず[注9]、根本的にはLuaやC#を使うことが原因だと結論しました。

　この時期、GLFWが非常に優れたツールキットとして台頭してきていたので、試しにMoai SDKとだいたい同じAPI構成になっているものをGLFWを使ってC++で実装してみることにしました。すると、非常に少ないコード量で、なかなか使い勝手が良く、性能も良いものができました。

　とくに、「描画しないけれども動いているオブジェクトが非常にたくさんあるゲーム」（MMORTS）でも、性能の問題が起きませんでした。そのとき、仕事でつくっていた2つの2Dゲーム（『Space Sweeper』と『WondershipQ』）についてもmoyaiを使いました。この時点でも、moyaiは1万行ちょっとしかない状態を保っていました。

注8　URL　https://en.wikipedia.org/wiki/Massively_multiplayer_online_real-time_strategy_game/

注9　2018年現在は、Unityには「Entity Component System」（複数スレッドを用いてオーバーヘッドを少なくして数十万程度のオブジェクトを高速に制御できる機構）が搭載されていて、2013年当時と比べると、大量の似たようなオブジェクトを大幅に高速に処理できるようになっています。

MMORTS/MMORPGは、結果的にスプライトストリーム方式のクラウドゲーム向き（!?）

その後、moyaiの根幹部分にクラウドゲーム用の差分抽出アルゴリズム（**差分スコアリング**、後述）を追加し、スプライトストリームに対応しました。スプライトストリームのためにかなりコード量が増えて、2万行程度になりました。

moyaiを実装し、クラウドゲームのサンプルゲーム（第7章）も実装した後にわかったことですが、MMORTS/MMORPGは、スプライトストリームを使ったクラウドゲームにはかなり向いているジャンルだと言えます。

MMORTS/MMORPGと遅延、通信費用

2.4節で、クラウドゲームに向いているゲームと向いていないゲームを取り上げました。MMORTS/MMORPGの遅延や通信量について、簡単に見ておくと、まず遅延について、MMORTS/MMORPGは操作タイミングがシビアではないため、許容できる遅延が100ミリ秒以上とかなり大きいため、通常のインターネット遅延にはとくに工夫をしなくても対応できます。

MMORTS/MMORPGの世界は広大で、1人で把握できる規模を遙かに超えていて、動的に変化し続けます。しかし、プレイヤーがその中のごく一部を見ることしかできないので、スプライトストリームを使えば、通信量が大きくなることはありません。MMORTSでは、「描画しないけれども動いているゲームオブジェクトの数が極めて多くなる」一方で、1人分の画面に表示されるゲームオブジェクトの数は、それほど大きくならないためです。

通信量が少なければ、エンドユーザーにとっても通信費用の問題がなくなり、サーバー運用者の経済性についても問題が起きにくいゲームジャンルになります。

オブジェクト数を中心とした見積もりは重要　ゲーム内容、性能、コスト

このように、広大な世界で多数のオブジェクトが動き続けるようなゲームを実装したい場合は、以下で説明するように、ゲームオブジェクトの数や動かす頻度、速さ、見渡せる範囲の広さ、動き方などについて、現実的に実装可能な限界を常に見積もりながら、サーバーの実装に使う言語も含めた緻密な設計が必要になります。

もし、オブジェクトの数が数十しかないなど少ない場合なら、緻密に計算をしなくても、通信帯域の削減をそこまで切り詰めなくても、全部の変化を毎フレーム送るといった単純なしくみでも問題は起きないでしょう。

しかし、大量にオブジェクトがある状態で、低いサーバー負荷と通信帯域の負荷でスプライトストリームを送信できるシステムがあれば、莫大なオブジェクトを表示しないゲームでも、サーバーの運用コストやサーバーの通信費用を小さく保つことができるメリットが生まれるはずです。

第8章のために実装した本格的なMMOシューティングゲームである「k22」では、サーバーで大量のオブジェクトを動かし、見える範囲もかなり広くしています。その実装を通して、moyaiのスプライトストリームの性能を大幅に向上することができました。

オブジェクト総数の見積もり

1つのゲームプレイ空間（1つのプロセス）で動いているゲームオブジェクトの数は、「最大同時プレイヤー数」と「1人あたりの動いているオブジェクト数」から計算できます。1つのゲームプレイ空間における最大同時プレイヤー数が100人で、1人あたりの動いているオブジェクト数が100なら、ゲームプレイ空間全体では、1万個のオブジェクトが動くことになります。

図3.5は、筆者が2015年に開発した『Space Sweeper』です。これは最大同時プレイヤー100人という、MMOに近い人数でプレイできる、内容的にもRTS要素を強く持つ、全方位シューティングゲームです。MMORTSの原型になっているゲームの一つと言えるかもしれません。

図3.5 『Space Sweeper』

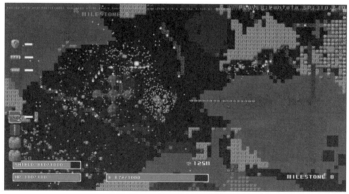

この図では、カメラを引いて（高度を上げて俯瞰して）広い範囲を見ています。RTSのような広い世界の中で探索するゲームはほとんど、近くと遠くのカメラをなめらかに切り替えられますが、『Space Sweeper』でもそのようになっています。『Space

『Sweeper』も一般的なRTSゲームと同様、カメラを近づけて拡大し、周りの部分が見えなくなっても、見えない部分にいる敵などは常に動いています。

この動作は、たとえば、横スクロールタイプの『スーパーマリオブラザーズ』や、ゲートを通ったらローディングが発生して別のレベルやシーンに切り替わるようなゲームとは異なります。これらのゲームは、敵がスクロールアウト、あるいはシーンアウト（シーン切り替え）したらメモリ上から消去され、またスクロールを戻した時やシーンに戻ったときに再度初期化されます（そのため、カメなどの敵キャラの位置が最初の位置に戻る）。

一方、RTSのようなゲームは、動き続ける敵が将来どうなっていくのかを予想しながら戦略を立ててプレイするゲームなので、離れた場所にある敵などをリセットすることはできません。

図3.5の『Space Sweeper』の画面では、およそ500の動く火の玉が表示されています。また、この画面の外には約7000個の敵キャラが動いています。この7000個は、画面の外のかなり離れた位置に、複数のプレイヤーがプレイ中で、ボスと戦っていたりするために費やされています。

ゲームサーバーの1プロセスあたりの、オブジェクト数の上限
総アップデート頻度の上限

『Space Sweeper』では、同時接続数が100のとき、1プレイヤー（接続）あたり500個の動くものを出現させたいということで、掛け算して100 × 500 = 5万個のオブジェクトをだいたいの上限として対応させることにしました。

『Space Sweeper』のゲームサーバーは、シングルスレッドプログラムとして実装されています。CPUのコア1つあたりの計算性能には上限があるため、1つのコアの能力しか使えない、シングルスレッドのゲームサーバープロセス内で動かせるゲームオブジェクトの数には、当然ながら上限があります。その上限は、

> 「1プロセスあたりの最大同時プレイヤー数」
> ×「1人あたりの動いているオブジェクト数」
> ×「動かす頻度」

を計算することでだいたい見積もることができます。この値を「総アップデート頻度」と呼びましょう。ここで言う「アップデート」とは、ゲームオブジェクトの座標を動かしたり当たり判定をしたりといった、ゲームプレイ空間におけるゲームオブジェクトの状態を更新する処理で、それがそのまま描画内容に影響があるとは限らない処理です。

『Space Sweeper』は毎秒60フレームのゲームで、敵も1秒間に60回動作させるので、「最大同時プレイヤー数」×「1人あたりの動いているオブジェクト数」

が、前項で説明したとおり5万個だとすると、5万個×60回/秒=300万回/秒の敵の動作が必要です。『Space Sweeper』の場合は、5万個のうち4万個ぐらいは直線的に飛ぶ敵弾なので、CPU負荷は非常に小さく、C/C++を用いて実装すれば、それほど無理な最適化をせずに実装することが可能です。

『World Of Warcraft』(WoW)のような典型的なMMORPGにおいても、広い世界を多数のプレイヤーが同時に探索するというしくみは同じです。MMORPGの場合は、1サーバープロセスあたりのプレイヤーの数が1000～3000と、『Space Sweeper』より1桁多い一方、1人あたりの敵の数や行動頻度が『Space Sweeper』の数分の1であるようなバランスになっています。MMORPGの画面で、1人のプレイヤーキャラクターを1000体の敵が囲んでいるといったシーンを見たことはないのではないでしょうか。

この総アップデート頻度の値の上限は、「敵キャラの思考ルーチンの賢さ」(計算量、後述)にもよりますが、それ以外に「どのような言語を用いて実装するか」にも大きく影響を受けます。

実装言語による違い

C言語やC++を用いて制作したゲームサーバーの場合、実装可能な総アップデート頻度の値が100万～1000万、C#やLuaJITなどのバイトコードコンパイル言語を用いたら10万～100万、JavaScriptなどのJIT (*Just-In-Time*) 付きインタープリタを用いたら2万～50万といった値が目安となります。RubyやPythonのようなオブジェクト指向スクリプト言語なら、5千～5万といったところでしょうか。

これらは、純粋にプログラミング言語の処理系の実行速度によるものです。おおよそ、手間がかかる言語であればあるほど、実行速度が速いと言えます。

ゲームの処理と処理系の速度　　コンテナ、メンバー参照

ここで、処理系の速度について「あれ？ JavaScriptは、Node.jsではC++の10分の1以下ということはないのでは……」と思う方も多いかもしれません。

ここで大まかに示している性能の指標は、ゲームの処理に関することに限定した数字です。現在では、JITを装備している動的言語のインタープリタは、内部でJITが効果的に働く場合は、C言語に近い速度や、それ以上の速度で実行できることがあります。それは典型的にはフィボナッチ数や素数を計算するような処理です。これらの純粋な計算処理は、JITの効果がよく現れる処理で、Node.jsなどでもこうした処理はかなりC++に近い速度が得られます。

それに対して、ゲームの処理はJITが不得意な処理の比率が増えます。最も

影響が大きいのは、大きさや構造が動的に変化する「コンテナ」の使用です。

　たとえば、JavaScriptやLuaで配列を使う場合、そのサイズは要素を追加するごとに動的に拡張されます。この動作のために、サイズを比較したり、サイズを大きくする場合に、メモリー領域を新たに割り当てたりする処理が必要になります。これらの言語で配列を使った処理を速くするためには、組み込みクラスとして用意されている固定長の配列を使うなどの工夫が必要です。

　次に影響が大きいのは、他のオブジェクトへの参照からメンバー変数やメソッドのアドレスを取り出したりする検索です。とくに、JavaScriptなどの型付きではない言語で、動的にメンバー構成が変化する言語ではその影響が顕著です。

　これは、動的にメンバー関数やメンバーオブジェクトのメモリー上のアドレスが変化するため、毎度アドレスの計算や要素名からアドレスの検索をする必要があるためです。これを回避するためには、オブジェクトアドレスをキャッシュしたりといったコードを追加するなどの工夫が必要です。それから、不正な参照や配列の要素にアクセスする際の範囲チェックなどがあります。

　ライブラリ関数を呼び出したり、ネットワークやファイル、グラフィックスのAPIの呼び出しなど、何らかの入出力をする場合は、スレッドのロック処理が追加されたりといったオーバーヘッドもあります（ゲームではそれが必要ない場合でも）。

　C#のように型のある言語では、JavaScriptなどの動的型の言語に比べるとアドレス計算の必要性が少ないため高速です。しかし、実行時の型によって動作が切り替わるようなことを行っていたりすると、コンパイルされたコードの性能が下がります。

オブジェクトを検索する処理の例　　シューティングゲームにおける敵キャラの当たり判定

　ここで、オブジェクトのメンバーを検索する処理の典型的な例として、シューティングゲームにおける敵キャラの当たり判定を少し見ておきましょう。

　敵キャラが10個あり、プレイヤーが撃つ弾丸が10個あるとします。その場合は、10個の敵キャラごとに、すべての弾丸に対して衝突判定をするためにループを回す必要があり、10 × 10 = 100回の衝突判定が発生します。

　衝突判定自体は不等号式が数個だけの単純なものですが、問題は「100回も」弾丸オブジェクトのメンバーである座標の値を取得しなければならないことです。このときに、GetPosition関数を検索しなければなりません。

　このように、ゲームのコードには、他のオブジェクトのメンバーを探すという処理が極端に多いため、その検索の必要がないC/C++言語との性能差が大きくなりやすいのです。Unityにおいて、GameObjectの検索やGetComponentが非常に重いとされるのも同じことが原因です。ちなみに、C++でも仮想関数や実行時型の使い方次第では、同様の性能問題が発生するので注意が必要です。

以上のように、ゲームのためにどの処理系を使うかによっても、実現できる内容が大幅に異なることがわかりました。C/C++が高速であると言っても、1サーバープロセスあたり同時接続が1万で、1人あたり1000個のようなゲームをつくりたいと考えても、掛け算した結果である総アップデート頻度が1000万になるため、CやC++言語で最大限の高速なアルゴリズムを駆使し、最適化をしても、実現できるかどうかわからないという点も押さえておきましょう。

思考ルーチンの計算負荷

　このように、非常に大きな数のゲームオブジェクトが動くマルチプレイゲームでは、ゲームオブジェクト1つのアップデート1回あたり、どの程度のCPU処理が必要か、という点も重要になってきます。たとえば、『Space Sweeper』の敵弾の動きは、まっすぐ一定速度で飛んで行くため、そのアップデート関数（思考とも言う）の処理内容は、座標を加算するだけです。擬似コードで表すと「position = position + velocity * dt」のようになります。

　しかし実際には、地形に当たると消えたり、一定時間が経過したら消えたりする必要があります。地形に当たる処理は、『Space Sweeper』の場合、格子状の地形データが座標からO(1)で判定できるので非常に高速にできます[注10]。

　ゲームサーバーの敵キャラの思考ルーチンで最も時間がかかる処理の一つは「経路探索」です。経路探索は、地形が変化しないゲームでは、ゲーム開始時に地形を決定したときに経路探索を一度行い、経路の情報を静的に持っておくことで、O(logN)程度の計算量で経路探索を行うことができます。

　しかし、『Space Sweeper』では、どんどん地形が変化してしまうので、ゲーム中に経路探索を更新し続ける必要が生じます。『Space Sweeper』では、敵キャラはA*(A-star)アルゴリズムのような確実性の高い、最適な経路探索を行わず、ランダムに歩き回って、結果的に経路を見つけ出すという方法をとることにしました。なお、実際のMMORPGなどでは、敵キャラはもっと賢く経路を見つけることが求められることが多いでしょう。

注10　仮に、地形データが格子ではなく、ポリゴンだった場合は、ポリゴンとの衝突判定が必要になるため、CPU処理はO(1)より多くなります。

ここまでの話を通して、広大な世界で多数のオブジェクトが動き続けるようなゲームを実装したい場合はとりわけ、ゲームオブジェクトの数や、その動く方法について、実装可能な限界を常に想定しながら、サーバーの実装に使う言語も含めた緻密な設計が必要になるという雰囲気が掴めたでしょうか。

最適な開発環境を探して

いよいよ、つくりたいゲームを実現するために、必要な開発環境について考えていきましょう。現在では2Dゲームをつくる場合でも、多数のプラットフォームに移植することや、開発者が作成したテクスチャやスクリプトなどを売買できるアセットストアでさまざまなコンポーネントを購入することを考えて、UnityやGameMaker Studioなどの開発環境を利用することがほとんどです。

筆者は仕事でよくUnityを使うので、当然Unityの2Dを使えないか考えましたが、断念しました。理由は大まかに二つあります。先述のとおり、Unityはクラウドゲームでの利用をしたい場合は、別途、専用のライセンス契約が必要になるため、交渉や手続きが発生してしまうというのもあるのですが、仮にそれが可能だったとしても、実現したいゲームという観点では、性能が足りない可能性が高いと考えたためです。参考に、検証を行ってみることにしました。

つくりたいゲームと開発環境の性能　ゲーム内容次第で適材適所

まず、「1プロセスあたりの最大同時プレイヤー数」×「1人あたりの動いているオブジェクト数」で100万以上を目指すとき、Unityが使えるかどうかです。

先ほど、C#がC/C++に対して性能が低いという話をしました。Unityで、敵キャラの動作を定義するために使う言語はC#です。Unityは内部でC#コードをバイトコードに変換して仮想マシン（VM/*Virtual Machine*）で実行するか、コンパイラを用いてネイティブコードに変換して動作させます。C#コードをネイティブコードに変換する場合でも、内部でガベージコレクタなどを呼び出したり、メモリーアクセス違反を検出するための追加のコードを実行する必要があるため、そのような方式の開発環境は「変換のオーバーヘッド」が大きくなります。

したがって、Unityを用いて大量のオブジェクトが出現するゲームをつくるときには、この点での処理性能上の問題が発生しやすくなります。

もし、毎フレーム動かすわけではないなら

一方、Unityで何万ものゲームオブジェクトを独立して動かすのは現実的ではな

いものの、毎フレーム動かすわけではない要素、たとえば『Minecraft』の地形のような静的なものは、C#コードの実行が必要ないのでUnityでも問題なく実装できます。『Minecraft』の地形は、数百万程度のポリゴンで構成されていますが、これらは独立して動くのではなく、ひとかたまりのポリゴンデータとしてUnityに一度だけ渡してしまえば、後はUnityが自動的に描画をし続けてくれるからです。『Minecraft』のように静的な要素が多いゲームは、Unityが向いていると言えます。

シェーダを使って実装できるもの　ただし、GPU内部で完結している場合に限る

また、毎フレーム動くものでも、シェーダを使って実装できるものは、C#のコードを毎フレーム実行する必要がないため、性能の問題は発生しません。典型的なのは、画面上にきらきらと飛び散るパーティクルエフェクトがあります。

図3.6で飛び散る火花を動かしているのは、C#コードではなく、シェーダ言語と呼ばれる言語で書かれたプログラムです。Unityではシェーダ言語を書いてコンパイルし、それをGPUに一度だけ転送しておけば、後で何度でもC#を実行することなく、呼び出して使うことができます。

図3.6 飛び散っている火花

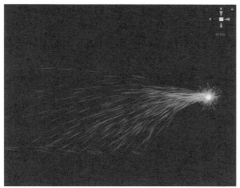

この場合はGPUの計算負荷が上がりますが、CPUの計算負荷は発生しません。GPUは、GPUの内部で完結する計算は、極めて高速に実行できます。この図のような単純な動きをする火花は、数万〜数十万個表示できますが、それはGPUの内部で完結している場合だけです。

GPUの内部で完結していない場合とは、CPUが保持しているメモリにアクセスして、情報を読み込んだり書き込んだりすることです。たとえば、火花が敵キャラにあたったら跳ね返る、というようなことをシェーダ言語で実行したい場合は、GPUの内部で完結しないため、桁違いに処理が遅くなり、シェー

開発の道具立て

ダ言語の良さが減ってしまいます。そのため、CPUで動作させている敵キャラと細かい相互作用をするような処理は、シェーダ言語には不向きです[注11]。

今回のゲームには大量のオブジェクトがある
変換のオーバーヘッドとその対応策、しかし……

筆者がつくりたいゲームでは、毎フレーム、敵キャラやその他のCPUで処理する必要があるものを、数十万個以上動かしたいので、2013年当時のUnityでは実装が難しかったのです[注12]。Unityだけではなく、JavaScriptやLuaなどの処理系をバックエンドに持つCocos2d-JSやMoai SDKなどの開発環境も、基本的には同様の変換のオーバーヘッドが存在するため使えません。

さて、今回Unityが使えなくても、Cocos2d-xやAllegroなどのネイティブプログラミング用のライブラリを用いてC++でゲームロジック(敵キャラの動きなど)を実装すれば、処理性能についての必要条件だけならクリアできます。

サーバーとクライアントでC++コードを共有したい
さらにクラウドゲームライブラリとして実現したいポイント

しかし、ここで筆者が実現したいポイントがもう一つあります。MMOGのサーバーとクライアントで同じC++コードを共有したい、ということです。

筆者がつくりたいのは2Dの「MMOG」で、しかもゲームサーバー内でリアルタイムに敵キャラや物理現象のシミュレーションなどを動作させたいのです。

その場合には、やはりサーバー側でもC#やJavaScriptなどを用いるとオーバーヘッドの問題によって処理性能が足りなくなるので、やはり「C++」でコードを書く必要があります。サーバーでは、描画をする必要がありません。

描画ではなく、ゲームプレイ空間の操作だけを高速に実行し、結果をネットワークを経由して効率良くパケット送信ができる必要があるのです。

開発効率を重視し、「同じAPI」が良い　オブジェクトシステム、タスクシステム、算術API

サーバー側でC++コードを書くときと、クライアント側でゲームロジックを書くときは、ゲームのオブジェクトシステムやタスクシステム、必要な算術APIなどについてはまったく同様のものが必要なので、クライアント側のAPIとサ

注11　敵キャラもGPUで実行すれば速くできますが、それを突き詰めていくと、C#でゲームを開発しているとは言えなくなりそうです……。

注12　2018現在のUnityは、先ほども少し触れたEntity Component Systemを備えているので、現在ならばUnityで開発していた可能性があります。ただし、本文で触れたとおり、本書原稿執筆時点でクラウドゲームでのUnityの利用はライセンス関連の交渉などが必要である点には注意してください。

ーバー側のAPIが違うと、開発の作業効率がとても悪くなってしまいます。そこは差異がないようにしたいということで、実際に描画をするクライアント側でも、描画をしないサーバー側でも同様に使えるAPIを探しました。

　Cocos2d-xといったC++用の開発環境などをいろいろと調べたのですが、描画を切り離した上でLinuxサーバー上で動作させることができるものは存在しませんでした。ソースコードを大幅に修正すればできますが、巨大な開発環境に対してそれを行うには、途方もなく大変な作業が必要です。現在、広く使われているものは、自分で大規模な改造を施すには大き過ぎたのです。

つくりたいゲームのために、ライブラリをつくる
クラウドゲームありきではなかったmoyai

　そこで、この要件を満たす小さな開発環境を実験的につくり始めました。用途を単純な2Dゲームに絞れば、それほど巨大なシステムにならないはずです。

　ちょうどその頃、前述したモバイルゲーム用のフレームワークでMoai SDKが登場し、そのLuaによるAPIが使いやすく優れていたため、そのAPIのクラス構成を模倣して、C++のAPIを構築しました。ライブラリの名前もMoaiをもじって、和風のmoyaiにしました。名前の意味はとくにありませんが、「もやい結び」(右下の図)を連想させるところが気に入っています。

　それで実際にゲームをいくつか開発し、問題なく使えることを確認しました。クラウドゲーム用の機能を追加したのは、その後です。

　クラウドゲーム用の通信機能を実装することは、描画部分を完全に切り離すことができる機構があるため、結果的に簡単にできました。

参考　もやい結び※

※紐の端に、結び目が動かず大きさが変わらない輪をつくることができる、用途の多い結び方の一つ。

3.5
moyaiライブラリの基本アーキテクチャ
レンダリング工程に沿った機能の分割

　moyaiライブラリには、2つの利用形態があります。moyaiライブラリでは、レンダリングの工程で分けることで明確な機能の分割を行っています。

moyaiの2つの利用形態　リモートレンダリング用、完全版

現状のmoyaiは以下の2種類の利用形態があり、ビルド時にmakeコマンドを起動する際のオプションで選択できます（第7章）。

- **リモートレンダリング用（リモートレンダリングのサーバー専用ライブラリ）**：
  サーバー側で使うライブラリ（Linuxではリモートレンダリング用のみビルド可能）
- **完全版**：ローカルとリモートレンダリング両用のライブラリ。OpenGLを用いたローカル描画もできる（Cocos2d-xやAllegroのような一般的なゲーム描画ライブラリとして使える）

レンダリング工程別のレイヤー構成　「スプライトシステム」と「描画機能」

図3.7は、moyaiライブラリの機能をレンダリングの工程に沿って2つの部分に分けています。リモートレンダリング用のライブラリはこの図の**スプライトシステム**だけ、完全版ライブラリは**描画機能**も含むすべての機能を含みます。

図3.7 moyaiライブラリのレイヤー

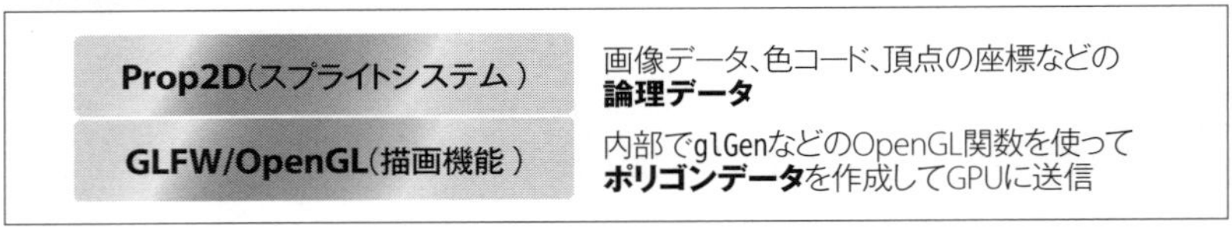

Prop2D（スプライトシステム）	画像データ、色コード、頂点の座標などの**論理データ**
GLFW/OpenGL（描画機能）	内部でglGenなどのOpenGL関数を使って**ポリゴンデータ**を作成してGPUに送信

ゲームのレンダリングは、アプリケーション固有の論理データを、OpenGLやDirectXなどのポリゴンデータに変換する機能を持つAPIを、アプリケーションのコードから呼び出すことによってポリゴンデータに変換し、それをGPUに渡してレンダリングを行います。moyaiも、この流れに沿って実装されています。

アプリケーションコードが保持している論理データは、OSやGPUの種類などによらず、汎用的な論理データになっています。それを2Dスプライトで画面に描画したいわけですが、そのために、moyaiのProp2Dクラスを使います。

moyaiのProp2Dクラスが保持している座標や色番号、画像のピクセル配列などは、OSやGPUの種類に関係しない、汎用的に使える論理的なデータです。

ローカルレンダリングとリモートレンダリングに対応するしくみ

moyaiのローカルレンダリングでは図3.7の「描画機能」で、アプリケーションがProp2Dに設定した論理データを、moyai内部で「描画バッチ」と呼ばれる一種のポリゴンデータに変換し、OpenGLの関数群を使い、個別のマシン環境

（GPUや描画ドライバーの種類）に依存した特殊なデータ形式にして、GPUに送信します。

moyaiのリモートレンダリングでは、Prop2Dが保持しているスプライトの座標や回転角度、TileDeckのインデックス番号などの、マシンに依存しない形式の数値で論理データを送ります。スプライトを構成するテクスチャについても、OpenGL経由で発行される、GPU内部のバッファオブジェクトの**物理ID**ではなく、moyaiが独自に発行する**論理ID**を送信します[注13]。

リモートレンダリングでは、マシンに依存しないデータを送ることで、異なる種類のマシン間で描画内容を転送することができます(p.160)。

Prop2Dが持っているデータをリモートに送れば「リモートレンダリング」になり、ローカルマシンのGPUに送れば「ローカルレンダリング」になります。

リモートレンダリング用（サーバー専用ライブラリ）と完全版について

リモートレンダリングのサーバー側では、GLFWやOpenGLを用いて実際にGPUに指示を送る部分が必要ないため、図3.7の上半分の「Prop2D」の機能があれば十分です。また、サーバー側は大抵Linuxマシンを使うため、そもそもGPUが搭載されておらず、OpenGLのドライバーなどもインストールされていないため、OpenGLを使うようなプログラムはコンパイル/実行できません。

そのため、リモートレンダリング用ライブラリはOpenGL関数を一切呼び出しません。OpenGL関数とは、たとえば、GPU内部にテクスチャなどをロードして管理番号を生成するためのglGenや、描画をするglDrawElementsなどのあらゆる関数です。リモートレンダリング用ライブラリは、こうしたサーバー環境でも問題なく動作するように、描画機能が一切省略されています。

完全版は、OpenGL関数の呼び出しを含む描画機能を持っているので、ローカルレンダリングもできます。完全版は、OpenGLがインストールされているマシンでのみコンパイルと実行が可能です（macOSやWindowsで動作確認済み）。「gl」で始まる名称のOpenGL関数を使って実際に画面に出力する機能を持っていて、ローカルGPUを使ってローカルレンダリングができます。

注13　moyaiが独自に発行する論理IDとは、ゲームサーバーにおけるTextureクラスの通し番号です。スプライトストリームのサーバーでTextureクラスを**new**してインスタンスを作成したら、1から順番に通し番号が振られます。スプライトストリームでは、この番号をクライアントに送信します。それぞれのクライアントでは別々のGPUがそれぞれ異なるバッファオブジェクトを作成するので、あるクライアントマシンのGPUでは最初のテクスチャのIDが3かもしれないし、他のマシンのGPUでは18かもしれません。そのため、moyaiのクライアントのViewerは、スプライトストリームにおける画像番号に、GPUのどのテクスチャバッファオブジェクトの番号を対応付けるかを記憶しておいて、毎回ID同士の変換を行います。

moyaiの対応状況と、現時点でできること

moyaiの現時点の対応状況は**表3.2**のとおりで、以下のことができます。

- Linuxサーバーを用いたクラウドゲームをつくる
- macOS/iOS/Windows用のクラウドゲームではないゲームを普通につくる
- Linuxサーバーを用いて、クラウドゲームではないMMOGをつくってmacOSやiOS向け、Windowsのクライアントをつくる

表3.2 moyaiの2つの版※

	完全版	リモートレンダリング用
macOS (v10.13以降)	○	○
Windows 10 (VS2015)	○	○
iOS 9以上	○	×
Linux(クラウドゲームサーバー向け)	×	○

※対応においてmacOSが先行しているのは、macOSでゲームの内容を実装し、動作確認ができたら、他の環境で試すという開発方法に筆者が慣れているため。

3.6 本章のまとめ

　本章では、クラウドゲームに必要なスプライトストリームやビデオストリームの送信機能を持つ開発環境を模索しました。

　クラウドゲームの開発には、通常のビデオゲームと同様、ゲームエンジンや描画ライブラリなどの支援ツールが必要になりますが、どのようなツールが最適かは、どのようなゲームを実装したいかによって変化します。筆者の場合はゲーム内容から考えてC++で独自の実装をしましたが、開発したいゲームの内容次第では、UnityやUnreal Engineの使い方を工夫することでも対応可能です。

　しかしながら、moyaiはソースコードが2万行程度かつ完全に公開されており、中身も単純で動作を追いかけやすいという点で、クライアントサイドレンダリングやスプライトストリームの概念と動作を理解するためには使いやすいものになっています。moyaiの内部動作については、次章以降で詳しい説明を行います。クライアントサイドレンダリングの理解を深めていきましょう。

第4章

OpenGLを用いた
ローカルレンダリングのしくみ
moyaiの基礎部分。描画APIと内部動作

　本書ではクラウドゲームを実装可能とするために、moyaiに対して、OpenGL経由で、ローカルマシンに搭載されているGPUを用いて画面に描画するのではなく、TCPによる通信を用いて離れたマシンに描画内容をストリーム送信し、そのストリームを受信するViewerを用いて実際に描画を行う機能を追加しました。

　このストリームには、スプライトの描画内容を詳細に伝えるという意味で、「スプライトストリーム」(sprite stream)と名付けました。スプライトストリームを生成するしくみや、スプライトストリームで送信されるパケットの内容は、OpenGLを用いてローカルGPUでのレンダリングを効率良く行うためのしくみに強い影響を受けています。そして、そのしくみは図0.1(p.3)で示したように、アプリケーションの論理データをポリゴンデータに変換し、それをOpenGLの関数を用いてGPUに送信するという基本的な流れに沿ってできています。

　moyaiライブラリでは、p.128の図3.7の「Prop2D」(スプライトシステム)が論理データを保持しており、「描画機能」部分がポリゴンデータの生成とGPUへの指示を行います。リモートレンダリングでは、moyaiはProp2Dの論理データをリモートに送信しますが、ポリゴンデータを送信することはありません。

　この構造、描画APIと内部動作が理解できれば、moyaiのリモートレンダリングがどのように実現されているのかが理解しやすくなるでしょう。したがって、本章でローカルレンダリングを詳しく説明し、続く次章でリモートレンダリングを説明するという順番で解説を進めていきます(p.160)。

第4章 OpenGLを用いたローカルレンダリングのしくみ

4.1 moyaiと汎用的な論理データ
レンダリング工程の第1段階

　moyaiのProp2Dを用いたローカルレンダリングを試すための最小限のプログラムが、moyaiに添付されているmin2dです。本節では、まず画面構成の例としてmin2dを少し紹介してから、moyaiの論理データを見ていきましょう。

はじめてのmoyai　min2dでローカルレンダリングの動作確認

　moyaiで用意されているmin2dという小さなプログラムを通して、「論理データ➡ポリゴンデータ➡ローカルGPU描画」というローカルレンダリングの工程を確認することができます。moyaiリポジトリを取得してビルドすると、min2dが生成されます[注1]。

　図4.1はmin2dのスクリーンショットです。min2dでは、スプライトの描画と、直線、矩形、格子、半透明、フォントなどの最低限の機能をテストでき、moyaiの基本機能の使い方を調べたいときの見本になります。「格子」は図中の、BLUE/GREEN/REDなどといった文字が正確に並んでいる部分（や、いろいろな色の忍者のキャラクターが縦横4つずつ正確に並んでいるもの））のことです。

図4.1 min2d

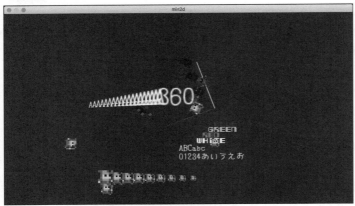

注1　ビルドについては7.1節、起動については5.3節を参照してください。moyai付属のmin2dは、起動時に--headlessオプションを追加すると、スプライトストリームを送信するサーバーとして起動できます。

以下では、min2dの描画をするために、moyaiライブラリが内部で実際に行っていることを、「(汎用的な)論理データ」の構成から始め、次に、汎用的でない、ローカルレンダリング用のマシンに依存した「ポリゴンデータ」の構成の順番で説明します[注2]。

moyai APIの(汎用的な)論理データの構成
MoyaiClient、Layer、Prop2D

汎用的な論理データは、Prop2Dのほかにも、Layer、MoyaiClient、Cameraなどいくつものクラスを使ってアプリケーションコードで設定をし、moyaiに渡します。

moyaiにおいて、「スプライト」(*sprite*、後述)は「Prop2D」と呼んでいます[注3]。2Dスプライトを用いたゲームにおいて、多数のスプライトを1つのグループにまとめて描画順位を制御したり、一度に消去したりといった機能は必須です。moyaiでは、そのために「Layer」を用意しています。

複数のLayerが、「MoyaiClient」に登録でき、MoyaiClientはLayerを最初に登録されたものから順番に描画していきます(順序はいつでも変更できます)。

図4.2は、MoyaiClient、Layer、Prop2Dの描画順の関係を示しています。

図4.2 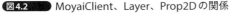 MoyaiClient、Layer、Prop2Dの関係

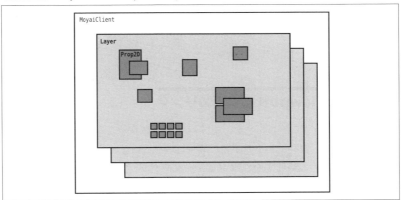

注2 　moyaiにおいて、GPUハードウェアに依存しない汎用的な論理データは、Prop2D/Layer/Camera/Texture/TileDeckなどのクラスのメンバー変数として、整数やfloatの値として保持されています。moyaiはこの論理データをOpenGLの関数を用いてGPUに転送し、GPUに依存した形式のデータであるポリゴンデータに変換します。このポリゴンデータはmoyai内部のクラスではDrawBatch(描画バッチ)と呼ばれます(p.324)。描画バッチは、一般的に3DCGプログラミングで言われる「バッチレンダリング」(以下を参照)という用語が元になっていて、一連のOpenGL呼び出しをまとめた(バッチ化した)情報を意味します。
　　　URL https://www.opengl.org/discussion_boards/showthread.php/199652-What-is-Batch-Rendering/

注3 　この名称は、Moai SDKから由来したものです。Prop3Dも存在しますが、それは本書では使用しないため、説明を省略します。なお、続く解説の「Layer」や「Tile」もMoai SDK由来です。

1つのLayerには、Prop2Dをいくつも登録できます。内部的には単方向のリストで管理されているので、マシンのメモリーが許す限り増やすことができます。ただし、moyaiはシングルスレッド動作で、CPUにもGPUにも限界性能がある以上は、数万を超えるProp2Dを追加すると、処理落ち（1フレームに必要な処理が16ミリ秒で終わらず、ゲームの動きが遅く見える）が発生します。

Layerの機能

Prop2Dには描画優先順位を指定するための数値を設定でき、Layer内でソートしてから描画されます。また、Layerにも優先順位を設定でき、Layerの単位でソートしてから描画されます。

Prop2Dを作るには、「Prop2D」というクラスのインスタンスを生成します。C++で new Prop2D() とするだけです。こうして生成したProp2Dを、Layerに追加していきます。Layerを生成するには new Layer() とします。

```
Prop2D *p = new Prop2D();
Layer *l = new Layer();
l->insertProp(p);
```

こうして構成したLayerを、最終的に、moyaiの描画内容の全体を保持するMoyaiClientに渡します。MoyaiClientは、ローカルレンダリングをするときには、内部的に描画のバッチ化処理を行い、GPUに転送します。バッチ化の処理については後で詳しく説明します。

CameraとViewportによるカリング

Layerが描画をする際には、いつもすべてのスプライトが画面に見えているわけではないことを利用して、不要な描画処理を行わないようになっています。不要な描画を行わないことを、コンピューターグラフィックスでは「カリング」（culling）と呼びます。

moyaiにおいてカリングのために必要なものが「Camera」と「Viewport」です。

Cameraが、「どの場所を画面の中心にするかの位置」を座標で指定します。Viewportは「どれだけの広さ（範囲）を画面に表示するか」を決めます。Viewportで見える範囲の外にあるスプライトは描画されません。

見える範囲というのは、写真におけるフィルムの大きさと考えても良いかもしれません。

CameraとViewportは、常に対で使う概念です。プログラム中に片方しか出てこない場合でも、もう片方はデフォルトの設定が使われているはずです。

図4.3は、広い世界を持つゲームで、あるLayerに約50個のスプライトが追加されている状況を示しています。図の中にはLayerが1つだけあり、たくさんのProp2Dがありますが、「Camera」の位置にカメラのアイコンがあり、「Viewport」で見える範囲が示されています。

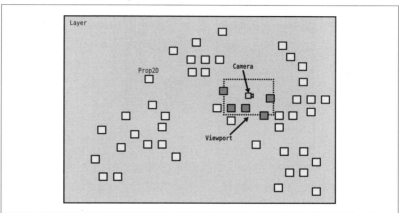

図4.3　CameraとViewportと、描画判定の境界線

CameraとViewportは、広い世界の中で、どの部分を切り取って映し出すのか、つまり、どのスプライトを画面の中に含めるかの選択の基準となる領域を決定する情報です。この図における点線に少しでも重なる位置にあるスプライトだけが描画され、その範囲の外にあるスプライトは描画されません。

moyaiでは、Cameraを用いて中央の位置の座標情報を設定し、どの範囲が見えるのか(図の言うと、点線の四角い囲みの大きさ)をViewportを用いて設定します。Cameraは「点」で、Viewportは「矩形」です。

たとえば、Cameraの位置が(1000,2000)で、Viewportのサイズが500 × 400だった場合は、(750,1800)から(1250,2200)の範囲にスプライトの一部が少しでも重なる場合は描画が必要であると判定できます。図4.3の点線は、この判定の境界線です。

Viewportとゲーム空間における座標の関係

ここで(1000,2000)などと唐突に座標の数値が出てきました。この数値にはどのような意味があるのでしょうか。

以下、この座標の数値と、ウィンドウのピクセル数との関係を説明します。図4.4は、min2dのWindowとViewportの関係を示しています。

図4.4 WindowとViewportの関係

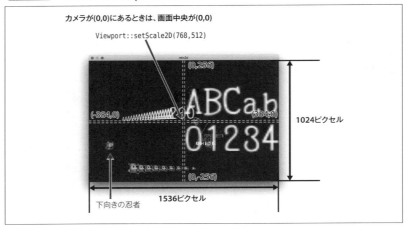

min2dでは、GLFWのウィンドウ作成関数を用いてウィンドウを作ります。サイズは、横768ピクセル、縦512ピクセルで指定しています。

`glfwCreateWindow(768,512)`

GLFWを使ってOpenGLアプリケーションを作るときは、macOSでは、デフォルトではRetinaモードで起動するので、上記のように(768,512)サイズを指定して実際の画面をキャプチャーすると、ちょうど2倍の1536×1024ピクセルのウィンドウが作られます。図の中の横が1536ピクセル、縦が1024ピクセルになっているのは、Macでスクリーンショットを撮影したからです。Windowsであれば、指定した引数のそのままのサイズ768×512で作成されます[注4]。

この状態で、moyaiのViewportを利用して、

`viewport->setScale2D(768,512);`

を呼び出すと、画面の左右の幅が空間座標内で768（ピクセルではない）の長さになるように、上下の高さは512になるように、調整されます。

この図の左端のほうにある、下向きの忍者のスプライトを見てください。こ

注4 macOSのRetinaモードでは、プログラムの内部で使っている空間座標の1が、ハードウェアの2ピクセルに対応します。WindowsではRetinaモードがないため、横の幅と縦の高さがちょうど画面上のピクセル数と同じになります。つまり、ちょうど空間座標の長さ1が1ピクセルに対応するようになります。

の忍者のキャラクターは、元の画像は8×8ピクセルのPNG画像です[注5]。このPNG画像をProp2Dにセットし、

```
prop->setScl(24,24);
```

として、Prop2Dに対して空間内のスケールを設定しています。このスプライトは空間内で(24,24)の大きさを持ちます。空間内の1あたり1ピクセルなので、画面上では24ピクセルの大きさで表示されます。

この状態で、カメラを引いたように高い位置から俯瞰した感じの視点に変更したいときは、setScale2D関数の引数に、より大きい値を指定します。

たとえば、4倍にするには以下のようにします。

```
viewport->setScale2D(768*4,512*4);
```

すると、図4.5のようにキャラクターが小さく表示されました[注6]。

図4.5 高い位置から俯瞰した感じの視点に変更

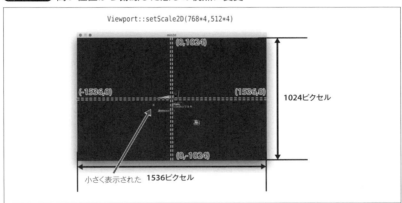

忍者のProp2Dのゲーム空間内での大きさは(24,24)で変わりません。また、もちろん、ウィンドウのサイズも変わっていません。描画結果のピクセル数を変えずにViewportの見える範囲（ゲーム空間内での範囲）をsetScale2Dで広くしたため、ウィンドウに対して、相対的にキャラクターが小さくなったように見えているだけです。

注5 これは筆者が購入したOryx Design Labの商用利用可能な素材集のもので、通常は8×8だと小さ過ぎるのでこれを24ピクセルや32ピクセルに拡大して使います。Oryx Design Labのドット絵はSteamなどでもさまざまなゲームで使われていて筆者も気に入っています。
URL https://www.oryxdesignlab.com/sprites/

注6 前出の図4.4と同様、Retinaモードで表示されるMacでの例なので、ピクセル数は2倍になっています。

Cameraの位置

moyaiのAPIにおいて、Cameraの座標を設定するには、以下の❶のようにします。また、Viewportの矩形の大きさを設定するには❷のようにします。

❶ `camera->setLoc(1000,2000);`

❷ `viewport->setScale2D(500,400);`

この2つの設定によって、見える範囲を決定する矩形の位置と大きさが決まり、スプライトを選択できるようになります。

カリングの効果

この矩形の境界の外にあるスプライトは、GPUに描画を命令しても、しなくても、実際に描画される結果には影響がまったくありません。つまり、GPUに転送する必要がありません。このように、描画をしない(GPUに転送しない)ことは先述のとおり「カリング」と呼ぶのでした。CameraとViewportは、カリングをするための機構です。

先ほどの図4.3の例では、約50個のスプライトがLayerに追加されているので、カリングをしない場合は、glDrawElementsで約50個のスプライトを一度に転送することになります。

しかし、カリングをすれば、Cameraの範囲には5個しかないため、5個のスプライトを転送すれば十分で、OpenGLの描画負荷は単純計算では10分の1になります。広大な世界が存在し、そこに何万個もの動いているスプライトが存在し、そのごく一部だけが見えているようなゲームでは、カリングは必須です。

Viewportの効果的な使い方

ゲームをプレイしている最中に、Viewportを動的に変更することもできます。多くのゲームで、マウスホイールを操作すると、広い範囲を俯瞰して見る視点と、狭い範囲を大きく拡大して見る視点とをなめらかに切り替えることができますが、それは、setScale2D関数の引数を増減させて実現できます。**図4.6**ではキャラクターが大きく見えますが、**図4.7**ではキャラクターが約半分の大きさになっています。

このとき、setScale2Dには約2倍の値を設定しています。2倍ということは、点線で示される矩形の大きさが2倍になることなので、より広い範囲が見えるわけです。広い範囲を見ると、描画が必要なスプライトの数は増えていきます。このとき、Cameraは移動させていません。

図4.6 狭い範囲を大きく拡大して見る視点

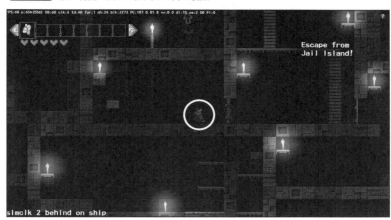

図4.7 広い範囲を俯瞰して見る視点

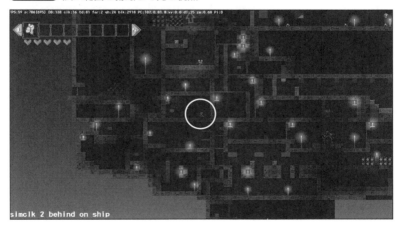

複数のViewportを併用する

　また、この図でもう一つ重要なことは、画面左上にあるハートマークなど、setScale2Dの影響を受けていない（大きさが変化していない）ものがあることです。moyaiにおいてはViewportは複数持つことができ、Layerごとに1つの異なるViewportを設定できます。

　この例のゲームの場合は、残り体力の表示や現在の持ち物の表示などは、いつも一定の値に設定されているViewportを設定しておき、キャラクターや地形などについては動的に変化するViewportを設定しています。

Cameraを使ってスクロールゲームをつくる

CameraもViewportと同様に、ゲームプレイ中に動かすことができます。その典型的な例が「スクロール」です。**図4.8**では、Cameraを右（X座標の正方向）に動かすと、画面に表示されているどんぐりなどのスプライトは、左に動いて見えます。これを「スクロール」と呼びます[注7]。

図4.8 スクロール

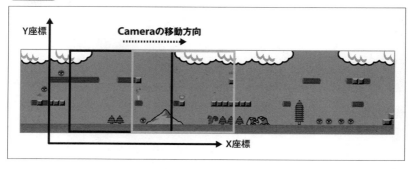

スクロールをすると、新しく画面に入ってくるスプライトと、画面から出ていくスプライトの両方があります。したがって、カリングの判定はスプライトが動いたときだけでなく、Cameraが動いたときも行う必要があります。

moyaiでは、スクロールしていなくてもフレームごとにカリングの判定を行っています。スクロールしていなくてもカリングの判定が必要な理由は、スプライトが動いてカリングの範囲外に出たり、範囲内に入ってきたりすることがあるからです。

LayerとCamera、Viewportの自由自在な組み合わせ

図4.9に、典型的な場合のLayer、Viewport、Cameraの関係を示します。「Layer 2」のように付いている数字は、MoyaiClient内で管理されている固有の論理IDです。

Layerごとに、1つのCameraと1つのViewportを登録できます。Layer 1～3が、スクロールしたり拡大縮小したりするゲームのマップやキャラクター、エフェクトを表示するためのLayerで、Layer 4が最も手前に表示されるハートな

注7 スクロール（scroll）は元々英語で、巻物のこと。巻物のように横に長い画像の上をカメラを滑るように移動させると、撮影後の映像ではカメラに写る絵が、カメラの移動方向と反対の方向に動いているように見えるため、このように呼ばれるようになったようです。

図4.9 典型的な Layer、Viewport、Camera の関係

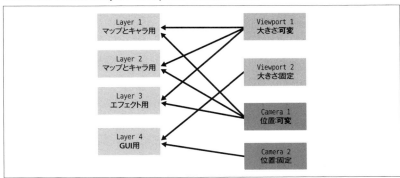

どのGUIパーツ用のものです。Layer 1〜3はスクロールするので、位置が可変なCamera 1が登録されています。また、Layer 1〜3は、マップの拡大や縮小ができるゲームでは大きさが可変のViewport 1が登録されます。Layer 4のGUIでは、大きさは固定なのでViewport 2が登録されます。

このように、大きさや位置が動くマップやキャラクター用のLayerと、いつも一定の位置にあるGUI用とで区別することもできます。なお、GUI用はいつも一定の位置というわけでもなく、GUIだけが画面外からスライドして入ったり出たりする設計になっているゲームでは、Cameraの位置がGUI専用で可変になることもあります。

スプライトの見た目を決定する論理データ
Texture、TileDeck、インデックス、スケール、位置、色、模様

　論理データについて、さらに見ていきます。コンピューターの画面にスプライトを表示するには、GPUに対して、スプライト1つあたり2つの三角形ポリゴンの頂点座標を転送し、さらにそれぞれのポリゴンが、元となる画像をどんな位置に、どんな大きさ(スケール)でどのような色や模様で描画するかも指示する必要があります。

　位置/スケール/色については浮動小数点数の値の組み合わせで表現できますが、**模様**についてはテクスチャデータを渡す必要があります。

　また、moyaiでは、巨大なテクスチャの中のどの範囲を描画するかを、1つの整数で指定できるスプライトシートを実現するために**TileDeck**を実装しています。TileDeckを使えば、巨大な画像を一定のルールで細かく碁盤の目状に分割し、その何番という形で画像範囲を設定できます。これにより、番号を加算し

OpenGLを用いたローカルレンダリングのしくみ

たりするだけでアニメーションが実現できるといったメリットがあります。

以上をまとめると、スプライトを描画するには以下の4つの情報が必要です。

❶テクスチャとなる画像
❷その画像のどの部分を使うかの画像内の範囲
❸どのような大きさで表示するかの空間内でのサイズ
❹どの位置に表示するかの空間内での座標

moyaiでは、❶はPNGやJPEGの画像をTextureクラスに読み込んでOpenGLに渡します。❷を確定するためにProp2D::setDeck関数でTileDeckを設定し、Prop2D::setIndex関数でインデックス番号を設定します。

❸❹は比較的単純で、❸を設定するためにProp2D::setScl関数を使い、❹を設定するためにProp2D::setLoc関数を使います。

とくに、❶❷のOpenGLで画像データを扱う部分については、PNG画像の読み込み、UV座標、スプライトシートといった、2Dスプライトを用いるゲーム開発に特有の特殊な概念を扱うため、以下で取り上げておきます。それでは、moyaiの内部でどのようにOpenGLの機能を使って画像を扱うかを、見ていきましょう。

OpenGLのテクスチャ描画機能とスプライトの描画

moyaiは、OpenGLのテクスチャ描画機能を使ってスプライトを描画します。

テクスチャとなる画像

OpenGLにおけるテクスチャとは、GPUが搭載しているビデオメモリー内に置かれた画像です。四角いスプライトを描画するために、三角形のポリゴンを2つ対向させ、そのポリゴンにOpenGLのテクスチャを貼り付けています。

1つのスプライトに必要な頂点は四角形なのでA/B/C/Dの4つで、またそのスプライトに必要なポリゴンは、三角形なので2つ必要で、それぞれに必要な頂点はA/B/DとB/C/Dです。

図4.10では、猫の画像をスプライトに貼り付けています。猫の画像は、PNG画像（RGB、8-bit）で約40KBあります。このPNG画像は1ピクセルあたりRGB（赤/緑/青）の情報を持っています。

GPUは、PNG画像のような複雑な圧縮データをそのままでは描画することができず、単純な形式に展開してビデオメモリー上に配置しておく必要があるため、ゲームを始めるときにPNGファイルを読み込んで、CPUで圧縮展開し、GPUに転送できる形式（RGBAフォーマット）に変換します。

図4.10 スプライトへの画像貼り付け

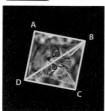

PNG画像のなかみ

PNG画像について、単純な例を元に少し見ておきましょう。**図4.11**の画像は、8×8ピクセルの忍者の絵です。これをPhotoshopを使ってPNG画像で保存すると373バイトになり、後述するデータ部の長さは47バイトでした[注8]。

図4.11 8×8ピクセルの忍者の絵

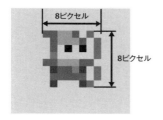

PNG画像のファイルを、Unix環境（macOSやLinux）で標準装備されているodというツールで16進数バイナリダンプすると**図4.12**のようになります。

373バイトの中身は、先頭の8バイトが固定のヘッダで、その次には「チャンク」（*chunk*）と呼ばれる、データの塊がいくつも並んでいます。チャンクにはいろいろなタイプがあり、8バイトの固定ヘッダの後はIHDRチャンクで、画像の幅と高さ、色のフォーマットを規定します。次はgAMAチャンクで、ガンマ値の設定、cHRMチャンクで色の特性データ、PLTEチャンクでパレットデータと続きます。その次が

注8 たとえば、Asepriteというツールを使うと、ファイル全体の長さは230バイトになりますが、データ部の長さは173バイトとPhotoshopよりも長くなりました。一方、Asepriteは付加データがほとんどないため、ファイルサイズはPhotoshopよりも短くなりました。付加データとは、PNG画像の画像データそのもの以外の、任意のテキストデータなどを含められる部分のことで、PNG画像を保存するソフトウェアが付加データ部分にツールの名前を入れたりすることが多いため、異なるツールで保存すると違うサイズになることに注意が必要です。たとえば、Photoshopはここに日付のデータを入れていますが、Asepriteでは入らないようです。また、PNGが用いている圧縮アルゴリズムはLZ77でどのツールも同じですが、LZ77アルゴリズムで圧縮をする前に、画像データに対して圧縮率を高めるためにデータを変換するフィルタ処理（ピクセル同士の関係を解析して、色の値を単純な数値の連続にする）を行っています。その処理の内容がツールによって異なることが原因で、圧縮後のデータ部分の長さが違うようになります。Asepriteの圧縮後のデータ部分の長さがPhotoshopよりも長いことから、Photoshopのフィルタ処理のほうが賢いようです。

図4.12　バイナリダンプの結果（忍者の絵のPNG画像）

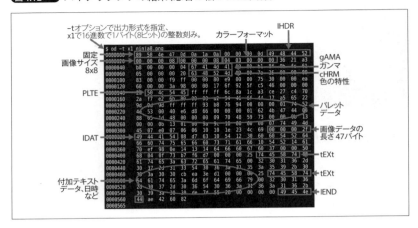

IDATチャンクで、このデータ部が47バイトあり、圧縮された画像のデータが格納されています。そして、tEXtチャンクが2個あり、画像ファイルの作成日時などの文字情報が50バイトほど入っています。最後にIEND部があり、内容は固定です。

このPNGファイルでは、実質の画像データはIDAT部の47バイトで、残り326バイトは固定のキーワードや、メタデータであるということになります。

RGBAフォーマットとGPU

ImageMagickなどの画像変換ツールを用いることで、メモリー上に置かれるのと同じRGBAフォーマットに変換することができます。変換された画像をバイナリダンプしたのが図4.13です。

ファイルの先頭の4バイトが、画像の左上端のピクセルの色に対応しています。最初の4バイトは16進数表記で6c 8a 1c ffです。6cが赤（Red）、8aが緑（Green）、1cが青（Blue）、ffが不透明度（Alpha）でRGBAです。バイナリダンプの1行めには16バイトあるので、左上角の4ピクセル分のデータにあたります。

画像全体では、8×8＝64ピクセルあるので、それぞれのピクセルが4バイト必要とすればファイルサイズは256バイトです。PNG画像が373バイトだったので、圧縮されている画像よりも小さくなってしまいますが、これは、小さい画像についてはPNG画像のヘッダーや付加テキストが相対的に大きくなってしまうためです。

RGBAフォーマットでは、TDLR（*Top-Down Left-Right*）オーダーでピクセルが並びます（図4.14）。

GPUは、8×8ピクセルの忍者の絵を表示するために、256バイトのRGBAデータがメモリー上にTDLRオーダーで並んでいることを要求しているのです。現在ではGPUの内部実装が複雑化しているので、TDLRではなかったりRGBA

図4.13 バイナリダンプの結果（RGBAフォーマットに変換した画像）

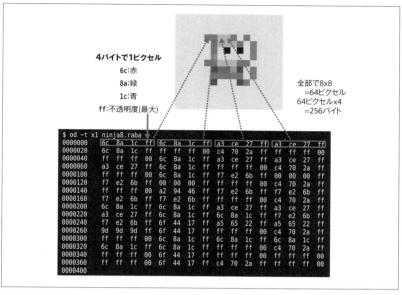

よりもさらに高速なさまざまなフォーマットが利用可能ですが、moyaiでは必要な性能とコードの読みやすさなどのバランスから、標準的なRGBAフォーマットを用いています。

図4.14 TDLRオーダーのピクセルの並び[※]

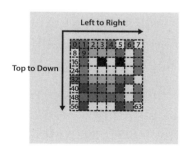

[※] 0から63ピクセルめまで、途中を省略。

OpenGLにおける画像描画の指示　glGenTextures関数

さて、猫の顔の画像に戻りましょう。この画像のサイズは256×256ピクセルなので、RGBAフォーマットであれば、256×256×4 = 256KBのメモリを使います。PNGファイルが約40KBなので、6.5倍に膨らんでいることになります。

OpenGLを使う場合は、この猫の画像をGPUに送るときには、毎回256KBのデ

第4章 OpenGLを用いたローカルレンダリングのしくみ

ータを送ることをせず、一度だけ送ってID番号（OpenGLで正式には名前「name」と呼ばれる）を付けておき、そのID番号を使って描画指示をします。このID番号のサイズは32ビットなので、256KBに比べると、65536倍も小さくなります。これによって描画性能は、大幅に向上します。

OpenGLのAPIがこのように設計されているのは、現在の標準的なコンピュータの設計においては、CPUとGPUが物理的に離れているコプロセッサ（co-processor）として実装されていることが前提になっているためです。

OpenGLでテクスチャのID番号を発行するためには**glGenTextures**関数を使います。ゲームの開始時にglGenTextures関数を呼び出してGPU内部でのID番号を発行し、猫の画像をGPUのビデオメモリに1回転送しておけば、実際の画像のピクセルデータをCPUからGPUに送る必要は二度となくなります。

―――

これがOpenGLのテクスチャ機能の基礎です。そして、OpenGLには、画像だけでなく、頂点データやさまざまなものをGPUに一度送り、その後はID番号でアクセスできるようにする「バッファオブジェクト」機能があります（p.155）。

UV座標（テクスチャ座標） glDrawElements関数、頂点バッファ、インデックスバッファ

OpenGLがポリゴンに画像を貼り付けるときに理解が必要な概念として、「UV座標」があります。UV座標とは、画像上の位置を特定するために使われる、「テクスチャ座標」と呼ばれる座標系でよく使う座標軸の呼び方で、これはGPUを利用したゲームプログラミングにおいて標準的な呼び方です。

図4.15の画像の左上を原点とし、Uは画像の右方向へ、Vは画像の下方向へ増加する軸です。画像の右下端が常にUもVも1となります。これは、画像が正方形でも、長方形でも必ず1となるので、注意が必要です。

OpenGLでは、GPUへ描画を指示するときに**glDrawElements**関数を使いますが、その関数では2つの配列を受け取って描画します。一つはポリゴンを構成する各頂点の位置や、描画に必要な属性を持つ配列の**頂点バッファ**、もう一つはポリゴンを構成する各頂点の関係を指定する**インデックスバッファ**です。

2つの三角形ポリゴンABD、BCDを描画して、四角いスプライトを描画する場合（図4.10）では、頂点バッファの配列の内容は**表4.1**のようになります。

空間座標の値は純粋に例で、Aが(1,1)にあって、正方形の大きさは(1,1)で、時計回りに100度程度回転していると考えてください。頂点は4つあり、0番めはA、3番めがDです。これを見てわかるとおり、どのような三角形を描画すれば良いのかの情報が、この配列には含まれていません。

図4.15 UV座標

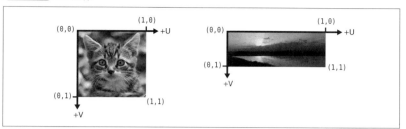

次に、インデックスバッファの内容は**表4.2**のようになります。

表4.1 頂点バッファの配列

頂点	空間座標
A	(1,1)
B	(1,2)
C	(2,2)
D	(2,1)

表4.2 インデックスバッファの内容

頂点
A
B
D
B
C
D

　要素は6個です。三角形を描画するには3つの頂点が必要で、6つの要素があるので、この配列を使って三角形を連続的に描画せよと指示することで、2つの三角形が描画されます。もし、この配列を使って直線を描画せよと指示すると、3本の直線が描画されます。OpenGLでGPUに対して描画の指示を送信するには、glDrawElements関数にこの頂点バッファとインデックスバッファの配列の物理IDを渡すだけです。moyaiにおいて、直線ではなくスプライトを描画するためにglDrawElementsにどんな引数を与えるかは後述します（p.157）。

　実際の配列にはA、Dなどの記号を入れることはできないので、A〜Dの頂点バッファ内での0から始まる順序の数値を入れます。それは、以下のようになります。1つあたり4バイト消費するので、24バイトです。

```
[0, 1, 3, 1, 2, 3]
```

ポリゴンに色や模様をつける

　あと少しです。実は、GPUに対してこれだけを送信しても、実際の描画はされません。GPUに対して、ポリゴンをどのような色や模様で塗れば良いか、というような情報を与えていないためです。ポリゴンの塗り方を指示するには、GPUに対して、どのテクスチャを使うのか物理IDを設定した後で、頂点バッ

ファに、テクスチャのUV座標を定義してやる必要があります。

それを行うと、頂点バッファの内容は**表4.3**のようになります。

表4.3 頂点バッファの内容

頂点	空間座標	テクスチャのUV座標
A	(1,1)	(0,1)
B	(1,2)	(0,0)
C	(2,2)	(1,0)
D	(2,1)	(1,1)

　頂点Aは猫の顔の左下なのでUは0、Vは1の値を指定します。頂点Bは猫の顔の左上なのでUは0、Vも0で、頂点Cは猫の顔の右上なのでUは1、Vは0、頂点Dは猫の顔の右下なのでUは1、Vも1となります。

　GPUは、ポリゴンの内部については、各頂点に設定されたUVの値から自動的に補完して、GPU内部に保存されているテクスチャのデータからピクセルの色を取り出して塗りつぶしてくれます。もしここで、頂点Aと頂点DのVの値を0.5にすると、猫の顔の上半分だけのスプライトになるというわけです。

　スプライトをバッチ化して描画する工夫は、glDrawElements関数に与える頂点バッファとインデックスバッファをできるだけ長くして、glDrawElements関数の呼び出し回数を減らす工夫であるというわけです。多くのスプライトが1つのバッチに含まれるほど、glDrawElements関数の呼び出し回数が少なくなります。

　以上、OpenGLを用いたテクスチャ描画について解説しました。

　ここまでの内容は、2Dゲームでも、3Dゲームでもまったく同じように必要な、グラフィックスプログラミングの考え方です。moyaiは、テクスチャ（テクスチャ画像）以外にも、格子状のグリッドやポリゴン、線などもスプライトとして描画することができます。本書のサンプルゲームk22ではテクスチャのみを用いるので、細かな描画要素の説明は省略します。

スプライトシート

　続いて、スプライトを用いたゲーム開発で必要な「スプライトシート」を紹介します。**スプライトシート**とは複数の小さな画像（スプライト）を、1つの大きな画像にまとめてできる画像のことです。スプライトシートの形式には、「格子状のスプライトシート」「柔軟なスプライトシート」の2つの形式があります。

格子状のスプライトシート

図4.16は、格子状のスプライトシートの例です。

図4.16 格子状のスプライトシート

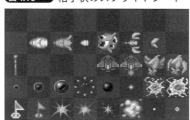

このスプライトシートの画像では、24×24ピクセル単位で隙間なく小さな絵が並んでいます。大きな画像を24×24ピクセルごとの、同じ大きさの画像に切り分けて利用するのが、格子状のスプライトシートです。古いゲーム機などでは格子状のスプライトしか利用できませんでした。

この形式の良いところは、スプライトシートのテクスチャ内でのそれぞれの絵のUV座標を、絵の番号から検索して求めるときに、整数の割り算(mod)という簡単な計算を用いることで、O(1)の計算量で求められることです。柔軟な方式と異なり、メモリー上にテーブルを置いておく必要もありません。この方式のデメリットは、スプライトの大きさがすべて同じになってしまうことです。

柔軟なスプライトシート

図4.17は、柔軟なスプライトシートの例です。それぞれの絵を、格子状ではなく空いているところがある限りできるだけ詰めています。これを「テクスチャをパック(pack)する」と呼ぶこともあります。テクスチャをパックするためのツールには、さまざまなものがあります。

図4.17 柔軟なスプライトシート

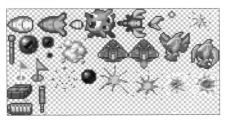

OpenGLを用いたローカルレンダリングのしくみ

　柔軟なスプライトシートをプログラムから使うには、シートに並べられたそれぞれの画像が、どの位置から始まり、どの大きさであるかのデータを用意する必要があります。

　この図の例であれば、28個の絵が含まれているので、以下のような合計28行のテーブルを用意しておき、0番スタートで4番めの絵を表示したい場合は、(0,24)という左上座標と、(4,23)というサイズを得られます。各画像のUV座標を得るためには、いったんこのテーブルを見る必要があります。

　柔軟なスプライトシートも、計算量はほぼO(1)ですが、テーブルのメモリーにアクセスする必要があるため、スプライトの数が非常に多い場合は、格子状のスプライトシートよりもCPUコストが高くなる場合があります。

```
0, 0, 24, 16 ..............0番め
24, 0, 24, 16 .............1番め
48, 0, 6, 8 ...............2番め
56, 0, 22, 22 .............3番め
0, 24, 4, 23 ..............4番め
...
15, 113, 4, 23 ............27番め
```

　次節の「バッチ化」関連部分でも取り上げますが、このようにたくさんの画像を1つのシートに詰め込みたい理由はGPUを用いてスプライト描画を行う場合は、CPUからGPUに描画指示を送信する回数を減らす、すなわちglDrawElements関数の呼び出し回数を減らすことが、性能を向上させる鍵だからです。

　GPUを用いる場合に、異なる画像をスプライトとして描画するには、

❶異なるテクスチャを描画する
❷同じテクスチャ内の異なる画像をUV座標の値のみを変更して描画する

という2つの方法がありますが、異なる画像のスプライトを同じバッチに含めることができるのは、❷の場合のみです。これが、スプライトシートが必要な理由です。

moyaiのスプライトシート

　moyaiでは、格子状のスプライトシートは**TileDeck**クラスを用いて利用することができます。また、ぎっしり詰まっている柔軟なスプライトシートが使える、**PackDeck**クラスも実装されています。以下では、格子状のスプライトシートについて説明を行います。

　まず、moyaiのリポジトリに含まれている**図4.18**のスプライトシート（base.png）の例を見てください。

図4.18 典型的な格子状のスプライトシートの一部(base.png)

この画像は典型的な「格子状のスプライトシート」で、実際の画像のサイズは256 × 256ピクセルで、透過PNGになっています。8 × 8ピクセルのキャラクターが横32個、縦32個、合計1024個並べることができます。筆者はPhotoshopを用いて、この画像ファイルを直接編集しています。

moyaiでは、この8 × 8ピクセルの大きさの格子を「タイル」(*Tile*)と呼びます。他の開発環境ではセルやパーツなどいろいろな呼び方があります。この例では、ほとんどのタイルが空になっていますが、ゲームを実装していくと、さまざまなキャラクターや背景のタイルがぎっしりと埋まっていくことになります。

moyaiでは、スプライトシートのPNG画像を読み込んでテクスチャを作るのは簡単です。次のコードで、GPUにテクスチャの内容が転送され、Textureのインスタンスであるtexの内部にテクスチャの番号が格納されます。

```
Texture *tex = new Texture();
tex->load("base.png");
```

moyaiは2Dゲーム用のライブラリなので、スプライトシートの画像ファイルから、1つのタイルだけを取り出してスプライトとして描画するためのAPIを持っています。それがTileDeckクラスです。

TileDeckとは「タイルを集めたもの」という意味です。TileDeckクラスは、格子状のスプライトシートに含まれるそれぞれのタイルのUV座標を計算するための便利なクラスです。TileDeckは、テクスチャ1枚につき複数作ることもできます(通常は1つで十分です)。

TileDeckを初期化するときは、1枚のスプライトシートを、どのような大きさの格子に切り分けるのかを指定します。この画像の内容は、8 × 8ピクセルのタイルが32 × 32個並んでいるので、以下のように設定します。

```
TileDeck *deck = new TileDeck();
deck->setTexture(tex);
deck->setSize(32,32,8,8);
```

こうした場合、最も左上の端にある人間キャラクター(実際には緑色)のタイ

ルが0番、その右の赤忍者(実際には赤色)のキャラクターのタイルが1番……
となって最上段の右端が31番、上から2段めの赤と白の丸い形のものが32番
……と順番に番号が付けられ、最も右下の角にあるものが1023番となります。

UV座標はどうなるでしょうか。UV座標は、1枚の画像の左上端が(0,0)で、
右下端が(1,1)でした。それを32分割するということは、1つのセルあたりの
大きさは、UV座標系で幅も高さも 1.0/32.0 = 0.03125 となります。

つまり、左上端の緑色の忍者の絵は、UV座標の左上が(0,0)、右下が
(0.03125,0.03125) と計算されます。この計算を行うのが、TileDeck というわ
けです。実際の計算は描画をする直前にmoyai内部で行われるので、ゲームプ
ログラムでは格子の大きさと数を指定するだけです。

TileDeckにおける番号を「インデックス」と呼びます。インデックスバッファ
におけるインデックスとは異なる意味であることに注意してください。イン
デックスバッファにおけるインデックスは、頂点バッファ内部のインデックスで
したが、TileDeckにおけるインデックスは、スプライトシートの中に並んでい
る何番めのタイルかを示すインデックスです。

TileDeckを使わず直接テクスチャを貼る方法

moyaiでは、スプライトにテクスチャを貼る方法は、2通りあります。

一つめは、TileDeckを使わずに1枚のテクスチャをまるまる1つ貼り付ける
方法、もう一つは、Textureを用いて、1枚のテクスチャ(スプライトシート)に
含まれるタイルを1つ貼る方法です。宇宙空間や惑星の背景のような巨大な1枚
の画像を使いたいときは、TileDeckを使わずにTextureを直接設定することで、
ゲームのコードにおいてTileDeckの割り当てと初期化のコードを省略できます。

TileDeckを使わないときは、以下のようにしてテクスチャを設定します。

```
p->setTexture(tex);
```

この例でpはProp2D、texはTextureのインスタンスです。この場合はスプラ
イトに設定されるUV座標は、画像の全体になるので、常に左上が(0,0)、右下
が(1,1)になります。

次にTileDeckを用いる場合は、以下のように設定すればスプライトは画面に
表示されます。回転角度と色も設定できますが、省略できます。

```
p->setDeck(deck);···················deckはTileDeckのインスタンス
p->setIndex(2);····················TileDeck内部の番号
p->setScl(32,32);··················スケール(拡大率、大きさ)
p->setLoc(10,10);··················スプライトの位置(座標)
```

この例では、インデックスが2になっているので、木のキャラクター（base.png）が表示されます。UV座標は、セルが1つあたりUとVが0.03125ずつ進むので、木のキャラクターは、左上が(0.03125*2,0)、右下が(0.03125*3,0.03125)と計算されます。

moyaiを使った開発では、さらに回転や色の設定、アニメーションなどの機能を組み合わせてスプライトを描画し、ゲームを制作していきます。

4.2 moyai内部のマシンに依存したポリゴンデータ　レンダリング工程の第2段階

ここまでは、レンダリング工程の最初の段階として、moyaiの各クラス群を用いて、OSやマシンに依存しない**論理データ**を構成する方法を説明してきました。ここでは、（ローカルレンダリングにおけるレンダリング工程の）次の段階として、論理データをマシンやGPUに依存する**ポリゴンデータ**に変換して、さらにそれをGPUに送信する、より具体的な、物理的な部分を見ていきましょう。

ポリゴンデータとバッチ化

レンダリングの工程全体のうち、OpenGLなどのAPIを用いて、GPUの機能を使ってハードウェア形式に合うように変換されたデータは、マシンごとに異なる形式のデータになっていて、本書では「ポリゴンデータ」と呼んでいます。

moyaiは、Prop2D/Layer/Camera/TileDeckなどの論理データから、バッチ化と呼ばれる処理を経由して、ポリゴンデータを毎フレーム作成し、最終的に一気に「ドローコール」（*draw call*）と呼ばれるOpenGL関数を呼び出して、GPUに一気に転送します。

ここでは、moyaiのポリゴンデータの扱いを把握するため、バッチ化の処理について基礎の基礎から見ておきましょう。

グラフィックスハードウェア構成とレンダリング

moyaiライブラリがどのようにGPUに指示するのかを見るために、まずはコンピューターのハードウェアの様子を概観しておきます。**図4.19**は、IntelのCPUを使

った典型的なPC内部の配線図です。これはPCの例ですが、スマートフォンやゲーム機も細かいところは違いますが、それらはすべて「ノイマン型コンピューター」の延長線上にあるコンピューターなので、基本的な構造は同じです。

図4.19 典型的な、GPUとPC内部の配線図

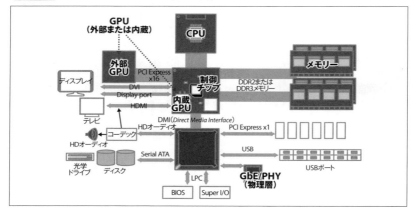

この図では、CPUとGPUとメモリーが、中央にある制御チップを介して結び付けられています。この例におけるGPUは、左上に外付けの外部GPUがあり、専用のGPUボードを購入してマシンのPCIポートに差し込むことで、GPUのパワーを後から追加することができるものです。

そのボードがないときは、制御チップに内蔵されている比較的小さな計算能力を持つ内蔵GPUが使われます。このマシンでは、内蔵GPUがIntel製、外部GPUがNVIDIA製のように、異なる種類を混ぜて使えるようになっています。

ローカルレンダリングの流れ

この構成のマシンにおいて**ローカルレンダリング**を行うとは、メモリーに格納されている**論理データ**を、CPUを使ってGPUの種類に合ったデータである**ポリゴンデータ**に変換し、制御チップを用いてGPUに送信することです。制御チップには図にあるとおりディスプレイが接続されているため、それで画面に出力することができます。

ポリゴンデータ（物理データ）は、どのメーカーでもだいたい同じですが、細かい部分が異なるため、内蔵GPUを使う場合と、外部GPUを使う場合とでは、異なる形式に変換しなければなりません。それを行うのが、マシンに搭載されている「グラフィクスドライバー」と呼ばれるもので、OpenGLライブラリはグ

ラフィックスドライバーが提供する関数を用いてその処理を行います。

　この図でグレーの実線になっている部分は、マザーボード上に構築された銅や金でできた線です。この線を通じて電気信号が流れます。この線の長さはだいたい数cm〜十数cm程度ですが、電気信号がこの線を通じて隣り合った部品に到達するには1ナノ秒より少し短い程度の時間がかかります。

データの転送と所要時間

　メモリーにあるデータをGPUに転送するには、「メモリー ➡ 制御チップ ➡ CPU ➡ 制御チップ ➡ GPU」と、単純に考えても線を4回も通らなければなりません。したがって、何かのデータを1回転送するだけでも数ナノ秒の時間がかかることがわかります。実際には、電気信号の誤りを検出して修正したりといった複雑な処理がいろいろと必要なため、もっと時間がかかります。

　メモリーにあるデータをGPUに送る際、小さなデータでも数百ナノ秒の時間がかかります。1回の転送で64バイトとか128バイトといった単位のデータしか送れないため、何MBもあるデータではもっと長い時間がかかることも重要です。また、4バイトでも64バイトでも送るのにだいたい同じ時間がかかるため、小さなデータを何回も送るように実装すると最悪の結果になってしまいます。

　GPUにデータを送らず、CPUに内蔵されているキャッシュメモリーだけを使った処理は、物理的な距離が数mm以内と非常に近いため、もっと高速に動作させることができます。それは制御チップを経由する処理に比べて、数百倍の速さになります。ここでは、「GPUにデータを転送するのは、とんでもなく遅い」という点を押さえておきましょう。遅いところをどうするかに進みます。

バッファオブジェクト　GPUへの転送回数を減らす

　OpenGLでは、GPUへのデータ転送回数(転送量)を減らすために、**バッファオブジェクト**(*buffer object*)を使います。バッファオブジェクトとは、GPU内部に転送した画像や頂点データなどの大きな塊に物理IDを付けて保存しておき、2回め以降の描画ではその物理IDだけを送信することで、CPUからGPUへの転送量を大幅に削減するためのしくみです。

　図4.20は、バッファオブジェクトを使う場合と使わない場合を比較しています。OpenGLはバッファオブジェクトを使わない方法も使う方法もどちらも使えますが、moyaiでは使っています。256KBの画像を2回描画する場合、バッファオブジェクトを使わないときは、256KB × 2 = 512KBの転送が発生しますが、バッファオブジェクトを使うと、256KBの転送を1回しておけば、2回め以降の描画は4バイトの物理IDを送るだけでできます。

図4.20 バッファオブジェクト

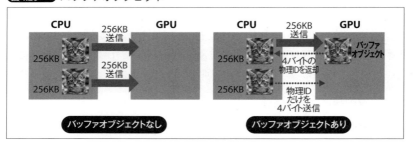

　そのためには、4バイトの物理IDを一度GPUからCPUに返却しておく必要があります。それを行うためのOpenGL関数が**glGenBuffers**や**glGenTexture**などの「**glGen**」で始まる関数群です。2Dゲームでは、地形や敵キャラに同じ画像を使ったものが大量に出現する傾向があるため、バッファオブジェクトを使うことで桁違いの描画性能を実現することができるのです。

moyaiにおけるバッファオブジェクト　5種類

　moyaiのローカルレンダリングでは、「頂点バッファ」「インデックスバッファ」「テクスチャバッファ」「フラグメントシェーダ」「頂点シェーダ」の5つの種類のバッファオブジェクトを使います。厳密には、シェーダについてはバッファオブジェクトとは通常は呼びませんが、GPU側に格納されているシェーダバイナリを物理IDで呼び出すことができるという点では共通なので上記に含めています。

　頂点バッファは、glGenBuffers関数で作ることができる、スプライトの座標や色、テクスチャ内のどの範囲を描画するかの設定など、ポリゴンを実際にどのような形/色で描画するかの頂点データを格納しています。

　インデックスバッファは、それぞれの三角形のポリゴンがどの頂点から構成されているかの対応関係を数値で指定するデータです。たとえば、頂点バッファの先頭5番め、8番め、11番めの3つの頂点から成る三角形を描画したい場合は、インデックスバッファは[5,8,11]というデータを含む必要があります。

　画面に表示しているスプライトが動かなかった場合は、頂点データとインデックスデータを更新する必要はありませんが、動いた場合は更新をする必要があります。背景やGUIなどはほとんど動かないので、バッファオブジェクトの恩恵はかなり大きくなります。

　テクスチャバッファは画像です。画像データを動的に更新することは多くのゲームでは行わないため、ゲームの起動時に一度物理IDを発行してしまえば、その後はずっと同じ番号で描画をすることができます。その恩恵は圧倒的なものです。

シェーダについても同様で、シェーダのソースを動的に変更することは、ほとんどありません。

モバイル端末におけるOpenGL ES
バッファオブジェクトを使わないOpenGLプログラミングが不可能

　PCで使えるOpenGLと、モバイル端末で使えるOpenGL ESは、できることが違います。最も大きな違いは、OpenGL ESでは「バッファオブジェクトを使わないOpenGLプログラミングが不可能である」ことです。

　モバイル端末では、消費電力を極めて低く抑える必要があることから、一般的にCPUもGPUも、PCに比べると性能がかなり低く抑えられています。そのため、バッファオブジェクトを使わずにGPUを酷使すると、前述したように処理効率が大幅に下がり、電力消費があまりにも多くなるため、モバイルには不向きであると判断されて削除されたようです（と筆者は理解しています）。

　バッファオブジェクトを使うとOpenGL関数の呼び出し方が複雑になるので、プログラミングはかなり面倒になります。しかし、そこはゲームエンジンやゲームライブラリが代わりにやってくれるので、実際のゲームプログラマーが苦労することはほとんどありません。

　moyaiは一つのソースコードで、モバイルでも動作するゲームを実装できるようにしたいため、バッファオブジェクトを使う方法だけで描画をします。

描画のバッチ化とglDrawElements関数

　moyaiにおける描画のバッチ化処理とは、同じ属性をも持つスプライトをできる限りひとまとめにして、バッファオブジェクトに変換し、それを1回のOpenGLのglDrawElements関数でGPUに渡すことです。関数呼び出しの手順は、次のとおりです。

　まず、**glGenBuffers**関数で、GPU側のバッファオブジェクトに物理IDを付けます。次に、**glBufferData**関数で、GPUにデータを送ります。これで、バッファオブジェクトは完成です。その後、バッファオブジェクトを使うときは、**glDrawElements**関数を使って、物理IDを送るだけです。

　このように、glDrawElements関数を使うと、ポリゴンだけでなく、直線などのプリミティブと呼ばれる基本的な形状を、複数まとめてGPUに送ることができます。スプライトは四角形なので、三角形を2枚対向させて1つのスプライトとします。これは、モバイル環境などで四角形を直接描画できないハードウェアがあることに、一つの方法で対応するための工夫です。

　三角形を1つ描画するためには、3つの頂点の座標と色の情報、どのテクスチ

ャを使うのかのID、どのシェーダを使うのかのIDを指定する必要があります。glDrawElements関数は、1つのバッファオブジェクトに格納されているたくさんの三角形の情報を一度に描画できます。

100個のスプライトがあるとき、もしバッチ化を行わない場合は、処理の流れは以下のようになります。全部で300回のGPU操作が発生しています。

```
100回繰り返す{
  glGenBuffers(三角形1個分)
  glBufferData(三角形1個分)
  glDrawElements(三角形1個分)
}
```

以下のように、バッチ化をすることにより、OpenGL関数の呼び出しが300回から3回に削減されています。

```
三角形100個分の情報を並べた配列を用意する（CPU内部で完結）
glGenBuffers(100個分)
glBufferData(100個分)
glDrawElements(100個分)
```

三角形100個分の情報を並べた配列を用意するのはCPUの処理ですが、そのために必要な時間は、物理的に離れているGPUへの指示に比べると桁違いに高速なため、CPUからGPUへの指示が100分の1の回数で済むことによる時間削減効果のほうが、大幅に大きくなるのです。

複数スプライトをバッチ化するための条件
同じテクスチャと同じシェーダを用いている場合に限る

究極的には、バッチ化は、画面に表示されているすべてのスプライトを1つの配列に入れて描画することが可能ですが、複数のスプライトをバッチ化するには「同じテクスチャと同じシェーダを用いている場合に限る」という条件があります。この条件があるため、仮に5個のスプライトがあるとき、それぞれのスプライトが優先順位によるソート後に❶の構成だった場合は、前から順にバッチ化をしていくので、バッチは❷のように構成されます。

```
❶スプライト0 : テクスチャ1, シェーダ0        ❷バッチ0: スプライト0, 1, 2の3つを含む
 スプライト1 : テクスチャ1, シェーダ0    ➡    バッチ1: スプライト3, 4の2つを含む
 スプライト2 : テクスチャ1, シェーダ0
 スプライト3 : テクスチャ2, シェーダ1
 スプライト4 : テクスチャ2, シェーダ1
```

5つのスプライトに対して、2つのバッチになりました。glDrawElements関数の呼び出しを、5回から2回に減らすことができました。

これに対して、❸のパターンではどうでしょうか。前の例との違いは、スプライトの並び順だけです。前から順にバッチ化をしていきます。

```
❸ スプライト0：テクスチャ1, シェーダ0     ❹ バッチ0：スプライト0を含む
   スプライト1：テクスチャ2, シェーダ1        バッチ1：スプライト1を含む
   スプライト2：テクスチャ1, シェーダ0        バッチ2：スプライト2を含む
   スプライト3：テクスチャ2, シェーダ1        バッチ3：スプライト3を含む
   スプライト4：テクスチャ1, シェーダ0        バッチ4：スプライト4を含む
```

バッチの数が、スプライトの数と同じになってしまいました。これはスプライトの並び順が変わって、前から見ていったときに、毎回使用するテクスチャとシェーダの設定が変わっているためです。

描画の順番は画面を構成するときに重要なので、描画ライブラリの側で勝手にスプライトを並べ替えることはできません。

ドローコールの回数を減らすための設計
スプライトを「同じテクスチャ」から描画する

このように、現在のGPUアーキテクチャにおいては、スプライトを「同じテクスチャ」から描画することは、描画性能を向上させる上で重要なテクニックになります。

スプライトストリームを使う場合においても、レンダリングに使うテクスチャの枚数を少なくすることは、そのままクライアント側でのGPUの描画処理負荷を削減することにつながるため、描画バッチのしくみを理解した上でゲームサーバーのコードをつくっていくことは重要です。たとえば、moyaiであれば、同じLayerに異なるテクスチャを描画するスプライトが交互に現れるといったようなパターンになると、大幅に描画性能が落ちる可能性があります。

1つのテクスチャを分割して使うスプライトシートは、描画性能改善のための常套手段です。スプライトストリームはスプライトシートに対応しているので、本書のサンプルゲームでは、すべてスプライトシートを使っています。

Unityなどのゲーム開発環境でも、このようなバッチ化は内部的に、ほとんど自動的に実行される基本機能となっていますし、複数の細切れに分かれたテクスチャを内部的に自動的に結合して、ドローコールの回数を節約する機能も備えています。一方、手間はかかりますが、やはり人間がテクスチャの使い方や描画順番をうまく設計したほうが、より良い描画性能を獲得できます。

moyaiでは、この単純なバッチ化の機構によって、テクスチャの使用状態に問題がなければ、「毎フレーム数万枚のスプライト」を描画できるようになっています。

4.3 本章のまとめ

本章では、OpenGLを用いて、論理データからポリゴンデータ、バッファオブジェクトへの変換、そしてハードウェア機能を用いてGPUへ転送するという、レンダリングの全体の工程について解説をしました。

このレンダリング工程の全体構成は、クラウドゲーム以外、あるいはmoyai以外の場合においてもあらゆるビデオゲームにおいて共通の土台になっているので、非クラウドのゲーム開発のためにもきっと参考になるはずです。

次章では、moyaiがどのようにリモートレンダリングを実現するのか、もう一歩深く見ていきましょう。

Column

予習&復習:moyaiのリモートレンダリングの基本構造

次章からmoyaiのリモートレンダリングに解説を進む前に、予習とこれまでの復習も兼ねて、moyaiのリモートレンダリングを大まかに見ておきましょう(**図C4.a**)。

まず図中❶に、p.128の図3.7をベースにローカルレンダリングの様子を示します。

moyaiでリモートレンダリング(クライアントサイドレンダリング)を行う場合、Prop2D部分と描画機能部分が分離し、ネットワーク経由でつながっている状態になります(❷)。

この図においてゲームサーバー側のmoyaiは、Prop2Dが保持している論理データ(GPUハードウェアに依存しない数値データ)を、そのままネットワーク経由で、リモートプロセスで待ち受けているmoyaiに送り、リモートのViewer側のmoyaiはいったん内部で保持しているProp2Dのスプライトシステムに、受信したスプライトストリームの情報を元に、ゲームサーバーと同じ状態のスプライトを再現します。リモートのViewer側のmoyaiは、そうして維持されるProp2Dのスプライトを描画機能を用いてレンダリングします。

このように、ゲームサーバーのProp2DスプライトシステムとViewer側のスプライトシステムを同期し続けるのが、moyaiのリモートレンダリングの基本的な構造です。

図C4.a ローカルレンダリングとリモートレンダリング

第5章

スプライトストリームのしくみ
リモートレンダリング方式概論、スプライトストリームの基本設計

　前章では、moyaiのOpenGLを用いたローカルレンダリングを詳しく説明しました。moyaiが送信するスプライトストリームは、Prop2DやLayerをはじめとする、moyaiのローカルレンダリングのためのAPIに強く依存した設計になっています。

　本章では、スプライトストリームの基本的な設計について紹介し、次章では通信プロトコルの詳細に移ります。

5.1

クラウドゲームと画面描画
moyaiが対応する画面描画の通信方式

　OpenGLで描画を行うゲームを、リモートレンダリングのクラウドゲームに対応にさせるには、どのような選択肢があるでしょうか。本節では、そのための7つの方式と、moyaiが対応する方式について紹介します。

クラウドゲームにおける画面描画の通信方式　7つの方式

　OpenGLを用いて描画をするゲームをクラウドゲームに対応させるためには、

いくつかの手段があります。以下の❺❻で言う「OpenGLの仮想化」とは、OpenGLの描画コマンドの呼び出しを、ほぼそのままの形式でネットワークにRPC（*Remote Procedure Call*）のストリームとしてネットワーク経由で送信し、リモートマシンで描画を行う（VirtualGL[注1]など、後述）ことを指しています。

- ❶**外部機器方式**：映像キャプチャー用外部機器を、ゲームサーバーが動作しているマシンのディスプレイ出力ケーブルに接続して映像をエンコーディングし、それをネットワーク経由で送信する
- ❷**キャプチャーボード方式**：映像キャプチャー用ボードを、ゲームサーバーが動作しているマシンのPCIポートなどに差し込み、OSの画面キャプチャー機能を使って映像を取り出し、ネットワーク経由で送る
- ❸**独立ソフトウェア方式**：ハードウェアは使わず、ゲームとは独立したソフトウェアのみでOSの画面キャプチャー機能を使って画面を撮影し続け、エンコーディングもして、それをネットワーク経由で送る（前出のOpen Broadcaster Softwareはこの方式にあたる）
- ❹**ゲーム内蔵方式**：ゲームプログラム内で画面をキャプチャーするためのOpenGL関数（glReadPixels）を毎フレーム呼び出して、自前でエンコーディングしてネットワーク経由で送る（moyaiのビデオストリーム方式）
- ❺**OpenGL LAN仮想化方式**：「OpenGLの仮想化」の通信をデータセンターのLANのみで行う
- ❻**OpenGLインターネット仮想化方式**：「OpenGLの仮想化」の通信をインターネット経由で行う
- ❼**抽象度の高い通信方式**：スプライトの座標や回転角度、画像の番号など、GPUのハードウェア形式に依存しない、抽象度の高い状態の論理データをそのままネットワーク経由で送信し、Viewer側でそれを受け取って最終的にGPUを用いて描画する方式。OpenGLやDirectX等の、GPUハードウェアを駆動するためのAPIを使うのは、Viewer（クライアント）側だけになる（moyaiのスプライトストリーム方式はこれに含まれる）

これらのポイントを比較表にしたのが、**表5.1**です。この表で、サーバーサイドでGPUを用いた描画をするものをすべて「サーバーサイド」、それ以外を「クライアントサイド」と分類しました。

以下で、それぞれのタイプの「物理接続」と「情報の流れ」を、図とともに見ていきましょう。

❶外部機器方式

図5.1は**外部機器方式**を示しています。サーバーマシンでゲーム映像を描画

注1　URL https://virtualgl.org/

表5.1 画面描画の通信方式

方式	分類	専用ハードウェア	送信するデータの内容	ゲームサーバーGPU描画	Viewerの処理	ゲームプログラムの修正	必要帯域
❶外部機器	サーバーサイド	必要	ビデオストリーム	行う	映像再生のみ	不要	画面サイズと画質に比例
❷キャプチャーボード	サーバーサイド	必要	ビデオストリーム	行う	映像再生のみ	不要	画面サイズと画質に比例
❸独立ソフトウエア	サーバーサイド	不要	ビデオストリーム	行う	映像再生のみ	不要	画面サイズと画質に比例
❹ゲーム内蔵	サーバーサイド	不要	ビデオストリーム	行う	映像再生のみ	キャプチャー部分の実装が必要	画面サイズと画質に比例
❺OpenGL LAN仮想化	サーバーサイド	不要	ビデオストリーム	行う	映像再生のみ	不要(OpenGLそのまま)	画面サイズと画質に比例
❻OpenGLインターネット仮想化	クライアントサイド	不要	OpenGL描画命令ストリーム	行わない	OpenGLコマンド受信と描画	不要(OpenGLそのまま)	描画内容に比例
❼抽象度の高い通信	クライアントサイド	不要	スプライトストリームなど	行わない	スプライトなどの情報の受信と描画	専用APIを用いる必要がある	スプライトなどの変更量に比例

し、そのマシンからHDMIケーブルなどで映像を出力し、外部に用意したキャプチャーデバイスを使ってキャプチャーし、Ethernetなどの物理ネットワーク経由でViewerに映像を送信します。

図5.1 外部機器方式

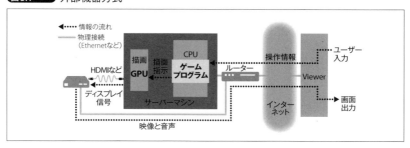

❷キャプチャーボード方式

キャプチャーボード方式（図5.2）では、サーバーマシンの内部にキャプチャー用のカードを装着し、そのカード内部でキャプチャーとエンコーディングを行い、Ethernetなどのネットワーク経由で映像信号をルーター経由でViewerに送信します。カード自身にEthernetポートが付いていない機種では、カードとサーバーマシンがPCIなどのインターフェースを経由して、ビデオストリーム（映像のストリーム）を送信するものもあります。

図5.2 キャプチャーボード方式

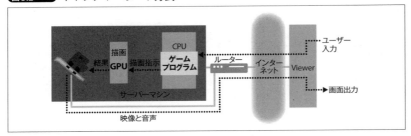

❸独立ソフトウェア方式

独立ソフトウェア方式（図5.3）では、キャプチャーデバイスやカードなどを使わず、サーバー上で動作する（映像の）キャプチャー/エンコーディングソフトウェアが、GPUから描画結果をキャプチャーしてエンコーディングを行います。エンコーディング処理の一部は、GPUを使うこともできます。

そのため、サーバー自身のCPUやGPUの負荷が、独立デバイスを使うときよりも増えます。

図5.3 独立ソフトウェア方式

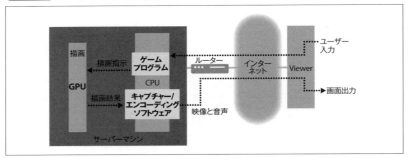

❹ゲーム内蔵方式

ゲーム内蔵方式（図5.4）は、ゲームプログラムそのものに、GPUの描画結果をキャプチャーして、映像にエンコーディングし、Viewerに対して送信する処理自体を組み込む方法です。

この方式は、独立ソフトウェア方式のキャプチャー/エンコーディングソフトウェアを、ゲームプログラム自体に内蔵しているとも言えます。したがって、独立ソフトウェア方式と比べても、CPUとGPUが行っている処理の全体が同じ量になるので、CPUとGPUの消費量もだいたい同じになります。

図5.4　ゲーム内蔵方式

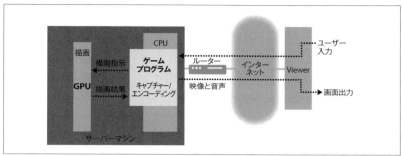

ただし、ゲームプログラムだけが知っている情報を、自前のエンコーディング処理に反映しやすい点が異なります。たとえば、ショップで買い物をしているときのGUI画面ではフレームレートを下げても問題がないとか、特定のシーンでは解像度を下げるといった動的な設定変更が、独立ソフトウェア方式よりも行いやすくなります。

❺OpenGL LAN仮想化方式

OpenGL LAN仮想化方式（**図5.5**）では、GPUを持たないサーバー上でゲームプログラムを動かし、OpenGL関数の呼び出しをEthernetなどのLANを経由して、同じデータセンターに設置されているレンダリングサーバーマシンに送信します。

ゲームサーバーマシンで動作しているゲームプログラムは、OpenGLのAPIを用いて描画を行います。そのOpenGLのライブラリが、実は内部でGPUではなく、Ethernetに対してOpenGLの命令が書かれたパケットを渡してネットワークに送信するようになっていて、レンダリングサーバーマシンがそのパケットを受信します。

なお、このようにOpenGLのライブラリを置き換え、仮想的なOpenGLライブラリとして実装するようになっている構成を「OpenGLの仮想化」と呼びます。

図5.5　OpenGL LAN仮想化方式

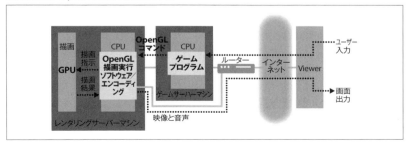

そして、レンダリングサーバーマシンにはGPUが装備されていて、受信したOpenGLの描画コマンド呼び出しを実際にGPUに送信して描画をし、キャプチャーとエンコーディングを行い、Ethernetなどのネットワークを経由してViewerに送信します。OpenGLだけでなく、DirectXやその他のグラフィックスライブラリでも、これと同様のモデルを実装することができます。

❻OpenGLインターネット仮想化方式

OpenGLの描画命令を、LANではなく、インターネット経由で直接Viewerに送る方式を、**OpenGLインターネット仮想化方式**と呼びます（**図5.6**）。

データセンター側でOpenGLの描画をするGPUが必要なくなるため、GPUを持たない仮想マシンでもサービスが可能になるメリットがあります。

ただし、この方式は、描画内容によっては、インターネットに対して送信するデータ量が多くなり過ぎて現実的ではありません。

図5.6 OpenGLインターネット仮想化方式

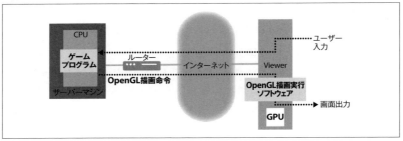

この方式に向いていない描画内容とは、たとえばポリゴン数が多いとか、大きなテクスチャを使っているなど、描画コマンドの内容が大きいものを指します。3Dの高品質なグラフィックス表現をしているゲームでは、描画コマンドの量が、映像信号よりも遙かに大きくなることが予想されます。

システム全体として、映像のキャプチャーやエンコーディングが発生しない点は、OpenGLインターネット仮想化の魅力的な点です。シンプルな画面で高速に動かしたいゲームでは、OpenGLインターネット仮想化を適用することで、映像キャプチャーとエンコーディングにかかる数ミリ秒の時間を削減できることがメリットになる可能性があります。

❼抽象度の高い通信方式

抽象度の高い通信方式（**図5.7**）は一見、OpenGLインターネット仮想化に似てい

ますが、OpenGLの描画コマンドよりもゲーム内容により近づけた「抽象化表現を行ったデータ」(スプライトストリームなど)を送り、送信量を大幅に低減します。

図5.7 抽象度の高い通信方式

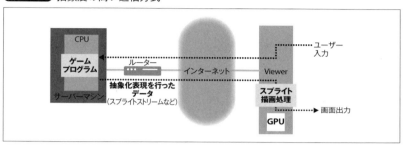

OpenGLインターネット仮想化と抽象度の高い通信（スプライトストリーム）が送信するデータ

本書で説明している2Dのスプライトストリームは、❼に含まれます。

❻OpenGLインターネット仮想化と❼抽象度の高い通信(2Dスプライトストリーム)が送信するデータを簡単に比較すると、次のようになります。

- **OpenGLインターネット仮想化**：画面に描画する頂点の座標やポリゴンの描画、シェーダへの入力などについてのあらゆるデータを送信するため、送信量が多くなる。四角い画像1つを1秒間動かすために、数十～数百KBの送信が必要

- **抽象度の高い通信方式**（2Dスプライトストリームの場合）：画面がスプライト（画像）の集まりで表現されているゲームに限り、スプライトの表示位置や表示画像番号など変化内容のみを送信するため、四角い画像1つを1秒間動かすためのデータは、数百バイト～数KB以内に収まる

本書で紹介するスプライトストリームは、2Dのスプライトを表示して動かす方法を使わないゲームには適用できません。3Dで本格的なスキニングアニメーション(*skinning animation*)をするようなゲームでは同じ方法を適用できないため、ゲームの内容に応じた抽象化の方式を考案する必要があります。

抽象度の高い通信方式では、サーバー側で描画を行わないため、サーバー側のマシンにGPUが必要ないという点がOpenGLインターネット仮想化と同じメリットになります。システム全体として、映像のキャプチャーやエンコーディングが発生しない点も、OpenGLインターネット仮想化と同じです。そのため、低遅延が求められるゲームに向いています。

> Column

スプライトストリーム以外の抽象度の高い方式についての試案

Processingストリーム

　moyaiライブラリは、抽象度の高い通信方式としてスプライトの位置と内容を送信するというスプライトストリームに対応しています。ここでは、スプライトストリームとまったく異なる「Processingストリーム」を検討してみましょう。Processingは画像を使った芸術表現をするための、Javaバックエンドを使った小さな言語処理系です[注a]。

　Processingでは、関数を呼び出すと、画面に何かを描画できます。background(0)とすれば黒で画面全体を塗りつぶします。ellipse(56,44,55,55)などとしたら円を、line(30,20,10,10)などとして線を、stroke(100)などとして描画するときの色を、rect()で四角形を描画できます。

　Processingストリームは、このProcessing処理系と同じ機能を持つクライアントのViewerプログラムに対して、描画実行関数と引数を組にして、毎フレーム送り続けるストリームです。たとえば、真っ黒の画面を、白い円が右に向かって移動し続けるストリームは、次のようになります。ellipse関数は第1引数、第2引数が中心のX座標とY座標、第3引数が円の幅、第4引数が円の高さなので、以下ように最初のフレームは2行を送り、その次のフレームは、その次の次のフレームは……

最初のフレーム
```
background(0)
ellipse(10, 10, 20, 20);
```

次のフレーム
```
background(0)
ellipse(15, 10, 20, 20);
```

次の次のフレーム
```
background(0)
ellipse(20, 10, 20, 20);
```

というように、毎回画面を黒く塗りつぶしつつ、円のX座標を5ずつ増やしながら描画し続ければ、円が動いて見えるというわけです。

　描画関数を送信するProcessingストリームのおもしろいところは「描画関数の柔軟性」と「表現の小ささ」です。たとえば、Processingのfilter(GRAY)関数を用いれば、画面全体を白黒画像に変換できます。画面全体に影響がある描画を、filter(GRAY)というたった12文字(12バイト)を送信するだけで実行できるとうわけです。

注a　インストール版とWeb版があります。 URL https://processing.org/

抽象度の高い通信方式の欠点は、ゲームプログラム自体をその方式に対応したライブラリ等を用いて実装しておく必要があるということです。

たとえば、2Dスプライトストリームを使うためには、moyaiのように対応したライブラリを用いてゲームを実装する必要があります。もしCocos2d-xを使ってすでに開発されたゲームがあるとすると、そのゲームでmoyaiによるスプライトストリームを使うことはできません。Cocos2d-x自体が、スプライトストリームを送信するように実装されている必要があります。

moyaiのビデオストリームとスプライトストリーム

本書で使うmoyaiでは、ゲーム内蔵方式のビデオストリームと、スプライトストリーム（抽象度の高い通信）の2種類のみを選択可能にしています。

その理由を見ていくと、まず画面をキャプチャーするための物理的なハードウェアを追加することが必要な選択肢は、一般的なクラウドでは利用できないので、外部機器(❶)やキャプチャーボード(❷)の方式は使えません。

Column

ビデオストリームで画面全体が変わると、映像の変化分が巨大になるため、1フレームだけで何十KB以上といった大きな送信が必要になります。スプライトストリームでは、画面全体をピクセルの列として扱っていないため、そもそも画面全体を白黒にするといったこと自体ができません。できるようにするには、スプライトストリームのViewerプログラムに、専用の画像処理ロジックを実装する必要があります。

Processingストリームはこのように Processingの描画関数の能力を活かすことができますが、Processingの処理系が苦手とするような内容の描画ができません。たとえば、スプライトストリームが得意とする、大量のスプライトを画面に表示するような処理です。Processingは画面をピクセル単位で内部表現として持っている、ソフトウェアレンダリング方式を採用しているため、スプライトを大量に表示するにはCPUの処理負荷が大きくなり過ぎるためです。

このように、処理系の描画能力をうまく活用して、新しい形式の抽象度の高い通信方式をいろいろと考えてみると、おもしろい応用が今後生まれるかもしれません。

なお、抽象度の高い通信は、複数の方式を混ぜることも可能です。たとえば、ビデオストリームとスプライトストリームとを混ぜるだけではなく、Processingストリームを混ぜてみたり、あるいは他の方式を混ぜてみたりといった具合です。

次に、Open Broadcaster Softwareのような、ゲームとは独立ソフトウェア（❸）を使って画面をキャプチャーする場合は、いまのところ500ミリ秒〜1秒の遅延が発生してしまいます。これらのソフトウェアで遅延が発生する原因は、クラウドゲーム用ではなく観戦用に設計されているため、画質を高めたり画面サイズを大きくしたりしても使用帯域が大きくならないように動画エンコーディングの仕様が調整されているためです。将来、クラウドゲームに適したキャプチャーモードのようなものが追加されるかもしれません。

OpenGLのLAN仮想化（❺）については、現時点で安定して使える無償のLinux用の仮想化OpenGLライブラリを見つけることができなかったため、moyaiに実装できませんでしたが、将来的には実験をしてみたいと考えています。

OpenGLのインターネット仮想化（❻）については、頂点バッファやインデックスバッファ（第4章を参照）などのデータをゲームサーバーからViewerに対して毎フレーム送信する必要があるため、抽象度の高い通信に比べて大幅に必要な通信帯域が大きくなるという問題があります。

❻のメリットは、ゲームがOpenGLのAPIを使って実装されている限り、ゲームのプログラムのソースコードに修正をすることなく、OpenGLライブラリの実体を仮想化に対応したものを置き換えるだけで、ローカルレンダリングをリモートレンダリングに切り替えることができることです。

ただし、OpenGLライブラリが、たとえばマクロの定義を変更しているなどの場合は、OpenGLの動的リンクライブラリファイルを置き換えるだけではだめで、ソースコードの再コンパイルが必要な場合もあり得ます。しかし、専用のAPIを使って再実装をする作業は必要ありません。

本書では「ネットワークプログラミングなしでMMOGをつくる」ことを目指していますが、これを実現するには、専用のAPIを用いてゲームを実装する必要があるけれども、桁違いに小さい帯域幅で通信ができる、moyaiのようなスプライトストリームが必要です。

5.2
スプライトストリームのなかみ 抽象度の高い情報

「スプライトストリーム」とはOpenGL関数を呼び出す前の、抽象度の高い情報を送信するストリームです。本節では、この中身をさらに見ていきましょう。

スプライトが持つ情報

スプライトストリームでは、1つの基本的なスプライトが持つ情報は以下のとおりです。

- 座標(x,y)：どちらも32ビット浮動小数点数
- 大きさ(w,h)：幅、高さどちらも32ビット浮動小数点数
- TileDeckへの参照(TileDeckのID)：32ビット整数の論理ID
- TileDeck内のインデックス番号：32ビット整数
- Layerへの参照：32ビット整数の論理ID

何かを描画するために必須な要素は、上記の5つになります。これら以外にも色、回転、シェーダ、グリッドなど、さまざまな要素がありますが、それらはすべてデフォルトの値があるので、設定しなくても正しく描画ができます。

これらの要素は、moyaiの内部ではそれぞれ上記のようなデータで表現されていて、合計サイズは、32ビット浮動小数点数が4つ、32ビット整数が3つなので、合計28バイト必要ということになります。

moyaiでは、Viewerプログラム自体もmoyaiライブラリを使って実装されています。moyaiライブラリを用いて実装されているViewerプログラムは、上記の28バイトをソケットから受信した後、「いくつかのOpenGL関数」を呼び出して、GPUに描画の指示をします。

OpenGL関数の呼び出しと「OpenGL呼び出し用の情報」、moyai内部の「抽象度の高い情報」

この「いくつかのOpenGL関数」は、以下の順で呼び出されます。

- glBindTexture関数で、TileDeckの画像を使うようにOpenGLに指示（32ビット値）
- 頂点バッファを作る
- 頂点バッファに、4つの頂点の情報をセットする。(x,y,u,v)のように32ビット浮動小数点数値が4つの頂点が4つ
- インデックスバッファを作る
- インデックスバッファに、6個の頂点インデックスをセットする。[0,1,3,1,2,3]のようなデータになる
- glDrawElements関数に、頂点バッファの物理IDとインデックスバッファの物理IDとプリミティブの数とプリミティブのタイプを渡す。32ビットの引数4つ

ここでOpenGLに渡している情報量を単純に引数のビット数で数えると、32ビット値が1 + 4×4 + 6 + 4 = 27個で、バイト数に換算すると108バイトになります。moyaiの内部にある状態では28バイト、上記の「OpenGL呼び出し用の情報」だと108バイト、というわけで単純計算で約4倍の量を送信する必要があると言えます。

OpenGL呼び出しをそのままリモートホストに送るVirtualGLのような方法で2Dスプライトをリモートに送ると、だいたい4倍の送信量が必要ということが予想できます。

一方、先ほどの描画に必要な情報量が少ない、moyaiの内部で保持されている情報を「抽象度の高い情報」と呼びます。

2Dゲームに特有の描画パターンと通信帯域への影響

実は、「抽象度の高い情報」と、そうではない「OpenGL呼び出し用の情報」を実際のゲームで比較すると、上記で簡単に計算した4倍よりも、もっと大きな違いが生まれます。2Dゲームの実装において、先述のスプライトを構成する情報（座標/大きさ/TileDeckへの参照/TileDeck内のインデックス番号/Layerへの参照）のうち、全部が毎フレーム変化するとは限らないからです。

たとえば、シューティングゲームの敵弾を考えてみましょう。Layerの値はいつも固定になるでしょうし、TileDeckが毎フレーム変化することもありません。大きさが変わらないことが多いでしょう。すると、変化するのは座標だけになります。スプライトの座標が変化するときに必要なのは、32ビット浮動小数点数が2つでした。すると、8バイトしかありません。OpenGLの仮想化の場合の108バイトと比べると、その差が12倍に開きました。しかし、さらに、もし座標が変化しなかったら、送信量はゼロです。

ゲームの画面を構成するスプライトのすべてが、毎フレーム動いていることはまれで、経験上、画面に出ているほとんどのものは停止していて、一部が動いているだけです。したがって、最終的には12倍よりももっと多く「20〜50倍の通信帯域の違い」になるのです。

大きな差が生まれる原因は「バッチ化」

このように大きな差が生じるのは、OpenGLの仮想化を使う場合、スプライトの位置や大きさのすべてが変化しない場合でも、108バイトを送る必要が発生するからです。しかし、OpenGLの仮想化の場合でも、glDrawElements関数を呼び出す前に、まったく同じものを描画する場合はこの関数を呼ばないよう

にすれば、リモートへの転送をスキップすることができるようにも思えます。なぜそれができないのでしょうか。

　その原因は、先述の「バッチ化」の処理を行うことにあります。バッチ化とは、同じテクスチャを用いるスプライトの描画を、複数個まとめて配列に格納し、glDrawElements関数に渡すことでした。

　仮に、ゲームに10個のスプライトA/B/C/D/E/F/G/H/I/Jが登場していて、すべてが同じテクスチャを使用しており、1個のバッチに入ることができると仮定します。バッチに並ぶスプライトの列は、以下の❶のようになります（前から順番に描画される）。そして、❷のフレームになったとします。スプライトBの位置が変わりましたが、それ以外は変化しませんでした。バッチは、以下のようになります。Bは変化したので「+」印を付けます。

❶[A,B,C,D,E,F,G,H,I,J]
　↓
❷[A,B+,C,D,E,F,G,H,I,J]

　バッチ化の処理をすることにより、たった1つのスプライトが変化しただけで、バッチの内容が変わってしまいました。次のフレームで、glDrawElements関数に渡される配列の内容が、完全に同じではなくなってしまったのです。

　一般に、大量のスプライトが表示されるゲームでは、1つのバッチには数十から数百個というスプライトが含まれます。それらの1つでも変化したら、配列の内容が変わることになるため、「バッチの内容が同じだったら送信しない」という方法は、うまく使えません。

　そのため、OpenGLの仮想化を使いたい場合は、バッチ化をせず、すべてのスプライトをばらばらなglDrawElements関数の呼び出しに分解して、送信するしかなくなるのです。これではパフォーマンスが圧倒的に低くなってしまい、使いものにはならないでしょう。

　抽象度の高い通信方式の効率が、OpenGLの仮想化（LAN仮想化、インターネット仮想化とも）と比べて、圧倒的に優れていることがわかりました。

　デメリットとしては、OpenGLのように何でも描画できるAPIではなく、moyaiのスプライト描画APIを用いる必要があることです。これはたとえば、3Dのゲームをつくることができなくなってしまうことを意味します。

　次項では、スプライトストリームをどのようにして内部的に生成するのかを、さらに深く見ていきましょう。

5.3
スプライトストリームの送信内容
min2dでmoyaiの動作を見てみよう

　moyaiが送信しているスプライトストリームの内容がどのようにしてつくられるのかは、サンプルプログラムmin2dの動きを時系列で辿っていくことで確認できます。本節ではまず、min2dの動作確認から説明を進めることにしましょう。

min2dの動作確認とログの見方　　スプライトストリームなし

　ここからは、実際のmoyaiの動作を見ながら解説していきます。4.1節の冒頭で紹介した、最低限のスプライト描画機能をテストするためのサンプルプログラムmin2dを使います。

　まずは、--headlessオプションを追加せずに起動します。--headlessオプションは、moyaiでスプライトストリームを送信するサーバーとして起動するためのオプションで、最初は使いません。起動すると、**図5.8**のような画面が表示されます。

図5.8　min2dの起動

　その際、ターミナルには以下のようなログが表示されます。

```
$ ./min2d
program start ················· プログラム開始時に表示される
FPS:52 prop:28 drawcall:30 ····· ❶このような行は毎秒1行ずつ表示される
FPS:59 prop:28 drawcall:30 ····· （同上）
```

たとえば、✪行のFPS:52は1秒間に52回、画面を更新したということです。現状のmin2dは、1秒間に60回、画面を更新するように調整されていて、起動後、安定すると、この値は59か60に近づいていきます。propはProp2Dの数を表していて、drawcallはglDrawElementsの呼び出し回数です。

drawcallの値が、propよりも多いのが変に見えるかもしれません。これは、min2dで表示している3つの図形（赤い線と緑の線と青い矩形、色はいずれも実際の画面での色）を、1つのバッチにまとめられず、3つが個別のバッチとして生成されているため、Prop2Dの数より2つだけ多くなっているのが原因です。

ゲームの開発中は、このようにpropの数とdrawcallの数を表示して比較しながら、propの増加に対してdrawcallが増加し過ぎていないか、バッチ化が適切に動作しているかを見ながら実装を進めていきます。

以上で、--headlessオプションなし、すなわちスプライトストリームなしでの起動確認が終わりました。

Column

OpenGLの仮想化を使う別の方法 　ただし、原稿執筆時点では未実験

現状での結論はp.173のとおりなのですが、実は、筆者はまだOpenGLの仮想化を使う方法があるのではないか……と感じています。一つだけ、まだ実験していないことがあるのです。

バッチの内容をglDrawElementsする前に、その内容をサーバー内で検証し、送信量の増加を最小限に食い止める方法が使えないか、というものです。

たとえば、以下のバッチではスプライトBだけが変化しました。

```
[A,B+,C,D,E,F,G,H,I,J]
```

これを、仮想化されたglDrawElements関数に渡す前に、前回のものと比較し、

```
[A]
[B+]
[C,D,E,F,G,H,I,J]
```

という3つのバッチに分割して送信するというものです。すべてのスプライトをばらばらのバッチにするよりは、かなり良い性能が期待できるはずです。

ただし、バッチの配列の内容を検証するには、配列の内容をスキャンして比較する必要があり、CPUの消費量がかなり増加してしまうはずです。それが、多量のスプライトを表示するようなゲームで、許容できるかどうかは原稿執筆時点で確認できていません。

min2dでのスプライトストリーム

次に、同じコマンドラインから、--headlessオプションを追加して起動します。

```
$ ./min2d --headless
program start
Start headless server port:22222
FPS:57 prop:28 drawcall:30
FPS:59 prop:28 drawcall:30
...
```

--headlessオプションを付けると、22222番ポート（TCP）で待ち受けを開始したという意味のログが表示されます。他のプログラムが同じ番号のポートを使っている場合は、起動に失敗します。この状態で、min2dを終了させずに、

```
$ ./viewer
```

としてViewerを起動すると、**図5.9**のように、もう1つウィンドウが表示され、マップ上にプレイヤーキャラクターが出現します。

図5.9 min2d（スプライトストリーム）

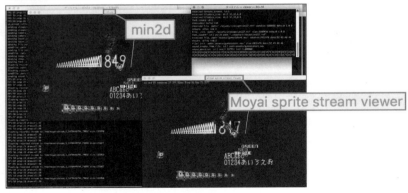

この図（向かって左上）でウィンドウタイトルが「min2d」になっているのが、ゲームサーバーの本体プロセスです。

ウィンドウタイトルが「Moyai sprite stream viewer」となっているのが、スプライトストリームのViewerです。

スプライトストリームの3段階の送信内容

スプライトストリームでは、「描画準備」「スナップショット送信」「差分送信」を行います。まずは概略から見ていきましょう。

描画準備（リソース送信）の様子

TCP接続が完了したら、min2dはスプライトの表示に必要な画像（PNG）や音声などのゲームのリソース（ここでは、まとまったデータ源）になっている、ファイルの中身を送信します。Viewerはこれを受信してファイルに保存することなく、メモリー上に展開し、そのデータを使ってTextureやTileDeckなどを準備します。これらはすべて自動的に行われます。

画像や音のファイルが大量にある場合は、送信に時間がかかるため、実際のスプライト描画までの時間が長くなります。規模の大きいゲームでは、ファイルの合計サイズが何百MBにも膨れ上がるため、ファイルが必要になったときに自動的に送信する機能を追加したり、必要になる少し前に送信を始めるための、専用のAPIも必要になるかもしれません。

その場合、ゲームのプログラム自体に修正が必要で、その修正とは、たとえば「ローディング……」と表示するとか、もっと大量にリソース（画像や音声などのメディアファイル）が必要な場合は、ゲームに必要なリソースをあらかじめViewerにインストールするなどです。

クラウドゲームの技術を語るとき、よく「クラウドゲームではゲームのインストールやローディングが必要ない」と言われることがありますが、これはビデオストリームと音声ストリームを使うときに限ったことであり、スプライトストリームやオーディオイベントストリームを使うときは、必要なリソースの量が多いと、プレイ開始前に待ち時間が発生するため、その限りではありません。

スナップショット送信の様子

ゲームで必要な画像や音声をすべて送った後に、MoyaiClientが保持しているすべてのProp2D、Layer、Camera、TileDeck、Textureなどの情報を最初に1回だけまとめて一気に送信します。

これは全部について送信します。動いているものだけを送信していると、接続した時点では動いていなかったものが画面に表示されないためです。

差分送信の様子

画面にあるもの全部を送信し終わった後は、Prop2Dの座標やインデックス

スプライトストリームのしくみ

など、描画内容に何か変更があったときに、変化した差分だけを送信します。

現状のmoyaiは、Prop2Dの状態のうち、座標と回転と色など、複数種類の項目が1フレーム内に変化したときは、Prop2Dのスナップショットを送っています。なお、これについては、変化した項目をビットフィールドなどで判定できるようにして、必要最小限の部分だけ送るような改善が今後は可能です。それによって、通信帯域の消費を数％抑えることができるでしょう。

正常に通信をしている間は、Viewerの画面の上に、以下のような**状態表示**の文字列が表示されています[注2]。

```
polled:29 rendered:29 369.7Kbps Ping:35.6ms TS:1577
```

polledは各フレームに更新処理（Update）を行ったスプライトの数、renderedは実際に描画したスプライトの数です。Kbpsは、1秒あたり何ビットのスプライトストリームを受信しているかを示す通信速度です。Pingは、クライアントとサーバーの間のRTTで、クライアントで何かの入力を送信してから、画面の更新結果が返ってくるまでの総時間です。TSは受信したTIMESTAMPパケットの個数です（p.204）。

Viewerはいくつでも起動でき、どのViewerでも同じ画面になります。Viewerの画面上で、Ⓦ Ⓐ Ⓢ Ⓓ キーのいずれかを押すと、画面がスクロールします。これはViewerの機能ではなく、min2dがキーボード入力を受信したらCameraを動かすことによってスクロールしています。

Viewerプログラムで表示しているウィンドウで、キーボードやマウスなどの入力操作が行われたときは、カーソルの位置や押されたキーの種類などの情報がすぐにmin2dに送信されます。min2dは、この情報を元にプレイヤーキャラクターとCameraを動かします。

moyaiが**スプライトストリームを送信するように設定する**には、**RemoteHead**クラスを用います。C++コードにおけるRemoteHeadクラスの詳しい使用方法については、第8章で解説します。

スプライトストリームが向かない2Dゲーム

ここまでで、2Dゲームにおけるスプライトストリームのなかみについて、見てきました。さて、2Dゲームであれば、どんなゲームでもスプライトストリームが適しているかと言うと、そうではありません。スプライトストリームが適しているのは、スプライトを使うようなゲームです。

注2 p.283の状態表示の例も、合わせて参考にしてください。

スプライトを使わないゲームは、たとえば、ほとんどが映像コンテンツを再生している状態であるような2Dゲームや、頻繁に巨大な画像を送信するようなゲーム、毎フレームすべてのピクセルをシェーダによる計算で求めるために画面の全体が変わってしまうようなゲームなどがあります。

　これらのゲームでは、スプライトストリームの効果が相対的に小さくなるため、ビデオストリームを用いる必要があります。とくに、巨大な画像を使うゲームでは、スプライトストリームの最初に送信する画像データのサイズが大きくなり、ゲームのプレイ開始までに必要な時間が長くなってしまうため、プレイ体験を損ねてしまいます。

　参考までに現在は、PNGとWAVのファイルサイズにして合計、数MBから数十MBといった比較的小さな画像や音声を用いて、それらをパーツとして組み合わせて使うようなゲームでのみ、スプライトストリームが有効と言えるでしょう。

3Dゲームにおけるスプライトストリーム

　本書では3Dゲームの対応は見送りましたが、スプライトストリームで扱う座標を2次元座標から3次元座標に変更することで、そのまま3Dゲームでも応用が可能です。現在は32ビットの値を2つ送信している部分が、3つ送信するように変わるため、消費する帯域が多少増えます。3Dの場合はスプライトとは言えないので、「トランスフォームストリーム」などと呼べば良いでしょうか。

　3Dの場合でも、ゲームの開始をするまでに必要な画像やモデルのデータの合計が数十MBより大きいと、プレイ開始時の待ち時間が長くなるという問題は2Dの場合と共通です。キャラクターモデルのアニメーションについては、3Dはアニメーションデータ内の時刻の値を毎フレーム送るのが基本になります。

　これは浮動小数点数の値を送るだけなので、スプライトストリームにおけるスプライトのアニメーションと大差ありません。ただし、アニメーションデータがかなり大きな浮動小数点数の値による行列のデータなので、全体のデータ量が多くなる可能性があります。

　例として『Minecraft』では、数百種類のキャラクターや構造物のために、圧縮サイズにして50MB以上の3Dデータや音声のデータが必要になります。これをプレイ開始時に全部送ると、当たり前ながら『Minecraft』のクライアント配布物を毎回ダウンロードするのと同等の時間がかかります。『Minecraft』で遊ぶためには全部のデータが事前に必要というわけではないので、必要な分だけを必要になったときに(理想的には必要になる少し前に)ロードすれば良いでしょう。

　3Dゲームでは、2Dゲームに比べて必ずしも大きなデータが必要というわけではなく、ここでも純粋に「ゲームの内容による」ということになります。

以上で、moyaiのスプライトストリームについて、基本的な概念と動作のしくみを説明し、加えてサンプルプログラムで動きを確認しました。

ビデオストリームに対するスプライトストリームのメリットとして、「必要な通信帯域が桁違いに小さい」という点が見えてきたでしょうか。moyaiのスプライトストリームも、いくつもの最適化を行うことで最小限の帯域消費量を実現しています。

また、ビデオストリームに比べると、スプライトストリームは「フレームレートや画面解像度を上げる変更が行いやすい」という特徴も押さえておきたいところです。

Column

moyaiのWebブラウザ版Viewer

moyaiには、JavaScriptで実装されたWebブラウザ版Viewerも含まれています。Webブラウザ版Viewerは、WebSocketを使ってスプライトストリームのサーバーと通信します。moyaiのスプライトストリームはWebSocketには直接対応しておらず、Webブラウザ版ViewerはNode.jsベースのツールであるwebsockifyを用いてWebSocketとTCPバイナリプロトコルの変換を行います（**図C5.a**）。

図C5.a Webブラウザ版Viewerとスプライトストリームのサーバーの通信

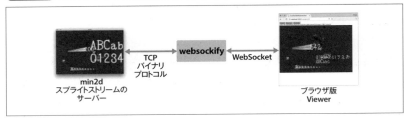

この図のようなしくみを構築して実際にWebブラウザでスプライトストリームを見るには、以下の手順で設定をする必要があります。

- min2dをスプライトストリームを有効にして起動
- Node.jsをインストール
- websockifyを取得して起動
- WebブラウザでViewerを起動

まずmoyaiで最低限の描画を行うサンプルであるmind2dを、スプライトストリームを

Column

有効にして、以下のように起動します。

```
$ ./min2d --headless     ……………… moyaiフォルダで実行
```

起動して、次のログのように「Start headless server」と出ればOKです。

```
program start
Start headless server port:22222
FPS:57 prop:28 drawcall:30
```

続いて、websockifyはNode.js用のサーバーソフトウェアで、動作のためにはNode.jsが必要になるのでインストールしておきましょう。たとえば、macOSではHomebrewを使って以下のように実行するだけで、Node.jsの処理系の本体であるnodeプログラム(パッケージ)がインストールされます。

```
$ brew install node
```

次はwebsockifyを取得します。websockifyはさまざまな方法で取得できますが、便利なのはGitHubのリポジトリから直接クローンする方法です。以下のように実行します。

```
$ git clone https://github.com/novnc/websockify
```

するとwebsockifyディレクトリができ、このディレクトリには「run」という簡便なPythonスクリプトが含まれていて、これを使ってwebsockifyのサーバーを起動できます。コマンドラインで以下のようにしてTCPの8888番ポートでWebSocket接続を待ち受け、localhostの22222番ポートにすべての通信を転送するようにできます。

```
$ ./run 8888 localhost:22222    ← 「22222」はスプライトストリームのポート番号
```

以下のようなログが表示されたら、起動成功です。これで準備ができました。

```
WebSocket server settings:
  - Listen on :8888
  - No SSL/TLS support (no cert file)
  - proxying from :8888 to localhost:22222
```

次に、WebブラウザでViewerを起動します(ここではGoogle Chromeで動作確認)。
Viewerは、moyaiライブラリのJavaScriptによる実装であるmoyai.jsを使って実際の描画処理を行います。moyai.jsは、さらにWebGLのラッパーライブラリであるthree.jsを内部で使用しています。通信の問題に移る前に、Webブラウザでmoyai.jsが正しく描画を行うことができるかをまず確認します。

moyaiライブラリでは、Webブラウザ関連のコードはmoyai/web/ディレクトリに集められています。moyaiがmacOSの/Users/<アカウント名>/moyaiに存在している場合は、

Column

Webブラウザで「`file:///Users/<アカウント名>/moyai/web/demo2d.html`」のようにURLを入力します。**図C5.b**のような画面が出たら、描画は問題ありません。demo2d.htmlではProp2DやGrid、Prim、Fontのような各種の要素を描画します。

図C5.b demo2d.html

次にViewerを起動します。URLは「`file:///Users/<アカウント名>/moyai/web/viewer.html`」のように入力します。そして、起動すると**図C5.c**のような開始画面が表示されます。

図C5.c Viewer（開始画面）

Column

　Viewerはスプライトストリームを受信して描画するプログラムなので、スプライトストリームを送信するサーバーの位置を指定しなければなりません。

　「Host」と「Port」のテキスト入力欄で、接続先となるWebSocketのサーバーの位置を指定します。現在はwebsockifyをWebブラウザと同じマシンで動かしているので、Hostに「`localhost`」を、Portに「`8888`」を指定します。「`8888`」というポート番号は、先ほどのwebsockifyプログラムの起動時の第1引数と一致していることに注意してください。

　[Connect][Disconnect][StopReder]という3つのボタンがあります。[Connect]ボタンを押すと、上記で設定されたアドレスに接続します。Chromeの「開発/管理」メニューから、「デベロッパーツール」を開くと、接続中などに各種のログが表示されるので参考にしてください。

　無事にスプライトストリームを受信できたら、**図C5.d**のような状態になり、動作確認完了です。キーボード操作とマウス操作については、C++版のViewerと同様にできます。[Disconnect]を押すと接続を閉じます。[StopRender]を押すとレンダリングをやめます。

図C5.d 無事、スプライトストリームを受信（動作確認完了）

Webブラウザ版Viewerの制限事項

　現在のWebブラウザ版は、描画されるスプライトストリームの内容について、C++版のViewerに比べて10分の1程度の数のスプライトしか表示できないほか、Gridの各セルのアルファ値（半透明色）の指定が効かないという制限があります。

　このアルファ値の制限は、three.jsが内部的に頂点カラーにアルファチャネルを持っていないことに起因します。よって、これは将来の更新で修正される可能性があります。

5.4 スプライトストリームのサーバー／クライアント構成とレプリケーション

本節では、レプリケーション/レプリケーションサーバーに焦点を当て、基本事項、スプライトストリームのサーバー/クライアント構成のおさらい、レプリケーションの各種方式に至るまで、ひととおり押さえておきましょう。

レプリケーションの基礎　スプライトストリームの特性を活かす

スプライトストリームを送出するために、ゲームサーバーは、スプライトの変化(**差分**)を抽出し、送るべき相手先となるViewerを可視範囲から決定し、データ圧縮し、ソケットAPIを呼び出すといった処理を行います。

これらの処理はスプライトの数とViewerの数の両方に比例して増えるため、スプライトやViewerが増えると掛け算で急激にCPU負荷が増大します。この問題により、多数のスプライトを表示するゲームでは、Viewerの数に上限が生まれてしまいます。これはつまり、多数の敵キャラが出現するMMOGのようなゲームをつくることができなくなるということです。

一方で、あるスプライトの座標や大きさといったデータは、どのViewerから見ても同じであるため、大量の同じデータを何度も送信することにCPUを消費していることになります。スプライトストリームの「**同じデータを何度も送る**」という特徴を活かして、ゲームサーバーのCPU負荷の低減をはかるためのスプライトストリームの仕様が、ここで取り上げる**レプリケーション**です。レプリケーションは「中規模以上のサービス」を実装するためには不可欠な要素です。

レプリケーションサーバー

レプリケーションサーバーは、ゲームサーバーとViewerの間でスプライトストリームを中継する独立したサーバープログラムです。

スプライトストリームをゲームサーバーからクライアントに送るときに、ゲームサーバーからクライアント(Viewer)に対して直接送信するのではなく、レプリケーションサーバー(レプリケーター)を経由して送信することで、1つのゲームサーバーがホストするゲームに同時に参加できるプレイヤーの数を増やしたり、サービスのインフラ費用を減らしたり、スプライトストリームのバックアップや解析機能を追加したりすることができます。

スプライトストリームの物理的接続構造とレプリケーション

　第2章では、クラウドゲームの物理的接続構造について「1：1」「1：N」「N：N」「M：N」の4つのパターンを紹介しました。

　1：1では、1つのゲームサーバープロセスが1つのViewerにスプライトストリームを送信します。1：Nでは、1つのゲームサーバーが複数のViewerにスプライトストリームを送信します。N：Nは、バックエンドサーバーを用いて互いにつながっているN個のゲームサーバープロセス群が、N個のViewerにスプライトストリームを送信します。M：Nは、N：Nをさらに柔軟に構成して、Viewer（N個）より少ない数（M個）のゲームサーバーがViewerにスプライトストリームを送信します。moyaiライブラリを使うことで、これら4モデルのゲームを実装することができます。

　スプライトストリームのレプリケーションは、この4つのパターンのいずれのパターンでも、同時プレイヤー数の規模を拡大するために使える方法です。おもなレプリケーションの方式は、「サーバーサイド1段レプリケーション」「サーバーサイド多段レプリケーション」「クライアントサイドレプリケーション」の3種類があります。

　ただし、本書原稿執筆時点で、moyaiライブラリにはクライアントサイドレプリケーションが実装されていないため、利用はできませんが、クライアントサイドレプリケーションは、レプリケーション構成のバリエーションとしては重要なので、簡単に触れておくことにします。

レプリケーションサーバーの基本構成

　レプリケーションサーバーは、ゲームサーバーとTCPまたはUDP通信ができる位置であれば、どこに置いてもかまいません。典型的にはゲームサーバーと同じデータセンターに配置しますが、異なるデータセンターへの配置、クライアント（Viewer側）への設置も可能です。

　ゲームのプレイヤーや観戦者の手元になく、サーバー側に置かれているものをサーバーサイドレプリケーション、ゲームのプレイヤー側に置かれているものをクライアントサイドレプリケーションと分類します。

　図5.10で示したように、レプリケーションサーバーは、ゲームサーバーまたは他のレプリケーションサーバーに接続して、1本のスプライトストリームを受信し、複数のクライアント、または他のレプリケーションサーバーに対してスプライトストリームを送信します。レプリケーションサーバーは、スプライトストリームを中継して増幅する機能を担っていると言えます。

図5.10 レプリケーションサーバーの基本構成

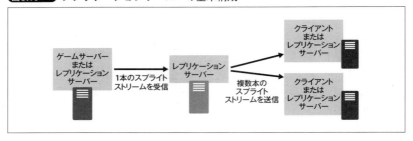

レプリケーションツリー

レプリケーションサーバーを複数組み合わせることで、鎖または木のような構造を構成することができます。この構造を「レプリケーションツリー」(replication tree)と呼びます(**図5.11**)。

図5.11 レプリケーションツリー

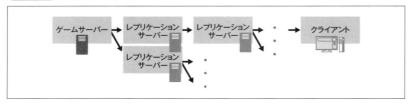

レプリケーションツリーにおいて、サーバーとゲームサーバーの間の通信は、TCPまたはUDPを使います。パケット通信をするため、スプライトストリームがレプリケーションサーバーを1段経由するごとに、0.5〜2ミリ秒程度のサーバーの処理による通信遅延と、途中経路の物理的距離による通信遅延が追加されていきます。レプリケーションツリーの一部に、スプライトストリームを受信してクライアント(Viewer)に送信しないサーバーを置くこともできます。

図5.12では、レプリケーションサーバーと同じ位置にロギングサーバー[注3]を設置しています。ログ保存以外にも、スプライトストリームの統計解析を行ったり、スクリーンショットを撮影して動画を生成したりといった、さまざまな追加的機能を実装するためのサーバーが考えられます。

注3 スプライトストリームを受信するがクライアント(Viewer)に送信せず、ファイルに保存して、後で記録再生(リプレイ)するための機能を付加するためのサーバー。moyaiライブラリにはreplayerツールが付属していて、保存したスプライトストリームのバイナリデータを再生することもできます(p.204)。

図5.12 レプリケーションツリーの一部を変更した例

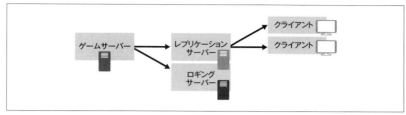

レプリケーションのメリットとデメリット

以上のように、ゲームサーバーの規模拡張性（**より多くの同時接続数への対応**）や**付加的な機能の追加**をできることがレプリケーションの特徴です。

一方で、そのために通信の遅延が発生することと、レプリケーションサーバーをゲームサーバーに追加して設置することによるマシンコストが、レプリケーションを使う場合のおもなデメリットになります。

レプリケーションの構成パターン

レプリケーションツリーをどのような形にして、全体をどう構成するかは、提供したいサービスの内容に合わせて自由に設計できます。ここでは、設計の参考に、典型的な構成を数パターンを示します。

- （レプリケーションなし）
- サーバーサイド1段レプリケーション
- サーバーサイド多段レプリケーション
- クライアントサイドレプリケーション
- サーバー/クライアント混成型レプリケーション

比較のために、まずレプリケーションを行わないスプライトストリームの構造を示します（**図5.13**）。

図5.13 レプリケーションを行わないスプライトストリームの構造

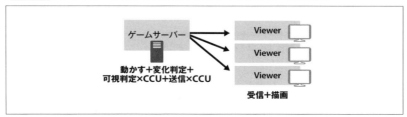

この図のグレーの文字囲みはそれぞれ1つのプロセスです。そのゲームサーバーとViewerのプロセスの矩形の下にある、動かす、変化判定、可視判定などの説明書きは、それぞれのプロセスが何の仕事をしているかを示しています。

スプライトストリームでのゲームサーバーの仕事/処理

図5.13中の**動かす**は、ゲームロジックがスプライトを動かす処理です。

変化判定(差分判定)は、スプライトの座標やTileDeckの番号、大きさなどの描画に関係する情報の差分を毎フレーム比較をして抽出する処理です。

可視判定は、CameraとViewportの情報から、どのスプライトストリームを送信する必要があるかを決める処理です。これは、duel(第7章のサンプルゲーム)のように、全参加者が1つのCameraを共有する場合は、ゲームの参加プレイヤーの人数に比例して増えることはありませんが、k22(第8章)のようにそれぞれのプレイヤーが別々のCameraを持っている場合は、Cameraごとに異なる判定結果になるため、プレイヤーごとに個別の判定を行わなければなりません。したがって、同時プレイヤー数に比例した計算負荷がかかります。同時接続数(CCU)に比例して処理負荷が増える要素には、「×CCU」印を付けています。

送信の処理は、スプライトストリームをソケットに書き込む処理です。これも人数に比例した回数が必要なので、「×CCU」になっています。データ量が大きいときは、ソケットに書き込むときにデータ圧縮を行います。

ゲームサーバーでは、スプライトストリームに関係する処理としては、上記の4種類でほとんど全部になります。上記以外の処理は、たとえば、ログ出力やデータベース関連の処理などがありますが、それらの処理はスプライトストリームの量を増減させる直接の要因にはならないため、省略しています。

スプライトストリームでのViewerの仕事/処理

図5.13では、Viewer側でも、ゲームサーバー側と同様の方法で処理の内容を示しています。**受信**は、スプライトストリームをソケットから読み込む処理です。Viewerが使うソケットは常に1つです。圧縮されたデータを受信したときは、データを展開する処理が含まれます。**描画**は、受信したスプライトストリームをOpenGLやWebGLを用いて画面に反映させる処理です。

サーバーサイド1段レプリケーション

それでは、レプリケーションの構成パターンを順に見ていきましょう。はじめは、最も単純な構成の**サーバーサイド1段レプリケーション**(図5.14)です。

図5.14 サーバーサイド1段レプリケーション

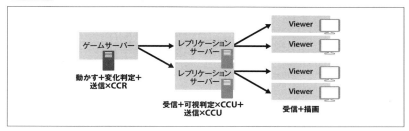

図で示したように、ゲームサーバーに対していくつかのレプリケーションサーバーが接続し、そのレプリケーションサーバー群にViewerが接続します。

重要なのは**ゲームサーバーの仕事の内容**です。レプリケーションがない構成と比べると、「動かす」「変化判定」は同じで「可視判定×CCU」がなくなり、「送信×CCU」が「送信×CCR」に変わっています。CCRは本書独自の用語で「ConCurrent Repricator」、つまり同時に接続しているレプリケーター(レプリケーションサーバー)の数です。

1つのレプリケーターは100〜1000程度のCCUに対応できるため、CCRはCCUに比較して100分の1〜1000分の1ほど少ない値になります。たとえば、CCU = 1000に対応するなら、CCRは1〜2で十分です。CCRがCCUより何桁も小さいことによって、可視判定と送信の処理コストをゲームサーバーの外に逃がすことができ、ゲームサーバーの「動かす」「変化判定」にあてる処理能力を向上させられます。本書のmoyaiライブラリは、この形式に対応しています。

サーバーサイド多段レプリケーション

図5.15で示す**サーバーサイド多段レプリケーション**は、サーバー側でレプリケーションサーバーを2段以上つなげて配置することで、若干の通信遅延(1ミリ秒程度)を追加しながらも、ゲームサーバーのCPU負荷を小さく抑えながら、さらに大量のCCUに対応することができます。

図5.15 サーバーサイド多段レプリケーション

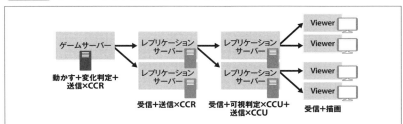

図では、1段めのレプリケーションサーバーは、受信したスプライトストリームに変更を加えることなく、2段めのレプリケーションサーバーに送信しています。1つのレプリケーションサーバーが100〜1000CCUに対応できるので、たとえば、1段めのレプリケーションサーバーに10プロセスを配置すれば、2段めのレプリケーションサーバーの数をその100〜1000倍、Viewerの数はさらにその100〜1000倍に増やせます。

すなわち、最終的なCCUを1万〜100万人と、ゲームでは事実上制限がないと言えるほどの大きさにできます。

クライアントサイドレプリケーション

クライアントサイドレプリケーションは、レプリケーションサーバーをユーザーが所有する端末側に設置します。

図5.16は、クライアントサイドレプリケーションの構成例です。データセンターで起動しているゲームサーバーに、レプリケーションサーバーの機能を兼ね備えたViewerが接続します。

この特別なViewerを「レプリケーションクライアント」と呼びます。レプリケーションクライアントは、エンドユーザーが所持するマシンで動作するため、突然電源が切れたり、ネットワークが不調になるなど、不安定になりがちです。そのため、クライアントサイドレプリケーションを使うにあたっては、その不安定さに対処するための工夫も必要です(後述)。

図5.16 クライアントサイドレプリケーションの構成

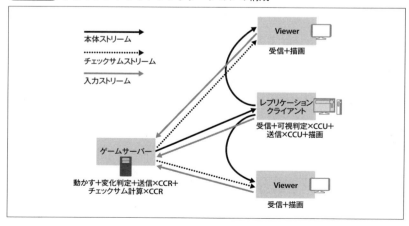

ゲームサーバーは、「可視判定」を行わず、レプリケーションクライアントに対して、全部の情報を含むスプライトストリームを送信します。

レプリケーションクライアントは、Viewerからの接続を受け入れます。レプリケーションクライアントは、ゲームサーバーから受信したスプライトストリームに対して「可視判定」を行い、Viewerに送信します。

この図では、ゲームサーバーに対して直接レプリケーションクライアントが接続しています。前述のサーバーサイドレプリケーションと同じように説明するならば、これはクライアントサイド1段レプリケーションと言えるでしょう。

ゲームサーバーのスプライトストリーム処理の負荷を小さくしたい場合は、ゲームサーバーとレプリケーションクライアントの間に、サーバーサイドで動作するレプリケーションサーバーを1段階追加することで、「×CCR」となっている処理(送信とチェックサムの処理)を外部化することもできます。

レプリケーションクライアントの4つの条件
リモートからの接続が可能、通信帯域、通信遅延、通信の安定性

通常のクライアントがレプリケーションクライアントとして機能するためには、以下の4つの条件が重要です。

❶ リモートからの接続が可能

ViewerとレプリケーションクライアントのあいだはTCPまたはUDPを用いる。そのため、レプリケーションクライアントは、グローバルIPアドレスを持っているか、NATトラバーサル[注4]を使えるなどの、ネットワークの他のクライアントと通信ができるように設定されている必要がある。

通常は、ゲーム機におけるネットワーク通信対戦などと同様に、UDPを用いてNATトラバーサルすることで通信する。NATトラバーサルが可能なクライアントの割合は、状況やユーザー層により50～80%と変わる。Viewerクライアントとレプリケーションクライアントの両方がNATトラバーサルを禁止しているような、ネットワークに配置されている場合はNATトラバーサルができないため、グローバルIPアドレスを持つレプリケーションサーバーを最低1つ用意しておくなど、どうしても接続ができないプレイヤーをなくすための対策が必要になるだろう

❷ 通信帯域：使用する上り帯域が十分太い

レプリケーションクライアントが送信できるスプライトストリームは、ユーザーが所有している通信回線を使って送信するため、データセンターのサーバーほど大量の送信ができない。たとえば、光ファイバーのユーザーであれば、上り帯域を5Mbps程度使ってもまだまだ余裕があるだろう。その場合は、100Kbpsのスプライトストリームを50のViewerに送信するために、100Kbps×50＝5Mbpsの上り帯域を使っても問題にはならない。

しかし、モバイルユーザーであれば、上り帯域は100Kbps程度しかないかもしれ

注4　NAT (*Network Address Translation*) traversal。NATを越えて通信路を確立する技術全般。

ない。このように、ユーザーが利用している帯域の影響を受けるため、できるだけ高速な回線を持つユーザーを選んでレプリケーションクライアントを起動することが必要である。通信回線のおよその最高速度を短時間で計測するには、UDPまたはTCPのパケットを5秒間程度特定のサーバーに大量に送信して、どの程度の速度で到着するかを測定することで、低いけれども十分な精度で測定できる

❸通信遅延：遅延の小さい回線である

一般的に、高速な回線は遅延も小さい傾向にあるので、❷で上り帯域が十分高速であるような回線であれば、ほぼ問題ないと言えるが、通信の遅延は地理的に遠い場合は大きくなるため、たとえば、日本に位置しているクライアントに対して、ロシアや東欧にあるレプリケーションクライアントから接続すると、それだけで通信遅延が500ミリ秒以上増えてしまい、ゲームのプレイ体験を大きく損ねてしまうかもしれない。このように、通信の遅延は、ゲームサーバーとレプリケーションクライアントの間の通信遅延だけでなく、レプリケーションクライアントとViewerクライアントとの間の通信遅延も加味して評価する必要がある。

Viewerクライアントとレプリケーションクライアントが物理的に離れ過ぎないようにするためには、もしゲームサーバーを複数設置しても問題がないゲーム内容であれば、Viewerクライアントも、レプリケーションクライアントも、どちらもがゲームサーバーから近いところに位置するようにするのが簡単である。たとえば、ゲームサーバーを日本にも東欧にも設置し、クライアントが起動したら、まずそれぞれのゲームサーバーに接続をしてみて、最もパケット往復時間が短いゲームサーバーを選択することで、東欧のユーザーは東欧のゲームサーバーを、日本のユーザーは日本のゲームサーバーを自動的に選択することができる。ゲーム機やPC用のOSでは、OSやゲームの言語設定やタイムゾーンの設定を見て判定をしたりすることもよく行われる。MMOGの場合は、データベースやメモリーキャッシュのようなバックエンドサーバーを複雑に組み合わせてサーバーを構成するため、世界中にゲームサーバーを分散させて設置することが簡単には実現できない。そのような、ゲームサーバーの分散配置が行いにくいゲームの場合は、起動済みのレプリケーションクライアントのリストをゲームサーバーで管理するようにし、クライアントが起動したら、そのリストに含まれるいくつかの候補となるレプリケーションサーバーに試しに接続してみて、パケット往復時間を計測し、高速なものを選択するようにする

❹通信の安定性：回線やマシンそのものが安定している

スマートフォンやモバイルゲーム機は言うまでもなく、PCであっても、エンドユーザーが所持しているハードウェアや回線は、突然使えなくことが多々ある。スプライトストリームを中継しているレプリケーションクライアントにトラブルが発生して、スプライトストリームが切断してしまった場合、Viewerプログラムは、他のレプリケーションクライアントを選択して再び接続し、スプライトストリームを受信する。

このときは、一度受信した画像や音声のデータが手元に残っているため、1回めよりも遙かに短時間で接続を復帰することができ、その時間はおそらく数秒である。BitTorrentのようなアプリケーションで実際に行われているように、スプライトストリームが万一切断した場合に接続する候補となるレプリケーションクライアントの接続先アドレスをいくつか準備しておいて、再接続が必要になったらそのアドレス

のレプリケーションクライアントに接続するようにしておけば、検索にかかる時間も短縮できる。こうした工夫によって、基本的には使用中のレプリケーションクライアントが突然切断しても、数秒後には、別のレプリケーションクライアントからスプライトストリームを受信できるようになるだろう。とは言え、ゲームプレイの強制的な中断はできるだけ少ないに越したことはないため、過去の履歴を平均して、安定度の高いレプリケーションクライアントを選択する必要がある

　上記4つの条件をクリアしているクライアントについては、レプリケーションクライアントとして機能させることができます。

レプリケーションマッチング

　上記の4つの条件を満たす、レプリケーションクライアントを自動的に選出するためのしくみを「レプリケーションクライアントマッチング」(replication client matching)と呼びます。

　レプリケーションクライアントマッチングの実装を簡単にするには、❶〜❹の条件に重みを付けて数値化し、何らかの方法で順番に並び替えた上で、ある程度ランダムに選択します。ランダムが必要な理由は、限られた数のクライアントに通信負荷が集中しないようにするためのシンプルなしくみだからです。負荷が集中しないようにする工夫は、ランダムでなくてもラウンドロビン(round-robin、順繰り)などの他の方法でもかまいません。

　ちなみに、日本や韓国、北米の都市部、EU各国などの高速な回線が利用可能な地域では、これらの4つの条件は有線のネットワークにおいてはだいたい満たされています。無線通信については、現在の世代までのネットワークにおいては上り通信速度がスプライトストリームには不十分ですが、5Gネットワークが一般的に普及したら問題なくなる可能性が出てくるでしょう。

クライアントサイドレプリケーションのメリットとデメリット

　さて、クライアントサイドレプリケーションのメリットは、レプリケーションサーバーのためのインフラに必要なコストについて、通信料金とCPU使用料金の両方を大幅に削減できることです。たとえば、NATトラバーサルの成功確率が80%であれば、単純にインフラ費用を80%削減できます。ただし、ゲームの内容に合わせたレプリケーションクライアントマッチングのしくみは必要です。

　クライアントサイドレプリケーションは通信コスト削減のメリットがある反面、不特定多数のクライアントを経由した通信をするため、サーバーサイドレプリケーションに比べてセキュリティ上の問題が増えます。実際のサービスにおいては、その問題を解決しておく必要があります。

クライアントサイドレプリケーションのセキュリティ
入力/出力、簡単な基準設定、改変の検出

セキュリティの問題とは、悪意のあるレプリケーションクライアントが含まれていた場合、スプライトストリームの内容を改変したり内容を覗き見たりされることです。入力/出力の両面から見てみます。

まず「入力」について、サーバーサイドレプリケーションでは、ゲームサーバーに対するキーボードやマウスなどの入力は、レプリケーションサーバーを経由して送信されます。そのため、ゲーム画面でパスワードの入力などを行うようになっていた場合は、悪意ある管理者がレプリケーションサーバーを起動していると、その中身を記録することで、パスワードの内容を見ることができてしまいます。そのため、前出の図5.16では、入力についてはすべてゲームサーバーに直接接続して送信するようにしています。グレーの実線が入力の情報の流れを示しています。スプライトストリームにおける入力は、出力に比べると量が非常に少ないため問題にはなりません。

次に「出力」のセキュリティはどうでしょうか。スプライトストリームはいったんレプリケーションクライアントのメモリー内部に格納されるので、悪意ある第三者がその内容を見ることを防ぐことはできません。

たとえば、プレイに課金が必要なゲームで、プレイ画面(出力)を課金していない人に見られてはいけないゲームではクライアントサイドレプリケーションは使えません。多くのゲームでは、ゲームの画面を見ること自体には課金せず、アイテムの購入やプレイすること(ゲームサーバーが入力を受け付けること)に課金しているので、これについて問題になるゲームはほとんどないでしょう。

スプライトストリームには全員に向けて送信されるゲームプレイ空間の最新情報以外にも、特定のユーザーに向けて送られるGUIなどの特殊な情報が含まれます。たとえば、ゲームのGUIで、プレイヤーのパスワードや住所、誕生日、メールアドレスなどの個人情報を含む情報を特定のプレイヤーに対して表示するような場面がある場合は、第三者に盗み見られるかもしれないため、そのようなゲーム仕様は避けなければなりません。パスワードや住所については、全体を表示せず「*」印に変換するなどの工夫が必要です。

クライアントサイドレプリケーションにおけるスプライトストリームのセキュリティについて簡単な基準を設定するとすれば、ゲームの仕様が、常にTwitch[注5]などの「実況生中継をしても大丈夫な内容になっているようにする」という基準で問題ありません。

注5 全世界でトップレベルの視聴者数を誇る、ゲームプレイ実況の生中継/録画共有サイト。

最後に、スプライトストリームの改変を検出するための追加的なしくみについて説明します。前出の図5.16では、ゲームサーバーから直接「チェックサムストリーム」をクライアントに対して配信しています。これは、スプライトストリームに含まれるすべてのパケットについて、その内容のチェックサムをゲームサーバーで計算したものです。たとえば、1KBのパケットであれば、その内容のハッシュ値を計算して32ビット（4バイトの整数）にします。1KBが4バイトになるので、この場合は256分の1のサイズになっています。

チェックサムデータを送るためにもTCPやUDPのヘッダを送信するコストがかかるため、すべてのパケットである必要もありません。チェックサムストリームの動作仕様については、5.6節で取り上げます。

サーバー/クライアント混成型レプリケーション
レプリケーションサーバーの柔軟性を活かす

図5.17は**サーバー/クライアント混成型レプリケーション**の構成で、このように前出の構成を同時に使うことも可能です。レプリケーションサーバーを2つ使って、クライアントサイドレプリケーションとサーバーサイドレプリケーションを併用する構成で構築しています。この図のレプリケーションサーバー❶はクライアントサイドレプリケーション用のサーバーで、レプリケーションサーバー❷が、サーバーサイドレプリケーション用になっています。

図5.17 サーバー/クライアント混成型レプリケーション

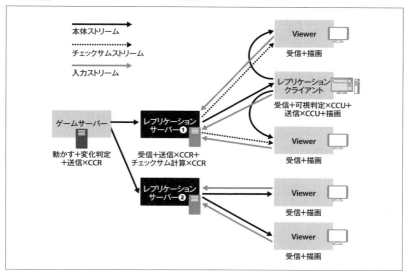

スプライトストリームのしくみ

たとえば、MOBA（*Multiplayer Online Battle Arena*）タイプの対戦ゲームで、無償で誰でもが観戦できるようにする場合、課金しているゲームのプレイヤーについてはレスポンスが良くセキュリティの問題もない、サーバーサイドレプリケーションを提供し、観戦者用にクライアントサイドレプリケーションを無償で提供するようにするなどが考えられます。

レプリケーションサーバーの構成は動的に変更することもできるので、大会のときだけクライアントサイドレプリケーションを動かすといったこともできます。レプリケーションサーバーの柔軟性を活かして、行いたいことに合った構成を選択することができます。

5.5 レプリケーション×伝統的なMMOG
スプライトストリームのレプリケーションが応用可能

第8章ではサンプルゲームのk22を、仮に伝統的なMMOGの実装方法を用いた場合と、スプライトストリームで実装した場合の、通信帯域の消費量とCPUの消費量を比較/検討しています。

伝統的なMMOGの実装方法とは、クライアントとサーバーの両方に、ゲームに特有のコードを実装して、できるだけ抽象度を高めた、最も小さく絞った情報だけをサーバーからクライアントに送る方法です。スプライトストリームは、クライアント側は汎用的な描画プログラムだけが実装されているため、ゲームごとに個別にコードを実装する必要がありません。

伝統的な方法を使う場合は、スプライトストリームに比べて、通信帯域もCPUもどちらも少なくなります。とくに、**非線形な動きをするオブジェクトが多い**場合はその差が大きくなります。

実は、伝統的なMMOGの実装方法でも、スプライトストリームで用いているレプリケーションの方法とまったく同じ考え方を用いて、ゲームサーバーの規模拡張性を高めたり、通信コストを削減したりできるのです。

以下、サーバーサイドレプリケーションとクライアントサイドレプリケーションを例にとって、伝統的なMMOGにレプリケーションを適用する場合を紹介します。

伝統的なMMOGの基本構成　レプリケーションサーバーなし

はじめに比較のため、レプリケーションサーバーを使わない場合の構成を図5.18に示します。

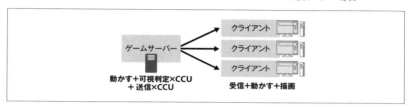

図5.18　伝統的なMMOGで、レプリケーションサーバーを使わない場合

スプライトストリームに比べると、ゲームサーバーの「変化判定」がなくなり、クライアントに「動かす」が増えています。

実線の矢印では、スプライトストリームを送信せず、ゲーム専用の特別なコマンドを送っています。これを**コマンドストリーム**（command stream）と呼びます。

サーバーサイドレプリケーション×伝統的なMMOG

次に、サーバーサイドレプリケーションを考えます。図5.19では、サーバーサイドレプリケーションを適用しています。

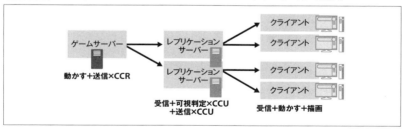

図5.19　伝統的なMMOGで、サーバーサイドレプリケーションを適用

ゲームサーバーは、ゲームプレイ空間を動かした結果をそのままレプリケーションサーバーに送信します。レプリケーションサーバーは、ゲームサーバーから受信したデータについて、接続しているクライアント（Viewer）の数だけ可視判定を行い、それぞれのViewerの見ている範囲に応じて必要な情報を抜き出してViewerに送ります。各クライアントは、受信した情報を元にオブジェクト

を動かし、描画します。

　スプライトストリームとの違いは、クライアントでもオブジェクトを動かす処理を行うことです。この方法でのゲームサーバーの処理は、どのように変わるでしょうか。

　たとえば、CCUが1000のとき、ゲームプレイ空間の変化速度が10Mbpsとし、平均的なクライアントの可視範囲にはその1%が含まれているとします。レプリケーションサーバーを使わない場合は、1000人分の可視判定と1000人分の送信処理が必要で、ゲームサーバーが送信するコマンドストリームの量は、1人あたり変化の総量である10Mbpsの1%なので100Kbps、それを1000人分なので100Mbpsの送信が必要です。

　一方、ゲームサーバーからレプリケーションサーバーへの送信は、ゲームプレイ空間の変化の全部なので10Mbpsです。レプリケーションサーバーを使わない状態ではゲームサーバーは100Mbpsを送信する必要があったところ、10Mbpsに減少しているので、その分の送信処理の削減効果と、可視判定処理のすべてをゲームサーバーの内部から外部に移転(外部化)できました。

　レプリケーションサーバーの1プロセスあたり1000CCUに対応できる、と仮定した場合、レプリケーションサーバーをどんどん増やしていくことで、ゲームサーバー単体では難しい、数千や万単位のCCUに対応することも可能になります。

ゲームサーバーからの送信量　レプリケーションサーバーを使うメリットの大小

　レプリケーションサーバーを使うことのメリットが大きい場合と、そうではない場合があります。その条件について考えるために、最も影響の大きいゲームサーバーからの送信量について注目してみましょう。

　ゲームサーバーの送信量を数式にすると、以下のようになります。

ゲームサーバーの送信量＝ゲームプレイ空間の変化総量×可視範囲率×CCU

　この式では送信量は、可視範囲率とCCUに正比例しています。可視範囲率とCCUの積が1以下になる場合は、レプリケーションを使っても、ゲームサーバーがレプリケーションサーバーに送信する量よりも、レプリケーションサーバーがクライアントに送信する量のほうが少ない結果になるため、レプリケーションを使うことのメリットは、可視判定をレプリケーションサーバーに外部化することだけになります。

　たとえば、ゲームの世界が超巨大で、可視範囲率が極端に低い場合、仮に0.0001%とすると、CCUが1000のときは、ゲームサーバーからレプリケーシ

ョンサーバーに送信する量が10Mbps、レプリケーションサーバーからクライアントに送信する量は10Mbps × 0.0001 × 1000 = 1Mbpsとなり、送信処理については、レプリケーションサーバーを使うほうがゲームサーバーの負荷が増すことになります。

ただし、実際にはプレイヤーはゲームプレイ空間内にランダムに散っているわけではなく、狭い範囲に集まっていたりするので、単純計算のとおりになるわけではないことに注意してください。

クライアントサイドレプリケーション×伝統的なMMOG

次に、伝統的なMMOGでクライアントサイドレプリケーションを使う場合は、**図5.20**のようになります。

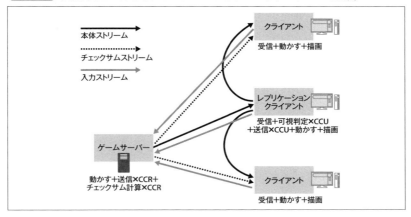

図5.20 伝統的なMMOGでクライアントサイドレプリケーションを適用

スプライトストリームのクライアントサイドレプリケーションと、まったく同じ物理的構造になっています。コマンドストリームの中継をする中間者によるセキュリティの問題があることも同じなので、入力ストリームを直接ゲームサーバーに送信するしくみと、チェックサムストリームも、スプライトストリームと同様のものが必要です。

スプライトストリームのクライアントサイドレプリケーションとの重要な違いは、「**クライアント側のプログラムで、スプライト（ゲームオブジェクト）を動かす必要がある**」ことです。この部分をクライアント側で実装する必要があるため、専用のプログラムコードをインストールする必要があり、また、その処理のためにクライアントのCPU消費量が上がります。

5.6
カリングとストリームのチェックサム
クライアントレプリケーションにおけるストリームの改ざんの検出

スプライトストリームにおいても、伝統的なMMOGのコマンドストリームにおいても、クライアントサイドレプリケーションを使う際は、中間者となるレプリケーションクライアントが悪意のある者によって起動された場合、スプライトストリームまたはコマンドストリーム[注6]の内容を書き換えられてしまう可能性があります。

本節ではストリームの改ざんの検出に関して、とくにポイントになるカリングとストリームのチェックサムについて考えておきます。

ストリームのチェックサムとカリングによるパケットの欠落

ストリームの改ざんを検出するために、ストリームで送信するデータパケットのそれぞれについて、ゲームサーバー側でチェックサムを計算し、それを直接クライアントに送ることで、クライアントがデータ内容の正当性を検証できるようにします。

図5.21では、ゲームサーバーに対して、クライアントAとクライアントBがレプリケーションクライアントを経由して接続しています。

図5.21 ストリームのチェックサムとカリングで生じるパケットの欠落

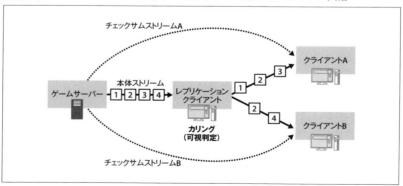

注6 本節では、スプライトストリームとコマンドストリームをまとめて、単に「ストリーム」と呼びます。

この例はクライアントサイドレプリケーションなので、中間にあるレプリケーションクライアントは、信頼できない、悪意ある第三者である可能性があります。レプリケーションクライアントは空間的な位置を元にしてカリング（可視判定）を行い、クライアントAに対してはパケットの1、2、3を、クライアントBに対しては2、4を送信します。

　レプリケーションクライアントからクライアントに向かうストリームにおいては、レプリケーションクライアントが可視判定をすることによって、このようにパケットの欠落が生じています。

パケットのサイズと帯域消費

　パケットのサイズは、スプライトストリームにおいては、たとえば、k22（第8章のサンプルゲーム）では数百バイト程度、伝統的なMMOGのコマンドストリームでは数十バイトのパケットが主流です。スプライトストリームまたはコマンドストリームにおけるパケットには、すべて4バイトの「通し番号」が振られているとします。

　一方で、チェックサムストリームで送るチェックサムパケットの内容は、以下のとおりです。チェックサムパケットのデータ部分は、合計8バイトとなります。

> [4バイト:通し番号] [4バイト:チェックサム]

　チェックサムの値は4バイトで十分です。チェックサムの値の計算は、Blowfishなどの高速なハッシュ関数を用いるので問題ありません。

　スプライトストリームはパケットのサイズが大きいので仮に平均500バイトとし、コマンドストリームはもっと小さいので仮に50バイトとして見ます。このとき、チェックサムパケットのサイズが8バイトとすると、TCPを使う場合、スプライトストリームの500バイトのパケットの実際の帯域消費は、TCPのヘッダー40バイト分を追加して500 + 40 = 540バイト、チェックサムパケットも40バイトを追加して8 + 40 = 48バイトになります。

　540バイトに対して48バイトなので、スプライトストリームの8.8％もの帯域をチェックサムストリームが消費してしまいます。コマンドストリームはパケットのサイズがもっと小さく、そのサイズが50バイトとすると、50 + 40 = 90バイト、チェックサムパケットは8 + 40 = 48バイトで、53％もの帯域を消費します。この比率では、せっかくのレプリケーションの意味がありません。

チェックサムを用いた抜き打ちの内容確認　改ざん防止

　上記では、チェックサムストリームに対して、本体ストリームに流れるすべてのパケットのチェックサムパケットを送信する前提で計算していました。

　しかし、実際は、全パケットのチェックサムは不要です。できるだけ少ないチェックサムで必要な検証精度を得るための、動作仕様を考えてみましょう。

❶ゲームサーバーで、本体ストリームに送出するすべてのパケットではなく、プレイヤーの操作入力などの予測できないタイミングで変化する乱数などを用いて、予測不可能なタイミングでパケットのチェックサムを計算する

❷チェックサムを計算したパケットについて、すべてまたは一部のチェックサムストリームに、通し番号とチェックサム値の組を送出する

❸通し番号とチェックサム値の組を受信したクライアントは、自身がレプリケーションクライアントから受信した本ストリームのデータを、ゲームサーバーと同じハッシュアルゴリズムで計算し、通し番号が一致するデータパケットのチェックサム値を求めて結果が一致するかどうかを調べる。本ストリームのデータパケットは、一定期間分（過去30秒など）メモリーに蓄積しておいて、ある程度古い通し番号のパケットについても検証する

❹ハッシュ値が一致していなかったら、改ざんを検出

　図5.22では、本体ストリームでは、データパケット1〜4番の4つを送出しています。ゲームサーバーは、4つのデータパケットに対して、チェックサムパケットは3番についてのみ計算し、チェックサムストリームAとBに対して送信しています。チェックサムパケットは黒い四角で示しました。

　チェックサムの計算をするハッシュ関数はCPUコストが高いため、1〜4番のすべてではなく、3番についてだけ計算し、それ以外は省略しています。

図5.22　チェックサムパケット

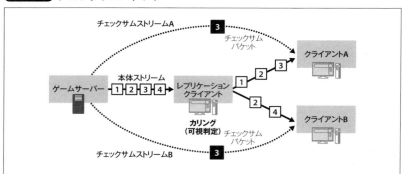

クライアントAは、本ストリームで受信した3番パケットについて、チェックサムパケットの内容と比較して検証します。クライアントBは、可視判定の結果として3番パケットを受信していないので検証はできません。このため、3番パケットについてのチェックサム値は受信するものの捨てて、無視します。

ゲームサーバーが次にどのパケットについてチェックサムを計算するかは、仕様上レプリケーションクライアントは知ることはできません。したがって、レプリケーションクライアントが、チェックサムが計算されたパケットについてだけ改ざんしないということはできません。

抜き打ちのチェックサムのメリット　　柔軟に調整できる

この方式のメリットは、本体ストリームの検証の精度を、ゲームの内容やCPUの計算能力に応じて**柔軟に調整できる**ところです。

調整は、チェックサムの計算頻度を変えることで行います。ゲームサーバーのCPUに余裕があるときは多めに、余裕がないときは少なめに送信したりといった調整ができます。

抜き打ちのチェックサムの限界　　パケットが欠損していないかはわからない

この方式は完全ではなく、限界もあります。パケットの中身が改ざんされていないことは検証できますが、パケットが欠損していないことは保証できません。そのため、存在しないオブジェクトを追加する攻撃は、通し番号が付いているため防ぐことができますが、レプリケーションクライアントが可視判定ロジックを不正に改変し、可視範囲に入っているのに特定のオブジェクトだけカリングして見えないようにする攻撃は防げません。

この問題が致命的に重要であるような内容のゲームを筆者はすぐに思いつきませんが、もしかしたら問題となるゲームもあるかもしれません。ただし、ゲームサーバーのゲームロジック自体を不正に変更しているわけではないので、致命的にゲームのデータが破壊されるといった問題にはならないでしょう。

本節では、レプリケーションの基本事項に始まり、レプリケーションを用いて、ゲームのスプライトストリームとコマンドストリームの規模拡張性を高める方法からそのセキュリティ上の問題、対策まで解説してきました。

なお、現在のmoyaiはまだクライアントサイドレプリケーションは利用できないため、入力ストリームの分離とチェックサムストリームについては今後の実装予定になっています。

5.7
本章のまとめ

第5章では、スプライトストリームの概要を説明しました。

スプライトストリームの全体像を把握するために、まずOpenGLを用いて画面描画を行うゲームプログラムをクラウドゲームに対応させる方法について、サーバーサイドレンダリングベースの方式も含めて7つの方式を挙げました。

続いて、本書ではとくにMMOGの実装を目指しているため、7つの方式の中でもMMOGに向いている、抽象度の高い通信方式（スプライトストリーム）を用いたクライアントサイドレンダリングを選び、実際のmoyaiライブラリのプログラムを用いて、基本的な動作確認を行いました。

最後に、スプライトストリームは、レプリケーションを用いて同時接続数を大きくすることができます。レプリケーションを構成する方法についても、性能、接続しやすさ、セキュリティの観点から整理をしました。

次章では、スプライトストリームが実際にTCPストリームに何を送信しているのか、さらに詳しく見ていきましょう。

Column

TIMESTAMPパケットとリプレイ機能

TIMESTAMPパケットは、ゲームサーバーにおける正確な時刻を示す値で、ゲームサーバーにおける現在の時刻を毎フレーム1回ずつ送ります。これは1秒あたりフレームレートと同じ数だけ送られるため、かなり多くなりますが、これはリプレイを可能にするために添付されています。

moyaiにおける**リプレイ**とは、スプライトストリームに流れたデータを最初の1バイトめから完全にファイルに保存しておいて、それを後でmoyaiをビルドしたときにできる**replayer**ツールを使って読み込むことで、スプライトの動きを動画として再生することができるものです。replayerツールを使うと、スプライトストリームをゲームサーバーからではなく、ファイルから読み込む形になります。

リプレイでは、スプライトの座標や回転角度などの情報が更新されても、それがいつ、どのフレームにおいて更新されたのかがわからないと動きを再生できないため、スプライトストリームに最初から毎フレームの時刻情報を含めているというわけです。

リプレイ機能はデバッグ用に役立てることができますが、デバッグをしないときはTIMESTAMPを送信しないように設定することで、通信帯域を少し節約できます。

第**6**章

スプライトストリームの通信プロトコル
TCPによる送受信、ストリームのなかみ、関数群

　これまでの章で、スプライトストリームについて説明してきましたが、バイト単位、関数単位での詳しい説明を省略していました。

　本章では、スプライトストリームの詳細について、できる限り深く見ていくことにしましょう。本章の解説はネットワークプログラミングも含めた話題になり、専門用語も多く登場しています。そのため、とくに、この分野の初学者の方々にとっては少し難しい部分もあるかもしれません。その場合、本章はいったん飛ばして、次章以降のサンプルゲーム解説などへ進んで、詳しく知りたい際などに必要に応じて本章の解説にあたってみてください。

　まず本章の導入として、どのような流れで解説を進めていくかについてから、押さえておくことにしましょう。

6.1
スプライトストリームとネットワークレイヤー
レイヤー1〜4、レイヤー5〜7

　スプライトストリームは、インターネットプロトコルを基盤として使うプロトコルという側面から捉えることもできます。7階層のOSI参照モデルを使って、レイヤー1の通信機材から、レイヤー2のEthernet、レイヤー3のIP（*Internet*

Protocol)、レイヤー4のTCP（*Transmission Control Protocol*、伝送制御プロトコル）……と、本節以降で下から順番に説明を積み上げていきます[注1]。

スプライトストリームのクラウドゲームシステムとレイヤー
本章の解説について

OSI参照モデルを用いて、スプライトストリームによるクラウドゲームシステムを図示すると図6.1のようになります。7つのレイヤーのうち、レイヤー1～4は、moyaiやスプライトストリームで独自に定義/実装している部分ではなく、既存のOSやソフトウェア仕様を使うだけの基礎部分であることから、レイヤー1～4と、レイヤー5以上とに分けて解説していきます。

図6.1　スプライトストリームのクラウドゲームシステムとレイヤー

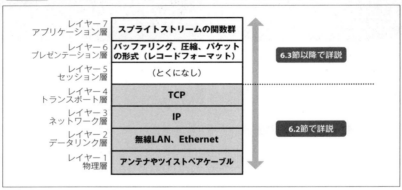

レイヤー1の物理層からレイヤー4のトランスポート層までの解説では、スプライトストリームの要件である、

- パケットロスがない
- ストール（*stall*）[注2]がない

の2点をTCPがどのようにして実現しているのかについて、パケットの再送、順序保証、輻輳制御の具体的な内容を説明します。また、NATトラバーサルのためにどうしてもUDPを使いたい場合の注意点も示します。

注1　本章前半では、細かな用語の定義などよりも、スプライトストリームのための基礎知識の把握に主眼を置いて解説を行っていきたいと思います。

注2　データを継続して送り続けるようなシステムで一般的に使われる技術用語で、継続した通信が止まってしまうこと。長時間の通信停止。

レイヤー5以上のスプライトストリーム独自の仕様については、スプライトストリームの帯域消費をできる限り減らすために行う「差分スコアリング」「座標を用いた可視判定とカリング」「データ圧縮」「バッファリングとヘッダー圧縮」などの細かな工夫の内容を説明します。

最後に、スプライトストリームで送信できる重要な関数や定数などをまとめて紹介します。この部分については、スプライトストリームのリファレンスとしても活用できるでしょう。

本章で説明するのはmoyaiの2Dスプライトを実現するためのスプライトストリームですが、上記のテクニックは、すべてスプライトストリームを3Dに拡張する際にも、ほぼそのまま流用できるはずです。

ではさっそく、「インターネットとは何か」に立ち返って、スプライトストリームを形づくる各層を見ていきましょう。

スプライトストリームを形づくる各層

スプライトストリームを利用したクラウドゲームアプリケーションは、インターネットアプリケーションの一つです。インターネットを利用して通信をするアプリケーションは、アプリケーションを実現するために、何らかの通信の取り決めをしていて、それは「プロトコル」(protocol)と呼ばれています。

インターネットアプリケーションのプロトコルの内容を、世界共通の方法で説明するためによく使われているのが、OSI参照モデルです。このモデルを使えば、インターネットアプリケーションをだいたい同じ方法で説明することができるため、多くのプロトコル同士を比較しやすくなります。

スプライトストリームは、インターネットで使うプロトコルですから、ここでもOSI参照モデルを用いて技術仕様を押さえていきましょう。

- **レイヤー1(物理層)**：無線LANのアンテナやツイストペアケーブル、光ファイバー、電話線、モバイルの4G回線の基地局などの物理的な機材を指す。スプライトストリームは、インターネットにつながっている端末ならどんな端末でも利用できるようにしたいので、レイヤー1についてはとくに制限をしないし、逆に制限をしようとしてもできない。あるがままを受け入れるのみ

- **レイヤー2(データリンク層)**：典型的にはIEEE 802.11の無線LANやIEEE 802.3のEthernetなど、工業規格で厳密に定められているプロトコルを指す。この階層は、アンテナやケーブルといった物理的な個別の機材を、世界共通の手順で使えるようにすることで、異なるメーカーの通信機材同士が安全確実に通信できるようにしている。レイヤー2についても、スプライトストリームは与えられた環境で動作するだけであって、レイヤー2の動作に何らかの影響を与えることはできない。LinuxやWindowsなどのOSに搭載されているネット

ワークスタック（通信のためのシステム全体）を利用するだけである。ここも、あるがままを受け入れるのみ

- **レイヤー3（ネットワーク層）**：ルーターを使って遠隔を含む多数の機材を接続し、IPアドレスを割り付けて、全世界規模でのパケット通信を可能にするインターネットプロトコルを定義している。この階層からは、IPアドレスやNATトラバーサルやパケットのサイズ、バッファリングといったスプライトストリームの動きに直接影響のある設定項目が出てくる。pingやtracerouteといったコマンドで動きを確認することができる。この階層では、パケットを1個だけ、地球上のどんな場所の間でも届けることができる。ただし、確実に届くかはわからない

- **レイヤー4（トランスポート層）**：地球規模で接続された巨大なインターネットの上で、大きなデータをより確実に高速に伝送するためのTCPやUDPといったプロトコル。スプライトストリームは、現在ではパケットの確実な到着と順番を保証してくれるTCPプロトコルのみに対応している

- **レイヤー5（セッション層）**：TCPの接続をどう確立するかの仕様を定義しているが、moyaiのスプライトストリームでは現時点では自動的な再接続機能やタイムアウト処理などの機能を持っていない。レイヤー5で追加している独自の機能は何もないということで、レイヤー5についてこれ以上の説明はない。これは逆に言うと、TCPがレイヤー4で提供している基本的な機能があれば、スプライトストリームのレイヤー5については十分だということである

- **レイヤー6（プレゼンテーション層）**：スプライトストリームのデータ送信の単位である「パケットの形式」（レコードフォーマット）を定義。パケットの長さや関数ID、関数の引数で使える型、バイトオーダーなど

- **レイヤー7（アプリケーション層）**：スプライトの座標を送ったり、画像ファイルの中身を送信する具体的なコマンドを定義する。この階層では、送信量を少なくするための「データ圧縮」「ヘッダー圧縮」、位置情報を送り過ぎないための「カリング」など、さまざまな工夫をしている

　以上、レイヤー1の物理層からレイヤー4のトランスポート層までが、OSが提供してくれる、全世界で標準化されているシステムで、レイヤー5のセッション層からレイヤー7のアプリケーション層までが、スプライトストリームが独自に定義しているシステムです。とくに、スプライトストリームを他のプロトコルと異なるものにしている独自の部分がレイヤ7であるため、本章ではレイヤ7について手厚く説明を行います。

　レイヤー1〜4のシステムは世界で標準化されているので、豊富に存在する教科書やWebの資料を読めるので必要に応じて参照してください。次節では、スプライトストリームの実装を理解するために必要な点に絞り込んで、簡単に解説していきます。

6.2
レイヤー1〜4:
スプライトストリームの基礎部分
膨大な数の機材をつなげて、高品質な通信をどのように実現するのか

　スプライトストリームには、Viewerの画面に描画するために必要なすべての情報が含まれます。そのため、快適なゲームプレイのためには、以下の2つ条件が常に満たされている必要があります。

❶パケットロスがない(＝通信パケットに抜けがない)
❷ストールがない(＝通信パケットが遅れない)

　パケットロスがあると、ゲーム画面に必要なスプライトが出現しなくなってしまいます。ストールが起きることは、画面の更新が停止してしまい、ガタつきや完全にプレイ不可能な状態になります。

　ゲームでは、❶❷を他のインターネットアプリケーション(Web/WWWなど)よりも高いレベルで満たす必要がありますが、現在のインターネットでは、TCP(レイヤー4)やIP再構築(後述、レイヤー3)をはじめとした広く普及している技術を使えば、それが可能です。その技術の総体は「インターネットプロトコルスイート」と呼ばれます。本節で、具体的な内容を見ていきましょう。

インターネットとは何か　地球全体をつなぐ壮大な技術

　インターネットは、その名前のとおり、多数のネットワークを相互につないでパケットをどんどん受け渡してゆくことによって、地球全体をつないでしまおうという、何とも壮大な技術です。しかし、インターネットには、数えきれないほどの数のメーカーがつくった、数えきれないほどの数の機材がつながっていて、設定ミスや故障、そして悪意のある攻撃者が設置した機材を多く含む、ひどく不安定なものです。そのようなインターネットの不安定な物理的基盤の上で、より安定かつ遅延なく、しかも安全に通信をするために、過去40年以上にわたって研究開発が行われてきました。

　その結果として、スプライトストリームに必要な2つの条件「パケットロスがないこと」「ストールがないこと」が、現在ではかなり高いレベルで満たされる状態になりました。

インターネットの基礎　パケット（データグラム）

　インターネットを流れるデータは、すべて数KB以下の小さな塊の状態で受け渡されます。その塊を「パケット」または「データグラム」と呼びます。

　パケットは、ネットワークに接続されているあるマシンから送信され、その隣のマシンにケーブルや無線で伝達され、マシンからマシンへと連続的にバケツリレーのように1段階ずつ中継されていき、それを何回も繰り返して最終的な宛先マシンへと届きます。**図6.2**に、その物理的接続関係を簡単に示しました。

図6.2 パケットの送信

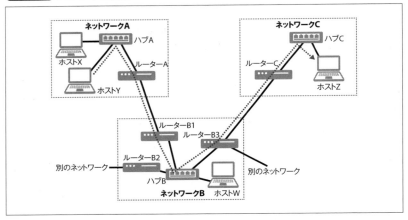

　この図に出てくるネットワークは点線で囲ってある3つです。3つの会社が関係していると考えてかまいません。それぞれのネットワークでは、レイヤー1の物理層としてケーブルが使われています。レイヤー2のデータリンク層は、すべてEthernetです。このレイヤー1とレイヤー2の上に、レイヤー3のネットワーク層を構築していくことになります。レイヤー3のプロトコルとしてIPを使うと、そのネットワークはインターネットを使っていると言えます。

　この図で、ホストYからホストZにパケットを送信するときに、そのパケットがどのように中継されるかを点線で示しています。この例では、ホストY➡ハブA、ハブA➡ルーターA、ルーターA➡ルーターB1、ルーターB1➡ハブB、ハブB➡ルーターB3、ルーターB3➡ルーターC、ルーターC➡ハブC、ハブC➡ホストZの、合計8回の転送が必要です。

　この図では、3つのネットワークを越えてパケットを中継しています。「インターネット」の「インター」は「ネットワークとネットワークの間」という意味なの

で、この図の、全体像を把握できる程度の小さな規模の3つの企業のネットワークも、非常に小さな規模の「インターネット」であると言えます。

地球規模のインターネット[注3]では、これが3つではなく、数千万、数億といった数の規模になっています。この図の転送は8回ですが、多くのインターネットでは15回以上、国際的な通信では30回以上の転送が必要になります。

パケット中継の経路を確認　traceroute/tracert

実際にどのような経路を通って、目的のホストまでパケットが中継されているかは、macOSやLinuxではtracerouteコマンド（Windowsではtracertコマンド）を使って調査できます。このツールでは、ハブとホストとの間の物理的な通信は見えず、IPアドレスが付与されている機器間の通信（ホストとルーターの間、ルーターとルーターの間）のみが見えます。

```
$ traceroute google.co.jp
traceroute to google.co.jp (216.58.196.227), 64 hops max, 52 byte packets
 1  192.168.11.1 (192.168.11.1)  25.235 ms  1.872 ms  0.891 ms
 2  toyama01-z01.flets.2iij.net (210.130.214.10)  4.521 ms  4.231 ms  4.147 ms
 3  osk004lip30.iij.net (210.130.214.9)  16.377 ms  16.998 ms  15.434 ms
 4  osk004bb00.iij.net (210.130.142.237)  16.187 ms  17.434 ms  17.622 ms
 5  osk004ix51.iij.net (58.138.107.214)  15.447 ms
    osk004ix50.iij.net (58.138.107.210)  15.567 ms
    osk004ix50.iij.net (58.138.107.162)  19.376 ms
 6  210.130.133.86 (210.130.133.86)  16.335 ms  15.875 ms
    72.14.210.182 (72.14.210.182)  16.317 ms
 7  216.239.40.119 (216.239.40.119)  16.912 ms  42.224 ms  23.183 ms
 8  216.239.43.125 (216.239.43.125)  19.108 ms  16.029 ms  16.116 ms
 9  kix06s01-in-f3.1e100.net (216.58.196.227)  16.183 ms  15.833 ms  15.936 ms
```

富山の自宅からgoogle.co.jpまでは9回の転送が行われ、toyama01-z01というホストから、osk004lip30という（大阪にありそうな）ホストの間で10ミリ秒以上の長い時間がかかっていることがわかります。

クラウドゲームとパケットロス

パケットが中継されていく中で、さまざまな原因によってパケットが失われます。ここでは、パケットロスの原因のうち、よく起きる、かつクラウドゲームで影響の大きい2種類を紹介します。

[注3]　「The Net」などとTheを付けて呼ぶこともあります。

電気信号(電波)のノイズによるパケットロス

まず、Ethernetでは、ケーブルの中の銅線を伝わる電気信号や、光ファイバーの中の光を使って情報を伝送します。これらは、電磁的なノイズや、ケーブルが物理的に傷ついていたりすることによって、正確に受信されない場合があります。

図6.2で同じネットワークAに接続されているホストX⇒ホストYに向けてパケットを送信する場合でも、ケーブルの状態によっては、パケットロスが発生します。ケーブルが健全で、ハブが故障していない状態であれば、パケットのロス率は非常に小さいものになります。

試しに、筆者の環境(無線LAN)で測定してみましょう。pingコマンドは、ここでは送信間隔を0.1秒以下にするために管理者権限が必要であるため、sudoコマンド経由で起動しています。

```
$ sudo ping -i 0.005 192.168.11.1 ……送信時間間隔は0.005を指定
PING 192.168.11.1 (192.168.11.1): 56 data bytes
64 bytes from 192.168.11.1: icmp_seq=0 ttl=64 time=1.330 ms
Request timeout for icmp_seq 1
64 bytes from 192.168.11.1: icmp_seq=1 ttl=64 time=5.360 ms
64 bytes from 192.168.11.1: icmp_seq=2 ttl=64 time=1.051 ms
<中略>
64 bytes from 192.168.11.1: icmp_seq=982 ttl=64 time=1.353 ms
^C ……………………………………………………………………… Ctrl + C で中断
--- 192.168.11.1 ping statistics ---
984 packets transmitted, 983 packets received, 0.1% packet loss
round-trip min/avg/max/stddev = 0.812/6.697/83.908/11.843 ms
```

pingコマンドを使ってICMP ECHOを1秒間に200個ほど送信すると、984個のメッセージを送信し、そのうち983個が戻ってきました。ということは、1個のパケットが消えたということになります。これが「電気信号(電波)のノイズによるパケットロス」です。

無線LANは有線LANよりも大幅にロス率が高く、市販の無線LAN機器で、家屋内の状況によっては数%以上になることもあります。有線LANの場合は、数万〜数百万パケットに1個というレベルが一般的です。

1回の通信で仮に0.1%であるとすると、それがホストY⇒ホストZの8回の通信をする場合、経路全体でパケットが正常に届く率は、0.999の8乗で約0.992となり、0.8%のパケットロスが発生します。もし同じ条件で30回の転送が必要な場合は、0.999の30乗となり、0.970、つまり約3%のパケットロス発生率になります。

ルーターの混雑によるパケットロス

信号のノイズ以外によっても、パケットは喪失します。その代表的な原因が、「ルーターの混雑」です。

図6.3では、ルーターB3が、ホストY⇒ホストZへのパケットを中継する処理をしている最中に、ホストW⇒ホストZへのパケットを受信してしまったため、ルーターB3の処理能力を超えてしまい、ホストWからのパケットを捨ててしまいました。このような場合は、ホストWからのパケットは消えてしまい、ホストZに到達することはありません。この逆に、ホストYからのパケットが消える場合もあります。

図6.3 ホストWからのパケットを捨ててしまった……

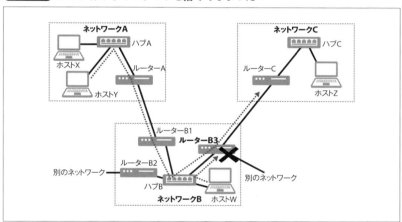

インターネット全体のトラフィックは、とくに動画ストリーミングなどの通信量が増えているため、だいたいいつも転送能力がギリギリの状態で運用されています。そのため、どちらかと言うと、パケットロスの原因はルーターの混雑による場合のほうが多いかもしれません。

ネットワークの輻輳　ルーターの混雑が悪化

ルーターが混雑し始めると、さらに急激に混雑がひどくなる場合があります。それは「ネットワークの輻輳」と呼ばれます。ネットワークの輻輳は、たとえば、ルーターが混雑してWebサイトのロード時間が長くなってくると、人間が我慢できなくなってリロードボタンを押してしまい、余計に転送量が増えてしまい、多くの人がリロードを諦めるまで、ひどい混雑が続いてしまう状態です。

ベストエフォート　できるだけがんばる

このように、インターネットを使って通信をする場合は、いつ、どこで、どのように、パケットロスが発生するかはまったく予想できません。予想できないどころか、実際に常時、パケットはロスし続けているのです。

インターネットは全体として複雑過ぎるため、混雑や輻輳が生じたときに、誰を、いつ優先すべきかの明確なルールを定義できません。したがって、ルーターやハブなどのパケット転送をするための機器は、「処理能力の限り、できるだけ転送する」という、身も蓋もない基準で動作しています。

これを「ベストエフェート型通信」と言います。日本語で言うならば「できるだけがんばる」という意味でしょうか。

大人数が一つの通信媒体を共有するための工夫

図6.2に登場する3つの企業では、全部合計すると、たくさんの社員が働いているでしょう。いつ、誰がどれだけの数のパケットを送り始めるかはわかりません。それぞれのマシンの間をつないでいるケーブルは1本しかないので、もしそれが電話線のように、通話中はずっとケーブルをつないでおくタイプのネットワークであれば、ルーターB3とルーターCの間を誰かが使っていたら、その通話が終わるまでは、ルーターB3とルーターCの間を経由するような通信を誰もできなくなります。

それを防ぐために、レイヤー1とレイヤー2では、1秒間をだいたい数万回〜数百万回の細かい時間に分割して、それぞれを異なるパケットのために使えるようになっています。Ethernetでは、接続ケーブルのタイプごとに、1秒間をどれだけ細かく分けられるかの数が、以下のようになっています。

- 10Mbps Ethernet：1万4880分の1秒
- 100Mbps Fast Ethernet：14万8800分の1秒
- 1Gbps Gigabit Ethernet：148万8000分の1秒
- 10Gbps 10GbEthernet：1488万分の1秒

上記を元にすると、たとえば、100Mbpsのケーブルであれば、1秒あたり14万8800個のパケットを送ることができるので、100人の社員がいたとしても、1人あたり1488個のパケットを送ることができます。ネットワークの速度は100分の1になってしまいますが、まったく使えないことはなくなります。1488個あれば、emailを送る程度のことはできるでしょう。

このように、1秒を何千、何万分の1の短い時間に区切って使う仕様は便利ですが、そのことによるトレードオフ（引き換え条件）として、大きなデータを送るにはデータを細切れにしなければならなくなります。

そのサイズは、Ethernetまたは無線LANでは1500バイトです。光ファイバーや他の通信媒体では、それは10KB〜500バイト程度までの開きがあります[注4]。

Ethernetフレーム　Ethernetでデータを送る

レイヤー2のEthernet以上の階層では、デジタル信号を扱うため、その内容を数値で見ることができます[注5]。

Ethernetでは、1500バイト以上の大きさのパケット（フレーム/frame、後述）は送れません。このパケットの長さの上限をMTU（*Maximum Transmission Unit*）と呼びます。**図6.4❶**は、Ethernetを使って4KBのデータを送って、成功したときの状況を示しています。

図6.4　Ethernetで4KBのデータを送る

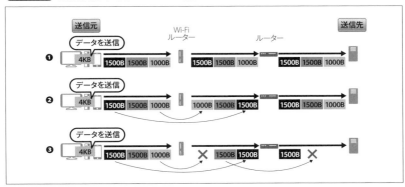

IP断片化とIP再構成

4KBのファイルを送るには、先頭の1500バイト、次の1500バイト、最後の1000バイトというように3つの断片に分割して送る必要があります。インターネットプロトコルスイートでは「IP断片化」または「IPフラグメント」と呼びます。それぞれの「断片」を「フラグメント」（*fragment*）とも呼びます。途中経路には、

注4　参考：「データリンクによってMTUが違う」
　　　URL http://www.rtpro.yamaha.co.jp/RT/docs/ipsec/pdf/various-mtu.pdf
注5　レイヤー1のハードウェア層では実際に流れている電気信号は、デジタルデータではないため、それを目で見るにはオシロスコープ（*oscilloscope*、電気信号の計測機器）などを使う必要があります。

Wi-Fiルーターとルーターの2つのルーターがあるため、バケツリレーは2回発生しています。受信した右端のマシン（エンドポイント /endpoint）で稼働している受信用のプログラムが、3つの断片を1つにまとめ上げ、4KBのデータに見えるようにデータを結合して、IP（レイヤー3）の上のレイヤー4に渡します。これを「IP再構成」または「IPリアセンブリ」（IP reassembly）と呼びます。

図6.4❷も、4KBの送信に成功していますが、注意して見ると、Wi-Fiルーターによってパケットの順番が変わっています。4KBのファイルの最後のデータが先頭になってしまっています。右側のルーターは、自分に到着したデータをそのままバケツリレーするだけで、Wi-Fiルーターに届く前の順番を知らないので、宛先のマシンには、そのまま順序が入れ替わったままで届きます。

現在のインターネットプロトコルであるIPv4（Internet Protocol version 4）では、それぞれの断片に番号が振ってあるため、受信した端末が番号を照合することで、元の順番に戻すことができます。これも、IP再構成の機能の一つです。

図6.4❸では、1000バイトの断片がWi-Fiルーターによって捨てられ、パケットロスが発生しています。右側のルーターがさらに1500バイトの断片を1つ捨て、最終的に宛先には1つしか届きませんでした。これでは4KBのファイルの内容は、先頭の1500バイトしか得られません。

このように、IP断片化されたデータグラムの一部が失われたときには、受信側エンドポイントは、4KBのうちの一部だけをレイヤー4に渡すのではなく、全部を捨ててしまいます。一部がないときに全部を捨てるのも、IP再構成の機能の一つです。

データの大きさと送信成功率

図6.5では、50KBのデータグラム（パケット）を送ったときのIP断片化の状況を示しています[注6]。「パケットロス」はパケットが喪失されることで、パケットロスの主要な原因が、フラグメントが消えてしまう（到達しない）ことです。

図6.5 IP断片化

この図のネットワークでは、フラグメントが喪失する確率は低いものの、34

注6 以降の説明では「パケット」という場合は、断片化する前のデータ、断片化後の細かくなったものは「フラグメント」または「断片」と呼びます。

個の断片のうち、1個が消えてしまいました。こうなると、IP再構成の規則では、断片の1つが失われたら、他の全部を捨てるため、残りの34個のデータすべてが捨てられてしまいます。これがもし1MBのデータだったら……。500個以上の断片のどれかが失われる確率は高いでしょう。

データの大きさが大きくなるほど、断片のどれか1つが届かない確率は飛躍的に高まっていき、正常に送信できることはほとんどないでしょう。そのような問題を防ぐために、IPでは、断片化する元になる送信の単位（パケット長）は、64KB以下と決められています。1500バイトまで送信できるEthernetであれば、約45個以下ということになります。

IPでは64KB以下のパケットを送ることができ、中途半端に壊れたデータを受信することはないということがわかりましたが、パケットの全体が失われるパケットロスを防いではくれないという大問題が残っています。

スプライトストリームは、パケットが1つでも届かないと画面が壊れてしまうため、パケットロスを可能な限りなくす必要があります。インターネットプロトコルスイートでは、無制限に大きなデータを確実に届けるためのレイヤー4のプロトコルとして「TCP」を洗練させてきました。

TCPの基本

TCPは、レイヤー3のIPの1つ上の階層に実装されているレイヤー4のプロトコルです。TCPの名称は「Transport Control Protocol」で、転送制御プロトコル、すなわち送り方を制御するプロトコルです。

送り方というのは、何らかのアルゴリズムによって、ちょうど良いあんばいに送るということで、ちょうど良いあんばいとは具体的には以下の3つです。

- **パケットの再送**：パケットがロスしたらもう1回送る
- **順序保証**：パケットの到着順序を確実に保証する
- **輻輳制御**：パケットを送り過ぎない

TCPはスプライトストリームにとっては重要なプロトコルなので、この3つについて少し詳しく見ておきましょう。

パケットの再送　TCPの送り方❶

TCPを使って通信する場合、アプリケーションのデータを含むパケット（セグメント/segment）を受信した側（エンドポイント）は、必ず受信したパケットに書かれている通し番号を、送り元に送り返します。この番号だけが書かれてい

る、戻ってくるパケットを「ACKパケット」と呼びます。

図6.6では、送信元から送信先へTCPデータを送った後に、送信先から送信元へとTCP ACKが送り返されることを示しています。

図6.6　TCP ACKとTCPの再送

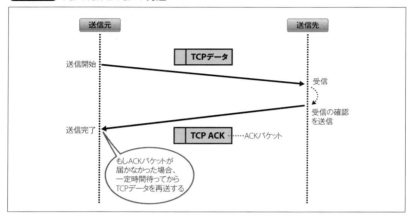

送り元では、一定時間ごとにACKが届いているかをチェックして、届いていない場合、同じ番号とデータ内容のTCPデータパケットをもう一度送り直します。これが「TCPの再送」です。TCPでは、何度パケットロスしてもしつこく再送を行うので、データの一部が欠けてしまうことはありません。

順序保証　TCPの送り方❷

図6.7は、受信側のエンドポイントが、TCPのデータパケットの21/23/25/26番を受信しているが、22番と24番を受信していないため、待機している状態を示しています。

図6.7　TCPの順序保証

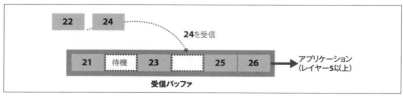

この図では、21番のパケットはレイヤー5以上のアプリケーションに渡すことができますが、23番は、まだ22番が受信できていないのでアプリケーション

に渡せません。25番と26番についても同様です。TCPでは、ランダムな順番で届いたデータをかなりの量（数百KB程度）メモリーに貯めておき、受信できた部分を順番にアプリケーションに渡します。これによって、アプリケーションは、受け取ったデータは前から順番に並んでいることを確実に期待できます。

TCPがこのように「順序保証」をしてくれることは大変便利ですが、一方で、22番のパケットが届くまでは、アプリケーションは23番以降を受け取ることはできず、ずっと待ち続ける必要が生まれます。

TCPがこのように「ずっと待ち続ける状態になる」ことを、「ストールする」と言います。TCPでは、とくに都市部での夕方の時間帯など、インターネットが混雑してしまい、インフラの能力を超えてしまっている状態になっているときは、連続して何百、何千個というフラグメントが届かない状況があり得ます。そのようなときは、TCPがストールする頻度が高まります。

輻輳制御　TCPの送り方❸

IPネットワークでは、パケットを送り過ぎると、ロスするパケットが飛躍的に増えてしまいます。パケットがロスしたら、再送のためのパケットが増えて、さらに状況が悪化します。

パケットの送り過ぎは、ネットワーク全体の性能を下げたり、通信ができなくなる大きな要因です。TCPの送り過ぎを防ぐための機構は、「輻輳制御」あるいは「フローコントロール」（flow control）と呼ばれます。

前述のとおり、輻輳とはネットワークにデータが溢れて、通常の通信ができなくなる状態です。現在、TCPは無線LANやモバイル環境、データセンター内、果ては宇宙空間まで、さまざまな環境で使われるようになっています。

そこで、最新のTCP実装では、ACKパケットが戻ってくる時間を測定したり、パケットロスの確率を測定したりして、さまざまアルゴリズムを駆使して「パケットを送り過ぎない」ように工夫をしています。

スロースタート（アルゴリズム）

その工夫の一つが、「スロースタート」（slow start）と呼ばれるアルゴリズムです。

図6.8のは送信速度を示すグラフで、縦軸が送信量、横軸が経過時間です。一番下には、スプライトストリームのゲームプレイ体験の感覚を示しました。TCPは原則として最初は少しずつ送り、パケットロスを検出しない限りどんどん速くしていって、パケットロスを検出したらまた遅くする、ということを繰り返します。これが「スロースタート」です。

スロースタートによって、アクセルと急ブレーキを交互に全力で踏むような通信方法になります。

図6.8　スロースタート

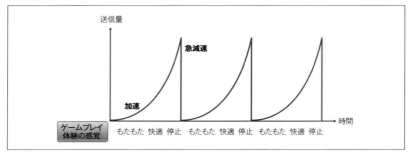

HTTPのように、ドキュメントを一度送信したらそれで終わり、というアプリケーションなら大して問題にはなりませんが、スプライトストリームの場合は、図に示したとおり「最初もたもた、それから快適、突然停止」という動きの繰り返しになるため、プレイ感覚が極めて悪くなるのです。

TCPの歴史的発展と最適なアルゴリズムの選択

TCPは、スロースタート以外にも、さまざまな送り方の工夫を導入してきており、現在では、スプライトストリームにも十分使えるほどに洗練されています。TCPの進歩を大まかに時代に分けると、次のように進歩を続けてきました。

- 1980年代：TCPの登場。Telnetでマシンを遠隔操作
- 1990年代：メールやHTTPなどで大ブレイク
- 2000年代：モバイルで長時間のストールを防ぎたい
- 2010年代：動画や音声を高速送信したい

クラウドゲームは、2010年代の改善の結果、TCPを使って実現できるようになったとも言えるのです。

図6.9は、TCPの輻輳制御アルゴリズムの歴史的発展を示しています。図中、「Tahoe」「Vegas」「Westwood」などといった英単語がいくつか見えます。これらが、TCPの輻輳制御アルゴリズムの名称です。

TCPの輻輳制御アルゴリズムはさまざまな種類があり、Linux、Windows、macOSなどのOSでは、それを自由に選択して設定することができます。

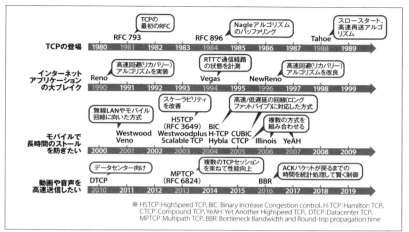

図6.9 TCPの輻輳制御アルゴリズムの歴史的発展

※ 参考：[URL] http://itpro.nikkeibp.co.jp/atcl/column/17/040400119/040400003/

図6.10は、各種のアルゴリズムで、大量のデータを送りたい場合に、時間が経過するごとにどのような速度で送ろうとするかの形状を示しています。

これらの資料からは、いろいろな方式があり、それぞれ異なる特性を持っていることがわかります。現在では、実現したいアプリケーションによって、TCPを使い分けることができるのです。

スプライトストリームに関して、Linuxのデフォルトの設定であるCUBICアルゴリズムでとくに問題は発生しませんが、2016年にはGoogleが「BBR」(Bottleneck Bandwidth and Round-trip propagation time)という洗練されたアルゴリズムを発表し、各Linuxディストリビューションで利用できるようになっているので、今後はBBRを選択するケースも出てくるかもしれません。

UDPとデータグラムの喪失　UDPならストールは発生しない？

現在では、TCPはかなり改善され、ストールしづらいアルゴリズムが選択可能です。しかし、ゲーム業界では、多くの開発者が「UDPのほうが速い」「UDPはストールしない」と信じているのも事実です。UDPは本当に良いのでしょうか。

結論から言うと、UDPを使うと、スプライトストリームの遅延を少しだけ小さくすることができ、また、クライアントサイドレプリケーションのためにNATトラバーサルを実現できますが、それと引き換えに複雑な通信方法の調整が必要になります。紙幅の都合もあり、NATトラバーサルの詳細についてはこ

図6.10 各種の輻輳制御アルゴリズムと大量データの送信速度※

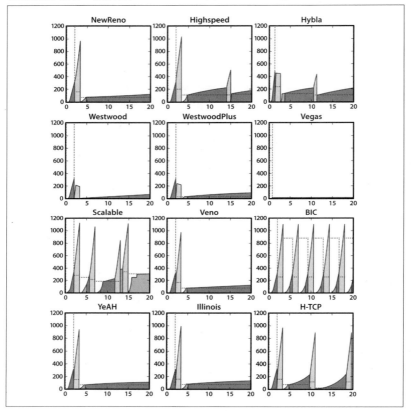

※ 出典：haltaro「ns-3でTCPの輻輳制御を観察する」 URL https://haltaro.github.io/2018/07/13/tcp-ns3/

こでは扱えませんが、NATトラバーサルをするには、レイヤー4でTCPを使うことはできず、UDPを使うしかないからです。NATトラバーサルをするには、UDPに、TCPの機能である「パケットの再送」（確実な到達）、「順序保証」「輻輳制御」の機能を独自に付加した「RUDP」（*Reliable UDP*、次ページ）と総称されるしくみを追加して利用します。

　実のところ、UDPのほうがパケットが速く到達することはあります。日本国内では、典型的には転送が15〜20回程度の転送で、だいたいどの場所からどの場所へもパケットを届けることができます。

　筆者の経験では、転送が15〜20回程度の経路では、UDPを使うと、5〜10％程度、遅延を削減することができるようです。これの詳しい原因はよくわからないのですが、TCPについてはルーターが通信の品質を管理するための複雑な計算をしていることが積み重なっているのかもしれません。

TCPは、IP断片化が起こらないサイズのデータグラムを送り、TCPのアルゴリズムで順序制御や到達保証を行います。それに対して、レイヤー4のUDPは、64KBまでのデータを直接レイヤー3のIPに送り、IP再構成の機能を使って大きなパケットを元に戻します。IPは到達保証をしないため、UDPのパケットは確実に届くとは限りません。

　したがって、スプライトストリームでUDPを使うと、「パケットロスがないこと」という条件を満たすことができません。そこで、UDPを使う場合は、アプリケーションが独自にパケットロスを防ぐしくみを実装しなければなりません。

Column

RUDP

　UDPには前述したようにパケットを確実に届ける機能がありませんが、ゲームのアプリケーションがUDPを用いてパケットを送信する際に、パケットのペイロードの中に通し番号を付けるなどして番号が飛び飛びになってしまったときは再送を要求する、などの機能を独自に実装することは可能です。

　このように、実装されたプロトコルを「RUDP」(Reliable UDP)などと呼ぶことがあります。これはTCPのようにインターネットRFCで正確に定義されているプロトコルではなく、総称で、ゲームごとの要件に合わせて異なる実装が行われています。C言語やC#によるさまざまなライブラリも存在しています。筆者は仕事ではENet[注a]というライブラリを改造したものを使用していますが、それ以外にもGoogleのQUICやさまざまなRUDP実装が存在します。

　NATトラバーサルのために必要であったり、あるいは通信の遅延を少し小さくしたいためにRUDPを使うことによるデメリットは、RUDPの多くの実装はLinuxのカーネルに実装されているTCPほどは最適化されていないため、サーバーマシンのCPU負荷やメモリー負荷が増える傾向にあることです。

　もう一つの問題点は、多数の企業によって大量の研究開発投資や使用が行われているTCPに比べて、RUDPに対する投資や使用規模が小さいため、どうしても輻輳制御の緻密さがTCPに比べて劣ることです。とくに、モバイル回線での性能に問題が起きたりが考えられます。

　RUDPを独自実装する場合、TCPの機能の一部を中途半端に実装するにとどまる可能性や、TCPの設定の調整で同じことが実現できないかなど、慎重に検討することが必要です。

　それとは別の問題としては、UDPのほとんどのポートが閉じられている「UDP blocked」という設定になっているルーターもいくらか存在しているため、そのような環境ではTCPにフォールバック(fallback、失敗したときの代替手段)を用意したりも必要です。

　スプライトストリームのためにRUDPを実装する場合は、このように高度なネットワークプログラミングやサービスの調整が必要になることに注意してください。

注a　URL http://enet.bespin.org/

ストリーム指向プロトコルであるTCP　ストリーム指向とメッセージ指向

　TCPが、UDPやIPと大きく異なる点は、**ストリーム指向プロトコル**（*stream-oriented protocol*）であることです。

　UDPやIPは、アプリケーションが送ったパケットを、断片化や再構成を経ますが、最終的にはそのままの形でパケットとして受け取ります。6KBのパケットを送ったら、6KBのパケットを受け取るか、受け取らないかのどちらかしかありません。このようなプロトコルを「メッセージ指向プロトコル」と分類します。

　それに対して、TCPは「データを一連の流れ」として捉えます。TCPで6KBのデータを1回送信したとき、受信側のプログラムは、それを1KBのデータを6回受信するかもしれないし、6KBのデータを1回受信するかもしれません。最悪の場合は、1バイトのデータを6000回受信する可能性もあります。このような特性を持つプロトコルを「ストリーム指向プロトコル」と分類します。

　ストリームとは「水のようななめらかな流れ」を意味します。TCPはストリーム指向プロトコルなので、TCP上のデータの流れを「ストリーム」と呼ぶことがあります。スプライトストリームの名称も、そのストリームに由来しています。

　TCPのストリームには区切りや終わりがないため、TCPでデータを流すときは、受信側ではその区切りや終わりを正しく認識するための工夫が必要になります。たとえば、TCPの上位レイヤーのプロトコルであるHTTPを使ってテキストデータを送るときは、送る前に「Content-Length: 1020\n」のように、これから送るメッセージの長さをまず指定し、その後、ちょうど1020バイトのデータを送ります。すると、受信側は、その次の1021バイトめのデータからは、次のドキュメントのデータであると知ることができます。

| データの区切り　ソケットプログラミングとバッファリング

　ソケットプログラミングを始めて間もない頃に、多くの人が陥る典型的なミスに、この**データの区切り**のミスがあります。TCPで1020バイトを送って1020バイトを受信するプログラムを手元で動作させて動いたのに、そのプログラムをリリースしてエンドユーザーの環境で動かしたら、先頭の400バイトしか受け取れなくて壊れたデータとして認識してしまったというようなミスです。

　TCPのストリームを受信するプログラムは、必ず受信したデータをいったん長いバッファに貯めておいて、先頭から内容を見て、必要な長さの分のデータが揃っているかを確認してから使う必要があります。スプライトストリームでたくさんのコマンドを送信するときにも、コマンドの長さについて毎回送り、受信側のViewerでバッファリングすることでこの問題に対応しています。

TCPストリームへのデータの送信　パケットロスの影響をできるだけ小さくする

後ほどもう少し詳しく取り上げますが、LinuxやWindowsなどのOSにおいて、TCPストリームに対してデータを送信するためには、ソケットAPIのsend関数を使います。moyaiにおいては、TCPとUDPの多数のソケットを非同期に使えるようにするための高性能なライブラリである、libuvを使っているため、直接ソケットAPIを使うことはありませんが、libuvの内部ではソケットAPIのsend関数を呼び出しています。このsend関数を呼び出すタイミングによっては、パケットロスが多発し、TCPのストールが頻発する結果になります。

図6.11は、アプリケーションが10KBのデータをsend関数を用いて送信するときの、関数呼び出しのパターンの違いを示しています。図中❶では、1秒間に、100バイトずつ100回送っています。❷は、1秒間に1000バイトずつ、10回送っています。どちらも10KBであるため、アプリケーションから見て同じデータ量を送信できます。

パケットが喪失する確率は、厳密に言えばパケットの大きさによっても違いますが、仮にどのパケットでも同じだとすると、❶の送り方のほうが、喪失するパケットの数が❷よりも10倍多いことになります。そのため、ストールする可能性の高い送り方であると言えます。

また、❶は、より下位のレイヤーが付加するヘッダー部分が、❷より相対的

図6.11 send関数の呼び出しパターンの違い

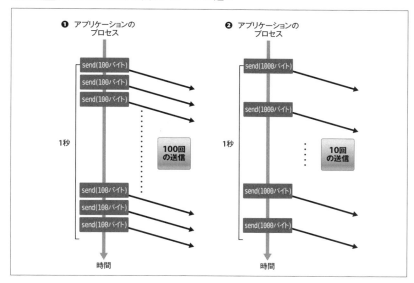

に多くなるため、ネットワークのインフラへの負担がより大きくなり、輻輳状態を招きやすくなります。

❷にはデメリットもあります。それは、1秒間に10回しか送らない場合では、1秒間に100回変化するような速い変化を送ることができないということです。❷では、ゲーム内容の変化が速い場合は、1秒に10回なので、約100ミリ秒の間はずっと送信内容を「バッファ」に貯めておき、時間がきたらそれを送るという方法になります。

しかし、スプライトストリームでは、速い場合は60回/秒の状態変化が起きるため、単純にいつも❷のような送り方をすれば良いというわけでもありません。実現したいゲームの内容のために、どのような送り方が良いかについては、よく検討する必要があります。

ネットワークを流れているパケットヘッダーの中身　Ethernet/IP/TCP

前項で、データを少しの時間バッファに貯めておいて、できるだけ大きな塊で送るように（図6.11❷）にしたほうが、ネットワークの負担が小さく、パケットロスも起きにくいと説明しました。レイヤー4のTCP、レイヤー3のIP、レイヤー2のEthernetと、それぞれのレイヤーで具体的にどのようなパケットが送信されているかを確認すれば、ネットワークに対する負荷の高さを具体的にイメージすることができるようになります。

Ethernetでは、レイヤー1のケーブルに流れている電気信号をデジタル処理して、マシンからマシンへとデジタルデータを高速に伝達します。電気信号をどのようにしてデジタルデータと相互変換するかの詳細はここでは省略しますが、ケーブルを流れるデジタルデータの並び方を数値にして表現すると、図6.12のようなビット列の並びになります。

図6.12 Ethernetのフレーム（IEEE 802.3の場合）

この図は、Ethernetのフレーム（送信単位）を示しています。図中、たとえば、「プリアンブル(7)」の(7)は7オクテットを示します。「オクテット」は8ビットの塊、つまりバイトと同じです。1バイトが8ビットではないマシンが存在するため、「オクテット」として8ビットの塊であることを明確にしています。

Ethernetはこの図のデータの塊を、左端のビットから順番に電気信号にして送信します。先頭の8オクテットは、7オクテットのプリアンブルと、1オクテットのSFD（10101011）の並びで常に固定されています。

10101010 10101010 10101010 10101010 10101010 10101010 10101010 **10101011**

　プリアンブルとSFDによってハードウェアはフレームが始まったことを認識し、その次の2つの6オクテットで**宛先のMACアドレス**[注7]、**送信元のMACアドレス**を読み出します。MACアドレスはEthernetに対応した信号を送信できるハードウェアの識別番号で、それぞれの機材ごとに異なる値になっていて、その値は工場出荷時に設定されます。続く2オクテットが**長さ/タイプ**で、その後が1500オクテットまでの**データ/LLC**が続きます。

　Ethernetの「データ」の部分には、レイヤー3以上のプロトコルが使うデータが入ります。ここは、46オクテットより短いデータを送ることは許されておらず、データの部分が46オクテットに満たない場合は、パディングデータを埋める必要があります。したがって、1バイトのレイヤー3のデータを送るには、46バイト＋26バイトで合計72バイトを送信する必要があります。

　最後の**FCS**はデータのチェックサムで、4オクテット（32ビット）分の長さがあり、デジタル化処理の誤りを訂正するためのフィールドです。FCSの後は、次のフレームのプリアンブルのビット列が始まります。

　Ethernetは、このフレームを、遅いものでは1万4880回/秒、高速なものでは1488万回/秒で送信することができます。

IPパケット

　レイヤー3のプロトコルとしてIPを使う場合は、Ethernetの「データ」の部分にIPパケットが収まります。IPパケットの形式は、**図6.13**のとおりです。

　この図は、IPv4のヘッダー構造を示します。現在はIPv6とIPv4の両方が使われている状態で、だんだんとIPv4からIPv6への移行が行われている段階です。ここでは、IPv4を中心に説明を進めます。

　この図はIPパケットのフォーマットで、1段で32ビットつまり4オクテットのデータが格納されます。フィールドの種類が多いので、重要なものだけを取り上げて説明を行います。まず、ヘッダー長とデータグラム長で、これはIPパケットのヘッダーデータ部分とヘッダーの長さの両方の合計オクテット数です。IPの断片化と再構成は、IDフィールドとフラグメントオフセットを使います。

注7　Media Access Control address。ネットワークカード/機器などに割り当てられている物理アドレス。

図6.13 IPパケットの形式(IPv4)

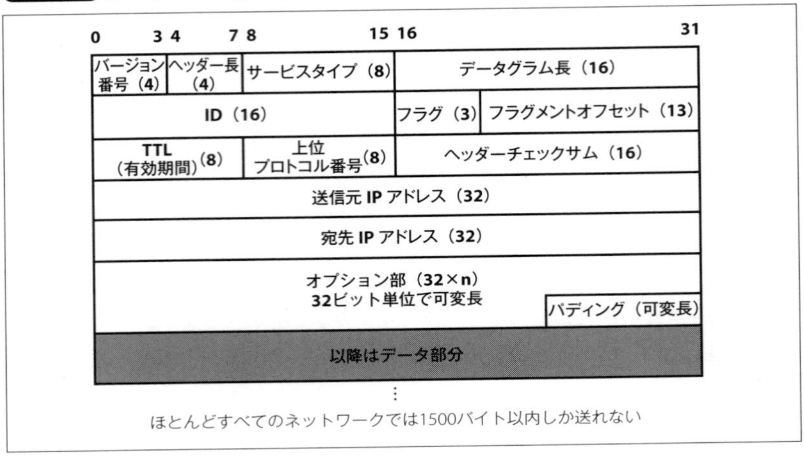

1つのパケットを10個のパケットに分割するときは、その10個ともに同じID番号を付与し、断片化したデータの始まる位置をフラグメントオフセットに書き込んで送信します。送信元と宛先のIPアドレスはそれぞれ、IPv4の場合は32ビット分あります。

必須ではないオプション部の後に、レイヤー4以上で使うデータ部が続きます。Ethernetでは、データの前にヘッダーが、データの後ろにFCSというように、上位のデータの前後を挟むようになっていましたが、IPではデータの後ろに置く情報はなく、データよりも前にヘッダーだけを置く構成になっています。

TCPパケット(セグメント)

TCPを使う場合、IPv4の「データ」の部分には、TCPのパケットデータが格納されます。TCPの形式は**図6.14**のとおりです。

TCPにもさまざまなフィールドがあるので、重要なところだけを見ておきましょう。まず、TCPではIPにはない「ポート番号」という概念が増えていて、それが送信元ポート番号と宛先ポート番号に書かれます。

IPはマシンとマシンの間の通信であるため、マシンに割り当てられているIPアドレスを使って宛先を決定しますが、TCPではマシンの中のそれぞれのプロセス同士を区別して通信できるようにするために、1つのマシンの中に65536個までの「ポート」を定義し、それを使って送信先を特定します。

これによって、1つのマシンで、HTTPとFTP(*File Transfer Protocol*)とSMTP(*Simple Mail Transfer Protocol*)と、スプライトストリームというように、異なるサー

図6.14 TCPパケット（セグメント）の形式

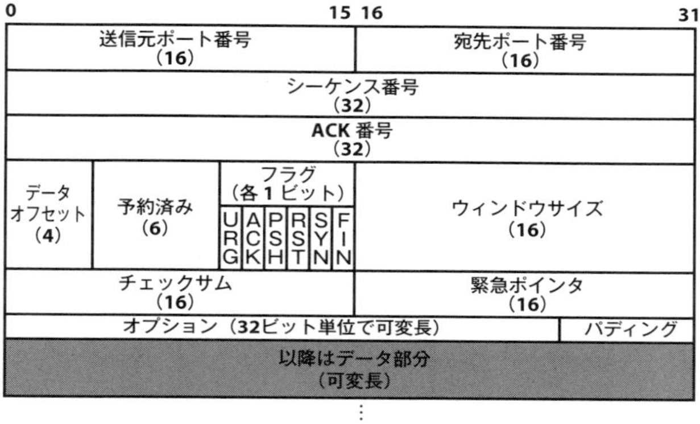

```
0                           15 16                          31
┌───────────────────────────┬───────────────────────────┐
│     送信元ポート番号       │      宛先ポート番号        │
│          (16)              │           (16)             │
├───────────────────────────┴───────────────────────────┤
│                   シーケンス番号                         │
│                        (32)                             │
├───────────────────────────────────────────────────────┤
│                     ACK番号                             │
│                        (32)                             │
├───────┬───────┬───────────┬───────────────────────────┤
│データ │予約済み│  フラグ   │     ウィンドウサイズ        │
│オフセット│ (6) │(各1ビット)│           (16)             │
│  (4)  │       │U A P R S F│                            │
│       │       │R C S S Y I│                            │
│       │       │G K H T N N│                            │
├───────┴───────┴───────────┼───────────────────────────┤
│      チェックサム          │      緊急ポインタ          │
│         (16)               │           (16)             │
├───────────────────────────┴───────────────┬───────────┤
│      オプション（32ビット単位で可変長）     │ パディング │
├───────────────────────────────────────────┴───────────┤
│                以降はデータ部分                         │
│                    （可変長）                           │
│                      ⋮                                 │
└───────────────────────────────────────────────────────┘
```

IPに対して「シーケンス（順序）番号」「ACK（受け取り）番号」「ウィンドウサイズ」
を追加し、パケットの再送、正しい順序、送り過ぎの防止を実装

ビスを共存させることが非常に行いやすくなります。

ACK番号は、TCPの確実な到達と順序の保証するために使う番号で、どこまでのデータを受け取ったかの番号を送り返すために使います。ウィンドウサイズは、輻輳制御をするために使います。厳密に言うと違うのですが、大まかには送信速度を決めるための値と理解しておいて良いでしょう。ウィンドウサイズが大きいと、大量のデータを送っても大丈夫と受信側が通知していることになります。

図のなかほどに、ACK/SYN/FIN……と書かれたビットがありますが、これはTCPの状態遷移を実現するためにそれぞれのセグメントに付けるフラグです。一般的にTCPのようなストリーム指向プロトコルは、ストリームの開始、維持、終了について、何らかの状態をメモリー上に保持しておき、現在の状態に応じてどのようなパケット（TCPの場合はセグメント）を送るかを決定します。

たとえば、RUDP(p.223)では、ストリーム指向プロトコルを独自に実装するための状態管理を行うコードを用意する必要があります。TCPでは、ACK/SYN/FINという3つのフラグを使って、状態遷移を実装しています。

TCPの状態遷移

図6.15は、TCPストリームの状態がどのように変化するかの遷移の仕方を示しています。「CLOSED」などの囲みが「状態」を表しています。TCPの状態遷移を理解することは、スプライトストリームの新規接続の手順を理解するために必要です。この図では、まずストリームが何もない状態（CLOSED）から始まります。

図6.15　TCPの状態遷移[※]

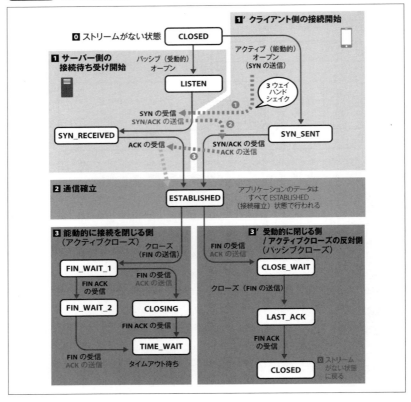

※ 以下を参考に筆者作成。　URL http://www.atmarkit.co.jp/ait/articles/0402/13/news096_3.html

　図中**1**がパッシブ（passive、受動的）オープンで、サーバー側で接続を開始するときの状態遷移を示します。接続を待ち受けるサーバー側がソケットAPI[注8]のbind関数とlisten関数を呼び出すと、OSカーネル内部に新しい接続を待ち受けている状態がセットされます（LISTEN状態）。このLISTEN状態では、まだTCPストリームがありません。Linux、Windows、macOSにおいては、`netstat -ta`というコマンドラインで、LISTEN状態のTCPソケットを確認できます。

　クライアントは新しいTCPストリームを開始したいときは、SYNフラグ付きのセグメントを送信します。サーバーはSYNフラグ付きのセグメントを受信したら、ソケットAPIのaccept関数を呼びます。すると、SYNとACKフラグの両方

注8　次項で改めて取り上げます。

をセットした（SYN/ACK）セグメントをクライアントに返し、SYN_RECEIVED状態に変化します。さらに、クライアントから送られてきたACKを受信したら、**2**のESTABLISHEDに変わり、接続処理が完了します。

このように、クライアントがSYNを送る、サーバーがSYN/ACKを送信する、クライアントがACKを送るという3つのセグメントを送り合って接続を確立する方式を「3ウェイハンドシェイク」（three-way hand shake）と呼びます。RUDPを実装しているライブラリでも、この3ウェイハンドシェイクが多く使われるようです。

1'はアクティブ（active、能動的）オープンで、クライアントから接続開始をするときの状態遷移です。クライアントは、まずソケットAPIのconnect関数を呼びます。すると、SYNフラグ付きのセグメントがサーバーに対して送られます。その後、サーバーからSYN/ACKが送られてくるので、ACKを返します。この時点で、クライアントはESTABLISHED状態に変わり、接続が完了します。

アプリケーションのほとんどのデータは、**2**のESTABLISHED状態で送受信されます。

接続を閉じるときは、サーバーまたはクライアントのどちらかで、アプリケーションプログラムがソケットAPIのcloseまたはshutdown関数を明示的に呼び出したときが、**3**のアクティブクローズです。アクティブクローズでは、能動的に閉じたい側がまずFINフラグ付きのセグメントを送信します。すると、閉じたい側はFIN_WAIT_1状態に変化します。

能動的に閉じようとしているソケットの反対側からACKが届いたら、FIN_WAIT_2状態に移行し、さらにFINが届いたらACKを送信してTIME_WAIT状態に変化し、同じポート番号がすぐに再利用されないようにするために、数分間、そのポートを使えないようにします。

FIN_WAIT_1状態の後、ACKよりも先にFINが届くことがたまにあるので、その場合はFIN_WAIT_1の後にCLOSING状態に変化します。ACKがその後に届いたら、TIME_WAITに変化します。

アクティブクローズした側と反対側のエンドポイントでの状態変化が、**3**'のパッシブクローズです。パッシブクローズはアクティブクローズの反対側で、突然閉じたい側からFINを受けます。そのときは、ACKを返してCLOSE_WAIT状態にします。CLOSE_WAIT状態にしてすぐにFINを送り、LAST_ACK状態に変化します。

アクティブクローズしたい側からの最後のACKが届いたらCLOSED状態とし、TCPストリームはその時点でなくなります。CLOSED状態のストリームは、netstatコマンドで見ることはできなくなります。

TCPで、SYN/ACK/FINフラグを付けた特別なセグメントを使って状態遷移をするときにも、やはりそれらのセグメントがロスすることは多々あります。その場合は、一定時間内にACKが返ってこないときには、やはり同じフラグを付けたセグメントが再送されます。

なお、RUDPを実装しているライブラリでも、ほぼTCPの状態遷移と似たような状態遷移を実装しているので、TCPの状態遷移を理解しておけば、両者の比較によって理解しやすくなるでしょう。

ソケットAPI　　ブロッキング、ノンブロッキング、非同期API、select/epoll

レイヤー4のTCPを使うために、Linux、Windows、macOS、AndroidやiOS、各種のゲーム機など、現在利用可能な多くのコンピューターにおいて、「ソケットAPI」と呼ばれる関数群を使うことができます。

ソケットAPIを使うと、アプリケーションプログラムから、「ソケット」と呼ばれる**整数のID**を利用することで、複雑な状態を持つTCPのストリームを指定して各種の操作を行うことができます。たとえば、あるホスト向けのESTABLISHED状態の13番のソケットについて、アクティブクローズ処理を開始するなら、「close(13);」と呼び出すだけという簡単さです。

ソケットAPIについてはTCPの状態遷移のところで少し触れましたが、重要な関数としては、以下があります。

- **socket**：ソケットを作成して整数のIDを1つ返す
- **connect**：リモートホストにアクティブオープン処理を開始する
- **bind**：ポート番号を指定して、新しい待ち受け用ポートの作成準備をする
- **listen**：新しい待ち受け用ポートを実際に作る
- **accept**：新しい接続をパッシブオープンする
- **send**または**write**：データを送信する
- **recv**または**read**：データを受信する
- **shutdown**または**close**：アクティブクローズ処理を開始する

ソケットを1つだけ使うようなプログラムであれば、これらの関数を一つ一つ呼び出していけばTCPで通信するプログラムを作ることができますが、そのときの問題は、recv関数を呼び出したとき、新しいデータを受信するまでプログ

ラムが待たされてしまうことです。これを「ブロッキング」(blocking)と呼びます。

accept関数も新しい接続が来るまでブロッキングするほか、send関数も送信バッファが溢れているときはブロッキングしてしまいます。ソケットAPIはデフォルトの状態ではブロッキングするので、ゲームサーバーのプログラムが停止して、ゲームプレイが止まってしまいます。

そこで、ソケットAPIをブロッキングせずに使う（ノンブロッキング化/non-blocking）[注9]ためのさまざまな方法が用意されています。それが**select**や**epoll**などの「非同期API」と呼ばれる関数群です。

これらの関数群を駆使するとブロッキングしないようにできるのですが、呼び出す関数の種類や手順が増えたり、エラーハンドリングが非常に複雑になるので、通常は、ソケットラッパー（*socket wrapper*）と呼ばれるライブラリを使ってプログラミング作業を省力化し、コードを短く単純に保ちます。

moyaiでは、LinuxやWindows、macOSで動く、非常に軽量で性能の良いソケットラッパーとして「libuv」というライブラリを使っています。

libuv　非同期I/Oの実現

libuvは、「非同期I/O」を実現するための、C言語で書かれたライブラリで、Node.jsの基盤となっているライブラリとして有名です。非同期I/Oの意味は「ブロッキングをしない入出力」ということです。libuvはソケット以外にもファイルやパイプ、プロセス間通信、シグナルなど、OSやC言語の処理系が提供するAPIをそのまま使うとブロッキングしてしまう可能性のある入出力処理について、ブロッキングせずに使うことができるAPIを用意します。

libuvは、非同期APIを提供するために、特別なことを行っているわけではありません。現在使われているほとんどのOSでは、非同期APIを実現するためのシステムコールが搭載されているため、libuvを使わなくても、OSが提供している関数を使えば、プログラムを非同期にすることが可能です。

たとえば、LinuxやAndroidでは、select、poll、epollなどといったシステムコールがあり、ソケットやファイルから読み込むとき（または書き込むとき）に、待たされる可能性があるかどうかを、実際に読み込みや書き込みをする前に調べることができます。Windowsでも同様に、**IOCP**（*I/O Completion Port*）と呼ばれるAPIがありますし、macOSやiOSではselect、pollに加えて**kqueue**という高速なしくみが提供されています。

注9　ここでは大まかに、ブロッキングしないことを「非同期」または「ノンブロッキング」と呼びます。

スプライトストリームの通信プロトコル

これらの、各種OSが提供しているAPIは、どれもだいたい似ているのですが、関数名はもちろん、引数の構造体の形式や呼び出す関数の順序、エラーハンドリングのやり方などが違うため、それぞれに対応したプログラムを書くには骨が折れます。

そこで、各種のOSが提供している似たような非同期APIを内部で呼び出し、アプリケーションには統一的なAPIとして見えるようにしたのがlibuvです。moyaiではlibuvのおかげで、Linux用、Windows用、macOS用というようにプログラムを別々に実装する必要がなくなり、TCPの通信については完全に同じソースで対応できました。

以下では、HTTPサーバーに対してHTTPの最低限のリクエストヘッダーを送信して、結果を受信するソケットのプログラミングの例を示します。ここでの3つの例は、実際にコンパイルして動くものではなく、関数の呼び出し順序と、そのときに起きることを示すだけの擬似コードである点に注意してください。

❶ブロッキングするソケットAPI
❷ブロッキングしないようにしたソケットAPI
❸libuvのAPI

次の❷では、ioctl関数を使ってソケットを非同期に設定した後、connectやrecvのようにブロッキングするはずのAPIがブロッキングしないようになるため、select関数を使って高速にループを回して「ポーリング」(*polling*)を行い、読み込みが確実に成功するまで待ってループを抜け、その後に読み込みをするのが重要な点です。

❶ブロッキングするソケットAPIの例
```
int s = socket(SOCK_STREAM); // TCPソケットsを作る
connect(s, server_address); // TCPサーバーに接続する。接続完了までブロッキングして待つ
send(s, "GET HTTP/1.0\r\n\r\n"); // HTTPのリクエストヘッダーを送る
recv(s, read_buffer); // HTTPサーバーからデータを受信するまでブロッキングして待つ
```

❷ブロッキングしないソケットAPIの例
```
int s = socket(SOCK_STREAM); // TCPソケットsを作る
ioctl(s, FIONBIO, 1); // TCPストリームをノンブロッキングに設定する
connect(s, server_address); // TCPサーバーに接続する。ブロッキングしない
while (1) { // 接続が完了するまで待つループ
  int result = select(s); // ソケットsでconnectが完了したらresult = 1、それまではresult = 0
  if (result == 1) break; // 接続完了したら抜ける
  // ここで何か他の処理ができる
}
send(s, "GET HTTP/1.0\r\n\r\n"); // HTTPのリクエストを送る。ブロッキングしない
while (1) {
  int result = select(s); // ソケットsに何かデータが来たらresult = 1、それまではresult = 0
  if (result == 1) break; // データが来ていたら抜ける
```

```
   // ここで何か他の処理ができる
}
recv(s, read_buffer); // HTTPサーバーから受信したデータを受け取る。ここではブロッキングせず確実に成功する
```

❸ libuvのAPIでの例
```
uv_tcp_t *client;
uv_tcp_init(client); // libuvのTCPクライアントを初期化する
uv_tcp_connect(clienat, server_address, on_connect_callback); // TCPサーバーに接続開始。
                              ブロッキングしない。on_connect_callback関数が、接続完了したときに呼ばれる
uv_run(); // libuvに処理を渡す。永遠に戻ってこない
```

❸のlibuvの設計上の最大の特徴は、新しい接続が完了したり、データを受信してrecvの読み込みが可能になったりといった事象を検出したときに、libuvに登録しておいたコールバック関数（この例ではon_connect_callback関数）を呼び出し、アプリケーション側でそのコールバック関数の実体を実装してアプリケーションの動作を記述する設計になっているところです。

❸でuv_runの内部はlibuvの中で永久ループになっていて、監視すべきソケットが1つもない状態になるまでは、一度呼び出したきり、戻ってきません。uv_runの中ではepollやIOCPなどのOSが提供するソケット監視関数が呼び出されて続けていて、何かデータが到着したら、libuvに登録したコールバック関数が呼ばれます。したがって、すべてのコールバック関数は、その呼び出し元を辿っていくとuv_run関数に辿り着きます。

❸は、uv_tcp_connect関数で接続を開始していますが、HTTPリクエストヘッダーは、まだ送信していません。uv_tcp_connectで登録しているon_connect_callback関数の内容は、次のようになります。

```
void on_connect_callback(uv_tcp_t *client) {
  uv_write(client, "GET HTTP/1.0\r\n\r\n", on_write_end_callback);
                              // HTTPリクエストヘッダーを送信開始。ブロッキングしない
}
```

この接続完了のコールバック関数の中では、uv_writeを呼び出して、リクエストヘッダーを送っていますが、libuvでは送信も非同期で実行されるため、送信するときに、「送信が終わった」ことをアプリケーションに知らせるための、コールバック関数を設定する必要があります。

送信が終わったときに呼び出されるコールバック関数on_write_end_callback関数は、次のような形です。

```
void on_write_end_callback(uv_tcp_t *client) {
  uv_read_start(client, on_read_callback); // 読み込みを開始する。ブロッキングしない
}
```

HTTPリクエストヘッダーを送信した後は、HTTPサーバーからレスポンスデータが送られてきます。それを受信するために、ここでは読み込みの監視を開始しています。読み込みの監視を始めるだけで、実際に読み込むのはその後少し時間が経ってからで、そのときにはon_read_callback関数が呼ばれます。

on_read_callback関数の内容はアプリケーションで定義する必要があり、次のようになります。

```
void on_read_callback(uv_tcp_t *client, uv_buf_t *data) {
    // ここでようやく、dataにHTTPサーバーからのレスポンスを受け取る
}
```

何回ものコールバック関数の呼び出しを経由して、やっと、HTTPデータを受信できました。libuvでは、ここで示したようにコールバック関数を何種類も定義する必要があるため、ソケットAPIよりも一見コードが煩雑に見えるのですが、それでも、何種類ものOSに対して異なるソケットのプログラムを実装するよりはバグも少なく、性能の良いプログラムを実装することができます。

なお、moyaiのソースでは、libuvを用いてTCPのパッシブオープンをするサーバーコードはRemote.cppで、アクティブオープンをするクライアントコードはvw.cppで確認できます。

本節では、TCPは、順序保証、到達保証、輻輳制御という複雑な機能を提供しているため、それを使いこなすためのソケットAPIもOSごとに異なり、複雑な点があることを紹介してきました。

moyaiではlibuvを使って、その複雑さから発生するプログラミングの負担を排除していることも説明しました。

6.3
レイヤー5〜7:スプライトストリームの送信内容

TCPのデータ部分には、いよいよスプライトストリームのデータが載ることになります。スプライトストリームのデータについて、本節で詳しく説明していきます。まずは、おさらいも兼ねて、レイヤー1〜7の全体を含むパケットヘッダーの構成を俯瞰するところから始めましょう。

レイヤー1〜7:スプライトストリームのデータ　moyaiのヘッダー

図6.16は、レイヤー1〜7のスプライトストリームのスプライトデータそのものまでの、パケットヘッダーの積み重なり方を示しています。

図6.16 スプライトストリームのデータとパケットヘッダー

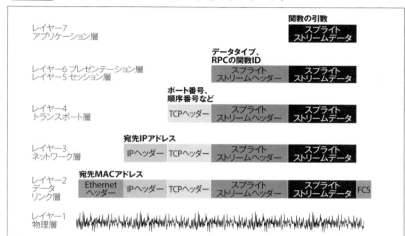

moyaiのスプライトストリームヘッダーのフォーマットは単純で、4バイトの「長さ」と2バイトの「RPCの関数ID」のフィールドが続くだけで、それがレイヤー6のプレゼンテーション層を形成します。テクスチャのデータやスプライトの座標は、レイヤー7のアプリケーションデータとして送信されます。では、レイヤー5以上の、スプライトストリームの詳しい送信内容を見ていきましょう。

レイヤー5:スプライトストリームの接続確立と維持

OSI参照モデルのレイヤー5(セッション層)は、「接続をどのように確立/維持するか」を定義するとされています。HTTPなどの場合は、他のホストにリダイレクトしたり、暗号のハンドシェイクをしたりといった機能がありますが、moyaiのスプライトストリームは、接続の確立についてはTCPをそのまま使っているだけで、とくに何の工夫もしていないので説明することがありません。接続の維持についても、TCPのタイムアウトをそのまま採用しているだけで、TCPに何か動作を加えているわけではないので、やはり説明することがありません。また、接続が切れたときに自動的な再接続をする機能も実装されていません(将来、実装する可能性があります)。

スプライトストリームの通信プロトコル

ほかにもレイヤー5の機能としては、複数のTCP接続を同時に確立して一番速い接続を使うとか、NATトラバーサルを使う場合でタイミングを合わせて接続するといったような機能が考えられますが、現在のmoyaiにはそれらの機能は実装していません。レイヤー5については以上です。次に進みましょう。

レイヤー6:スプライトストリームのパケット構造

スプライトストリームのレイヤー6「プレゼンテーション層」は、ストリームを流れるデータ(バイト列)の並び方を定義します。プレゼンテーションとは、データをどう表現(*present*)するかということです。

moyaiのスプライトストリームは、「RPC」と呼ばれる、リモートプロセスで関数を呼び出すための関数のID(RPCの関数ID)と関数の引数が記述されたパケットが、TCPのストリームに密に連続した状態で送信されます。

パケットは、それぞれ長さの情報を持っているので、パケットとパケットの間を仕切るデリミタ(*delimiter*、おもに1-2文字の区切り)は送信されません。

したがって、スプライトストリームの受信側は、ストリームから受信したデータをいったん大きなバッファに貯めて、新しいデータを受信するごとにパケットが、必要としている長さのデータが揃っているか確認する必要があります。これは、TCPのようなストリーム指向プロトコルを使う場合は必要な処理です。

なお、moyaiのソースコードでは、このバッファリングとバッファに貯まっているデータの解析は、Remote.cppのparseRecord関数で行っています。parseRecord関数は、TCPでデータを受信するたびにバッファに蓄積し、バッファの先頭から内容をスキャンして、新しいパケットが届いているかを検査します。

パケットの中身

1つのパケットは、以下のように32ビット固定長整数のパケット長(uint32_t、ネットワークバイトオーダー/*network byte order*)を表現する部分と、パケットの内容を表現するバイナリデータの部分から成ります。2バイト以上のサイズを持つ整数を送信するときは、インターネットプロトコルスイートの慣習に従い、上位ビットを先に送るビッグエンディアン(*big endian*)に変換してから送信します(ネットワークバイトオーダー)[注10]。

[32ビット パケットの長さ][パケットのバイナリデータ]

注10 サーバーの性能を最大化するために、慣習に従わずにリトルエンディアン(*little endian*)を意図的に使うこともありますが、スプライトストリームではビッグエンディアンを用いています。

たとえば、パケットのバイナリデータ部分が16進数表記で「00 11 00 11 45 45 67 FF」の8バイトだった場合、パケット全体は以下の12バイトになります。先頭4バイトは「00 00 00 08」で長さ8を示し、続く8バイトにデータが並びます。

`00 00 00 08` 00 11 00 11 45 45 67 FF

バイナリデータ、RPCの関数ID、関数への引数データ

パケットのバイナリデータは、16ビット固定長のRPCの関数ID（uint16_t、ネットワークバイトオーダー）と、各関数への引数を表現する部分から成ります。

[16ビットのRPCの関数ID][関数への引数データ]

関数への引数データは、関数ごとに任意に実装されます[注11]。データの送信関数には、以下のようなものがあります。

```
int sendUS1(Stream *out, uint16_t usval);
int sendUS1RawArgs(Stream *s, uint16_t usval, const char *data, uint32_t datalen);
int sendUS1Bytes(Stream *out, uint16_t usval, const char *buf, uint16_t datalen);
int sendUS1UI1Bytes(Stream *out, uint16_t usval, uint32_t uival, const char *buf, uint32_t datalen);
int sendUS1UI1(Stream *out, uint16_t usval, uint32_t ui0);
int sendUS1UI2(Stream *out, uint16_t usval, uint32_t ui0, uint32_t ui1);
int sendUS1UI3(Stream *out, uint16_t usval, uint32_t ui0, uint32_t ui1, uint32_t ui2);
int sendUS1UI4(Stream *out, uint16_t usval, uint32_t ui0, uint32_t ui1, uint32_t ui2, uint32_t ui3);
int sendUS1UI5(Stream *out, uint16_t usval, uint32_t ui0, uint32_t ui1, uint32_t ui2, uint32_t ui3,
                                            uint32_t ui4);
int sendUS1UI1F1(Stream *out, uint16_t usval, uint32_t uival, float f0);
int sendUS1UI1F2(Stream *out, uint16_t usval, uint32_t uival, float f0, float f1);
int sendUS1UI2F2(Stream *s, uint16_t usval, uint32_t uival0, uint32_t uival1, float f0, float f1);
int sendUS1UI2F2(Stream *s, uint16_t usval, uint32_t uival0, uint32_t uival1, float f0, float f1);
int sendUS1UI1F4(Stream *out, uint16_t usval, uint32_t uival, float f0, float f1, float f2, float f3);
int sendUS1UI1UC1(Stream *out, uint16_t usval, uint32_t uival, uint8_t ucval);
int sendUS1UI1Str(Stream *out, uint16_t usval, uint32_t uival, const char *cstr);
int sendUS1UI2Str(Stream *out, uint16_t usval, uint32_t ui0, uint32_t ui1, const char *cstr);
int sendUS1StrBytes(Stream *out, uint16_t usval, const char *cstr, const char *data, uint32_t datalen);
int sendUS1UI1Wstr(Stream *out, uint16_t usval, uint32_t uival, wchar_t *wstr, int wstr_num_letters);
int sendUS1F2(Stream *out, uint16_t usval, float f0, float f1);
```

関数の名称には規則があり、UC1はunsigned charの引数が1つ、US1はunsigned shortの引数が1つという意味です。UI2はunsigned intの引数が2つ、

注11 理想的には、GoogleのProtocol Buffersのような、RPCのスタブコード（関数の送信と受信をする部分の単純な型変換コード）を自動的に生成するしくみを実装して、安全性を高めたり、メンテナンス性を高めたりすべきですが、現在のmoyaiでは関数の種類がさほど多くないため、それは後回しにして、バッファに直接書き込むコードを手作業で関数を書いてパケットを作成しています。

スプライトストリームの通信プロトコル

F2はfloatの引数が2つという意味です。Strは文字列、Bytesは長さフィールドを持つバイナリデータを意味します。WstrはUnicode文字列を送信します。これらの型の引数を前から順番に並べ、一つのRPCの引数列として送信します。

たとえば、unsigned short型の引数を1個、unsigned int型の引数を2個、float型の引数を2個持つ送信関数は、sendUS1UI2F2を用います。

なお、スプライトストリームでは、この送信関数はPACKETTYPE_S2R_CAMERA_LOC、PACKETTYPE_S2R_VIEWPORT_SCALEで用いられています。約100種類ある関数のうち重要なものについては、6.5節で紹介します。

上記に列挙した送信関数で送信できる引数の型を整理すると、次のようになります。整数型は、すべてネットワークバイトオーダーです。現在、moyaiでは64ビット浮動小数点数の値は必要ないため、送信していません。

- UC (uint8_t)：8ビット符号なし整数
- US (uint16_t)：16ビット符号なし整数
- UI (uint32_t)：32ビット符号なし整数
- Str：uint8_tで長さを0〜255で指定した後、バイナリ文字列データが続く
- Bytes：uint32_tで長さを32ビットで指定した後、バイナリ文字列データが続く
- Wstr：uint32_tで総計バイト数を32ビットで指定した後、wchar_tデータが続く
- F (float)：32ビット浮動小数点数

レイヤー6で定義しているパケットのフォーマットは、以上ですべてです。

レイヤー1〜6: スプライトストリームの内容自体には関わっていない

レイヤー1〜6の説明の重要部分で、実はスプライトの「ス」も出ていないことに気づいている方もいるかもしれません。

レイヤー6までの各層は、レイヤー7のスプライトを表示するためのたくさんのパケットを効率良く、パケットロスなく、できるだけストールさせずに、送ることを行っているだけで、スプライトの内容自体には何も関わっていないのです。実際、スプライトストリームではないmoyaiのビデオストリームでも、レイヤー6までは同じ実装になっています。また、Processingストリーム (p.168) を実装する場合でも、やはりレイヤー6までは同じで問題ないでしょう。

これは反対に考えれば、moyaiのレイヤー6以下は、リモートレンダリングの高速な通信用としては素朴で素直な実装になっているので、大抵いつもそのまま使えるということが言えるかもしれません。

レイヤー7:スプライトストリームが送出されるまで

スプライトストリームのレイヤー7では、Viewerの画面にスプライトを表示させるために必要な、すべての具体的な関数を定義しています。

スプライトストリームの関数の設計は、基本的にはmoyaiライブラリのローカルレンダリング用のAPIの呼び出しと、ほぼ一対一に対応しています。

つまり、スプライトストリームから受信した関数と引数を、そのままViewer側のmoyaiに対して呼び出せば、画面に同じ絵が再現されるのを理想として設計されています。たとえば、Prop2DクラスのAPIとスプライトストリームでのRPCの関数IDの対応関係は**表6.1**のようになっています。

LayerクラスやCamera、Viewport、Texture、Imageなどのクラスについても、ほぼこの表のような一対一の関係になるように設計されています。この設計によって、プロトコルのデバッグや説明が行いやすくなっています。

表6.1 Prop2DクラスのAPIとスプライトストリームでのRPCの関数IDの対応関係

Prop2DクラスのAPI	RPCの関数ID	説明
new Prop2D()	PACKETTYPE_PROP2D_SNAPSHOT	Prop2Dを作成
Prop2D::setLoc()	PACKETTYPE_PROP2D_LOC	Prop2Dの位置を設定
Prop2D::setScl()	PACKETTYPE_PROP2D_SCALE	Prop2Dの大きさを設定
Prop2D::setIndex()	PACKETTYPE_PROP2D_INDEX	Prop2DのTileDeckインデックス番号を指定
Prop2D::setColor()	PACKETTYPE_PROP2D_COLOR	Prop2Dの色を設定

スプライトストリームの実例　バイナリデータを見てみよう

moyaiが送信するスプライトストリームは、実際にはどうなっているのでしょうか。TCPのストリームに流れているスプライトストリームのバイナリデータを覗いてみましょう。これが、スプライトストリームの最終的な結果です。

moyaiをビルドすると生成されるviewerで、--log_allオプションを付けて実行すると、受信したスプライトストリームの詳細なバイナリログを出力します。一部を抜き出すと、以下のような様子になります。

```
[1531281592.754698] func:8_arglen84
66 48 0a 00 00 00 01 00    b8 80 45 5b 1a f9 0a 00
0a 00 00 00 02 05 0e 28    e8 3b 0b 00 46 00 00 00
c8 00 40 05 14 01 26 09    01 0c d7 ff c7 c2 01 0a
59 cd ea 6c 00 00 00 00    00 00 00 00 02 00 00 00
03 00 00 00
[1531281592.755547] func:1 arglen:8
b8 80 45 5b 1a f9 0a 00
[1531281592.755638] func:2 arglen:8
```

```
b8 80 45 5b e8 3b 0b 00
[1531281592.755726] func:200 arglen:68
40 00 00 00 02 00 00 00    01 00 00 00 00 00 00 00
d7 ff c7 c2 00 00 00 00    87 f5 74 42 87 f5 74 42
02 00 00 00 01 00 00 00    00 00 00 00 a2 99 8d 41
59 cd ea 6c 00 00 00 00    00 00 00 00 f2 00 00 00
03 00 00 00
[1531281592.756378] func:8 arglen:75
58 50 0a 00 00 00 02 00    b8 80 45 5b ac 7b 0b 00
46 00 00 00 c8 00 40 05    14 0c 00 00 01 00 09 01
```

　この図で[1531281592.756378]などの部分は時刻[注12]で、func:200などの部分はRPCの関数IDで、200番だとPACKETTYPE_PROP2D_SNAPSHOTで、これはProp2Dの状態変化を通知するための関数です。スプライトストリームに含まれる関数IDは、Remote.hに定義されています。末尾のarglen:は、それぞれの関数に渡されている引数全体の長さ(バイト数)です。

スプライトストリームの関数呼び出し
描画準備、スナップショット送信、差分送信

　スプライトストリームの内容がどのようになっているかをイメージしやすくするために、moyai添付のmin2dを少し改造して、赤忍者(実際には赤色)のスプライトが3つ表示され、そのうちの1つだけが動いている状態にして、様子を見てみましょう。改造版min2dの様子は**図6.17**のようになります。

図6.17 改造版min2d

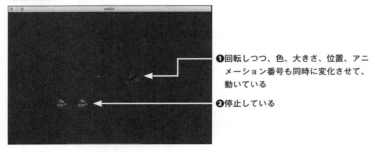

❶回転しつつ、色、大きさ、位置、アニメーション番号も同時に変化させて、動いている

❷停止している

　この図の❶の忍者は回転しつつ、また、色と大きさと位置とアニメーション番号も同時に変化させながら動いています。❷の2つの忍者は停止しています。

注12 現在のUNIX時間および小数点以下6桁、μ秒までの時刻。

スプライトが3個しかないため表示は非常に軽く、このときのフレームレートは60になっていました。

「./min2d --headless」のように、--headlessオプションを付けてmin2dを起動し、「./viewer --log_all」のように、--log_allオプションを付けてViewerを起動します。すると、関数の番号が呼び出し時刻とともに出力されます。

図6.18の右端は大量に吐き出されたログの本体から、func:の行だけを抜き出して見やすくしたものです（一部、説明の都合で割愛しているため、厳密には異なる実行結果になります）。ログそのものには関数名がないので、それぞれの関数名（RPCの関数ID）を図中のログの左側に示しました。

S2C_WINDOW_SIZE（ウィンドウサイズ通知）からS2C_TILEDECK_SIZE（TileDeckサイズ通知）までが**❶描画準備のための関数**です。

S2C_PROP2D_SNAPSHOTが、現在の画面全体のスプライトの状態を一気に送信するための**❷スナップショット送信関数**で、スプライトが3つあるために3個の関数が呼ばれています。

その後は、スプライトの変化分を送る**❸差分送信関数**で、TIMESTAMPとS2C_PROP2D_SNAPSHOTが交互に呼ばれています。TIMESTAMPはゲームサーバーでの毎フレームの時刻を通知します。S2C_PROP2D_SNAPSHOTはProp2Dの変化1回ごとに1個ずつ呼ばれます。忍者のスプライトで動くものが1個だけあって、それが毎フレーム動いているため、TIMESTAMPと交互に呼

図6.18 関数の番号と呼び出し時刻

ばれていることがわかります。

TIMESTAMPの受信時刻に関する注意点

TIMESTAMPの受信時刻については、注意が必要です。

ここで抜き出したログでは、TIMESTAMPを最初に受信した時刻は「1531287196.048993」で、その次が「1531287196.050216」、その次が「1531287196.051364」となっています。TIMESTAMPの時間差は、1つめから2つめまでが約1.2ミリ秒、2つめから3つめまでが約1.1ミリ秒です。

ゲームサーバはフレームレート60で動いているはずなので、その1フレームあたり約16.6ミリ秒でTIMESTAMPが届くはずなのに、約1ミリ秒ごとにTIMESTAMPを受信しています。

この原因は、Viewerが実際に描画準備のためのコマンドを受信して、画像ファイルをデコードしたり、テクスチャメモリーを割り当てたり、OpenGLのバッファオブジェクトを作ったりするために、だいたい200ミリ秒程度の時間かかっていて、その間にもスプライトストリームのサーバはスプライトストリームの差分(忍者スプライトの動き)を送り続けているため、10〜20フレーム分程度のスプライトストリームを一気に受信してしまっているようです(**図6.19**)。

これは、Viewer側では描画準備中は受信も描画もできないにもかかわらず、TCPがストリーム指向プロトコルであるため受信バッファにすべての関数が貯まっており、Viewerの準備後、描画可能になった瞬間(ループを再開した瞬間)に貯まった分のデータを一気に受信する形になってしまうからのようです。

ここで受信しているスプライトストリームの差分は無駄になってしまうので、将来は最適化のために、この部分のスプライトストリームを捨てるように改良したいところです。

図6.19 初期化に200ミリ秒ほどかかり、更新データが数フレーム分貯まってしまう状況

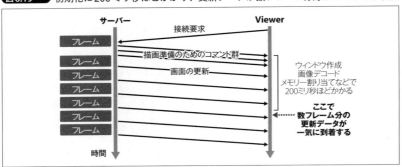

「描画準備の送信」「スナップショット送信」「差分送信のループ」

moyaiのスプライトストリームでは、新しいTCP接続を受け入れた後、「描画準備」を1回だけ送信し、「画面全体のスナップショット」を1回だけ送信し、その後に、「スプライトの差分」を送信し続ける状態に入ります（**図6.20**）。

1つのゲームサーバーに複数の接続が可能なので、この状態遷移は、それぞれの接続について別々に行われることになります。画面の状態は常に変化するので、最初に1回だけ送る準備のためのコマンドも、画面のスナップショットも、それぞれのクライアントが接続してきたタイミングでの最新の状態を送るため、毎回異なった内容になる可能性があります。

次の項目から、最初の状態から順を追って見ていきましょう。

図6.20 「描画準備の送信」「スナップショット送信」「差分送信のループ」

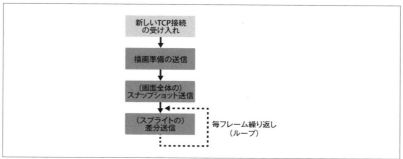

（接続完了直後）描画準備の送信　scanSendAllPrerequisites関数

moyaiでは、スプライトストリームのサーバーが有効化されているゲームサーバーでuv_accept関数を呼び出して、TCP接続を受け入れたら、libuvがremotehead_on_accept_callback関数を呼び出します。この関数は、Remote.cppで定義されています。

remotehead_on_accept_callback関数の内部では、次の2行が並んでいます。

```
cl->parent_rh->scanSendAllPrerequisites(cl);
cl->parent_rh->scanSendAllProp2DSnapshots(cl);
```

scanSendAllPrerequisites関数は、MoyaiClientが管理しているすべてのProp2Dをスキャンし、必要な画像を洗い出してスプライトストリームを生成します。

図6.21は、前項の赤忍者が3人表示されている改造版のmin2dについて、

MoyaiClientがどのようにスプライトストリームの描画に必要なコマンドの列を生成するかの順序を示しています。この図でスプライトストリームで発行される関数名（RPCの関数ID）の左側に、「**3. S2C_VIEWPORT_SCALE**」のように番号が振られています。これは、スプライトストリームの中で送信された順番です。

図6.21 スプライトストリームの描画とコマンドの列の生成

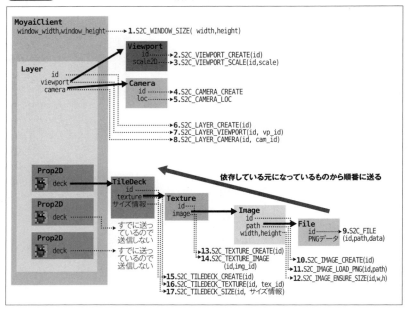

改造版min2dは、MoyaiClientにLayerが1つだけあり、そのLayerにはViewportとCameraが1つずつ登録されています。

1つだけあるLayerにはProp2Dが3つ含まれています。1つめのProp2Dを表示するにはTileDeckが必要で、TileDeckにはTextureが必要で、Textureには画像のデータ自体を格納するImageが必要で、Imageを作るにはPNGファイル（File）が必要というように、スプライトを表示するために必要なmoyaiのクラス群は、依存関係が階層構造になっているのがわかります。

scanSendAllPrerequisites関数は、この依存関係の根本から順番に送信します。具体的には以下の順番で処理を行います。

❶ウィンドウサイズをS2C_WINDOW_SIZEで送信
❷すべてのLayerを調べて、使われているViewportとCameraをリストアップ

❸ ❷でリストアップしたすべてのViewportについてS2C_VIEWPORT_CREATE、S2C_VIEWPORT_SCALEを送信

❹ ❷でリストアップしたすべてのCameraについてS2C_CAMERA_CREATE、S2C_CAMERA__LOCを送信

❺ すべてのLayerについて、そのidをまずS2C_LAYER_CREATEで送り、その後、使用中のviewportとcameraを設定するためにS2C_LAYER_VIEWPORT、S2C_LAYER_CAMERAを送信

❻ LayerのすべてのProp2Dについて、Prop2D ➡ TileDeck ➡ Texture ➡ Image ➡ Fileのすべての依存関係をスキャンし、見つかったすべてのクラスについて論理IDを記録してstd::mapに保存

❼ File ➡ Image ➡ Texture ➡ TileDeckの順番に送信。実際に呼び出すスプライトストリームの関数名は図6.21を参照（図にはないが、Font、ColorShaderも同様にリストアップしてから送信する）

❽ Soundについてはmin2dになく図にもないが、SoundSystemがSoundの配列を保持しているので、それをS2C_SOUND_CREATE_FROM_FILEなどで送信する

scanSendAllPrerequisites関数が終わったら、すぐに画面全体のスナップショット送信に進みます。

（画面全体の）スナップショット送信　scanSendAllProp2DSnapshot関数

画面に表示している、すべてのスプライトのスナップショットを送るのが、**scanSendAllProp2DSnapshot**関数です。

この関数はMoyaiClientが管理しているすべてのProp2Dをスキャンして、現在表示されているすべてのスプライトを管理リストの前から順番にスキャンして、それぞれのProp2Dについて、以下の順番で処理します。

❶ S2C_PROP2D_SNAPSHOT：Prop2Dを作成する

❷ S2C_PROP2D_GRID_CREATEなど：Gridを作成して❶で作ったProp2Dに追加する

❸ S2C_PROP2D_PRIM_BULK_SNAPSHOT：Primを❶で作ったProp2Dに追加する

❹ Prop2Dの子スプライトをすべて送信する

min2dにおいては、赤忍者が合計3つあり、それぞれGrid、Prim、子スプライトを持っていないため、S2C_PROP2D_SNAPSHOTコマンドが3つ並んでいるだけのログになっています。サイズは、68バイトが3つしかありません。

min2dの全画面スナップショット送信は、これだけで終わりですが、より複雑な画面を持つゲームでは、スプライトの数だけ上記の処理が繰り返されるため、数十〜数百KB以上の（スナップショット）コマンド列になる場合があります。

（スプライトの）差分送信　スプライトの状態の変化分を送信し続ける

　画像やCameraなどの描画に必要な準備ができて、画面全体のスナップショットも再現できた後は、状態が変化したスプライトの変化分を、できるだけ速く通知し続ける段階に入ります。

　前出の図6.20を元にして、**図6.22**に、スプライトの差分送信で、繰り返し行っている処理の詳細を示します。

図6.22　スプライトの差分送信で、繰り返し行っている処理の詳細

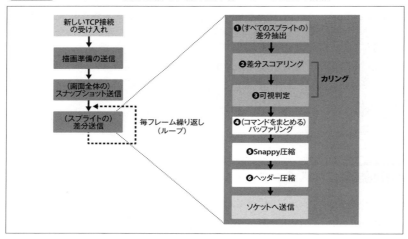

　（スプライトの）差分送信の工程のうち、❶（すべてのスプライトの）差分抽出、❷差分スコアリング（差分スコアの大きい順にソート）、❸可視判定、の3つが、どのスプライトの差分を通知するかを決定するための段階です。❶〜❸の処理がすべて終わった段階で、クライアントに通知すべき差分が全部揃った状態になります。

　それぞれのスプライトの変化について、どれについては送る、どれについては送らない、ということを判定して、できるだけ少ないスプライトについて送るようにする処理部分（差分スコアリングと可視判定）は、不要な枝を刈るという意味で「カリング」とも呼びます。

　その後の❹〜❻は、送ると決まったデータに一手間を加えて、送信するデータをひとまとめにして可逆圧縮をし、さらに、できるだけストールが起きないよう、多過ぎる細かいパケットが送出されないようにヘッダー圧縮を行うなどの処理を行います。では、スプライトの差分送信について、最初から順番に見ていきましょう。

差分抽出:すべてのスプライトの変化を検知
どのスプライトの差分を送るのかを決定する段階❶

moyaiは、MoyaiClientに登録されている、すべてのLayerに含まれる、すべてのProp2Dを、リストの前から順番に毎ループスキャンし、その位置や大きさなどの状態が変化していたら、ネットワークに送信できるデータに変換して、スプライトストリームとして送信します。

ここでは、ゲームサーバーにおける、スプライトストリームの差分送信がどのように行われるのかの流れを順に説明します。moyaiのコードにおいては、これらの処理は、Remote.cppのRemoteHead::track2D関数から辿ることができます。なお、レプリケーションサーバーがスプライトストリームを送出するときは、ゲームサーバーよりももっと単純な処理を行います(6.4節)。

ゲームサーバーにおいては、毎フレームに1回、すべてのProp2Dについて差分を抽出する処理が行われ、差分があったProp2Dについてのみ、その差分情報がスプライトストリームに送出されます。

この処理にかかるコストは、Prop2Dの数のみに比例します。その差分について、それぞれのクライアントに対して送る処理が行われます。クライアントとはゲームサーバーに接続しているViewer1つに対応します。この処理にかかるコストは「変化があったProp2Dの数×全クライアントの数」に比例します。

moyaiのスプライトストリームが有効になっているときは、以下の擬似コードで示す処理が実行されます。これは、二重ループになっています。

```
foreach (prop in all_prop2d) {
  diff = prop.getDiff();
  foreach (cli in all_clients) {
    if (cli.canSee(prop)) {
      cli.write(diff);
    }
  }
}
```

まず、外側のforeachループは、all_prop2dに格納されている、すべてのProp2Dをスキャンします。prop.getDiffでは、前回のループとの差分データを取得します。

次のforeachでは、all_clientsに格納されているすべてのクライアントをスキャンします。cli.write(diff)では、外側のループでdiffに得られた差分のデータを、それぞれのクライアントに送信します。

スプライトストリームの通信プロトコル

　上記の擬似コードでわかるように、差分のdiffを求める処理は外側のループにあるのでProp2Dの個数に比例し、送信処理は内側のループにあるのでProp2Dとクライアントの総数の掛け算に比例します。

　Prop2Dの差分を抽出するには、すべてのProp2Dの「スナップショット」を毎ループ作成し、前のループとの「スナップショットの差分」を抽出します。

Prop2Dのスナップショットの構造体　PacketProp2DSnapshot構造体

　Prop2Dのスナップショットは、以下の**PacketProp2DSnapshot**構造体で定義されます。

```
typedef struct {
  uint32_t prop_id;          ……Prop2DのID
  uint32_t layer_id;         ……Prop2Dが登録されているLayerのID
  uint32_t parent_prop_id;   ……親になっているProp2DのID
  PacketVec2 loc;            ……Layer内での位置。(x, y)座標
  PacketVec2 scl;            ……大きさ。(x, y)方向の大きさ
  int32_t index;             ……TileDeck内のインデックス
  uint32_t tiledeck_id;      ……TileDeckのID
  uint32_t grid_id;          ……GridのID
  int32_t debug;             ……デバッグ用に使う数値。描画内容への影響はない
  float rot;                 ……回転（radian）
  uint32_t xflip;            ……1なら水平反転
  uint32_t yflip;            ……1なら水直反転
  uint32_t uvrot;            ……1なら90度回転
  PacketColor color;         ……色。R/G/B/Alphaを0〜1.0で指定
  uint32_t shader_id;        ……シェーダのID
  uint32_t optbits;          ……その他のオプション（説明は割愛）
  int32_t priority;          ……描画優先順位（数値が大きいほど後＝手前に描画される）
} PacketProp2DSnapshot;
```

　メンバー変数は17個、サイズは88バイトあります。この17個について、毎ループ、違っているかどうかをチェックし、違っていたら、その値を送ります。ただし、できるだけ送信量を少なくするために、88バイト全部を送るのではなく、位置が変わったときは位置だけ、大きさが変わったときは大きさだけなどというように個別に送ります。

　現在は、大きさと位置とインデックス番号が変わったときなど、複数が同時に変わった時は、88バイトの構造体全体を送っています。

　この88バイトのPacketProp2DSnapshot構造体は、すぐにネットワークに対して送信できる状態のデータです。Prop2Dは、上記のようにして、1ループごとに前回のループから今回のループの間に何が変化したかを、すぐに送信できる状態にして、Prop2Dごとに保持しています。

PacketProp2DSnapshot構造体を用いた差分抽出

このPacketProp2DSnapshot構造体を用いた差分抽出のしくみを、図6.23と合わせて見ていきましょう。まず、図6.23 ❶は、RemoteHead(スプライトストリームを送信する設定)を有効化しない、ローカルレンダリングのみを行うmoyaiライブラリにおける、Prop2Dの状態を示しています。

図6.23 PacketProp2DSnapshot構造体を用いた差分抽出のしくみ

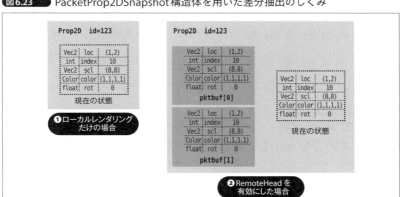

図中の点線の中には、主要なメンバー変数を示していす。実際には水平反転フラグとか、グリッドなどのさまざまな設定状態がありますが、ここでは要点だけを説明するため、主要なものだけで説明します。locは現在位置、indexはTileDeckのインデックス番号、sclはスケールで大きさ、colorは色、rotは回転です。

RemoteHeadを登録してスプライトストリームを有効化すると、Prop2Dが保持している情報は大幅に増え、図6.23 ❷のような状態になります。pktbufというメンバーが追加されます。これは2要素の配列で、PacketProp2DSnapshot構造体の2つ分のスペースが確保されます。

PacketProp2DSnapshot構造体は、Prop2Dの現在の状態のうち、スプライトストリームに送信する必要のある情報をそのままコピーできるメンバーを持っています。pktbufの動作はシンプルで、あるループnにおける現在の状態をpktbuf[0]にコピーし、次のループn+1ではpktbuf[1]にコピーするというように、1ループごとにそれぞれの要素を切り替えていきます。

したがって、pktbuf[0]とpktbuf[1]の内容を比較して、異なっていたら、そ

れは前回からの差分があるということがわかります[注13]。

MoyaiClient::poll関数は以下のような内容になっており、remote_headが有効になっているときはRemoteHead::heartbeatメンバー関数を毎ループ呼び出します。

```
int MoyaiClient::poll(double dt) {
  int cnt = Moyai::poll(dt);
  if (remote_head) {
    remote_head->heartbeat(dt);
  }
  return cnt;
}
```

RemoteHead::heartbeat関数の中では、すべてのProp2Dに関してpktbuf[0]とpktbuf[1]に交互に現在の状態をコピーし、差分を抽出し続けます。

差分スコアリング:
差分スコアでソートし、大きく動いたスプライトを優先送信

位置の同期モードと、どのスプライトの差分を送るのかを決定する段階❷

典型的なゲームでは、スプライトストリームのほとんどを「位置の変化」が占めています。スプライトストリームでできるだけ位置の変化を送らないようにするため、moyaiではProp2Dの位置を送るときに、**差分スコアリング**と**線形補間**という、2種類の「**位置の同期モード**」をProp2Dごとに選択できるようになっています。

Prop2Dのデフォルト設定は「差分スコアリング」で、Prop2D::setLocSyncMode関数を使って「線形補間」に設定できます。

差分スコアリング　位置の同期モード❶

差分スコアリングモードでは、Prop2Dが一定の距離動くごとに1回送信します。具体的には、Prop2Dが個別に持つ**差分スコア**(移動量スコア)という値を、位置が距離Lだけ変化したとき、Lだけ増加させます。そのLの値が閾値を超えた時点で送信し、差分スコアを0に戻します。たとえば、この閾値が100だったとすると、100動くごとに1回送信になります。この方法だと、動いていない

注13　ここは、設計で悩んだところです。Prop2Dの状態を変更するときに、すべてセッター(setter)関数を使って値を更新するようにしたら、セッター関数の中で変化したフラグをセットして、次のループで差分があることを検出できます。そうすれば、pktbufの分のメモリーを確保する必要もなく、コピーのコストも減るからです。しかし、moyaiを使ったゲーム開発では、Prop2Dのlocやsclメンバーに直接書き込みをするようなコードを書きたいため、現在の方法を採用しています。テストしてみたところ、現時点では性能上の問題はないようです。

ものが送信されなくなるため、1ループごとに1ずつ差分スコアを増やすようにしています。これにより、最低でも100ループごとに1回は送信されます。

差分スコアリングモードでは、動きが大きいものが大きいスコアを持つため、差分ソートを行って差分スコアが大きいものから順番にViewerに送信することで、画面の中で動きが大きいスプライトを優先的にスプライトストリームに送信することが可能になります。差分スコアが大きいものから順番に送る処理は、moyai内部では、クイックソートを用いた並べ替えを使って実装されます。

図6.24は、ゲームサーバーが、差分スコアリングモードに設定されたProp2Dの位置を、どのようにスプライトストリームに送出するかを示しています。丸（●）が、スプライトが毎フレーム動いていく軌跡です。囲みの丸（○）が、スプライトストリームに新しい位置を送出するタイミングです。

この図では囲みの丸（○）と、次の囲みの丸（○）の間の進んだ距離がおよそ100になっています。このスプライトの移動速度であれば、だいたい4〜5回の移動で合計して100になり、スプライトストリームに送出されています。

線形補間　位置の同期モード❷

線形補間モードは、動いているゲームオブジェクトの位置をクライアント（Viewer）の側で、スプライトストリームで位置の更新が届くのを待たずに変更してしまいます。これは、時間Tを与えた時、オブジェクトの位置をTの関数で正確に表現できるようなスプライトについてのみ、実現可能です。moyaiでは、等速直線運動をするスプライトにのみ、これを適用できます。

線形補間モードでは、最初にスプライトを表示するときに速度と初期位置を送信し、それ以降は送信しません。moyaiではスプライトストリームを送信し始めるループとその1回前のループの位置の差を計算し、それを速度とします。クライアントは、初期位置と速度を受信した後は、現在の時刻から新しい位置を計算して求めて、スプライトストリームに関係なく、どんどん位置を変えていきます。

図6.25は、ゲームサーバーが線形補間モードのProp2Dの位置をスプライトストリームに、どのように送出するかを示しています。

図6.24　差分スコアリングモード

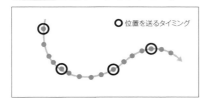

図6.25　線形補間モード

この図で示したスプライトは、等速直線運動をしています。囲みの丸(○)の位置にいるときに、クライアントが接続するなどしてこの範囲が可視範囲に入ったので、スプライトストリームに送出する必要が生じます。可視範囲に入ったときに1回だけ、スプライトストリームに対して位置と速度を送信します。

それ以降は基本的には送信する必要がないのですが、moyaiでは、ゲームサーバーのループ速度が厳密一定でないことによって、クライアントに送信した速度で長時間動かし続けると、実際のスプライトの位置とViewerで見えている位置が微妙にずれてしまう問題があったため、moyaiにあらかじめ設定した頻度で、最新の位置と速度を再送し続けるように実装されています。

それはたとえば、50ループに1回などです。50ループに1回設定した場合は、50ループ以上のズレが蓄積していくことはありません。50ループに1回に制限することで、50回送る必要があったものを50分の1にでき、トラフィックを98％削減できることになります。等速直線運動をする弾が非常に多い、弾幕系のゲームなどでは、このしくみで消費帯域を1桁削減することができます。

速い物体と壁へのめり込み問題　moyaiのデフォルトが差分スコアリングである理由

moyaiのデフォルト設定が、線形補間ではなく、差分スコアリングになっている理由は、多くのゲームで、ゲームの物体(可動物)が壁などにめり込むことで大きな違和感が生じやすいためです。

たとえば、全方向シューティングゲーム『Space Sweeper』では、ビームが壁に当たると破裂して消えます。クラウドゲームでは、ゲームロジックがすべてゲームサーバーに存在するので、クライアントは、どのスプライトがビームで、どのスプライトが壁であるという情報を持っていません。そのため、ビームが消えるタイミングをクライアント側では予測できません。

クライアントは、スプライトストリームでビームのスプライトを消す命令を受信したときにビームを消します。ゲームサーバーでビームが消えた瞬間に、スプライトストリームにはProp2Dを削除する命令が送出されます。

ゲームサーバーとViewerはインターネット経由で接続されているため、通信には若干の時間がかかります。これは日本国内では、10〜50ミリ秒といった時間の長さになります。Viewerの更新頻度は60フレーム/秒、1フレームあたり16.6ミリ秒なので、仮に50ミリ秒の時間がかかると、Viewerでは3フレームの時間が進みます。線形補間モードでは、この3フレームの間にもViewer側でビームはどんどん前に進みます。

つまり、一瞬、壁にめり込んでから消えるという動作になります。シューティングゲームにおけるビーム弾の速さは、1フレームあたりキャラクターの半

身から1人分ぐらいなので、壁にめり込む深さはかなりになります（**図6.26**）。

図6.26 壁へのめり込み問題

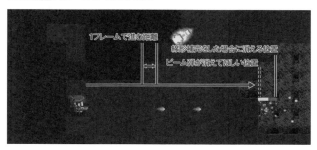

このめり込みは、ネットワークの遅延が大きいほど深くなります。ビーム弾は、壁にめり込んだ後、壁の表面まで戻って炸裂するように見えます。ビーム弾が戻る理由は、ゲームサーバーのゲームロジックでは、ビーム弾は壁にめり込む手前の壁の表面で正しく当たり判定が行われているため、Prop2Dの削除命令とは別に、炸裂エフェクトの開始命令、つまり新しいProp2Dの作成命令が壁の表面の座標で送出されるためです。

moyaiのデフォルトである差分スコアリング方式では、Viewer側で勝手にビームを進行させないため、このようなめり込みや、戻って見える問題は発生しません。その代わり、壁に激突する少し前までしかビームが進行しません。

ビーム弾の動きについて、見た目の違いを**図6.27**に整理します。❶はローカル描画で、当然ですがビーム弾は自然な動きをします。❷の線形補間では、壁に少しめり込んでから、戻って炸裂します。❸は差分スコアリングで、低い頻度で更新されているのがわかります。ただし、壁にめり込むことはありません。

図6.27 ビーム弾の動き

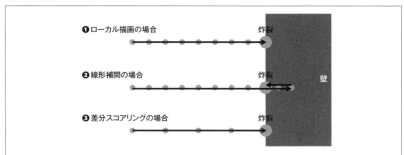

可視判定:可視範囲に入っているスプライトだけを送る
どのスプライトの差分を送るのかを決定する段階❸

前項で説明したように、RemoteHeadは毎フレーム、すべてのProp2Dの変化分を抽出した後、動きの大きいものから順番にソートし、基準値を超えて動いたものを送ろうとします。

しかし、広大なフィールドに大量のオブジェクトが動いているゲームでは、大きく動いているスプライトの数だけでも非常に多くなるため、Prop2Dの変化分をすべてのクライアントに送信すると、全体の送信量があまりにも大きくなり、ゲームサーバーも、スプライトストリームを受信するクライアントも、処理が追いつかなくなってしまいます。

そのため、画面に収まりきらないような広大なフィールドを持つゲームでは、画面の外に出てしまっているスプライトの変化分を送らないことによって、送信量を大幅に削減します。これを「可視判定」と言います。可視判定が、第1工程の差分スコアリングに続く、moyaiのスプライトストリームにおけるカリングの第2工程です。

Prop2Dの差分抽出と可視判定　2つの送信モード

スプライトストリームでは、Prop2Dの変化を全員に送るモードを**broadcast**モード、CameraとViewportから計算できる、**可視範囲**（画面に入っている範囲）の外で起きた変化を送らないモードを**nearcast**モードと呼びます。できるだけ、nearcastで送るデータが多いほうが、全体としてはスプライトストリームの送信量が少なくなります。Prop2Dの差分を各クライアントに送信する処理は、nearcastまたはbroadcastで実行されます[注14]。

現在のmoyaiでnearcastで送信できるのは位置だけが変化したときで、それ以外の送信についてはbroadcastを使います。moyaiは、位置だけが変化したときはいつもnearcastを使おうとしますが、たまたま全部のスプライトが見える範囲に入っていた場合はbroadcastと同じ量の更新データが送信されます。

ゲーム内容によっては、位置の変化を送信するとき以外もnearcastを使える場合があるはず[注15]ですが、現在は位置の変化以外のnearcastについては、moyaiライブラリにnearcastを使うように知らせる方法も含めて未実装です。

注14　その場合分けは、Remote.cppのProp2D::broadcastDiff関数に書かれています。

注15　たとえば、ひたすら2つのTileDeckインデックス番号を交互に繰り返しているスプライトについては、インデックス番号だけが変化したときでもnearcastを使って問題がないはずです。

nearcastは、動いたProp2Dがクライアントの可視範囲に入っているかを調べます。可視範囲は、Prop2Dが登録されているLayerに設定されているViewportから拡大率の値を取り出し、Layerに設定されているCameraから水平位置を取り出します。第4章で説明したように、拡大率と水平位置の情報がわかれば、Prop2Dが画面に描画すべき位置に入っているかどうかを判定できます。

　なお、第7章で紹介するサンプルコードでは、scroll以外のサンプルについては、常に画面の中にすべてのProp2Dが入るようになっているので、ViewportとCameraによる可視範囲の判定では、いつも「見える」判定になります。

　したがって、nearcastをしても実質的にはbroadcastと同じ送信量になり、カリングが実質的には実行されていないのと同じになります。広大なフィールドを持つのは第7章のサンプルゲームではscrollだけなので、カリングの効果が実際に発揮されるのはscrollだけです。カリングの効果がないような小さなフィールドのゲームでは、nearcastとbroadcastの違いはありません。

補足:カリング処理と今後の課題　どのスプライトの差分を送るかを決定する段階を経て

　差分スコアリングによるソート（差分ソート）と、可視判定（可視範囲の判定）という2つの工程を経て、スプライトの変化分をできるだけ少ないスプライトに送るように、スプライトストリームのカリング処理が終わりました。

　図6.28は、すべてのスプライトのうち、大きく動いたものを選別し、さらにそのうち、可視範囲に入っているものだけを選ぶ判定をした結果、最終的に少ない数のスプライトだけが送るべき差分を持っていることを示しています。

図6.28　最終的に送るべき差分を持っているスプライトの数は少ない

　一連の、差分抽出、差分スコアリング、可視判定の工程は、現在のmoyaiでは以下の順番で行っています。

❶差分抽出（変化/動きの検知）
❷差分スコアリング（差分ソート）
❸可視判定（可視範囲の判定）

この順番で性能上の問題は出ていませんが、この順番ではなく、可視判定を先に行うほうが良い成績が出るゲーム内容などもあるかもしれません。

たとえば、差分スコアリング（差分ソート）のソート処理は、スプライトが多いと時間がかかるため、ほとんどのスプライトが極端に速く動き回るゲームでは、差分スコアリングの効果がほとんどなくなって、毎回全部のスプライトについて可視範囲のチェックが必要になるかもしれません。そのような場合は、可視範囲のチェックを先にやったほうがソートのループの回数が減って、CPU負荷を軽減することができそうです。

理想的には、判定の順序を可変にするようなことも考えることができますが、プログラムが複雑になるので、現在のmoyaiではこの処理順序は固定になっています。カリング処理手順の調整については、moyaiの今後の課題です。

スプライトストリームのデータ圧縮　　送信量の削減❶

さて、カリングによって、必要のない情報を送らないように工夫しましたが、カリングの次は、「送る必要のあるデータをいかに効率良く、ゲームプレイの快適さを損なわずに送るか」の、送り方の工夫を行う段階に入ります。

最終的にクライアントまたはレプリケーションサーバーに送信するデータの内容が決まったら、後は送るだけです。その前に、moyaiでは、スプライトストリームで送信するバイト数を削減する単純なデータ圧縮を行います。

moyaiでは、Googleが開発してオープンソースで提供している圧縮アルゴリズムである、Snappyを採用しています。Snappyは、まあまあの圧縮率で、圧縮速度がとても速い、という特徴があります。普通のCPUでシングルスレッドの場合でも、1.5〜3Gbpsの圧縮速度を誇ります。

圧縮の速度が速いことは、ゲームサーバーやレプリケーションサーバーのCPU負荷が小さくなることにつながり、スプライトストリームに向いています。

moyaiは、Snappyの圧縮効率を高めるために、スプライトストリームに送出する予定の多数のコマンドを別々にSnappyで圧縮するのではなく、バッファに一時的に貯めて、それらをまとめてSnappyアルゴリズムにかけます。

図6.29は、スプライトストリームのコマンドをひとまとめにして圧縮したほうが、ばらばらに圧縮するよりも、合計の送信量が小さくなることを示しています。

ひとまとめにしたほうが圧縮率が高くなる理由は、それぞれのProp2Dが持っている情報が似通っているためです。たとえば、TileDeckのIDはだいたい同じで、色も`0xffffff`で同じ、反転や回転の状態、Gridの数などについても、スプライトストリームの大部分は似たような情報が多いためです。一般に、Snappyや

LZのようなよく使われる圧縮アルゴリズムは、同じパターンが繰り返し出現するデータについて、効率良く圧縮できることがわかっています。

図6.29 スプライトストリームのコマンドの圧縮（ひとまとめ/ばらばら）

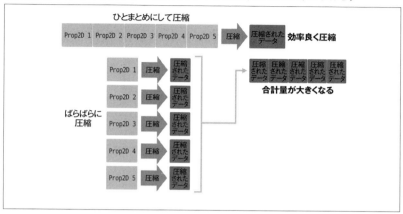

moyaiのサンプルプログラムdemo2dでは、圧縮を有効にすると120Kbps、無効にすると180Kbps程度の帯域を消費します。圧縮によって、送信量を3分の1も削減できました。

Snappyの最大スループットは1Gbps以上なので、この程度の送信量であれば、CPU消費は無視できる範囲だと言えるため、十分圧縮のメリットがあると言えるでしょう。moyaiのゲームサーバーとレプリケーションサーバーでは、デフォルトでデータ圧縮は有効になっていて、設定でOFFにもできます。

スプライトストリームのバッファリングとヘッダー圧縮　送信量の削減❷

スプライトストリームの送信時に、Snappyアルゴリズムを使って圧縮を加えることで送信量を削減することができました。

実は、もう一段階、送信量を削減することができます。それは、スプライトストリームの送信データを、すぐには送らず、数十ミリ秒あるいは数フレーム分程度の短い時間バッファに貯めておいて（バッファリング）、送信単位を大きくし、IP層とトランスポート層プロトコルのヘッダー部分を送信する量を減らす方法です。

ヘッダーとデータの割合

IPを使ってパケットを送る場合、IPv4のTCPでは40バイト以上、UDPでは

28バイト以上、IPv6のTCPは60バイト以上、UDPは48バイト以上のヘッダーを付加する必要があります。送信するデータのパケットサイズが小さいほど、ヘッダーサイズの影響は大きくなります。スプライトストリームを送信するとき、できるだけ大きいパケットサイズで送ることによって、ヘッダーが占める割合を小さくすることができます。

図6.30はTCPを使ってデータを送るときの、データとヘッダーの割合と、データが占める比率を示しています。

図6.30　データとヘッダーの割合と、データが占める比率（TCP）

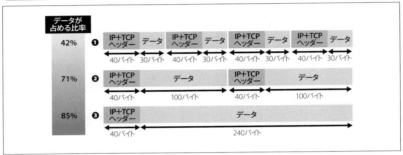

この図では、3つのパターンはそれぞれ280バイトのデータを送っています。

❶では30バイトを4回、❷は100バイトを2回、❸は240バイトを1回送っています。❶ではアプリケーションデータは30バイト×4回＝120バイト送信できました。このとき、ヘッダーについては40バイト×4回＝160バイトで、合計280バイトのうち、データは280分の120、つまり42％を占めています。これに対して、❸では、240バイトを1回で送っているため、全体280バイトに対して、データが240バイトであり、データの占める割合は85％と、2倍以上に向上しました。

消費する通信帯域はどちらも280バイトで同じですが、30バイトを4回送信する場合と、240バイトを1回送信する場合とでは、送信できるアプリケーションデータの量が2倍以上違うことになります。

moyaiのスプライトストリームでは、NagleアルゴリズムOFF

Linuxなどの一般的なOSでは、インターネット回線が混雑することを避けるため、同じ時間あたりでは、できるだけ多くのアプリケーションデータを送ることができるように調整されています。具体的には、アプリケーションがデータを送信し始めたとき、それがMSS（*Maximum Segment Size*、パケット/セグメントの最大長）に満たない小さなデータである場合は、少しの時間だけ待って、次の小さなパケット

をつなげて1つのパケットとし、パケットの送出個数を減らし、結果的にヘッダーの送出量を減らそうとします。これは「Nagleアルゴリズム」と呼ばれ、歴史的にインターネットの混雑を減らすことに大きく貢献してきました（6.2節を参照）。

Nagleアルゴリズムが最適なのは、Webサーバーのように、IPのパケットサイズである1500バイトを遙かに超える、数十KB以上もあるような大きなデータを送る場合です。TelnetやSSH（*Secure Shell*）、オンラインゲームのように小さなデータを頻繁に、遅延なく送り合いたい場合はNagleアルゴリズムが動作すると、数十ミリ秒以上の遅延が追加されてしまい、使い勝手が極端に悪くなってしまいます。

そのため、ソケットAPIには、**setsockopt**関数を使ってNagleアルゴリズムをOFFにする機能があります。OFFにすると、アプリケーションが書き込んだデータがどれだけ小さくても即座に送信されるようになります。

moyaiのスプライトストリームも小さなデータを高頻度に送りたいアプリケーションなので、OFFにできる機能はデフォルトで有効に設定されるようになっています。

スプライトストリームの送信頻度の変更　--send_wait_msオプション

ここで、スプライトストリームを送るときに、毎フレーム（16.6ミリ秒）30バイトずつ差分が発生し、それをViewerに送りたいとします。その場合、1秒間では、差分データ30バイトを60回、つまり60パケット送るので、30バイト×60回＝1800バイトのスプライトストリームのデータが生まれます。

TCPでこれをそのまま送る場合、60パケット分のヘッダーつまり40バイト×60個＝2400バイトのヘッダーを送る必要があり、データとヘッダーで合計で1800＋2400＝4200バイトの送信が必要です。

moyaiのdemo2dでは--send_wait_ms=100のようにして、スプライトストリームの送信頻度を変更するオプションを用意しています。100を指定すると、100ミリ秒に1回ずつ送信するように変更されます。これにより、NagleアルゴリズムがOFFの状態でも、moyai自身が送信タイミングの制御を行って、複数フレームの分の差分データをまとめて大きいパケットにして送出するようになります。

1フレームあたり30バイト分の差分が発生する場合、100ミリ秒に1回であれば、60パケットではなく10パケットに集約されて10回だけ送信されます。1つのパケットには30バイトの差分が10個詰め込まれることになるため、ヘッダーの量は10個×40バイト＝400バイトとなり、データとヘッダーの合計量は1800＋400＝2200バイトになり、実際の帯域消費量は4200バイトからは半分近く削減されることになります。

AWSなどの通信料金の課金額は、IPやTCPのヘッダーも含めた量で計算さ

れるため、この方法は非常に有効です。

遅延とフレームレートの問題　replayerツールとTIMESTAMPの値の活用

この100ミリ秒に1回の送信は、当然ですが、だいたい100ミリ秒の遅延が追加されてしまう問題があります。しかし、それより大きな問題は、Viewerで見ると、100ミリ秒に1フレーム、つまりフレームレートが約10にまで落ちてしまうことです。これでは画面のガタつきがひど過ぎて、目が疲れるゲームになってしまいます。100ミリ秒の遅れには何とか耐えられますが、フレームレートが10というのはプレイ不可能なレベルになるためです。

その対策として、スプライトストリームに含まれているTIMESTAMP (p.204)の値を活用して、複数フレーム分のデータを1つのパケットで受信した場合でも、描画をあえてTIMESTAMPの分、遅らせることでなめらかに見せる方法が考えられます。moyaiのViewerではこの機能を実装していませんが、リプレイ用のreplayerツールではそのTIMESTAMPの値を使ってなめらかに描画できているので、その機能を移植すれば良さそうです。これは今後の開発の課題になるでしょう。

[実測] ヘッダー消費量

最後に、moyaiのdemo2dでのヘッダー消費量の実測値を紹介しておきます。

demo2dでは、デフォルトの状態では、1フレームごとに300バイト程度のデータをスプライトストリームに送出します (60 × 300 × 8 = 144Kbps程度)。パケットのサイズは、tcpdumpコマンドで見て確認します。このとき、Viewerの画面では140Kbps前後の帯域消費量が表示されていました。

demo2dに--send_wait_ms=100オプションを追加すると、tcpdumpでの結果が900バイト以上に大きくなり、Viewerの画面では62Kbps程度に半減していることがわかります。その代わりに、Viewerの画面はガタつきがひどくなることがわかりました。--send_wait_ms=50で試すと、パケットサイズは500〜550バイト程度、消費帯域は85Kbps程度になりました。これはフレームレートで言うと20程度となり、ガタつきはぎりぎり許容範囲になりそうとわかりました。

画面のガタつきがどの程度許容できるかどうかは、もちろんゲーム内容によるので、実現したいゲームの内容に応じていろいろと調整をする必要があるでしょう。具体的には、プレイしている人はsend_waitしないが、観戦だけしている人はsend_waitを追加して帯域を節約するとか、有償ユーザー向けのサービスの一環でsend_waitしないようにするとか、画面に出現しているキャラクターが多過ぎるときはsend_waitを追加するといった工夫が考えられます。

6.4
スプライトストリームとレプリケーション

　さて、レプリケーションサーバーはクライアントの可視範囲の情報に基づいて、「カリング」というスプライトストリームのうち必要のない命令を省略し、クライアントに送信しない処理を行うと前述しました。

　本節では、その処理の内容をさらに詳しく説明します。

レプリケーションサーバーにおけるカリング
送信量を削減するさらなる工夫

　まず、最も単純なレプリケーションの構成として、ゲームサーバー1つに対してレプリケーションサーバーを1つ接続し、すべてのクライアントがレプリケーションサーバーに接続する場合を考えます（**図6.31**）。

図6.31 最も単純なレプリケーションの構成

　ゲームサーバーは、レプリケーションサーバーに対しては、常にすべての変更分を送信します。

　一方、レプリケーションサーバーは、moyaiが管理しているすべてのLayer、Prop2D、TileDeck、Texture、Camera、Gridなどの情報を受信し、それをレプリケーションサーバーのメモリ内にコピーしていきます。つまり、ゲームサーバーにあるすべてのオブジェクトと完全に同じオブジェクトが、互いの関係性も同じに保ったまま再現されます。

　次に、レプリケーションサーバーは、それぞれのクライアントの可視範囲、すなわちCameraの座標とViewportの拡大率から判定されるProp2Dのみを、それぞれのクライアントに送信します。それを示したのが**図6.32**です。

　この図ではまず、ゲームサーバーがすべての状態をレプリケーションサーバーに送信し、レプリケーションサーバーはクライアントAにはマップの左上部分を、クライアントBにはマップの右下部分を送っています。Layer 1～3は、ゲームにおいて地形を表現しているレイヤーだと考えてください。

図6.32 レプリケーションサーバーによるスプライトストリームの転送

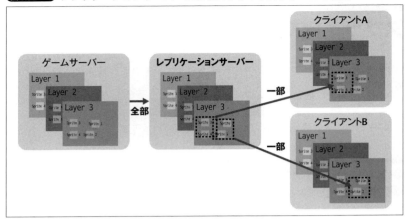

レプリケーションサーバーの実体

この図で示したように、レプリケーションサーバーが行っている、ゲームサーバーの状態をそっくりそのままコピーする処理は、実はViewerが行っていることと同じです。実際に、レプリケーションサーバーの実体は、Viewerのソースコードであるvw.cppに書かれており、いくつかの条件分岐を追加して、画面に描画しないサーバーとして動作するように改造されているだけです。

レプリケーションサーバーは、Viewerからの接続を受け入れてスプライトストリームを転送するように改造された、特別なViewerであると言えます。

レプリケーションサーバーがスプライトストリームを転送するときに、各クライアントに対して、全部の情報を転送することはないと説明しました。それが端的にわかるコードをvw.cppから引用します。

```
/moyai/vw.cpp
case PACKETTYPE_S2C_PROP2D_LOC: {
    uint32_t propid = get_u32(argdata+0);
    int32_t x = get_u32(argdata+4);
    int32_t y = get_u32(argdata+8);
    Prop2D *p = g_prop2d_pool.get(propid);
    if (p) {
      POOL_SCAN(g_reproxy->cl_pool, Client) {
        if (it->second->canSee(p)) sendUS1UI3(it->second,
            PACKETTYPE_S2C_PROP2D_LOC, propid, (int)x, (int)y);
      }
    }
}
break;
```

これは、ゲームサーバーからProp2Dの位置の更新を受け取っている**PACKETTYPE_S2C_PROP2D_LOC**のコードです。

ここではまず、受信したパケットのバイト列から、propid、x、yという3つの情報を取り出します。POOL_SCANマクロは、レプリケーションサーバーに接続しているすべてのクライアントをイテレーションし、sendUS1UI3関数で新しいパケットを送信します。PACKETTYPE_S2C_PROP2D_LOCという同じ命令を転送しているのが、このコードでわかります。

カリングの対象

このコードで重要なのは、if(it->second->canSee(p))という条件判断です。これは、クライアントが「canSee」、つまりProp2Dを見ることができるか、という可視範囲のチェックをする関数です。

レプリケーションサーバーには、クライアントのCameraの状態もViewportの状態もすべてのコピーがあるため、この判定をオンメモリー(*on memory*)で実行することができます。

レプリケーションサーバーは、ゲームサーバーから受信したパケットのうち、位置の変化が関係するものについてだけ可視判定のみを行って、クライアントに再び送信します。位置が関係ない、新しいProp2Dを作成したり色だけを変更したりといったパケットについては、現在では可視範囲のチェックを行いません。

現在は、「動かずに色だけが高速に変化するスプライトが多いゲーム」といった用途が見つかっていないので、問題にはなっていませんが、今後さまざまなタイプのゲームがつくられていく中で、とくに帯域の消費量が多いパターンが見つかれば、レプリケーションサーバーにおけるカリングの種類を増やしていく必要があるでしょう。

レプリケーションサーバーでスケールアウトできる、できない

ゲーム画面に描画されるもののうち、複数のプレイヤーが共有しているものと、そうではないものがあります。

レプリケーションサーバーによるスケールアウトの効果が見込めるのは、「複数のプレイヤーが共有しているスプライト」だけです。複数のプレイヤーが共有しているとは、「同じスプライトの動きを複数のプレイヤー同士が見る」という意味です。

HUDとスプライトストリーム、レプリケーションサーバー

図6.33の『Space Sweeper』の画面で、地形、キャラクター、エフェクトは、すべてのプレイヤーが共通に見るべきものですが、キャラクターの体力や装備の状態を示すためのHUD（*Head Up Display*）部分については、それぞれのプレイヤーの画面に異なるものを表示する必要があります。

それぞれのプレイヤーごとに体力のや持ち物の状態がそれぞれ異なるため、共通のスプライトストリームをコピーして全員に送ることができません。

図6.33 共有される要素と共有されない要素

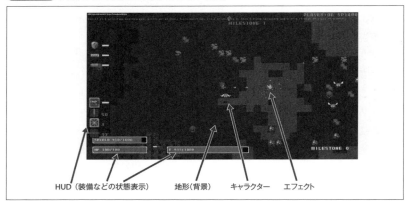

このように、典型的にはHUDやインベントリ（*Inventory*、持ち物欄）の表示、各ユーザーに独立したタイミングで表示が必要な個別のカットシーンなどについては、ゲームサーバーが接続プレイヤー数に比例した量のスプライト情報を送信する必要があるため、レプリケーションサーバーを使う構成でも、ゲームサーバーの消費帯域はプレイヤー数に比例して増えてしまいます。

したがって、HUDを構成するProp2Dが多く、かつその変化が速い場合は、そのことがゲームサーバーの性能のボトルネックになる可能性があります。

なお、『Space Sweeper』の場合は、Prop2Dは1秒に1～2個程度しか変化せず、しかもTileDeckのインデックス番号が変わるだけなので、1回あたり30バイト以下の差分しか発生しません。1000人が接続している場合、毎秒たかだか2000個のスプライトが変化し、30バイトの送信なので2000 × 30 = 60KBだけ、という計算になり、ほとんど問題になりません。

以上のことから、HUDが激しくアニメーションするようなゲームは、スプライトストリームには不向きである、レプリケーションサーバーでスケールできないと言えるでしょう。

6.5 スプライトストリームの関数（抜粋） 描画準備、実際の描画、サウンド/インプットストリーム/レプリケーションサーバー制御

本節では、スプライトストリームのレイヤー7（アプリケーション層）で送信されるメッセージが、実際にどのような内容になっているのかを紹介します。ここでは重要なものに絞って取り上げます[注16]。主要な関数を大まかに分けると、

- サーバーからViewerへ送信（されるスプライトストリーム）
  - 描画準備のための関数群
  - 実際に描画をするための関数群
  - サウンド関連の関数群
- Viewerからサーバーへ送信
  - ユーザーの入力をゲームサーバーに伝えるためのインプットストリーム関数群
- レプリケーションサーバーとゲームサーバー間で送信
  - レプリケーションサーバーを制御するための専用関数群

となります。それぞれの関数呼び出しは、**16ビットのRPCの関数ID**と**各種の型を持つ引数の列**で定義されます。順を追って紹介していくことにしましょう。

スプライトストリーム関数の命名規則

moyaiのスプライトストリームの関数の識別番号は、Remote.hで、enumで関数の番号を定義し、名前を付与しています。

スプライトストリームの関数はデータのパケットとして送られるので、パケットの種別を表す接頭辞「**PACKETTYPE_**」が付きます。接頭辞はすべての関数に付くので、読みやすさのために本節や一部本文ではこの接頭辞は省略します。

PACKETTYPE_の後には、関数を送信する方向が続きます。関数IDのenum名に方向を含めないと、クライアントとサーバーのプログラムを同時に行う必要がある場合、プログラムの読みやすさのために筆者は可能な限り呼び出し方向の情報を含めるようにしています。呼び出しの方向は、クライアントからサーバー（ゲームサーバーまたはレプリケーションサーバー）の**C2S**（*Client to Server*）、**S2R**（*Server to Reprecator*）、**R2S**（*Reprecator to Server*）、**S2C**（*Server to Client*）があります。

moyaiでは、とくに呼び出し方向を持たない汎用的なメッセージは、3種類あ

[注16] ここで挙げたもの以外はソースコードを参照してください。

り、**PING/TIMESTAMP/ZIPPED_RECORDS**です。PINGはTCP接続の完了を確認するための関数で、PINGを受信した側はすぐにPINGを返す約束になっています。これで、TCP接続の完了と、通信のだいたいの遅延時間を測定できます。TIMESTAMPはリプレイを実現するための時刻データ（p.204）で、ZIPPED_RECORDSは、複数の関数パケットを一塊にして圧縮をかけたパケットです。スプライトストリームで圧縮処理を有効に設定した場合に使用されます。

描画準備のための関数群

　スプライトストリームのTCP接続が確立したらすぐに、サーバー側から、現在の描画状態を送信します。その際、ウィンドウサイズやViewport、TileDeckなどの、（スプライトの描画に必要な）描画準備のための情報をまず送ります。

- `WINDOW_SIZE(uint32_t width, uint32_t height)`
  ゲームのウィンドウサイズを送信する。ViewerはTCP接続が確立して、この関数を受信してはじめて、ウィンドウを生成する

- `VIEWPORT_CREATE(uint32_t viewport_id)`
  moyaiのViewportを作成する。スプライトストリームで送信されるすべてのクラスのインスタンスには論理IDが付与されていて、その番号を元にViewerでどのインスタンスに対する操作なのかを決定するようになっている。moyaiではCameraやViewportなど、すべてのオブジェクトにIDを付与し、通信するときにどのオブジェクトの状態を変更したいのかをこのIDを用いて指定する。この論理IDは、オブジェクトをnewしたときに付与される。たとえば、Cameraの場合であれば、C++で、`new Camera()`としてコンストラクタを呼び出したときに、新しいIDが割り振られる。このIDは通常は連番になる。
  スプライトストリームにおける重要なポイントは「Viewerとサーバーとで論理IDが同じオブジェクトを指している必要がある」ことである。
  Viewerとサーバーとの両方がmoyaiを用いて実装されているため、それぞれのオブジェクトをnewする順番が同じであれば論理IDは一致するはずだ。しかし、実際のスプライトストリームでは、たとえば、ゲームに途中から参加して通信を開始した場合などは、オブジェクトをnewした順番とは異なる順番で送信されることになる。
  Viewerとサーバーとでオブジェクトの ID を一致させる工夫が必要である。そこでViewer（moyaiを使用している）では、VIEWPORT_CREATEのような関数を受信して各オブジェクトをnewして生成したとき、内部的にIDが振られた後に、サーバーから送られてきた論理IDをnewしてできたオブジェクトに上書きして、その後の通信に備える

- `VIEWPORT_SCALE(uint32_t viewport_id, float w, float h)`
  moyaiのViewport::setScale2D関数を送信する。idで指定したViewportに対してsetScale2D(w, h)を呼ぶ

- CAMERA_CREATE(uint32_t camera_id)
  Viewerで new Camera() し、CameraのIDを設定する

- CAMERA_LOC(uint32_t camera_id, float x, float y)
  IDで指定するCameraに対してsetLoc(x, y)を呼ぶ

- LAYER_CREATE(uint32_t layer_id)
  Viewerで new Layer() を行い、レイヤのIDを設定する

- LAYER_VIEWPORT(uint32_t layer_id, uint32_t viewport_id)
  Viewerにおいて、Layer::setViewportを呼ぶ。設定対象となるViewportはVIEWPORT_CREATEで作成されたものを viewport_id を用いて検索する

- LAYER_CAMERA(uint32_t layer_id, uint32_t camera_id)
  Viewerにおいて、Layer::setCamera(camera)関数を呼び出して、Layerに対してCameraを設定する。layer_idで操作対象となるLayerを、camera_idでCameraを検索する

- FILE(short_string path, long_string content)
  ファイルを送信する。pathはファイルを特定するための文字列で、通常は "assets/base.png" のようなサーバー側で使われているファイルのパス名がそのまま送信される。Viewerは、このパスにファイルの内容を保存することはなく、ファイルの内容の画像などはすべてメモリに載せたままの状態で使われる。
  contentはファイルの内容の全体である。現在は、スプライトストリームで使うソケットの送信バッファよりも大きなファイルを送信することができない。将来は、大きなファイルを送ることができるようにするため、ファイルを分割して送る機能が必要になるはずである。Viewerは、この関数でファイルを受信したら、キャッシュとしていったんViewer側のローカルディスクに格納して、後で使うときに備える

- IMAGE_CREATE(uint32_t image_id)
  Viewer内部で new Image() を実行して画像を作成しIDを設定する。この時点ではまだメモリーは確保されない。ここで生成されるmoyaiのImageは、画像の実体となるメモリー領域で、画像の総ピクセル数に比例したメモリーを確保する

- IMAGE_LOAD_PNG(uint32_t image_id, short_string path)
  Viewerで Image::loadPNG(path) を呼び出して、ファイルからPNGフォーマットの画像をImageに読み込む。ここで指定されるpathは、FILE関数であらかじめ送信されている必要がある

- IMAGE_ENSURE_SIZE(uint32_t image_id, uint32_t width, uint32_t height)
  Viewerで Image::ensureSize(width, height) を呼び出して、画像を保持するためのメモリーが確保されていない場合は確保する

- IMAGE_RAW(uint32_t image_id, long_string rawdata_rgba)
  サーバーからImageの画像メモリーの内容そのものを送信し、Viewer側でImage::setAreaRaw関数でそれをセットする

- TEXTURE_CREATE(uint32_t texture_id)

スプライトストリームの通信プロトコル

Viewer で new Texture() してテクスチャを作成する。ただし、画像の実体 (Image) はまだ設定されていないので、この状態では描画ができない

- TEXTURE_IMAGE(uint32_t texture_id, uint32_t image_id)
  Viewer で Texture::setImage(image) を呼び出し、Texture に Image を関連付ける。これによって、実際に描画ができるようになる

- TILEDECK_CREATE(uint32_t tiledeck_id)
  Viewer で new TileDeck() を実行し、TileDeck を作成する

- TILEDECK_TEXTURE(uint32_t tiledeck_id, uint32_t texture_id)
  Viewer で TileDeck::setTexture を実行し、あらかじめ作成しておいた Texture を TileDeck に関連付ける

- TILEDECK_SIZE(uint32_t tiledeck_id, uint32_t sprite_width, uint32_t sprite_height, uint32_t cell_width, uint32_t cell_height)
  TileDeck が 1 枚の画像 (Texture) をどのように分割するかを TileDeck::setSize 関数を呼び出して設定する

- FONT_LOADTTF(uint32_t font_id, uint32_t pixel_size, uint8_t cstr_len, char *path)
  TTF 形式のフォントファイルを読み込んでフォントの描画に備える。TTF ファイル自体は FILE 関数であらかじめ送信されている必要がある

描画準備の流れ

現在の moyai におけるスプライトストリームの実装では、Viewer からの接続を受け入れた直後に、上記の関数群を以下の順番で送信します。

❶ WINDOW_SIZE を送信

❷ まず、すべての Layer をスキャンし、Layer に登録されている Viewport と Camera を見つけ出して列挙

❸❷ で列挙した Viewport すべてについて VIEWPORT_CREATE、VIEWPORT_SCALE を送信

❹❷ で列挙した Camera すべてについて CAMERA_CREATE、CAMERA_LOC を送信

❺❷ でスキャンした全 Layer について LAYER_CREATE、LAYER_VIEWPORT、LAYER_CAMERA を送信

❻ 全 Layer に登録されている全 Prop2D をスキャンし、各 Prop2D で使われている Image、Texture、TileDeck、Font を各 1 回ずつ列挙。Image と Font については、どのファイルから読み込んだかを調べ、ファイルをすべて列挙

❼❻ で列挙したファイルすべてについて、FILE 関数を送信

❽❻ で列挙した Image にすべてについて、IMAGE_LOAD_PNG を送信

❾❻ で列挙した Texture すべてについて、TEXTURE_CREATE を送信

- ❿❻で列挙したTileDeckすべてについて、TILEDECK_CREATEを送信
- ❿❻で列挙したFontすべてについて、FONT_LOADTTFを送信

実際に描画をするための関数群

描画準備が整ったら、Prop2D(スプライト)の具体的な位置や大きさなどの情報を送信します。moyaiでは、Prop2D以外にもGrid(格子状に並んだスプライト)、Sound(効果音とBGM)、Font(TTFに対応したフォント)、TextBox(フォントを使った文字描画)、Prim(直線や矩形描画)、シェーダ(フラグメントシェーダのみ)などの、さまざまな描画要素があります。

紙幅の都合もあり、ここではProp2Dを取り上げて説明を行います。

- PROP2D_SNAPSHOT(long_string packet)
  Prop2Dを描画するために必要なすべての情報(スナップショット情報)を、1つの構造体に格納し、それをそのまま送信する。そのPacketProp2DSnapshot構造体については、p.250の「Prop2Dのスナップショットの構造体」を参照。

  そこで登場しているPacketVec2は、次のようにx、yをメンバーに持つ、座標を格納するための構造体で、4バイトのfloat値を2つで合計サイズは8バイトである。

  ```
  typedef struct {
    float x, y;
  } PacketVec2;
  ```

  また、PacketColorは色の情報を格納する構造体で、上記のようにr/g/b/a(赤/緑/青/不透明度)でそれぞれ0.0〜1.0の範囲の値を持ち、合計16バイト(4×4)。

  ```
  typedef struct {
    float r, g, b, a;
  } PacketColor;
  ```

  Prop2Dのスナップショット情報は現在、全体で88バイトの大きさを持ち、この情報と、準備段階で送信された情報があれば、1つのスプライトをどのように描画すべきかを完全に決定できる。準備段階の最後には、スナップショットが送られる

- PROP2D_LOC(uint32_t prop_id, float x, float y)
  Prop2Dの位置だけが変わったときに、位置だけを送信する。88バイトのスナップショットに比べて、4バイトのfloat値を2つ送信するだけなので、送信量を抑えることができる。prop_idは、座標を変更したいProp2Dを特定するためのオブジェクトのIDである。このIDで指定したProp2Dオブジェクトの座標だけが変更される

- PROP2D_INDEX(uint32_t prop_id, uint32_t index)
  Prop2DのTileDeckのインデックスだけが変化したときに、変化後のインデックスを送信する

- PROP2D_SCALE(uint32_t prop_id, float sx, float sy)
  Prop2Dの大きさ(スケール)だけが変化したときに、変化後のスケール値を送信する

- PROP2D_ROT(uint32_t prop_id, float rot)
  Prop2Dの回転量だけが変化したときに、変化後の回転量を送信する

- PROP2D_XFLIP(uint32_t prop_id, uint32_t xflip)

- PROP2D_YFLIP(uint32_t prop_id, uint32_t yflip)
  それぞれ、水平反転の状態だけ、垂直反転の状態だけ、が変化したときに送信する

- PROP2D_COLOR(uint32_t prop_id, float r, float g, float b, float a)
  Prop2Dの色だけが変化したときに、変化後の色を送信する

- PROP2D_DELETE(uint32_t prop_id)
  Prop2Dが消去されたときに、消去されたProp2DのIDを送信する。Viewerはこれを受信したら、ただちにProp2Dを消す

サウンド関連の関数

以下では、サウンド関連の関数を紹介します。

- SOUND_CREATE_FROM_FILE(uint32_t sound_id, uint8_t path_len, char *path)
  あらかじめFILE関数で送信されているサウンドファイル(WAVやMP3)を読み込んで、Soundオブジェクトを作成する

- SOUND_PLAY(uint32_t sound_id, float vol)
  SOUND_CREATE_FROM_FILEで作成したサウンドを再生する

- SOUND_STOP(uint32_t sound_id)
  SOUND_PLAYして再生中のサウンドを止める。再生されていない場合は何もしない

インプットストリームの関数

Viewerからサーバーに送信されるインプットストリームの関数を説明します。

- KEYBOARD(uint32_t keycode, uint32_t action, uint32_t mod_shift, uint32_t mod_ctrl, uint32_t mod_alt)
  Viewerにおいて、キーボード入力があったことを即座にサーバーに伝える。keycodeはGLFWのキーボードイベントのキーコードを送信する。actionは押されたら1、離されたら0である。mod_shift/mod_ctrl/mod_altで、shift/ctrl/alt(修飾キー)の状態も伝える

- MOUSE_BUTTON(uint32_t button, uint32_t action, uint32_t mod_shift, uint32_t mod_ctrl, uint32_t mod_alt)

Viewerにおいて、マウスの入力があったことを即座にサーバーに伝える。button
はGLFWのBUTTON関連の定数の値を送信する。たとえば、左ボタンならGLFW_
MOUSE_BUTTON_LEFTである。actionや修飾キーについてはキーボードと同じ

- CURSOR_POS(float x, float y)
  Viewerにおいてマウスカーソルの位置が変化したらサーバーへ送信される。ウィ
  ンドウの左上角が原点(0,0)である

レプリケーションサーバー用の関数

以下は、レプリケーションサーバーからゲームサーバーへ送信する関数です。

- R2S_CLIENT_LOGIN(uint32_t client_id)
  新しいクライアントからの接続を受け入れたことをゲームサーバーに通知する

- R2S_CLIENT_LOGOUT (uint32_t client_id)
  接続していたクライアントが切断して不在になったことをゲームサーバーに通知する

- R2S_KEYBOARD(uint32_t client_id, uint32_t keycode, uint32_t action, uint32_t modbits)
  接続中のクライアントからキーボード入力があったことをゲームサーバーに通知する

- R2S_MOUSE_BUTTON(uint32_t client_id, uint32_t button, uint32_t action, uint32_t modbits)
  接続中のクライアントからマウス入力があったことをゲームサーバーに通知する

- R2S_CURSOR_POS (uint32_t client_id, float x, float y)
  接続中のクライアントでマウスカーソルが動いた位置を通知する

以下は、ゲームサーバーからレプリケーションサーバーへ送信する関数です。

- S2R_NEW_CLIENT_ID (uint32_t server_cl_id, uint32 repr_cl_id)
  ゲームサーバー内部で発行した新しい論理ID(クライアント)をレプリケーション
  サーバーに通知する

- S2R_CAMERA_CREATE(uint32_t client_id, uint32_t cam_id)
  Cameraを作成する

- S2R_CAMERA_DYNAMIC_LAYER(uint32_t client_id,uint32_t camera_id, uint32_t layer_id)
  Layerのdynamic_cameraメンバーにCameraを登録します。特定のプレイヤー専
  用のCameraをゲームサーバー内で作ったときに送信する

- S2R_CAMERA_LOC(uint32_t client_id, uint32_t cam_id, float x, float y)
  特定のプレイヤー専用のCameraの位置を動かす

- S2R_VIEWPORT_CREATE (uint32_t client_id, uint32_t vp_id)

Viewportを作成する

- `S2R_VIEWPORT_DYNAMIC_LAYER(uint32_t client_id, uint32_t vp_id, uint32_t layer_id)`
  Layerのdynamic_viewportメンバーにViewportを登録する

- `S2R_VIEWPORT_SCALE(uint32_t client_id, uint32_t vp_id, float x, float y)`
  Viewportのスケール（拡大率）を変更する

- `S2R_PROP2D_TARGET_CLIENT(uint32_t prop_id, uint32_t client_id)`
  ある特定のProp2Dについては、特定のクライアントに送信するように設定する。これはクライアント間で共有しないHUDなどを、レプリケーションサーバーで利用したいときにも使う

- `S2R_PROP2D_LOC (uint32_t prop_id, float x, float y)`
  特定のProp2Dの位置を変更する。これは、S2R_PROP2D_TARGET_CLIENTでターゲット設定したProp2Dを動かすために使う

6.6 本章のまとめ

　本章では、moyaiのスプライトストリームの詳細について、OSI参照モデルにおける、レイヤー1からレイヤー7に向けて階層を上げながら説明をしました。

　レイヤー1〜4では、スプライトストリームを支えるTCPプロトコルと、TCPを使うためのソケットAPIとその簡略化のためのlibuvについて紹介しました。

　レイヤー5〜7は、moyaiのスプライトストリームで独自に定義した内容を紹介しましたが、その基本的な設計方針はスプライトストリームとmoyaiのAPIを1：1に対応付ける方法でした。

　スプライトストリームの動作は、描画準備、画面全体のスナップショット送信、スプライトの動きの差分送信の3つの段階に分かれていました。

　とくに、差分送信時について、差分スコアリング、可視判定、nearcast/broadcast、Snappyを使った圧縮、バッファリング、ヘッダー圧縮、さらにレプリケーションサーバーにおけるカリングなど、さまざまな方法でスプライトストリームの送信量を削減する工夫を紹介しました。

　最後に、スプライトストリームの主要な関数をひととおり紹介しました。

　現在のmoyaiは2Dのスプライトストリームを送信しますが、差分スコアリングや可視判定、圧縮、バッファリングなどの工夫は、3Dでも同様に通用します。将来的に3Dに対応するときも、自然な機能拡張ができる見込みです。

第7章

[クイックスタート]クラウドゲーム
多彩な軸のサンプルゲームから見えてくる要所

　本書では、実際にプレイ可能な小規模なクラウドゲームをいくつか実装して、手元のPCやサーバー上で動作させることができるようにしています。

　サンプルのソースコードは、以下のGitHubリポジトリで公開しています[注1]。

URL https://github.com/kengonakajima/moyai_samples/

上記には、以下の6つのサンプルプログラムが含まれています。

- **min**：動作確認を行うための、最小構成のサンプルコード
- **bench**：性能限界を測定するためのベンチマークコード
- **dm**：弾幕シューティングゲームを試しに実装してみたサンプルゲーム
- **rv**：2人で対戦できるリバーシを実装したサンプルゲーム
- **duel**：対戦格闘ゲームを実装してみたサンプルゲーム
- **scroll**：(全方向スクロールゲームの)スクロール機能を実装したサンプルゲーム

　この6つはmoyaiを使っており、クライアントサイドレンダリングで動作し、moyaiに含まれる共通のViewerプログラム(`viewer`)を用いて、リモートから接続してスプライトストリームを受信してプレイできます。

注1　サンプルゲームのゲームサーバーは、macOSまたはLinuxで動作します。

ゲームについて学ぶためには、実際に何かゲームをつくってみるのが最も早い道です。そこで、本書ではサンプルプログラムとして、moyaiの動作確認に使えるminとbenchに加えて、ソースコードをコピーして、実際のクラウドゲームの開発をスタートできるサンプルゲームを各種用意してみました。

サンプルゲームとしては、できるだけ多くのジャンルに対応するために、

- シングルプレイのdmから、大人数の同時プレイに向いているscrollまで
- 遅延に対して要求が厳しくないrvから、厳しいduelまで
- スプライトの数が少なく、通信量が小さいrvから、大量に通信するdmまで

いくつかの軸における両極端を実装してあります。

これらのサンプルゲームをつくりたいゲームに合わせて選択したら、ソースコードを入手して、すぐに新しいプロジェクトを始めることができます。

7.1 moyai_samplesのセットアップ

本節では、moyai_samplesディレクトリにあるサンプルコードをビルドして、動作確認するための手順を説明します。例として、ローカル環境はmacOS、サーバー環境はおもにLinodeとCentOSを使います。

動作確認の手順は、大きく2つの段階に分かれます。最初は、手元のmacOS環境で確認する段階（以下の❶～❸）で、それができたら、リモートのLinux環境を使って通信機能も含めた確認を行う段階（❹～❺）に進みます。

❶ 手元のMac環境でのビルド

ビルドをするには、macOS High Sierra（v10.13）以上の環境において、事前にXcodeがインストールされていることが必要です。

その上で、Xcodeのコマンドラインツールをインストールします。それにはターミナルを開いて、次のコマンドを入力します。これで、Xcodeを使わずに、g++（*GNU C++ Compiler*）などでビルドができるようになります。

```
$ xcode-select --install
```

次に、moyai_samplesのソースコードをgitコマンドを使って取得します。

```
$ git clone https://github.com/kengonakajima/moyai_samples
```

moyai_samplesは、サブモジュールとしてmoyaiを使っているため、以下のコマンドラインでサブモジュールも更新します。

```
$ cd moyai_samples
$ git submodule update --init
```

以上で、ソースコードの準備はできました。ソースはC++で書かれています。続いて、moyaiライブラリが依存しているlibuvやGLFWなどで必要なパッケージを、Homebrew[注2]のbrewコマンドを使ってインストールします。

```
$ brew install autoconf
$ brew install automake
$ brew glibtoolize
$ brew cmake
```

以下のように、moyaiサブモジュールをコンパイルします。

```
$ cd moyai
$ make
```

moyaiディレクトリにlibalut.a/libftgl.a/libmoyaicl.a/libsnappy.a等のライブラリファイルができていて、demo2d/demo3d/min2d/replayer/viewer/dyncam2d等の実行形式のファイルが出力されていたら、ビルド成功です。

次は、moyai_samplesをビルドします。すると、dm/min/rv/scroll/bench/duelなどのサンプルゲームの実行形式ファイルができます。

```
$ cd ..            moyai_samplesディレクトリに移動
$ make             makeを実行
＜中略＞
$ ls               参考までに、筆者の環境でのlsコマンドの結果は以下のとおり
Makefile    bench.cpp    duel.cpp    moyai           sample_common.h
README.md   danmaku.cpp  images      reversi.cpp     scroll
atlas.h     dm           min         rv              scroll.cpp
bench       duel         min.cpp     sample_common.cpp  sounds
```

以上で、ローカル環境のmacOSにおけるビルドは、完了です。

注2 macOS用のパッケージマネージャー。Homebrewがインストールされていない場合はhttps://brew.sh/index_ja/ の指示に従ってHomebrewをインストールすると、brewコマンドをターミナル.appなどで使えるようになります。

❷ サンプルゲームを実行

minを起動してみましょう。以下のように、先頭に「./」を付けてコマンドラインから起動すると、図7.1のような新しいウィンドウが表示されます。

```
$ ./min
```

図7.1 minを起動

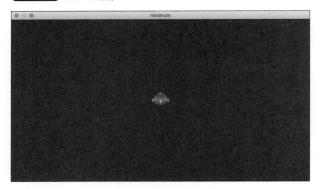

❸ macOSマシン上でのスプライトストリームの確認

それぞれのサンプルゲームに--ssという引数を付けて起動すると、スプライトストリームのサーバーとして起動できます[注3]。オプションが設定できているかは、起動後にターミナルに出力されるログで「headless_mode:1 spritestream:1」という文字列が含まれていることで確認できます。

以下のように、minを起動してから、ログを確認します。

```
$ ./min --ss                minをスプライトストリームのサーバーとして起動
sampleCommonInit: headless_mode:1 spritestream:1 videostream:0 reprecatio
n:0 title:minimum sort_sync_thres:50 linear_sync_score_thres:50 norealsou
nd::0                       ログ
```

この状態で、moyaiディレクトリにビルドできているviewerを起動します。

```
$ ./viewer
```

注3 moyai付属のmin2dでは--headlessでしたが、moyai_samplesのサンプルやk22では--ssです。

図7.2の左下が「viewer」で、右上が「min」です。viewerの画面には、通信しているバイト数などの**状態表示**が見えます。

viewerは、接続先のサーバーを示すIPアドレスを与えない場合、localhostに対して接続するので、先ほど起動したサーバーのminに接続して、通信が成功し、同じキャラクターが同じ位置に表示されていることがわかります。

rvやduel、scrollなどの他のサンプルについても同様に試してみてください。

図7.2 viewer（左下）※とmin（右上）

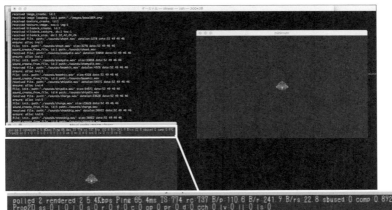

※ viewerの状態表示は一定ではなく、開発の進行に合わせて、随時、必要な項目を追加/変更していく。全体としては、状態表示の項目は少しずつ増えていく傾向がある。

❹ Linuxでのビルド

macOSでの動作確認ができたら、次はLinuxでのビルドを行います。

筆者は、手頃な価格でLinuxサーバーを構築できるクラウドサービスのLinodeに、CentOS 7の環境を構築して確認しましたが、AWSのAmazon Linux、Ubuntu等でも同様の手順で確認ができます。Linodeはネットワークの設定が簡単で、デフォルトの状態でファイアウォールの設定をする必要がないため、サンプルのサーバーも試しやすく、実験用途にお勧めします。

Linuxマシンをセットアップし、SSH等を用いて接続できるようにして、ターミナルを開きます。macOSと同様に、bashが使える環境にします。ソースを取得する手順は以下のとおりで、macOSと同じです。

［クイックスタート］クラウドゲーム

```
$ git clone https://github.com/kengonakajima/moyai_samples    moyai_samplesのソースを取得
$ cd moyai_samples                                            moyai_samplesのディレクトリに移動
$ git submodule update --init                                 moyaiサブモジュールを初期化
```

次に、moyaiサブモジュールのコンパイルをしますが、macOSと異なり、OpenGLがインストールされていないLinuxでコンパイルするために、専用のコマンドを入力します。

```
$ cd moyai            moyaiのディレクトリに移動
$ make linux          linux版のビルドを行う
$ cd ..               moyai_samplesのディレクトリに戻る
$ make                moyai_samplesの各サンプルをビルド
```

以上で、moyai_samplesのビルドが完了です。moyai_samplesディレクトリにduelやscrollなどの実行可能ファイルが生成されていたら、成功です。

❺ Linuxでの動作確認

Linuxに接続しているターミナルから、サンプルコードの実行ファイルを起動します。--ssオプションで、スプライトストリームを有効にします。

```
$ ./dm --ss      dmをスプライトストリームを有効にして起動
sampleCommonInit: headless_mode:1 spritestream:1 videostream:0    ❸
reprecation:0 title:danmaku sort_sync_thres:50 linear_sync_score_thres:50
nonlinear_sync_score_thres:50 norealsound:0
GL func called: GLemu.cpp:9Warning: setRemoteHead works only with UNTZ
FPS:63 prop:1 render:0 drawbatch:0
FPS:62 prop:1 render:0 drawbatch:0
FPS:62 prop:2 render:0 drawbatch:0
FPS:62 prop:1 render:0 drawbatch:0
^C               Ctrl + C で中断
$
```

上記❸では、ターミナルに出力されているログに、「headless_mode:1 spritestream:1」というログが表示されているので、スプライトストリームのサーバーが問題なく起動できたことがわかります。スプライトストリームのサーバーが使うポート番号は1024番よりも大きいため、root権限は必要なく、一般ユーザーで起動できます。

スプライトストリームのサーバーを起動できたら、手元のmacOSでビルドできている、viewerを起動して、ゲーム画面が表示されるかを確認します。viewer

が、スプライトストリームのサーバーに接続するためには、サーバーの「IPアドレス」と「ポート番号」の2つの情報が必要です。

ポート番号については、サンプルコードはすべてTCPの22222番ポートに固定されているので、viewerの起動時に指定する必要はありません。

IPアドレスの確認は、Linodeの場合は簡単で、Linodeの管理パネルを開いたら、「IP」という欄に直接書かれています（**図7.3**）。

図7.3 IPアドレスの確認（Linode）

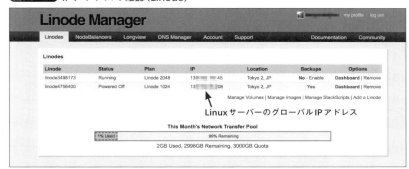

図のように確認したら、viewerに対して次のようにオプションを渡します。

```
$ ./viewer 139.XXX.XXX.45
```

なお、AWSの場合は、EC2でLinuxインスタンスを作成した後、コンソールからインスタンスの一覧を見ると、IPアドレスが表示されています（**図7.4**）。

図7.4 IPアドレスの確認（AWS）

AWSの場合は、インスタンスを作成した直後は、TCPの接続はSSH以外が許可されていない状態になっています。そこで、インスタンスの「アクション」メニューからセキュリティグループを開き、「インバウンド」の設定で「カスタムTCPルール」を追加する必要があります（**図7.5**）。

前述のとおり、サンプルコードではTCPの22222番ポートを使うので、サーバー側では22222番ポートへの接続を、すべてのアドレスから許可してください。一時的な実験ではなく、永続的なサービスに使う場合は、AWSのセキュリティグループの設定は精密に行う必要があるため、ここで説明した設定では足りないことに注意してください。

図7.5 カスタムTCPルールの追加（AWS）

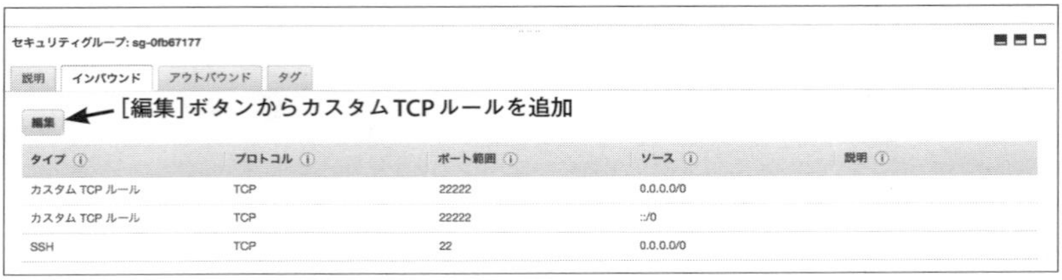

タイプ	プロトコル	ポート範囲	ソース	説明
カスタム TCP ルール	TCP	22222	0.0.0.0/0	
カスタム TCP ルール	TCP	22222	::/0	
SSH	TCP	22	0.0.0.0/0	

[編集]ボタンからカスタムTCPルールを追加

サンプルコードの基本の起動オプション　--ss/--vs

本章と次章のサンプルコードは、コマンドラインからオプションなしで起動すると、スタンドアローンモード（通信を行わない）で動作します。

以下の起動オプションを与えることで、それぞれスプライトストリームまたはビデオストリームの送信を有効化できます。

- `--ss`（または`--spritestream`）
  スプライトストリームのサーバーを有効にする。moyaiのviewerを用いてリモートからプレイできる

- `--vs`（または`--videostream`）
  ビデオストリームのサーバーを有効にする。moyaiのviewerを用いてリモートからプレイできる（現時点でLinuxはビデオストリームに未対応のため、`--vs`は未対応）

上記をまとめると、各サンプルは以下の4パターンの実行が可能です。

```
$ ./min                 通信なしで起動
$ ./min --ss            スプライトストリームのみを送信
$ ./min --vs            ビデオストリームのみを送信
$ ./min --ss --vs       スプライトストリームとビデオストリームの両方を送信
```

min起動後の画面とviewerの状態表示

図7.6は、`--ss`オプションを与えて起動した例です。左上のウィンドウが

「min」(サーバー)で、右下が「viewer」です。

viewerの画面右下に、「polled:2 rendered:2 12.7Kbps Ping:16.4ms TS:337」と表示されています。これを「**状態表示**」と呼びます。

図7.6 --ssオプションでmin(左上)を起動して、viewer(右下)から接続

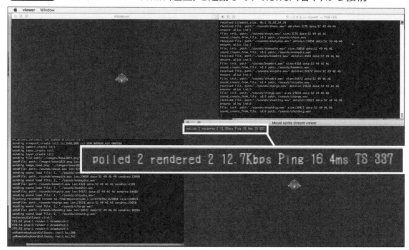

第5章のmin2dの例と同様、polledは各フレームに更新処理(Update)を行ったスプライトの数、renderedは実際に描画したスプライトの数です。

スプライトの数が1個なのにpolledとrenderedが「2」になっているのは、状態表示のためのテキストボックスオブジェクト自体も含まれているためです。

12.7Kbpsは通信量で、Kbits/秒です。これは、現在moyaiでは画面に変化がなくてもTIMESTAMPパケットを毎フレーム送っていて、その分に必要な通信帯域です。現状では、これが最低の通信量となります。

Ping:16.4msは、ゲームサーバーに対してパケットを送信して戻ってくるまでの時間の長さ(ミリ秒)です。数十ミリ秒以下ならば、快適にプレイできますが、100ミリ秒以上になってくると、アクションゲームはプレイしづらくなり、1000ミリ秒以上になると、アクション性がないゲームでも操作感が悪化します。サンプルコードでは、平均して1秒間に60回画面を更新するため、localhostとの通信であっても、16.6ミリ秒に近い値になるのが通常です。

TS:337は、TIMESTAMPパケットの受信数です。この数が、基本的には送信されたスプライトストリームのフレーム数に対応します。基本的に、1フレームに1ずつ増えていきます。

ビデオストリームとスプライトストリームの違い

続いて、**図7.7**は--vsを設定して起動した場合です。ビデオストリームでは、画面をJPEG圧縮して送信します。そのため、スプライトストリームとは違って、不可逆な損失が発生します。スプライトの部分を拡大すると、ビデオストリームは**図7.8**、スプライトストリームは**図7.9**のとおりで、違いがわかります。

また、図7.7の状態表示を見ると1017.9Kbpsとあり、スプライトストリームの12.7Kbpsに比べて、約90倍の通信帯域を消費しています[注4]。

図7.7 --vsオプションでminを起動

図7.8 --vsとスプライト（拡大）

図7.9 --ssとスプライト（拡大）

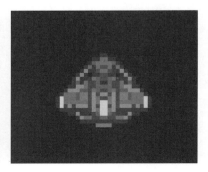

注4 minサンプルではスプライトが動かないため、ビデオストリームのほうが90倍も多くの通信を必要としていますが、多数のスプライトが動くゲームの場合は、スプライトストリームの通信量のほうが多くなる場合があります。

7.2
最小構成の設定を把握する
独自の定義は15行のサンプルプログラム「min」から

minは、moyaiライブラリを使って、画面の中央に1つだけスプライトを表示する、それ以上小さくできない、最小のサンプルコードです。このソースを見れば、moyaiを使うために最低限必要な設定の内容がわかります。

また、minをビルド、実行できていれば、moyaiライブラリが正常に動作していることを確認できます。

たとえば、moyaiをバージョンアップしたときなどは、minの動作を確認してみることで、ライブラリの問題を早く見つけることができます。

min.cpp

minが動作しているときの画面は、前出の図7.1(p.278)のようになります。minのソースコードは、**min.cpp**の1ファイルで、15行程度しかありません。

moyai_samplesに含まれるいくつかのサンプルコードは、ウィンドウ作成やネットワークの初期化など処理については同じなので、その部分を共通化して**sample_common.cpp**、**sample_common.h**に分離してあります。これらの共通部分については、後ほど取り上げます。

min.cppで独自に定義している内容はとても小さく、以下で全部です。

```
                                                          moyai_samples/min.cpp
#include "sample_common.h" ............. ❶

void minimumInit() {
  Prop2D *p = new Prop2D(g_base_deck, ATLAS_MYSHIP, Vec2(48,48), Vec2(0,0));  ....❷' ....❷
  g_main_layer->insertProp(p);
}
void minimumUpdate() { ........................... ❸
}

SAMPLE_COMMON_MAIN_FUNCTION(minimumInit, minimumUpdate, "minimum"); ........ ❹
```

まず、❶で共通化された部分のヘッダーを読み込みます。どのサンプルでも最初にsample_common.hを読み込みます。sample_common.hは、sample_common.cppで実体が定義されている関数や定数の名前を、それぞれのサンプ

ルのソース（min.cppなど）で参照するためのヘッダーです。

❷のminimumInitは初期化関数で、起動時に1回だけ呼び出されます。Prop2Dを1個だけ初期化し、画面中央(0,0)に配置して、Layerに追加するだけです。

TileDeckへのポインタを表すグローバル変数g_base_deckや、ATLAS_MYSHIP（atlasはスプライト）という宇宙船の画像番号を示す定数が使われていますが、これらはmin.cppでは定義されていません。TileDeckやこの画像番号などは各サンプルで共通に使うので、sample_common.hで定義されています。

❸のminimumUpdateは更新関数で、共通部分から毎フレーム呼び出されます。minではスプライトを動かさないので、何もしていません。

❹で、minimumInitとminimumUpdateを共通部分に伝えて、ウィンドウのタイトルを「minimum」に設定するように指示しています。

サンプルコードのmain関数　sample_common.h、sample_common.cpp

C++のプログラムには、プログラムの動作開始のために、main関数が1つ必要ですが、min.cppにはmain関数の定義が書かれていません。main関数は、どのサンプルでも同じものでかまわないので、sample_common.hのマクロSAMPLE_COMMON_MAIN_FUNCTIONで定義しています。

SAMPLE_COMMON_MAIN_FUNCTIONは、以下のような長いマクロです。第1引数にinitfunc、第2引数にupdatefuncで、第3引数にウィンドウタイトルを指定するための文字列を渡します。

```
#define SAMPLE_COMMON_MAIN_FUNCTION(initfunc, updatefunc, title)  \
int main(int argc, char **argv) { \
  sampleCommonInit(argc, argv, title); \
  initfunc(); \
  while (!sampleCommonDone()) { \
    sampleCommonUpdate(); \
    updatefunc(); \
    sampleCommonRender(); \
  } \
  sampleCommonFinish(); \
  print("program finished"); \
  return 0; \
}
```

moyai_samples/sample_common.h

initfuncはゲームの起動時に1回だけ呼び出される関数で、updatefuncはゲームの実行中、毎フレームごとに1回呼び出される関数です。マクロで定義され

ているmain関数の中にはwhile文があり、その前にinitfunc関数が1回だけ呼ばれ、while文の中ではupdatefunc関数が呼ばれています。

sampleCommonInit関数はsample_common.cppで定義されている関数で、各サンプルで共通に必要になる画像や音声ファイルを読み込んだり、moyaiクライアントを初期化したりします。

sampleCommonUpdate関数も、sample_common.cppで定義されている関数で、Qキーを押すと終了するなどの、各サンプルで共通に必要になるキーボード処理や、ループ速度を一定に保つためのタイマー処理を行います。

sampleCommonRender関数も同様にsample_common.cppで定義され、moyaiライブラリのrender関数を呼び出して、OpenGLの描画を行います。

スプライトストリームの送信のための初期化　　共通のオプション

min.cppに書かれている実際の処理は、p.285の❷'の2行だけです。

```
                                                          moyai_samples/min.cpp
Prop2D *p = new Prop2D(g_base_deck,ATLAS_MYSHIP,Vec2(48,48),Vec2(0,0));
g_main_layer->insertProp(p);
```

この2行で、スプライトを1個初期化して、サイズを48に指定して、画面の真ん中(0,0)に置いています。

これだけで、minはスプライトストリームのサーバーとなり、viewerを使ってリモートからクラウドゲームとしてプレイすることができます。

スプライトストリームを送信するために必要となるmoyaiライブラリの初期化は、すべてsample_common.cppのsampleCommonInit関数に書かれています。具体的には、サンプルゲームの起動時に--ssオプションを指定したときだけ呼び出される、以下の部分です。変数headless_modeは、--ssオプションを指定したときにtrueになります。

```
                                               moyai_samples/sample_common.cpp
if (headless_mode) {
  Moyai::globalInitNetwork(); ·················❶
  g_rh = new RemoteHead(); ····················❷
  if (g_rh->startServer(HEADLESS_SERVER_PORT) == false) {
    print("headless server: can't start server. port:%d", HEADLESS_SERVER_PORT);
    exit(1);
  }
  if (enable_spritestream) g_rh->enableSpriteStream(); ·················❹
  if (enable_videostream) g_rh->enableVideoStream(SCRW*RETINA, SCRH*RETINA, 3); ·······❺
```

[クイックスタート] クラウドゲーム

```
    if (enable_reprecation) g_rh->enableReprecation(REPRECATOR_SERVER_PORT);────❻
    if (disable_timestamp) g_rh->disableTimestamp();────❼
    g_rh->setSortSyncThres(sort_sync_thres);────❽
    g_rh->setLinearSyncScoreThres(linear_sync_score_thres);────❾
    g_rh->setNonLinearSyncScoreThres(nonlinear_sync_score_thres);────❿
    g_rh->enable_compression=!disable_compression;────⓫

    g_moyai_client->setRemoteHead(g_rh);          ⓬
    g_rh->setTargetMoyaiClient(g_moyai_client);
    g_sound_system->setRemoteHead(g_rh);          ⓭
    g_rh->setTargetSoundSystem(g_sound_system);
    g_rh->setOnKeyboardCallback(onRemoteKeyboardCallback);────⓮
    g_rh->setOnMouseButtonCallback(onRemoteMouseButtonCallback);────⓯
    g_rh->setOnMouseCursorCallback(onRemoteMouseCursorCallback);────⓰
    g_rh->setOnConnectCallback(onConnectCallback);────⓱
}
```

　Moyai::globalInitNetworkでmoyaiライブラリのネットワーク機能を初期化（❶）し、RemoteHeadをnew（❷）し、その後は、**RemoteHeadの各種設定**を順次行っていきます。

　❸では、RemoteHead::startServer関数で、TCPサーバーのbindとlistenを行います。HEADLESS_SERVER_PORTは22222番ポートに定義されています。

　❹で、--ssオプションを指定しているときは、スプライトストリームを送信するように指示します。

　❺で、--vsオプションを指定しているときは、ビデオストリームを送信するように指示します。--ssと同時に指定できます。

　❻で、--reprecationオプションを指定しているときは、moyaiのレプリケーションを有効にするように指示します。

　❼で、--disable-timestampオプションを追加したときに、スプライトストリームに毎フレームのTIMESTAMPを送信しないように指示します。TIMESTAMPを送信しない場合は、スプライトストリームのリプレイができなくなりますが、消費帯域を少し削減できます。

　❽❾❿の3つの関数では、動いているスプライトの位置を送信するときの重み付けの閾値を設定して、スプライトの動きがどれだけ飛び飛びになるかを調整します（p.299）。それぞれの閾値を大きくするほど、飛び飛びになります。これは、ゲームの内容に合わせて調整できます。

　⓫で、--disable-compressionオプションを指定したときに、パケットの圧縮を用いないように指示します。パケット圧縮を行うとCPU消費量が増えますが、通信量を大幅に削減できます。AWSなどのクラウドサービスを使うときはCPUよりも通信料金のほうが高いため、通常はこのオプションを設定しません

が、通信料金がかからないインフラを使う場合などは、このオプションを使ってCPU消費量を削減できます。

⓬で、moyaiライブラリとRemoteHeadを関連付けます。これで、moyaiは、OpenGLの描画をするだけでなく、描画の内容をスプライトストリームに送信するように設定されます。

一方の、RemoteHeadは、リモートから接続してきたクライアントの情報をmoyaiに伝えられるようになります。このクライアントの情報は、クライアントごとに異なる位置をレンダリングするCameraを実現するために必要です。

⓭で、音を鳴らすためのSoundSystemとRemoteHeadを関連付けます。

⓮⓯⓰で、リモートのクライアントで入力されたキーボードとマウスのイベントを受信するための、コールバック関数をそれぞれ定義します。

⓱で、新しいクライアントが接続してきたときのイベントを受信するための、コールバック関数を定義します。

以上のようにして、RemoteHeadを同じ方法で初期化しているので、どのサンプルゲームでも、起動時のスプライトストリームの設定を共通のオプションで変更することが可能です。

7.3 性能限界を測定する　ベンチマークプログラム「bench」

benchを使うと、「大量の動くスプライト」がどの程度の通信帯域を消費するか測定ができます。また、その大量の通信を、Viewerが受信して正常に描画できるかどうかの確認ができます。

benchの基本　起動、スプライトの数をどんどん増やして動作確認

まず、ビルドしてできる実行ファイルの「bench」を、コマンドラインからオプションなしで起動して動作確認を行いましょう。起動すると、**図7.10**のように宇宙船のスプライトが1個だけ動いている状態になります。

```
$ ./bench
```

図7.10 benchをオプションなしで起動

　ここで左クリックをすると、スプライトが10個ずつ増えていきます。押しっぱなしにすると、高速に増やすことができます（**図7.11**）。動作確認に使用したマシン（Core i7 2.3GHz）では、この後、スプライトの数が3万になっても、30フレーム/秒で描画ができました。

図7.11 スプライトの数をどんどん増やす

　次に、benchに対して--ssオプションを追加して、スプライトストリームを有効にして起動します。何度かマウスクリックをし、スプライトをどんどん追加していくと、**図7.12**のような状態になります。

　この図では、Sprite:のスプライト数が6551個で、通信帯域が48730.8Kbpsとなっています。この状態で、サーバー側であるbenchのCPU使用率が96.5％になり、これ以上のスプライトストリームを送信できなくなりました。一方、viewerのCPU使用率は52.1％で、まだ余裕があります。

CPU消費量　CPU時間の使い道の確認（macOSの例）

　macOSの「アクティビティモニタ」を例に、CPU時間が何のために使われているのかを調べる方法を紹介します。

　Spotlightで「アクティビティモニタ」を検索するか、「アプリケーション」＞「ユーティリティ」メニューから「アクティビティモニタ」を選択して起動します。

図7.12 スプライトストリームを有効にして、スプライトをどんどん追加[1][2]

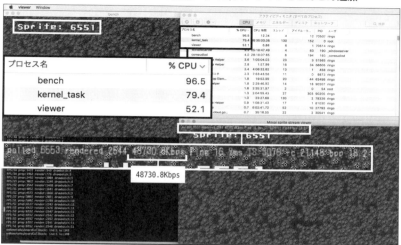

※1 viewerの状態表示の「rc:」は、libuvでTCPからデータが到着したときの、読み込みコールバックの呼び出し回数を過去1秒分だけカウントした値。
※2 viewerの状態表示の文字について、とくにこの図ではスプライトと重なっているため気になるかもしれない。補足しておくと、moyaiではFreetype GLライブラリを用いてTrueTypeフォントを描画している(moyai/assets/cinecaption227.ttf)。TrueTypeフォントは、内部ではドットの集まりではなくベジェ曲線を組み合わせて文字の形状を表現していて、moyaiでは、それをラスタライズするときにアンチエイリアスをかけているため、このように小さなフォントサイズではローカルレンダリングでも若干にじんで見える。
スプライトストリームでフォントを描画するときは、Unicodeの文字コードを送信して、それをviewer側が受信するとTrueTypeの描画を行うため、ローカルレンダリングと同じように、にじんで見える。

図7.13のように起動中のアプリケーションの一覧が表示されるので「％CPU」部分(図7.12)をクリックして、CPU使用率の順序で並べ替えます。benchを選んで、歯車のアイコンから「プロセスのサンプルを収集」を選択します。数秒で「プロセスのサンプルを収集」が終わり、その数秒間でプログラムのどの関数が何回呼ばれ、どの程度の時間を消費したかがツリー形式で表示されます。

図7.13 「アクティビティモニタ」で「プロセスのサンプルを収集」

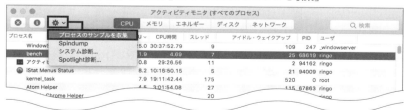

そのツリー表示の一部に、**sampleCommonUpdate**関数を見つけることができます(**図7.14**)。CPU時間の20.974％をsampleCommonUpdate関数が、さらにそ

のうち72.903%をMoyaiClient::pollが、さらにそのうち91.445%をRemote Head::heartbeatが……と辿っていくと、RemoteHead::track2D関数がsampleCommonUpdate関数の実行時間の大部分を占めていることがわかります。

図7.14 sampleCommonUpdate関数

```
▼ 20.974% sampleCommonUpdate()   (in bench) + 793   [0x10fd70949]
 ▼ 72.903% MoyaiClient::poll(double)   (in bench) + 78   [0x10fda180e]
  ▼ 91.445% RemoteHead::heartbeat()   (in bench) + 42   [0x10fdc0b9a]
   ▼ 88.710% RemoteHead::track2D()   (in bench) + 320   [0x10fdb2ed0]
    ▼ 54.182% Prop2D::onTrack(RemoteHead*, Prop2D*)   (in bench) + 173   [0x10fd9630d]
```

benchプロセスのCPU使用率を調べていくと、benchサンプルのようにとてもスプライトが多い場合は、おもに動いたスプライトの差分を抽出してパケットを作成する部分で消費されていることがわかりました。

通信帯域の消費量と帯域節約の検討

続いて、通信帯域の消費量はどうでしょうか。先ほど図7.12中の表示を見ると48730.8Kbpsと、構内LANなどの回線ならともかく、一般のインターネット回線では、正常な送信が期待できないレベルの大量の通信が発生しています。

現状、moyaiのスプライトストリームを実運用する場合には、ゲームサーバーまたはviewerのCPUが足りなくなる前に、通信帯域がボトルネックになってしまうことがわかります。帯域を節約するにはどうすれば良いでしょうか。

パケットの内容/サイズと通信量

現在では、6551個のスプライトを毎秒約50回送信しているので、毎秒約32.7万回の位置(座標)の更新をするためのパケットを送信しています。このパケットの種別を示す関数IDの名称は、PACKETTYPE_S2C_PROP2D_LOC(6.4節を参照)と定義されています。送受信されているパケットのサイズは、viewerの状態表示の右端にある、bpp(*bytes per packet*)の項目を見て確認できます。

bppは、受信したすべてのデータの合計サイズであるバイト数を、パケットの数で割った値で、パケットのサイズの平均値で、パケットが大きいほど、bppの値は大きくなります。benchでは、スプライトを増やしていくと、およそ18.0に近づいていくのがわかります。

18バイトは、位置を送信するパケットのPACKETTYPE_S2C_PROP2D_LOCのサイズです。位置を送信/更新するパケットは、長さフィールド(2バイト)、パケット種別フィールド(2バイト)、Prop2DのID(4バイト)、X座標とY座標(各4バイト)、の合計18バイトで構成されています。

理論値と実際の通信量、節約の可能性

無駄な通信を行っていないか、検算をしてみましょう。

図8.12で、通信量が48730.8Kbpsと表示されていたので、フレームレートがだいたい50だとすると、48730.8 × 1000/8/50/6551 = 18.596のように計算することができます。48730.8 × 1000で「ビット/秒」を求め、それを8で割って「バイト/秒」、さらに50で割って1フレームあたりのバイト数を求めてから、最後にスプライトの数で割ります。

すると、18.596となり、理論値(18バイト)とほぼ一致しています。位置を送信するパケット以外の、無駄な通信が発生していることもなさそうです。パケットの構成としては、これ以上削りようがないということがわかります。

したがって、通信量をこれより減らしたい場合は、毎フレーム確実に送信することをやめ、スプライトの座標をまばらに送信するか、スプライトの数を減らすなどの対応が必要です。

7.4
通信遅延と帯域消費を確認する
弾幕シューティングのサンプル「dm」

次は、より実際のゲームに近い、弾幕シューティングのサンプルdmを実行します。弾幕シューティングゲームでは、画面に溢れる敵弾や敵をよけながらタイミング良く射撃するため、機敏なコントローラー操作が必要です。こうした性質を「高いリアルタイム性」と呼びましょう。

dmのソースコード概説

dmのソースコードは、moyai_samples/danmaku.cppです。

弾幕サンプルに登場するスプライトは、自機(Ship)、ビーム(Beam)、Bullet(敵弾)、Enemy(敵)、ビームの破片(ParticleEffect)の5種類だけです。

ゲームを初期化するdanmakuInitでは、自機の初期化を行っています。

moyai_samples/danmaku.cpp

```
void danmakuInit() {
  g_myship = new Ship();
}
```

W A S D の4つのキーで自機を操作し、 Space キーを押すとビームを扇形に撃ちます。ビームが敵に当たると、飛び散ります。

danmakuUpdate関数は毎ループ呼び出され、その中で、敵キャラをランダムに出現させます。

```
static double last_pop_at = 0;
if (last_pop_at < g_myship->accum_time -1) {
  last_pop_at = g_myship->accum_time;
  int n = range(0,1) > 0.9 ? 5 : 1;
  for (int i = 0; i < n; i++)
    new Enemy(Vec2(range(-SCRW/2,SCRW/2), SCRH/2));
}
```

敵は大量の弾を撃ってきますが、自機も大量の弾を撃って応戦します。敵は、至近距離からも弾を撃ってくるので、うまく距離を取って避け続けなければなりません。

通信遅延の確認　弾幕サンプルゲームの実行、遅延の追加

高いリアルタイム性が必要なdmを例に、通信遅延について見ていきましょう。実際に、dmをAWSの東京リージョンのサーバーでビルド/実行し、富山県からリモート接続を行い、プレイ感覚を確認してみました。

まず、ローカル環境で動作確認をします。「./dm」のようにコマンドラインで実行し、**図7.15**のように自機が表示され、敵キャラが次々に出現したら成功です。

図7.15 dmの起動確認

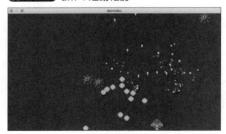

次に、AWSやLinodeなど、クライアントから離れた位置にLinuxサーバー環境を用意します。AWSもLinodeも、東京にデータセンターがあります。サンプルゲームの動作に必要なメモリは数十MB以内で、必要なCPU性能もわずかです。AWSの場合はt2.microなどの小さなインスタンスタイプで十分です。

7.1節と同様に、サーバー環境でビルドした後、以下の①を実行してスプライトストリームのサーバーを起動します。次に、プレイしたいマシンで、moyai_samples/moyai/にビルドされている、viewerを起動します（②）。

```
$ ./dm --ss ·································①
$ ./viewer 172.XXX.XX.67 ·····················②グローバルIPアドレスを調べて指定
```

通信のRTT　通信遅延の確認のポイント

接続に成功すると、viewerは図7.16のようになります。画面に、状態表示が確認できます。

ここで、最も重要なのは「Ping: 49.5ms」と示されている、通信のRTTです。これは、何らかのキーボード操作をしてからサーバーに到達し、ゲームに反映して結果が戻ってくるまでの時間です。

図7.16 接続に成功

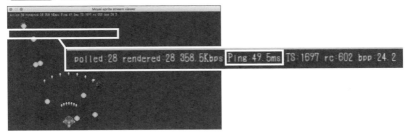

遅延を追加して動作を見る　tcコマンドのnetemフィルター

今回の富山-東京間のテストでは49.5Kbpsとなっており、かなり良好なプレイ感覚を得ることができました。

ここで、これをわざと遅延させて、プレイ感覚の悪化を試します。Linuxでは、tcコマンドのnetemフィルターを用いて簡単に遅延を追加できます。❶で、eth0から出ていくパケットに、100ミリ秒の遅れを生じさせることができます。遅延を追加する設定を解除するには、❷のように入力します。tcコマンドは、マシン全体の通信速度を変えてしまうことができるので管理者権限が必要で、❷のようにsudo経由で実行します。

```
$ sudo tc qdisc add dev eth0 root netem delay 100ms ······❶遅延の追加
$ tc qdisc del dev eth0 root ····························❷遅延の追加を解除
```

[クイックスタート]クラウドゲーム

pingコマンドを走らせながら❶のコマンドを入力すると、以下のように遅延がだいたい100ミリ秒分、増えていることがわかります。

```
64 bytes from 172.217.25.119: icmp_seq=68 ttl=244 time=25.109 ms
64 bytes from 172.217.25.119: icmp_seq=69 ttl=244 time=25.626 ms
64 bytes from 172.217.25.119: icmp_seq=70 ttl=244 time=145.042 ms……遅延増
64 bytes from 172.217.25.119: icmp_seq=71 ttl=244 time=132.255 ms
64 bytes from 172.217.25.119: icmp_seq=72 ttl=244 time=126.590 ms
```

筆者の環境では、100ミリ秒追加して平均130ミリ秒程度の遅延が発生する状態では、何とかぎりぎり弾幕をよけることができましたが、200ミリ秒追加して平均230ミリ秒程度の遅延がある状態では、非常にプレイしづらく、まともに弾を避けることができませんでした。

遅延の許容範囲と測定　クラウドゲームとして成り立つか

この結果から、弾幕シューティングゲームについては、100ミリ秒程度の遅延を超える場合は、クラウドゲームとして成立させることが難しくなることがわかりました。100ミリ秒以内の遅延という条件で、一体どの程度の広さをカバーできるかを調べてみましょう。

富山の自宅から東京までは、だいたい20～30ミリ秒の遅延でした。富山 - 東京間の直線距離は240kmで、光ファイバー中の光速が20万km/秒だとすると、往復は480/200000 = 2.4ミリ秒となります。ケーブルの距離がその2倍あったとして4.8ミリ秒、実際にはその5倍以上の時間がかかっています。

前述のとおり、インターネットは、多数のルーターがバケツリレーのようにパケットを受け渡しながら通信しています。そのため、途中のルーターが混雑していたり、経由するルーターが多過ぎると、通信の遅延が大きくなる傾向があります。tracerouteで、手元のマシンからリモートに向けて送信したパケットがインターネットでどうリレーされるのか、確認してみます。

```
$ traceroute 139.XXX.XXX.45
traceroute to 139.XXX.XXX.45 (139.XXX.XXX.45), 64 hops max, 52 byte packets
 1  192.168.11.1 (192.168.11.1)  1.488 ms  0.921 ms  0.959 ms …………自宅
 2  toyama01-z01.flets.2iij.net (210.130.214.10)  3.936 ms  4.774 ms  4.046 ms ……富山
 3  osk004lip30.iij.net (210.130.214.9)  16.395 ms  19.061 ms  37.419 ms ………大阪
 4  osk004bb00.iij.net (210.130.142.237)  18.543 ms  16.027 ms  16.117 ms
 5  osk004ix50.iij.net (58.138.106.118)  16.328 ms  15.276 ms
    osk004ix51.iij.net (58.138.106.126)  22.580 ms
 6  210.173.179.41 (210.173.179.41)  17.018 ms  16.485 ms
    210.173.179.33 (210.173.179.33)  16.624 ms
 7  ae-5.r25.osakjp02.jp.bb.gin.ntt.net (129.250.5.46)  16.412 ms
```

```
         ae-5.r24.osakjp02.jp.bb.gin.ntt.net (129.250.5.38)    16.278 ms
         ae-5.r25.osakjp02.jp.bb.gin.ntt.net (129.250.5.46)    22.505 ms  ……ここまで大阪
   8     ae-5.r31.tokyjp05.jp.bb.gin.ntt.net (129.250.7.80)    25.809 ms  ……ここから東京
         ae-5.r30.tokyjp05.jp.bb.gin.ntt.net (129.250.7.78)    25.518 ms
         ae-5.r31.tokyjp05.jp.bb.gin.ntt.net (129.250.7.80)    40.299 ms
   9     ae-2.r00.tokyjp08.jp.bb.gin.ntt.net (129.250.6.127)   25.478 ms   25.483 ms
         ae-3.r00.tokyjp08.jp.bb.gin.ntt.net (129.250.6.129)   34.294 ms
  10  192.80.17.174 (192.80.17.174)    57.286 ms   27.106 ms   27.119 ms
  11  139.162.64.19 (139.162.64.19)    27.593 ms
      139.162.64.21 (139.162.64.21)    30.336 ms
      139.162.64.19 (139.162.64.19)    26.051 ms
  12  li1602-45.members.linode.com (139.XXX.XXX.45)  25.558 ms   27.616 ms   29.837 ms  ……Linode東京
$
```

　この例は、筆者の自宅からLinode東京にあるサーバーマシンに対するtracerouteコマンドの実行結果です。この結果を見ると、筆者の富山の自宅を出発したパケットは、フレッツ光の光ケーブルを通って富山の2iij.netというドメイン名を持つルーターを経由し、その後大阪を経由して東京と通信しているらしいことがわかりました。パケットは、長い旅をしていることがわかります。

　富山-大阪間が270km、大阪-東京間が400km、往復で1340kmの距離を通信しています。ケーブルの中を通っている時間は、1340/200000 = 6.7ミリ秒、ケーブル距離が2倍だとすると13.4ミリ秒で、筆者の自宅の無線LANルーターまでで1ミリ秒を消費しているので、それを追加すると14.4ミリ秒となり、残りは10～15ミリ秒程度となります。

　途中の経路には12個のルーターが存在していることがわかったので、残りの10ミリ秒は、それぞれが受信と送信を行っている時間で、1個あたりだいたい1ミリ秒を使っていることになります。

　富山と東京の通信では、NTT西日本の光ファイバー網からNTT東日本の光ファイバー網にパケットを送り合う必要がありますが、その関係で一度大阪を経由しているのかもしれません。

　オンラインゲーム開発では、沖縄や北海道、離島などを含め、各種の地点から東京へのICMP ECHOの応答時間を測定して、ゲームの通信仕様を決定します。筆者もさまざまな調査をしてきましたが、その経験によると、東京と沖縄や北海道との通信は往復でだいたい40ミリ秒で、離島でも60～100ミリ秒程度に収まります。日本国内であれば、十分に100ミリ秒の範囲内に入るようです。

　日本国外では、試しに米国の西海岸のサーバーとの往復時間を測定するとだいたい120ミリ秒となりました。日本にサーバーを置く場合は、米国の西海岸のプレイヤーにとってはぎりぎりプレイ可能という感じになるでしょうか。

通信帯域の確認　スプライトストリームの送信頻度

前項では、dmを実行したときの、「ネットワークの遅延」を確認しました。ここでは、スプライトストリームが消費する「通信帯域」を確認します。

dmを起動するときに、オプションを追加して、スプライトストリームの送信方法を調整できます。スプライトストリームは、基本的には多く送るほど、なめらかな動きになります。dmは、デフォルトではかなり厳しく通信帯域を節約する状態でコンパイルされています。

先ほどと同様に、ゲームサーバー側で「./dm --ss」としてdmを起動し、viewerを「./viewer」のようにして起動します。

図7.17のように、viewerの状態表示で13.6Kbpsと表示されています。これは、スプライトストリームが実際に使っている通信帯域の量です。弾幕がないときはだいたい10〜15Kbps前後ですが、ビームを連射して、弾幕が表示されると、100Kbpsぐらいに増えます。

図7.17　スプライトストリームの消費帯域

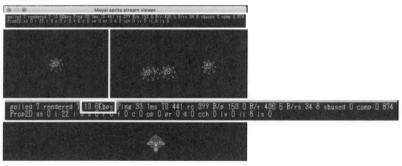

dmを起動すると、ターミナルに次のようなログが出力されます。

```
$ ./dm --ss
sampleCommonInit: headless_mode:1 spritestream:1 videostream:0 reprecation
:0 title:danmaku sort_sync_thres:50 linear_sync_score_thres:50 nonlinear_sy
nc_score_thres:50 norealsound::0
```

このログで、「sort_sync_thres:50 linear_sync_score_thres:50 nonlinear_sync_score_thres:50」となっているのが、スプライトストリームの送信頻度を調整するための定数の設定です。

送信頻度の変更オプション

moyai_samplesのサンプルゲームでは、この送信頻度を、起動時のオプションで変更できます。そのオプションは、以下の3つです。

- --sort-sync-thres=値：毎フレーム送信する「位置同期パケットのソート閾値」を変更する。デフォルト値は50
- --linear-sync-score-thres=値：「位置の線形同期の送信閾値」を変更する。デフォルト値は50
- --nonlinear-sync-score-thres=値：「位置の非線形同期の送信閾値」を変更する。デフォルト値は50

位置の同期モード（差分スコアリング、線形補間）については、6.3節内で図解しました。以下で、位置の同期モードとサンプルの動作の関係を見ておきましょう。

ゲーム内容に合わせて送信頻度を調整　等速直線運動と線形補間

sample_common.cppでは、--sort-sync-thresオプションで渡された値は、RemoteHead::setSortSyncThres関数にそのまま渡されます。また、--linear-sync-score-thresオプションで渡された値はRemoteHead::setLinearSyncScoreThres関数に、--nonlinear-sync-score-thresオプションで渡された値はRemoteHead::setNonLinearSyncScoreThres関数に渡されます。オプションと関数は、現状では一対一に対応しています。

この3つのオプションと値で、サンプルの動作がどう変わるかの前に、少し補足します。まず、スプライトストリームでは、スプライトの差分をすべてViewerに送っています。スプライトの差分は、一般的に極端に偏ります。

たとえば、あるゲームではスプライトの毎フレームの差分は「位置だけが変化」が95％を占めていたり、他のゲームでは「位置と大きさだけが変化」「位置とTileDeckのインデックス番号だけが変化」のような、限られたパターンの変化だけが多く、それ以外はごく少ないというような送信パターンになります。

現在moyaiのRemoteHeadでは、位置だけが変化した場合についてのみ、毎フレーム送信せず、何フレームかに1回だけ送信するように「送信をスキップ」する機能を実装しています[注5]。

注5　将来のRemoteHeadの実装においては、位置だけではなく、アニメーションや大きさなど、毎フレーム変化し続ける表現が多用されるパターンについても送信をスキップする機能を実装したいところですが、現在は実験的に、位置のスキップ機能だけを実装しています。

[クイックスタート]クラウドゲーム

同期モードには、差分スコアリングと線形補間があります（第6章）。まっすぐ等速直線運動をするスプライトについてのみ、線形補間を適用可能です。

dmでは、プレイヤーが撃つビーム（Beam）、敵弾（Bullet）、ビーム弾のエフェクト（ParticleEffect）が等速直線運動をします。dmでは、画面内に表示される数百個のスプライトのうち、自機（1体）と敵（数体〜20体程度）以外は、線形補間が適用できるので、全体の90％以上が線形補間できる計算になります。

それらのクラスのコンストラクタ内部では、次のようにして線形補間を有効にしています。

```
                                              moyai_samples/danmaku.cpp    Bullet()
if (g_enable_linearsync) setLocSyncMode(LOCSYNCMODE_LINEAR);
```

g_enable_linearsyncフラグは、デフォルトでは有効(true)になっています。

moyaiのデフォルトの設定　アクションゲームに対応可能な最低限の頻度

--linear-sync-score-thres=50の場合は、ざっくり言うと、線形補間を有効にしているスプライトについては、ゲームプレイ空間の座標で、累積の距離を50移動するたびに1回、位置と移動速度の組を送信します。

--nonlinear-sync-score-thres=50の場合は、線形補間を有効にしていないスプライトについて、同様に累積の距離を50移動するたびに1回、位置と移動速度の組を送信します。

--sort-sync-thres=50は、送信するスプライトを決めた後に、最終的に移動量が大きかったスプライトから送信するためにソートしますが、そのソートにかける際の閾値を設定しています。これはおもにRemoteHeadのデバッグ用の設定なので、通常は--nonlinear-sync-score-thresと--linear-sync-score-thresの設定のうち、小さい方の値以下にしておけば問題ありません。

moyaiのデフォルト値は--linear-sync-score-thresも--nonlinear-sync-score-thresも50になっています。この状態でプレイ開始し、自機が全速力でビーム弾を撃つと、敵が少ないときはだいたい110〜130Kbpsの帯域を消費します。

--linear-sync-score-thresと線形補間

--linear-sync-score-thres=400として、同期間隔を広げると、50〜70Kbpsに減少します。設定値が400の場合は、だいたい400ピクセル進むごとに1回送信となり、1回か2回送信したら、ビーム弾は画面の上に消えてしまいます。

--linaer-sync-score-thres=1000とすると、30〜50Kbpsまで下がります。それ以上、値を大きくしても、消費帯域は変わらなくなります。

その原因は、1000という値が画面のサイズよりも大きいため、ビーム弾の位置は、最初の出現時に1回だけ送信するだけになっているからです。一方、--linear-sync-score-thresの設定値を小さくしてみると、送信量は増えます。

--linear-sync-score-thres=0 --sort-sync-thres=0と設定すると、自機が弾を撃つだけで、300～500Kbpsのデータが送信されることを確認できます。

図7.18に、--linear-sync-score-thresの値が50のときと、400のときのスプライトストリームで送信されるパケットの違いを示しました。

設定値が50のときは、Beam出現時にPROP2D_SNAPSHOTが1回、50ピクセルごとにPROP2D_LOC_VELで位置と速度が1回ずつ、最後にスプライトを削除するPROP2D_DELETEが送信されます。

設定値が400のときは、画面サイズが400なので、2回めのPROP2D_LOC_VELが送信されるか、されないかの微妙な状況になります。

図7.18 --linear-sync-score-thresの値によるパケットの違い

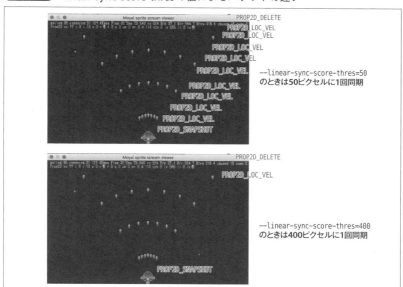

線形補間モードでは、スプライトは等速直線運動をするものなので、最初の位置と速度を1回だけ送れば良いため、常に--linear-sync-score-thresの値は無限に大きくても問題がないのではないか、と考えたくなります。

しかし、クライアントとサーバーのタイマーが完全に一致することはなく、微妙にずれていたり、出現させるときに1回だけ送る同期パケットがネットワーク遅延で遅れたりすることに対応するため、定期的に送信する必要があります。

位置更新の基準となる累積の移動距離を調整する
線形補間が使えない自機や敵

自機や敵のように等速直線運動をせず、任意のタイミングで曲がって動くものについては、線形補間が使えません。そのため、累積の移動距離が50に達するごとに1回、位置を送信します（速度は送信しない）。

ただし、自機はずっと止まっている可能性があるため、まったく移動していなくても、毎フレーム1ずつ、この累積移動距離に加算し続け、50フレームに最低1回は送信されるようにRemoteHeadの内部で実装しています。

自機や敵の累積移動距離の閾値は、「--nonlinear-sync-score-thres=値」で設定できます。デフォルトは50で、かなり飛び飛びに移動することがわかります。これを50より小さい値にするほど、自機や敵がなめらかに動きます。

最適を目指して、調整作業は続く

dmでは以下のように設定したとき、自機の動きが十分になめらかになり、敵が少ないときは30〜40Kbps、敵と敵弾が非常に多い瞬間だけ、短時間の間、150Kbps程度になりました。なかなか良い調整と言えそうです。

```
--linear-sync-score-thres=100 --nonlinear-sync-score=20 --sort-sync-thres=20
```

dmの現在のゲーム内容では上記の調整で良いと判断しましたが、敵キャラを追加したり、自機の武器が変わったりといったゲームの追加実装によって、今後、最適な調整は変わるので、調整の作業は続きます。

なお、RemoteHeadの将来の拡張で、自機やボスについては高頻度に送信するなどスプライト単位の微調整を実現する機能を実装したいと考えています。

7.5 極小の「通信量×CPU消費×コード」で見えるスプライトストリームの威力 リバーシのサンプル「rv」

rvはリバーシのサンプルです。リアルタイム性が少なく、2人で対戦プレイします。rvは一見派手さのない雰囲気かもしれませんが、極小の通信量とCPU消費、そして、ネットワークプログラミングなしの100行程度のコードでマルチプレイを実現できます。スプライトストリームの強みが、率直にわかるサンプルです。じっくりと見ていきましょう。

rvの基本　操作、起動、帯域消費の確認

rvの操作方法は以下のとおりです。❷で、画面の「NEXT:」がWHITEとBLACKと交互に切り替わります。勝負がついて盤面をクリアしたい場合は、みんなで協力して❸の操作をして片付けをして全部きれいにしてください。

❶盤面のピースが**ない**場所を**左**クリック➡「NEXT:」で表示中の色のピースを置く
❷盤面のピースが**ある**場所を**左**クリック➡ピースをひっくり返す
❸盤面のピースが**ある**場所を**右**クリック➡ピースを消す

rvでできるのはこれだけですが、2人以上、何人でもマルチプレイができます。
rvを遊ぶには、これまでのサンプルと同様、サーバー環境上でビルドした後、以下の①を実行してスプライトストリームのサーバーを起動します。次に、手元のマシンやプレイしたいマシンで、moyai_samples/moyaiにビルドされている、viewerを起動します（②）。

```
$ ./rv --ss ……………………………①
$ ./viewer 52.XXX.XXX.119 ……………②グローバルIPアドレスを調べて指定
```

図7.19は、1台のマシン上で2つのviewerを起動している状態です。消費している通信帯域は14.0Kbpsとなっています。これは、デフォルトの状態での、moyaiのスプライトストリームにおける最小の通信量に近い値です。

図7.19 rv（2つのviewerを起動）

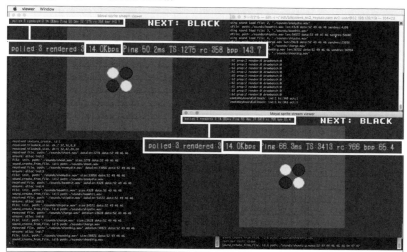

[クイックスタート]クラウドゲーム

moyaiは、この状態では、毎フレームに1回、リプレイを可能にするためのTIMESTAMPパケットを送信しているため、そのTIMESTAMPパケットの分だけで14.0Kbpsを消費しています。

rvを起動するときに--disable-timestampオプションを指定することで、TIMESTAMPを送信しないようにできます。その場合は、1秒に1回程度通信が切れていないかどうかを確認するためのパケットを投げるほかは、マウスを動かしたりキーボードを送信したときだけ、通信が行われるようになります。

すると、平均の通信量は0.2Kbps+αにまで下がります。αの部分はプレイの頻度次第ですが、筆者が適当にプレイした感じでは1Kbps未満でした。

クラウドゲームとモバイル環境　通信の速度と料金

クラウドゲームの一つの課題として、必要な通信データ量が多く、とくにモバイル環境では利用するのが難しいということがあります。モバイル環境の課題は「通信速度」(の遅さ)と、「通信料金」(の高さ)です。

まず通信速度については、現在主流になっている4Gネットワークでは、電波状況が良いときは1Mbps以上、悪いときは20～100Kbps程度の通信速度に低下します。rvで測定した14.0Kbps程度の帯域幅であれば、4Gなどの一般的な携帯電話ネットワークを用いて電波が届いていれば、通信速度については、問題はなさそうです。数年以内には5Gが一般的に利用可能になり、さらに通信帯域の問題が小さくなるでしょう。

通信料金についてはどうでしょうか。1時間rvをプレイした場合、平均して1Kbpsを消費すると仮定すれば、1Kbps×60秒×60分＝3600Kbit＝450KBの通信が必要になります。これは写真の画像1枚分にも満たず、1ヵ月あたり2GB以内の契約であれば、そのうちのたった0.022％の消費となります。rvの通信量が非常に小さいことがわかります。

rvのソースコード
100行&ネットワークプログラミング一切なしで実現できるマルチプレイ

rvでは、viewer(クライアント)がいくつ接続してきても、それらを区別せず、すべてのクライアントが等しくゲームの操作をすることができます。

rvの特筆すべき点は、ゲームのコードが100行程度しかなく、非常に短いことです。rvのソースコードのreverse.cppを見ていくと、ネットワークプログラミングを一切せずに、マルチプレイゲームを実装する具体的な方法を理解することができます。

以下で、reverse.cppの内容を見ていきましょう。基本構成は、以下のようになっています。

moyai_samples/reversi.cpp
```
#include "sample_common.h"

// グローバル変数定義。全体で必要な変数などの定義をここに記述

void reverseInit() {
  // 初期化関数。起動時に1回だけ実行する処理をここに記述
}
void reverseUpdate() {
  // 更新関数。毎ループ実行する処理をここに記述
}
SAMPLE_COMMON_MAIN_FUNCTION(reverseInit,reverseUpdate,"reversi");
```

グローバル変数定義

まず、グローバル変数定義の部分は、次のようになっています。

```
class Board;
Board *g_board; // 盤面（ゲーム盤）
StatusLine *g_statusline; // 「NEXT:」などの表示（をするためのスプライト）

int g_turn; // 2で割って、余りが0なら黒、1なら白
#define IS_BLACK_TURN(n) ((n%2) == 0)
```

Boardクラスが、ゲームプレイ空間の主要な構成要素である、盤面を保持しています。StatusLineは「"NEXT: BLACK"」などのテキストを表示するためのスプライトです。StatusLineの定義は、他のサンプルでも使うため、sample_common.hに書かれています。

g_turnは、ピースを1個置くたびに1ずつ増加していくターン数の整数カウンターで、これを2で割った余りを求めて0なら黒、1なら白と判別します。

次は、盤面を保持するクラスであるBoardの定義です。

```
class Board : public Prop2D {
public:
  Grid *bg; // 背景の緑色の盤面
  Grid *fg; // 黒や白のピースを保持する
  static const int BLACK = 0, WHITE = 1, NONE = -1, OUTSIDE = -2;
```

盤面クラスBoardは、Prop2Dというスプライトを継承してできている1つの

大きなスプライトで、メンバーとして2つのGridを保持します。bgは背景用の盤面、fgはピースです。それぞれのマスの状態を表す整数値として、黒を0、白を1、何もない状態を-1と定義しています。

次はコンストラクタです。盤は8×8マスで、bgとfgをそれぞれGrid(8,8)で初期化し、最初に4つのピースを置き、背景の盤面を初期化しています。

```
Board() : Prop2D() {
  setScl(48);
  bg = new Grid(8, 8);
  addGrid(bg);
  fg = new Grid(8, 8);
  addGrid(fg);

  setDeck(g_base_deck);
  setLoc(-8*48/2, -8*48/2);

  setPiece(3, 3, BLACK);
  setPiece(4, 4, BLACK);
  setPiece(3, 4, WHITE);
  setPiece(4, 3, WHITE);

  // bg
  for (int i = 0; i < 8; i++) {
    for (int j = 0; j < 8; j++) {
      bg->set(i, j, ATLAS_GREEN_BG);
    }
  }
  g_main_layer->insertProp(this);
}
```

setPiece関数はマスにピースを置き、getPiece関数はマスに置かれたピースの状態を取得します。Boardクラスの外部からマスの状態を操作するときに、画像の番号ではなく、マスの0/1/-1という論理的な値で操作できるようにするために、Gridに与えるTileDeckの画像インデックス番号に相互変換しています。

```
void setPiece(int x, int y, int col) {
  if (x < 0 || y < 0 || x >= 8 || y >= 8) return;
  if (col == NONE) fg->set(x, y, Grid::GRID_NOT_USED);
    else fg->set(x, y, col == WHITE?ATLAS_PIECE_WHITE:ATLAS_PIECE_BLACK);
}
int getPiece(int x, int y) {
  if (x < 0 || y < 0 || x >= 8 || y >= 8) return OUTSIDE;
  int ind = fg->get(x, y);
```

```
  if (ind == Grid::GRID_NOT_USED)
    return NONE;
  else
    return ind == ATLAS_PIECE_WHITE?WHITE : BLACK;
}
```

ここまでで、グローバル定義はすべて終わりです。

初期化関数reverseInitの定義

次は、初期化関数reverseInitの定義に進みます。

```
void updateStatusLine() {
  CharGrid *cg = g_statusline->getCharGrid();
  cg->printf(0,0,Color(1,1,1,1),
                            IS_BLACK_TURN(g_turn) ? "NEXT: BLACK" : "NEXT: WHITE");
}
void reverseInit() {
  g_board = new Board();

  g_statusline = new StatusLine();
  g_statusline->setLoc(SCRW/2-300, SCRH/2-24);
  g_effect_layer->insertProp(g_statusline);

  updateStatusLine();
}
```

reverseInitでは、上から、Boardをnewで初期化し、StatusLineを初期化して位置をsetLocで決定しています。updateStatusLineは、ターンのカウンターの状態を、「NEXT: BLACK」などといった文字列として描画しています。

以上で、初期化関数は終わりです。

更新関数

次は、更新関数です。更新関数は、大きく3つの部分に分かれています。最初に、マウスカーソルの画面内部のピクセル位置をマスの座標に変換します。次に、左クリックの操作、最後に、右クリックの操作です。それぞれを見ていきましょう。

```
void reverseUpdate() {
  // マウスカーソルの位置をマスの位置に変換する
  Vec2 mpos = g_mouse->getCursorPos();
  mpos -= Vec2(SCRW/2, -SCRH/2);
  mpos.y = SCRH-mpos.y;
```

```
Vec2 relloc = mpos - g_board->loc;
int bx = relloc.x / 48;
int by = relloc.y / 48;
```

マウスカーソルの座標mposは、ウィンドウの左上が(0,0)、右下が(ウィンドウの幅,ウィンドウの高さ)という座標系になっています。

それに対してmoyaiの画面は、OpenGLのデフォルトのままになっています。つまり、画面の真ん中が(0,0)で、上方向が+Y、右方向が+Xです。Gridについても、左下のマスが(0,0)、右上端が(7,7)になります。

そのため、まずmposから画面サイズの高さと幅を半分にした値を引いて、画面の中央からの相対座標に変換し、さらにそれをマスのサイズである48で割って、マスの座標bxとbyを求めています。Y座標についてだけ、上下が逆転しているので符号に注意が必要です。

次は、左クリックの操作です。本章の各サンプルでは、**g_mouse**というMouse型の変数に、全クライアントからのマウス座標とボタンの操作が反映されます。つまり、複数人が同時にマウスを操作すると、操作が混じり合います[注6]。

```
// 左クリックの操作
if (g_mouse->getToggled(0)) {
  g_mouse->clearToggled(0);
  int curcol = g_board->getPiece(bx,by);
  if (curcol==Board::OUTSIDE) {
    return;
  } else if (curcol != Board::NONE) {
    print("turnover:%d", curcol);
    g_board->setPiece(bx, by, curcol == Board::WHITE ? Board::BLACK : Board::WHITE);
  } else {
    print("put new");
    int putcol;
    if (IS_BLACK_TURN(g_turn)) {
      putcol = Board::BLACK;
    } else {
      putcol = Board::WHITE;
    }
    g_board->setPiece(bx, by, putcol);
    g_turn++;
    updateStatusLine();
  }
}
```

注6 リバーシのように全員が同時に操作をしないゲームでは、それでも問題が起きませんが、そうではないゲームでは、それぞれのクライアントから来たイベントを別々に管理する必要があります。その方法については後述します。

左クリックされたかどうかは、g_mouse->getToggled(0)で判定でき、クリックされた位置のピースがどのような状態かは、g_board->getPiece(bx,by)で求められます。

その状態がBoard::NONEではない場合は、ピースが置かれているので、現在の色を反転させ、setPieceします。Board::NONEであった場合は、ピースがないので、現在のターン番号から決定された色をsetPieceします。

置いたらg_turnをインクリメントして、updateStatusLine関数を呼び出して現在の状態の表示を更新します。

右クリックの操作は、以下のとおりで簡単です。Board::NONEをsetPieceして消しているだけですね。

```
// 右クリックの操作
if (g_mouse->getToggled(1)) {
  g_mouse->clearToggled(1);
  g_board->setPiece(bx, by, Board::NONE);
}
```

通信量もCPU消費量もソースコード量も極小のrv
ネットワークプログラミングなしでマルチプレイを実現する、スプライトストリームの威力

rvに必要なのは、たったこれだけのコードです。100行の単純なコードを書くだけで、複数人で遊べるボードゲームを実装できるというのは、クラウドゲームならではの特性だと言えるでしょう。

クラウドゲームにおいて、マルチプレイゲームの実装が単純なコードで済んでしまう理由はいくつもありますが、とくに重要な点は、ゲームプレイ空間（rvでは盤面とターン数）の状態が変わったことを検出して、それを送受信するためのコードが不要であることです。

状態の変化を送受信するためのコードとは、状態の変化をネットワークに送るために、一続きのデータに変換（シリアライズ/serialize）し、それをソケットAPIを使って送り、さらに受信をするというコードです。この実装には、**ネットワークプログラミング**（ネットワークバイトオーダーや非同期処理、TCP/IPなどの専門知識を含む）が必要です。

しかし、rvではネットワークプログラミングを一切せずに、ゲーム内容をつくることが可能です。

また、rvでスプライトストリーム方式を使う場合、ゲームサーバーのCPU消費量が極端に小さいことが、大きなメリットになります。

[クイックスタート]クラウドゲーム

Linuxのtopコマンドを用いてCPU消費量を確認すると、次の実行例のように、t2.microインスタンスでありながら、わずか0.7％しかCPUを使っていません。単純計算でも、100個のrvを起動可能です。

```
top - 22:59:15 up 37 days, 16:36,  2 users,  load average: 0.00, 0.00, 0.00
Tasks:  73 total,   1 running,  72 sleeping,   0 stopped,   0 zombie
Cpu(s):  0.0%us,  0.0%sy,  0.0%ni,100.0%id,  0.0%wa,  0.0%hi,  0.0%si,  0.0%st
Mem:   1019332k total,   783072k used,   236260k free,    74392k buffers
Swap:        0k total,        0k used,        0k free,   527452k cached

  PID USER      PR  NI  VIRT  RES  SHR S %CPU %MEM    TIME+  COMMAND
 8838 ec2-user  20   0 38476 8092 2940 S  0.7  0.8  0:00.19 rv
    1 root     20   0 19636 2520 2200 S  0.0  0.2  0:02.35 init
    2 root     20   0     0    0    0 S  0.0  0.0  0:00.00 kthreadd
    3 root     20   0     0    0    0 S  0.0  0.0  0:02.02 ksoftirqd/0
    4 root     20   0     0    0    0 S  0.0  0.0  0:00.00 kworker/0:0
    5 root      0 -20     0    0    0 S  0.0  0.0  0:00.00 kworker/0:0H
    7 root     20   0     0    0    0 S  0.0  0.0  0:13.43 rcu_sched
    8 root     20   0     0    0    0 S  0.0  0.0  0:00.00 rcu_bh
    9 root     RT   0     0    0    0 S  0.0  0.0  0:00.00 migration/0
   10 root     20   0     0    0    0 S  0.0  0.0  0:00.00 kdevtmpfs
```

以上、サンプルゲームrvを通して、スプライトストリームの威力を確認することができました。

7.6
通信遅延に、シビアな"衝撃波"を繰り出す
一対一の対戦格闘サンプル「duel」

duelは、一対一の2人用対戦格闘ゲームです。衝撃波を相手に打ち込んで、場外まで吹き飛ばしたら、勝ちです。衝撃波の速度は速く、相手のキャラクターの至近距離から撃つことができます。数フレーム以内という短時間での瞬間的な操作が必要で、相手の動作に瞬時に対応することが求められるゲームです。

duelの基本

図7.20には2人のキャラクターが表示されています。左側のキャラクターと右側のキャラクターが互いに攻撃を行います。

図7.20 duel

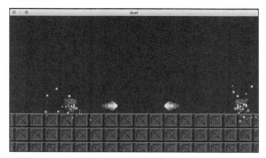

　操作方法は、Ⓐで左へ歩く、Ⓓで右に歩く、Ⓦでジャンプ、Space で衝撃波を撃つ、です。衝撃波を相手に当てると、大きく吹き飛ばすことができます。また、自分の身体を使って、少し前方に押すこともできます。

　衝撃波を撃った後、0.5秒の間はエネルギーを貯める必要があり、次の衝撃波をすぐ撃つことはできません。また、ジャンプが低くなります。衝撃波と衝撃波が当たると、打ち消し合います。

　したがって、相手が衝撃波を撃った後、次に撃てるようになるまでの0.5秒の間に近くまで踏み込んで撃ち込む、というのが基本戦略になります。

対戦格闘ゲームで確認する通信の遅延とクラウドゲームの限界

　dmでは、衝撃波が放たれた瞬間に反応して、ジャンプして避けたり、打ち消したりといった、1フレーム単位での反応速度によって勝敗が決定します。対戦格闘ゲームというジャンルでは、反射神経を最大限に使って戦いをするゲーム内容が一般的ですが、そのような内容のゲームでは、通信による遅延が10ミリ秒増えるごとにプレイ感覚が大幅に変わります。

　クラウドゲームにおける最大の技術的課題は「光の速さが遅いこと」、つまり通信の遅延がゲームプレイの体験に与える悪影響です。本書では、通信の遅延に対して、最も厳しい要求をするジャンルである対戦格闘のサンプルを実装することで、クラウドゲームの限界を確認できるようにしました。

自動操作とプレイ感覚の確認

　対戦格闘のプレイ感覚は、戦ってみないとわかりません。そこで、duelでは、1人でプログラムを起動しても戦いを体験できるように、同時プレイ人数が2未満のときは、相手方のキャラクターを自動的に操作するように実装しました。

[クイックスタート]クラウドゲーム

　この自動操作によって、開発者1人でも、次の3種類の方法で戦いの感覚を試してみることができます。

- ❶ローカルマシンで「./duel」と実行するだけ。この場合の通信遅延はゼロ
- ❷ローカルマシンで「./duel --ss」と実行して、スプライトストリームを有効にしてサーバーを起動し、viewerを起動/接続してプレイする。この場合の遅延は、16〜18ミリ秒程度となる
- ❸AWSなどのリモートサーバー上でスプライトストリームを有効にして起動し、ローカルでviewerを起動してプレイする。筆者の富山の自宅からAWS東京リージョンでサーバーに接続すると、これまでのサンプルで試した結果と同様に、だいたい40〜70ミリ秒の不安定な遅延になる

　上記の3つの方法を試してみたところ、筆者の感覚では❶と❷は問題を感じなかったものの、❸の40〜70ミリ秒の遅れが発生している状態では、真剣勝負をするのは無理であると感じました。みなさんの環境ではどうでしょうか。首都圏から東京のサーバーに接続した場合は、問題にならないかもしれません。

リモートサーバーを使う場合のプレイ感覚とUDP

　❸のリモートサーバーを使う場合のプレイ感覚については、TCPではなく、UDPを用いると、改善できる可能性があります。

　実際にプレイしてみたり、画面上端の遅延時間表示を見ているとわかりますが、常に一定の通信遅延があるのではなく、40ミリ秒だったり80ミリ秒だったり、たまに大幅に遅くなることがあり、それがプレイ体験を大きく損ねているようです。これは、TCPを用いている場合、ある低い確率でパケットのロスが発生した際に、再送を行う必要があり、再送されたパケットが到着するまでは次のデータが到着しないため、クライアントは単に待っているだけになるためです。

　UDPを用いて通信をすれば、パケットが再送されてくるのを待たずに、次のパケットが届いたら、すぐ描画をすることができるため、プレイ感覚は大幅に改善することが考えられます。しかし、UDPはパケットが確実に到着することを保証してくれないため、スプライトを出現させたり消したりする重要なパケットが失われると、画面にキャラクターが表示されなかったり、弾が消えずに残ったりしてしまいます。そのため、パケットの内容によって再送モードを切り替えることができる通信機能が必要です。

　前述のとおり、UDPを用いつつもゲームに必要な最低限の再送処理/輻輳制御を実現するライブラリは、さまざまなものが開発されています（p.223）[注7]。

注7　よく使われるのが、先に少し触れたENetと呼ばれるライブラリです。ENetをはじめとしたUDPの通信ライブラリは、パケットごとに再送処理を有効化したり無効化したりできる機能を持っています。これらのライブラリを使えば、比較的簡単に改善ができると考えられますが、それは今後の課題とします。

duelのソースコード概説　250行でつくる対戦格闘ゲーム

　duelのソースコードは約250行です。プレイヤーキャラクターが撃つ衝撃波のBeam、エネルギーをチャージするパーティクルアニメーションのChargeParticle、プレイヤーキャラクターPCの3種類のクラスを定義しています。

　ゲームの初期化はduelInit関数で行います。

```
void duelInit() {
  setupGround();
  g_pcs[0] = new PC(0,1);
  g_pcs[1] = new PC(1,-1);
}
```

　行っていることは単純で、setupGround関数では、地面のスプライトを1つ作ります。

　duelは常に2人が対戦するだけのゲームなので、g_pcsは2要素の配列になっています。g_pcs配列には、PCクラスのインスタンスへの参照が2つ入ります。PCのコンストラクタの第1引数はfaction、すなわち陣営で、0番と1番の陣営同士の戦いとなります。第2引数はキャラクターの向きで、1が右向き、-1が左向きからのスタートになります。

　viewerを2つ以上、つなげた場合は、偶数番めに接続したクライアントが右側のキャラクターを、(1番めを含む)奇数番めに接続したクライアントが左側のキャラクターを操作する形になります。

　したがって、現状では3つ以上のクライアントを接続すると、1人のプレイヤーキャラクターを2人以上のプレイヤーが操作することになります。

　商用のゲームにおいては、適切なプレイヤーマッチングを行い、3人め以降は観戦モードにして入力を拒否するなどの処理を適宜追加します。

　duelで毎フレーム実行する処理は、duelUpdate関数に書かれています。

`moyai_samples/duel.cpp`

```
void duelUpdate() {
  for (int i = 0; i < 2; i++) {
    if (g_keyboards[i]->getKey('W')) g_pcs[i]->tryJump();
    if (g_keyboards[i]->getKey(' ')) {
      if (g_pcs[i]->charge_count>=PC::MAXCHARGE) {
        g_pcs[i]->tryShoot();
      }
    }
    if (g_pcs[i]->charge_count<PC::MAXCHARGE) g_pcs[i]->charge();
```

[クイックスタート]クラウドゲーム

```
    int xd = 0;
    if (g_keyboards[i]->getKey('A')) {
      xd = -1;
    } else if (g_keyboards[i]->getKey('D')) {
      xd = 1;
    } else {
      xd = 0;
    }
    g_pcs[i]->walk(xd);
  }
// 後半部分は省略
}
```

以下のsample_common.cppのRemoteHeadの初期化部分で、RemoteHeadに対して、onRemoteKeyboardCallback関数を登録します。

moyai_samples/sample_common.cpp
```
g_rh->setOnKeyboardCallback(onRemoteKeyboardCallback);
```

onRemoteKeyboardCallback関数は、クライアント（viewer）から送信されてきたキーボードイベントをRemoteHead内部で解釈し、イベントが1つ到着するごとに1回呼び出されるコールバック関数です。

```
void onRemoteKeyboardCallback(Client *cl, int kc, int act, int modshift,
                                            int modctrl, int modalt) {
  int kbd_index = cl->id % 2; ············❶
  g_keyboards[kbd_index]->update(kc, act, modshift, modctrl, modalt);
  if (g_remote_keyboard_callback) g_remote_keyboard_callback(cl, kc, act);
}
```

どのクライアントで起きたイベントかがclに渡されます。kcはキーコードで'A'などの値、actは1なら押された、0なら離された、modshift/modctrl/modaltはそれぞれ Shift / Ctrl / Alt の修飾キーの状況を示しています。

❶のように、クライアントの連番IDを2で割った余りの0または1の値を、配列の添字として使うという単純な方法で、更新するキーボードを決定しています。これによって、偶数クライアントと奇数クライアントの操作するキャラクターが決まります。

7.7
大人数同時プレイのMMOGへの第一歩
スクロールとDynamic Cameraを操るサンプル「scroll」

本章の最後に取り上げるのは、全方向スクロールを実装した「scroll」です。

scrollの特徴　Dynamic CameraとDynamic Viewport

前節までのサンプルでは、viewerから接続中の全プレイヤーが1つのCameraとViewportを共有していたため、いずれかのクライアントでCameraの位置やViewportの大きさを変更したら、全員の画面にその変更が反映されていました。

本節のサンプルゲーム「scroll」では、それぞれのviewerで個別のCameraの位置やViewportの描画範囲を設定することができます。前述のとおり、moyaiでは、このようにクライアントごとに個別に状態を変更できるCameraとViewportを「**Dynamic Camera**」「**Dynamic Viewport**」と呼びます。

scrollの基本

まず、scrollをスプライトストリームを有効にして起動します（**図7.21**）。

```
$ ./scroll --ss
```

図7.21　scroll

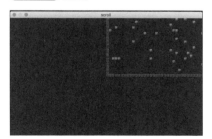

ランダムに生成した地形の左下起点(0,0)が、画面の真ん中に表示されています。プレイヤーキャラクターは表示されていませんが、これはプレイヤーキャラクターが存在しないためです。

別のターミナルでviewerを1つ起動して接続すると、**図7.22**のように、マップ上にキャラクターが1人表示されている状態になります。

図7.22 viewer（右）を1つ起動して、接続

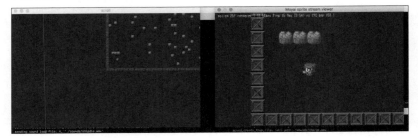

scrollのソースコード

このときに起きていることを見ておきましょう。

まず、scrollプロセスの起動時に、sample_common.cppのsampleCommonInit関数で、スプライトストリームのサーバーを実装するためのクラスであるRemoteHeadを初期化するとき、新しい接続を検知するためのコールバック関数をRemoteHeadに与えます。

sample_common.cppの該当部分は、次のとおりです。

```
                                                             moyai_samples/sample_common.cpp
void onConnectCallback(RemoteHead *rh, Client *cl) {
  print("onConnectCallback clid:%d", cl->id);
  if (g_game_connect_callback) g_game_connect_callback(rh, cl);
}

g_rh = new RemoteHead();
g_rh->setOnConnectCallback(onConnectCallback);
```

onConnectCallback関数の中で、g_game_connect_callback関数があれば、それを呼ぶように実装されています。

起動後に1回だけ呼び出されるscrollInit関数の冒頭部分では、次のように、scroll独自のscrollConnect関数をグローバル変数g_game_connect_callbackにセットします。

```
                                                                   moyai_samples/scroll.cpp
g_game_connect_callback = scrollConnect;
```

このような順序で、RemoteHeadはコールバック関数scrollConnectを呼び出すことになります。

コールバック関数scrollConnectでは、new PCとして、新規にプレイヤーキャラクターのPCクラスを作成します。PCクラスを1つnewすると、画面には1人のキャラクターが出現します。

```
moyai_samples/scroll.cpp
void scrollConnect(RemoteHead *rh, Client *cl) {
  PC *pc = new PC(cl);
  pc->setLoc(200,200);
}
```

scrollConnectの第1引数はRemoteHeadで、これがスプライトストリームを生成するサーバーです。第2引数はClientで、これはスプライトストリームを受信するクライアントを特定するためのものです。スプライトストリームを受信するプログラム（viewer）からの接続1つあたり、1つのClientが対応していて、このClientに対してスプライトストリームのパケットを送信します。

このClientをnew PC(cl)として、PCのコンストラクタに与えています。これによって、各PCが確実に1つのClientに対応付けられていることを保証しています。

PCクラスの定義　画面の描画や操作をクライアントごとに保持

このPCのコンストラクタの内部では、何が行われるのでしょうか。以下のPCクラスの定義で、確認しましょう。

```
moyai_samples/scroll.cpp
class PC : public Char {
public:
  Client *cl;
  Camera *camera;
  Keyboard *keyboard;
  Pad *pad;
  Viewport *viewport;
  float zoom_rate;   // Cameraの拡大率
```

上記では、PCクラスのメンバー変数を定義しています。Clientには、scrollConnectで得られたClientがそのまま入ります。

その次のCamera/Keyboard/Pad/Viewportなどは、画面の描画や操作をクライアントごとに分離（個別/独立させる）するために必要なものです。

zoom_rateはCameraの拡大率で、これはプレイヤーごとにCameraの拡大率

[クイックスタート]クラウドゲーム

を異なる状態にするために、PCクラスに持たせています。Cameraの拡大率を大きくすると、キャラクターがより大きく見えますが、マップの見える範囲が狭くなります。拡大率を1にすると、画像の1ピクセルの大きさが画面でも1ピクセルになり、等倍で見えます。

scroll以外のサンプルでは、これらの変数がすべてプログラム全体で1個だけ存在して共有されていましたが、scrollでは、それぞれのPCがCamera/Keyboard/Pad/Viewportなどを別個に保持します。

Cameraは、ゲームプレイ空間の「どの位置を見ているか」を保持します。これをPCごとに個別に用意することで、それぞれのPCが別の場所を見る(画面の中心を別の位置にする)ことが可能になります。

Keyboardは、viewerでキーボード操作が行われたら、そのviewerに対応しているPCのkeyboardだけが更新されます。Padも同様です。scrollではマウスを使いませんが、マウスを使うゲームの場合はMouseというクラスを、Keyboardと同様にPCクラスに追加します。

Viewportは、ゲームプレイ空間を「どのような縮尺で見るか」を保持します。これをPCごとに個別に用意することで、それぞれのPCが表示される画面の縮尺を異なった状態にすることができます。

PCのコンストラクタの前半

次は、PCのコンストラクタの前半を見てみましょう。setDeck/setIndex/setScl/insertProp/setPriorityは、他のサンプルと同様です。これらで、スプライトのゲームプレイ空間内での位置や内容、描画順番を設定しています。

moyai_samples/scroll.cpp
```
PC(Client *cl) : Char(CHARTYPE_PC), cl(cl) {
  assert(cl);

  setDeck(g_base_deck);
  setIndex(ATLAS_PC_RED_BASE);
  setScl(48);
  g_main_layer->insertProp(this);
  setPriority(10000);
```

PCのコンストラクタの後半

コンストラクタの後半は、次のとおりです。Cameraを作成してから、g_main_layerに対してaddDynamicCamera関数を使って登録しています。Viewportも同様に、g_main_layerに対してaddDynamicViewport関数を使って登録してい

ます。Layerには通常CameraとViewportを1個ずつしか設定できませんが、addDynamicCamera関数を使うと、Layer内部の配列に登録され、複数のCameraを関連付けることが可能です。Viewportも同様です。

```cpp
    camera = new Camera(cl);
    g_main_layer->addDynamicCamera(camera);
    viewport = new Viewport(cl);
    g_main_layer->addDynamicViewport(viewport);
    keyboard = new Keyboard();
    pad = new Pad();
    zoom_rate = 1;
    modZoom(0);
}
```
moyai_samples/scroll.cpp

キーボード/マウスの個別化と Dynamic Camera/Dynamic Viewport　scrollのポイント

　scroll以外のサンプルでは、CameraとViewportは、プログラム全体で1つずつ作られ、すべてのクライアントが共有していましたが、scrollでは、CameraとViewportはそれぞれのPCが1つずつ持っているところがポイントです。

　KeyboardとPadも、プログラム全体で1つではなく、PCごとに1つずつ独立で確保され、viewerでのキーボードやマウスの操作は、PCごとに個別の状態として管理され、それぞれのPCの動きとして反映されます。

　このように、全体で1つの資源（キーボード）を共有するのではなく、キャラクターごとに1つずつ持つようにすることを「キーボードの個別化」と呼ぶことにします。マウスの場合は「マウスの個別化」と呼びます。

　個別化（クライアントごとに別々に持てるようにする）について、CameraとViewportも同様のことを行っていましたが、Cameraの場合は「Dynamic Camera」、Viewportの場合は「Dynamic Viewport」という名前を付けていました。名称が複雑になっているので、ここで簡単に整理します。

　moyaiのRemote.cppでは、CameraとViewportは、onTrackDynamicという関数が定義されていて、その中では、Cameraの座標やViewportの視野の大きさ（スケーリング）の情報を毎フレーム監視し、変化があったらすぐにクライアントに送信するようになっています。

　これは、CameraとViewportは、サーバー側でキャラクターを動かしたりすることによって、動的に変化してしまうためです。その反対に、クライアント側で

CameraやViewportの設定を変更することはなく、必ずサーバーのゲームロジックが変更を行います。

一方で、キーボードとマウスは、ユーザーが入力した情報をクライアントからサーバーに送信しているだけで、サーバー側が設定を動的に変更することはありません。そのため、Camera::onTrackDynamic関数のような、監視用の関数が毎フレーム呼び出されたりすることはありません。

この違いを整理すると、CameraとViewportについてはサーバーでの変化イベントをクライアントに通知する、KeyboardとMouseについてはクライアントでの変化イベントをサーバーに通知する、という違いになります。この違いが、名称の違いにつながっています。

ただし、以降の解説では、CameraとViewportについても、文脈によっては「クライアントごとに別々に持てるようにする」という意味合いで、「個別化」と言う場合もあります。

scrollでのキーボード処理

scrollで、キーボードの個別化がどのように行われるかを詳しく見ていきましょう。スプライトストリームの詳細で説明したように、viewerはキーボードの操作を受け付けると、以下のようにして、GLFWのキーボードイベントをそのままバイナリレコードとしてソケットに送信します。

moyai/vw.cpp
```
void keyboardCallback(GLFWwindow *window, int keycode, int scancode,
                                              int action, int mods) {
  int mod_shift = mods & GLFW_MOD_SHIFT;
  int mod_ctrl = mods & GLFW_MOD_CONTROL;
  int mod_alt = mods & GLFW_MOD_ALT;
  if (g_stream) sendUS1UI5(g_stream, PACKETTYPE_C2S_KEYBOARD, keycode,
                                 action, mod_shift, mod_ctrl, mod_alt);
}
```

keycodeは'C'などのキー番号、actionは押されたなら1、離されたなら0、リピートなら2が与えられます。mod_shift/mod_ctrl/mod_altは、 shift / ctrl / alt などの修飾キーの押されていれば1、そうでないなら0が入ります。

RemoteHeadがこのバイナリレコードを受信すると、次の関数をコールバックします。第1引数はどのクライアントから送信されてきたか、第2引数のkcはkeycodeの値をそのまま、第3引数のactはactionの値をそのまま渡します。mod_shift/mod_ctrl/mod_altの値は、ここでは使わないため捨てています。

```cpp
// moyai_samples/scroll.cpp
void scrollRemoteKeyboard(Client *cl, int kc, int act) {
  PC *pc = findPCByClient(cl);
  if (pc) {
    pc->keyboard->update(kc, act, 0, 0, 0);
    pc->pad->readKeyboard(pc->keyboard);
  }
}
```

　PCクラスのインスタンスは、メンバーとしてClientへのポインターを持っているため、findPCByClientはその情報を使ってPCのポインターを探し出し、keyboard->update()を行って、見つけたPCのkeyboardの状態を更新します。PCはpadも持っているので、padの状態も更新します。このようにして、PCのkeyboardの状態は、常に最新に保たれます。

　PCは、WASDキーを押すと、それぞれ上/左/下/右に移動します。PCを移動させる処理は、毎フレーム呼び出されるPC::charPoll関数の中で行います。PC::charPoll関数の全体は、次のようになっています。

```cpp
// moyai_samples/scroll.cpp
virtual bool charPoll(double dt) {
  Vec2 padvec;
  pad->getVec(&padvec);
  float speed = 700;
  Vec2 dloc = padvec * dt * speed;
  loc += dloc;
  if (dloc.x < 0) setXFlip(false);
  if (dloc.x > 0) setXFlip(true);
  camera->setLoc(loc);
  if (keyboard->getKey('Z')) modZoom(0.05);
  if (keyboard->getKey('X')) modZoom(-0.05);
  return true;
}
```

　まず、padの状態をgetVec関数を使って取得します。padとはゲームパッドやジョイスティックので、getVecは方向キーの倒れている方向をベクトルで取得するための関数です。そのベクトルの方向（画面右上が+X、+Y）にスピード700で進みます。

　1回のcharPollでキャラクターが進む距離は、変数dloc（*diff of location*、位置の差分）に計算結果を代入しています。dlocは、1フレームの時間差dtに速度を掛けた量です。「進む」とは、現在位置locに、1フレーム分の位置の差分量dlocを加算することを意味します。これは、ゲームプログラミングのキャラクター

移動処理の最も基本的な処理です。

その次にsetXFlipを行っていますが、これはスプライトの水平反転を行う関数です。元のキャラクターのドット絵が左を向いているため、dlocが左方向(-X)の場合は水平反転をせず、右方向(+X)の場合は水平反転を行います。

その次は個別化されたcameraに、setLoc関数を使って位置を指定しています。指定する位置は、キャラクターの位置そのものであるlocをそのまま指定しています。

最後に、個別化されたkeyboardから、getKey関数を使って、キーの押し下げ状態を取得します。[Z]キーが押されていたら、PC::modZoom関数を用いて画面を少しだけ拡大し、[X]キーなら、少しだけ縮小します。

PC::modZoomは以下のように定義されていて、個別化されたviewportの可視範囲を、Viewport::setScale2D関数を用いて再設定します。

```cpp
// moyai_samples/scroll.cpp
void PC::modZoom(float d) {
  zoom_rate+=d;
  viewport->setScale2D(SCRW*zoom_rate,SCRH*zoom_rate);
}
```

ここでのviewportは個別化されていて、各PCに対応付けられているClientに対してだけ、setScale2Dの状態変化が通知され、それを受けたviewerが画面の表示サイズを変更します。

さらに、もう1つviewerを起動してサーバーに接続すると、**図7.23**のような状態になります。

図中左上がサーバーで、2つのviewerに対応する2人のプレイヤーキャラクターが表示されています。

図中右上はviewerで、キャラクターが左に向いていて、キャラクターが大きく表示されています。Viewportのスケールは、具体的には、画面サイズが(640,400)で、Viewportもそれに合わせて(640,400)となっています。

図中右下はもう1つのviewerで、画面中央のキャラクターに対応しています。キャラクターは右を向いています。右を向いているキャラクターの右下には、左に向いているキャラクターが位置しています。これは、図中右上にあるviewerに対応しているキャラクターです。

図中右下の画面はViewportのスケールを拡大しており、その値は4倍の(2560,1600)になっています。4倍にまで俯瞰しているので、この右下の画面で

図7.23 scrollのサーバーと、2つのviewer

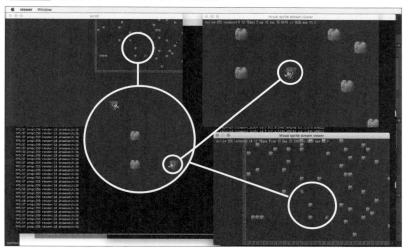

は、もう1人のキャラクターが可視範囲に入っています。

図中右上のviewerと図中右下のviewerとでは、異なる位置／異なる大きさでゲームが表示されていることがわかります。

7.8 本章のまとめ

本章では、moyai_samplesリポジトリに含まれる6つのサンプルプログラム（動作確認、ベンチマーク、4つのサンプルゲーム）を紹介し、moyaiライブラリの動作確認の基本、設定方法、性能測定、各種タイプのクラウドゲームの実装方法を学びました。

次章以降では、本章で紹介したサンプルコードを参考にしながら、本格的なクラウドゲームを実装します。

今後、実装作業を進めていくなかで、動作確認や性能測定が必要になったときには、本章で紹介した方法がそのまま使えます。とくに、トラブルシューティングの際などには、本章の内容が参考になるでしょう。

Column

論理データと、ポリゴンデータ/物理データの関係

　moyaiは、論理データをバッファに詰め込んでからGPUに送信し、GPUはそれを受け取ると、バッファオブジェクトとしてGPUが管理しているビデオメモリーの中に格納します。そのときGPUは、その後でバッファに格納したデータを使うために、5や104といった整数の値であるID番号を発行します。

　moyaiはProp2Dに変化があったら描画バッチ（DrawBatch）を更新し、GPUに送信してバッファオブジェクトを作ります。このとき、GPUからOpenGLのAPIを経由して、バッファオブジェクトのGPU内部の物理ID（GPU内の管理用の番号）が返されます。

　moyaiはDrawBatchクラスの内部でその番号を記憶し、後でその番号を使って、GPUにその頂点バッファやインデックスバッファを使って描画するように指示します。

　このような、GPUに転送された情報の管理ID/物理ID（GPUのハードウェア形式に合わせて変換された物理データ）、もう少し詳しく言うと、GPU内部に確保されているバッファオブジェクトの管理番号の形式になっているデータが「物理データ」です。その前段階の、アプリケーション内部で持ち、完全にCPU側でのみ保持している、描画バッチのの元となるデータが「論理データ」です。物理データには、頂点バッファID、インデックスバッファID、テクスチャバッファID、シェーダのプログラムIDなどが含まれます（**図C7.a**）。

　本書における「ポリゴンデータ」は、狭義ではGPU側で作られる物理データのみ、広義ではGPU側で作られる物理データと、アプリケーション側のの描画バッチとを合わせたものを指します[注a]。

図C7.a　論理データと、ポリゴンデータ/物理データ

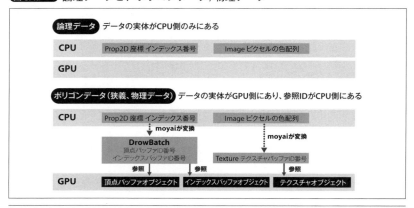

注a　たとえば、あるスプライトを描画するために、頂点バッファとインデックスバッファとテクスチャバッファの3つのIDが必要だとして、3つをどう組み合わせるかについては、CPU側に持つ必要があります。したがって、最終的な描画に必要な情報はやはりCPU側にもあることになります。

第 **8** 章

[本格実装]クラウドゲーム
ネットワークプログラミングなしで、MMOGの実現へ

　前章では、スプライトストリームを使って実際につくられたゲームをプレイし、ゲーム内容に対して、どの程度の通信負荷が発生するかや、通信の遅延によってどの程度プレイ体験が損なわれるかを確認しました。

　また、個別化されたCameraやViewport、キーボードなどの概念をどのようにコードに反映するかも解説しました。

　本章ではそこからさらに一歩進めて、「ネットワークプログラミングなしでMMOGをつくる」という本書の目標の一つに向けて、具体的なゲームの実装を行っていきましょう。

8.1
k22の開発基礎
「scroll」ベースの全方向シューティングゲーム

　前章で紹介した、個別化されたCameraとViewportのサンプルプログラムである「scroll」をベースに発展させ、敵キャラの種類を増やしたり、地形との当たり判定、敵キャラに対する攻撃などを追加し、全方向シューティングゲーム『Kepler 22b』(k22)を実際に設計/制作します。

k22の基本情報　スプライトストリームのクラウドゲームのサンプル

　本書のサンプルコードとして実装するので、問題が出にくいゲーム内容ではなく、あえて大量の敵キャラや敵弾が登場し、画面中を動き回るようにして、CPU負荷も通信負荷も高そうなゲーム内容を目指してつくっていきましょう。そうすることで、クラウドゲーム特有の実装上の問題が見つかるはずです[注1]。

　ゲームのタイトルは、『Kepler 22b』と名付けました。本書内では、略して「k22」と呼びます。ソースコード等はMIT License、リポジトリは以下の①で公開しています。

　なお、k22のリポジトリは、本書の発売後も更新される可能性があります。執筆時点での最新版で、macOS High Sierra（v10.13）において動作確認ができているリビジョンは、「v1.1」という名前のGitのタグが付いています（②）。

① URL https://github.com/kengonakajima/k22/
② URL https://github.com/kengonakajima/k22/tree/v1.1/

　スプライトストリームを使ってプレイしているときの画面は、**図8.1**のような様子になります。この図はk22が完成してから撮影しました。

図8.1 k22をスプライトストリームを使ってプレイ

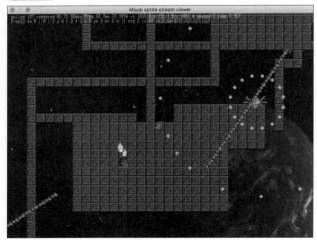

注1　これは実装が完了した後だから書けることですが、とくに通信帯域でさまざまな問題が出てきたため、最適化に相当な時間を費やすことになりました。その結果として、moyaiのスプライトストリームの実行効率、通信効率はかなり高くなりました。

k22のビルド

k22のソースをgitで取得したら、7.1節の例と同様に、moyaiサブモジュールをビルドし、次にk22をビルドします。

```
$ cd k22
$ git submodule update --init
$ cd moyai
$ make
$ cd ..
$ make
```

ビルドが成功すると、k22の実行ファイルがワーキングディレクトリに生成されます。k22は、コマンドラインから❶のようにして起動します。スプライトストリームを有効化する場合は、❷のように実行します。

```
$ ./k22                    ❶
$ ./k22 --ss               ❷
```

次のコマンドライン引数が使えます。

- --singlecamera：省略可能。おもにデバッグ用。1つのCameraをすべてのプレイヤーが共有するモードで起動する。デフォルトでは、それぞれのプレイヤーが専用のCameraを持って、常に自分のキャラクターが画面の中心になるが、このオプションを有効にすると、1個の固定のCameraを全プレイヤーが共有するため、自分のキャラクターが画面の真ん中に固定されず、画面の中を動き回るようになる
- --ss：スプライトストリームを有効にする
- --vs：ビデオストリームを有効にする
- --reprecation：レプリケーションを有効にする。デフォルトでは有効になっていない
- --skiplinear：デバッグ用。キャラクターがLOCSYNCMODE_LINEAR（線形補間）を使わないようにする
- --noenemy：敵を出現させない
- --disable-timestamp：TIMESTAMPパケットを送信しない。通信帯域を削減できる
- --disable-rendering：スプライトストリームのサーバーが、OpenGLを用いた画面への描画を行わない
- --whole-view：デバッグ用。Cameraをいっぱいに引いて俯瞰した視点にし、ゲームプレイ空間の全体を見渡せるようにする

[本格実装] クラウドゲーム

クラウドゲームでゼロからつくるMMOG!
k22の開発の流れ　マルチプレイ化が簡単

いよいよk22を実装していくわけですが、全体としては、次のような流れで作業を進めました。

- **0** 開発準備：画面に描画される要素のリスト化
- **1** 第1段階：シングルプレイゲームの実装（**十分に遊べるシングルプレイゲームをつくる**）
- **2** 第2段階：マルチプレイ化
- **3** 第3段階プログラムの性能測定と運用コスト予測
- **4** 第4段階：将来に向けたさらなる開発を見通す

この手順のうち **1** **2** が『オンラインゲームを支える技術』で説明した、伝統的な方法でMMOGをつくる場合に採用される失敗の少ない方法とは異なります。

伝統的な方法でMMOGをつくる場合、シングルプレイゲームができてからマルチプレイゲームに変更するには、プログラムコードのほぼ全体にわたる書き換えが必要になるため、通常、**1** で十分に遊べる状態までつくらず、最初から **2** のマルチプレイに対応したプロトタイプをつくります[注2]。

クラウドゲームでは、マルチプレイ化の作業がとても簡単で、全体にわたる書き換えは必要ないので、いつでも、シングルプレイゲームをつくってから、後でマルチプレイに切り替えるという手順でMMOGをつくることができます。

ネットワークを考えに入れずにシングルプレイゲームをつくる作業は、ネットワークプログラミングの知識がなくてもでき、しかも非同期プログラミングの必要もなく、比較的簡単なので、確実にステップを踏むことができることは、MMOG開発にとっては大きなメリットです。

1 の進行中は、**2** のマルチプレイ化する段階で、どのような修正が必要になっていくのかに注意を払いながら、開発を進めていきましょう。

開発準備:画面に描画される要素をリスト化
ゲーム内容の洗い出し、作業やコードの量の見積もり

1 でつくるシングルプレイゲームはネットワークを一切使わない、いわば、

注2　最初にシングルプレイゲームをつくって、コンセプトの検証をすべきという考え方を優先する場合も、もちろんあります。

普通のゲームです。まずは、あらかじめどのようなゲーム内容にするかを考えてみましょう。

k22では、シングルプレイゲームとして必要な要素を実装してから、マルチプレイ化の作業をします。そのシングルプレイゲームの内容を、実装する前にだいたい列挙しておいて、実際に必要な作業の量やコードの量を見積もります。見積もりは、完全にすることは不可能なので、ゲームに入れたい要素を大まかに網羅できているようなリストで十分です。

moyaiを用いたクラウドゲームにおいて、ゲームに入れたい要素とはk22の**画面に描画するもの**を元に考えることができます。クラウドゲームではない場合、ネットワーク通信のための、画面に表示されない、いわば裏方となるコードが大量に必要になりますが、クラウドゲームでは通信は自動的に行われるため、画面に表示する要素から考えるだけで、ほぼ全体を網羅できます。

最終的なk22のソースコードでは、画面に描画されるものは何らかのクラスとして定義されているので、classキーワードでgrepすると簡単に列挙でき、キャラクターなどの実装状況を確認できます。k22の要素のリストを見てみましょう。

k22のゲーム内容を形づくる要素のリスト

以下は、地形として描画されるものです。これら3つは、プレイ中に変化することがありません。

- Cell：1セル分の地形タイル
- Chunk：16セル×16セル分の地形タイルをGridにまとめたもの
- Field：地形全体

次の2つは、基底クラスであって、当たり判定などの基本的な振る舞いを定義しているだけで、実際には描画されません。

- Char：キャラクターの基底クラス
- Enemy：Charから派生した、敵キャラの基底クラス

次の10種類は、プレイ中に激しく動き回ります。

- PC：プレイヤーキャラクター
- Beam：プレイヤーキャラクターが撃つ、緑色のビーム
- Particle：爆発や飛び散るビームなどのエフェクト
- Worm：ゆっくりと地形タイルの上を向かってくる幼虫。地形タイルがないところには進まない
- Egg：Flyを倒すと発生することがあるFlyの卵。一定時間後にWormになる

- Fly：自由に飛び回るハエのような敵
- Bullet：一定速度でまっすぐに飛ぶ敵弾
- Takwashi：破壊できるミサイルを連射してくる灰色の敵
- Girev：放射状に多数のBulletを発射する敵。ボス
- Repairer：Girevが一定時間ごとに射出する、ランダムな動作をする飛行物体

例外として、クラスになっていないのが惑星や星の絵がゆっくりと右に流れている背景の画像です。クラスにはなっていないので、BGという名前を付けておきます。

- BG

動くものは、10種類のクラスとBGの合計11種類であることがわかりました。直線的な動きをするものや動かないものは、開発経験のあるプログラマなら30分もあれば実装できそうです。また、複雑な条件が必要そうなボスなどは、1日かかるかもしれません。このようにして作業の総量を見積もっていきます。まとまった時間が確保できたとしたら、おそらく数日以内という感じでしょう。

各段階におけるk22のリビジョン

前述のとおり、k22は先にシングルプレイゲームをつくり、次にそれをマルチプレイゲーム化するという手順で制作しました。k22のソースコードリポジトリにおいて、以降の解説で参考になるリビジョンを挙げておきます[注3]。

① 開発スタート直後。main.cppをビルドし、GLFWを用いてウィンドウを表示し、moyaiライブラリで空の画面をレンダリングして、Qキーで終了できるようにしたコミット（2016年3月18日）
URL https://github.com/kengonakajima/k22/commit/**83bb3b6**9de20378f53005b8e6849e9478b2a9299

② シングルプレイゲームが完成したコミット（2016年4月1日）
URL https://github.com/kengonakajima/k22/blob/**5ec3c8d**0a2ff52435f9117ab8b3479d553a12114/main.cpp

③ マルチプレイゲームとしてプレイできるようにしたコミット（2016年4月1日）[注4]
URL https://github.com/kengonakajima/k22/commit/**5924462**4608ac97793e66b866e12e84d07acb5c1

注3　一部のURLで、リビジョンID（デフォルトで表示される7桁、コミットIDと呼ばれることもある）を**太字**で示しています。また、解説中で特定のリビジョンを示すために、リビジョンIDを使う場合もあります。

注4　③は、シングルプレイ完成の②のコミットのちょうど次のコミットになっています。

8.2
第1段階:シングルプレイゲームの実装

さっそく実装をスタートしましょう。シングルプレイゲームとして実装をする段階では、以下の手順で作業を進めます。

❶ moyai_samplesからソースコードをコピーする
❷ ゲームのオブジェクトシステムを実装する
❸ 必要なキャラクターの動きと見た目を定義する
❹ キーボードでキャラクターを操作する
❺ 背景と地形を実装する
❻ ビーム弾を撃つ
❼ 音を鳴らす
❽ 敵を出現させて倒す(敵キャラを倒せるようにして種類を増やす)

❶ moyai_samplesからソースコードをコピーする

ゲームプログラミングの原則は、不完全でも良いので、とにかく早く、動くものを用意することでしょう。できるだけ早く、動くものを手に入れるために、サンプルコードをコピーして開発を始めます。

k22のベースにするサンプルゲームはmoyai_samplesの「scroll」です。k22は広大な世界の中を、それぞれのプレイヤーキャラクターが動き回り、個別化されたCameraとViewportを使って、それぞれに異なる世界の一部だけを見ている状態で進行するゲームです。

Cameraを個別化するためには、moyaiのLayerクラスにある**addDynamicCamera**関数を使います。その関数を使うサンプルはscrollだけなので、scrollのソースコードをコピー&参考にして実装を進めていきます。

main関数と全体像の準備

k22のリポジトリを作成したら、次にサンプルコードから動くものを用意するために必要な部分を持ってきましょう。

scrollのソースコードから必要な部分をコピーして、main.cppを作成します[注5]。

注5　リポジトリにおけるコミットについては、p.330の❶を参照してください。

moyai_samplesのsample_common.cppが元にしたソースコードです。

　scrollのソースはsample_common.cppだけでなくscroll.cppも含まれますが、最初のコミットについては、scroll.cppからmain.cppにコピーした部分はまったくありません。sample_common.cppの内容をコピーしただけです。

　scroll.cppの重要な部分である個別化されたCameraを実装する部分のコードは、PC（プレイヤーキャラクター）クラスのコードに含まれています。しかし、一番最初「とにかく動かす」という段階ではまだ、個別化されたCameraは必要ないので、一番最初はコピーせず、後でプレイヤーキャラクターを実装するときにコピーしました。作業は、第2段階のマルチプレイ化の際に行います（p.373）。

　Makefileも moyai_samplesからコピーして、dmやrvといった必要ないサンプルゲームをコンパイルする部分を削除します。moyaiモジュールを、以下のようにして追加しました。

```
$ git submodule add https://github.com/kengonakajima/moyai
```

　その状態（p.330の①のリビジョン）でのmain関数は、以下のようになっています。完成したバージョンのリビジョンや、最新版のリビジョンでは、すでに変更されてしまっていることに注意してください。

```cpp
// k22/main.cpp
int main(int argc, char **argv)
{
  gameInit();
  while (!glfwWindowShouldClose(g_window)) {
    gameUpdate();
    gameRender();
  }
  gameFinish();
  return 0;
}
```

　gameInit関数は、k22に必要な画像や音声などのリソースを読み込んだり、ウィンドウを生成したり、キーボードイベントに対応するための関数を定義したりなどの、起動時に1回だけ必要な初期化処理を行います。

　次のwhileループが、ゲームのメインループです。gameUpdate関数は、キーボードイベントなどの処理をし、キャラクターの座標を動かしたり衝突判定を行います。gameRender関数は、その結果を画面に描画します。メインループは、glfwWindowShouldClose関数が真の値を返したら終了します。この関数はGLFWライブラリの関数で、OSのGUIシステムにおいて、ウィンドウを閉じ

るボタンが押されたり、アプリケーションがウィンドウを閉じるイベントを受信したときに、真の値を返します。

メインループを抜けたら、gameFinish関数を実行し、終了時にメモリーの解放やグラフィックスコンテキストの解放を行います。

この構造は、シングルプレイの状態でも、マルチプレイ化への改変が終わった状態でも、ほぼ同じです。k22では複数のスレッドを使わないので、スレッドを生成するコードは含まれず、ループもここで説明した1つしかありません。

以上で、k22のコードをビルドして実行できるようになりました。コマンドラインで「./k22」として実行すると、**図8.2**のような灰色の画面になります。

図8.2 k22をいったんビルドして実行

ゲームの初期化:gameInit関数

この段階では、gameInit関数は70行ほどあります。moyai_samplesのsample_common.cppからコピーしただけで使っていない部分がたくさんありますが、重要な部分を抜粋して紹介します。エラー処理は省略してあります。それぞれの処理の内容は、コメントに追記しました。

```
k22/main.cpp
void gameInit() {
  g_sound_system = new SoundSystem();   // 効果音を再生する音声ライブラリを初期化

  // GLFWライブラリを初期化
  if (!glfwInit()) {
    print("can't init glfw");
    exit(1);
  }

  glfwSetErrorCallback(glfw_error_cb); // GLFWライブラリのエラーコールバック関数を登録
  g_window =   glfwCreateWindow(SCRW, SCRH, "demo2d", NULL, NULL);
    // GLFWを使ってサイズを指定してウィンドウを生成。SCRWとSCRHはヘッダーで定義している定数
```

[本格実装] クラウドゲーム

```
glfwSwapInterval(1); // VSYNC（垂直同期）を使うように設定
glClearColor(0.2, 0.2, 0.2, 1); // 背景の色を暗い灰色に設定

g_moyai_client = new MoyaiClient(g_window); // moyaiのクライアントライブラリを初期化

g_viewport = new Viewport(); // Viewportを初期化
g_viewport->setSize(SCRW, SCRH); // Viewportのサイズを設定
g_viewport->setScale2D(SCRW, SCRH);

g_main_layer = new Layer(); // ゲームのキャラクターを表示するメインとなるLayerを初期化
g_moyai_client->insertLayer(g_main_layer);
                            // moyaiにLayerを登録すると、そのLayerが描画されるようになる
g_main_layer->setViewport(g_viewport); // ViewportをLayerに登録。描画範囲や大きさが決定される

Texture *tex = new Texture(); // テクスチャを初期化
tex->load("./assets/base.png"); // 24ピクセル四方の大きさを持つキャラクターがすべて
                                 格納されているテクスチャ（スプライトシート）を読み込む
g_base_deck = new TileDeck(); // TileDeckを作成
g_base_deck->setTexture(tex); // 読み込んだスプライトシートをTileDeckに登録
g_base_deck->setSize(32, 32, 8, 8); // テクスチャの分割サイズと分割数を設定

g_camera = new Camera(); // Cameraを生成して位置を設定
g_camera->setLoc(0, 0); // Cameraの初期位置は(0, 0)と明示的に設定（デフォルト値と同じ）
g_main_layer->setCamera(g_camera); // LayerにCameraを設定して描画の中心となる位置を決定
}
```

　上記のとおり、gameInit関数の内容は、効果音を再生するための準備と、GLFWを用いてウィンドウを表示すること、最低限のキャラクターを画面に描画するために、テクスチャやLayerなどの描画要素を準備することだけです。

　コードで、変数名に「g_」が付いているものはグローバル変数で、main.cppで宣言されていて、プログラム全体のどこからでも、gameInitが終わった後であればいつでも有効な値が入っていることが保証され、呼び出して使えます。gameInit関数で「g_」で始まるグローバル変数の初期化に失敗したら、致命的なエラーとして終了するようになっています。

　現段階ではk22はシングルプレイゲームであるため、ネットワークに関わる処理は一切追加されていません。シングルプレイゲームとしてほぼ完成してから、moyaiのRemoteHeadなどのマルチプレイ関連のクラスを使った記述を追加することになります。

ゲームのメインループ

gameInit関数で初期化をした後は、以下のメインループに入ります。

```
k22/main.cpp
while (!glfwWindowShouldClose(g_window)){
  gameUpdate();
  gameRender();
}
```

ウィンドウを閉じるまでは、gameUpdateとgameRenderが交互に呼ばれることになります。gameRender関数の中身は1行だけです。

```
k22/main.cpp
void gameRender() {
  g_last_render_cnt = g_moyai_client->render(); // MoyaiClientの
}                                                  render関数を呼ぶだけ
```

MoyaiClientのrender関数は、内部でGLFWとOpenGLの関数群を用いて、実際に画面に描画をします。

gameUpdate関数は、次のとおりです (デバッグ用の表示部分を省略)。

```
k22/main.cpp
void gameUpdate(void) {
  int cnt = g_moyai_client->poll(dt);   // MoyaiClientが管理しているスプライトを更新
                                        （座標を動かす）
  if (glfwGetKey(g_window, 'Q')) { // Qキーが押されたら強制終了する（デバッグ用の機能）
    print("Q pressed");
    exit(0);
  }
  glfwPollEvents();  // GLFWがキーボードやマウスのイベントを受け取って内部処理を行う
}
```

ウィンドウを閉じたらメインループが終わり、gameFinish関数が呼ばれます。

```
k22/main.cpp
void gameFinish() {
  glfwTerminate();
}
```

gameFinish関数では、GLFWの終了処理を呼び出します。k22の最初のバージョン、すなわち最小の、動作可能なバージョンのコードについては以上です。

main.cppとMakefileしかありません。これだけしかないので、画面には何も描画されず、灰色のままです。ただし、Qキーを押して、アプリケーションを終了させることができます。

[本格実装]クラウドゲーム

❷ ゲームのオブジェクトシステムを実装する

　何種類もの、動くもの(可動物、**ゲームオブジェクト**)をゲームに追加していくときには、同じようなプログラムを何度も書くことを避けるため、オブジェクト指向言語を使っているかどうかにかかわらず、省力化のしくみが必要です。

　Unityなどのような本格的なゲームエンジンでは、C#のようなオブジェクト指向言語を搭載し、GameObjectというような基礎となるクラスに、物理挙動や当たり判定、動的な3Dメッシュ生成などの機能を、特定の仕様に基づいたクラスとして登録することで、要素機能を再利用しやすくするしくみがあります。これらのクラスはコンポーネント(component)と呼ばれ、コンポーネントを登録、検索、参照するしくみは「コンポーネントシステム」と呼ばれます。

　このように、ゲームロジックの実装作業を省力化するしくみは、ゲームの実装規模や内容に合わせて、コンポーネントシステム以外にもさまざまなものが考案されています。たとえば、moyaiが参考にしたMoai SDKでは、C#ほど強力なオブジェクト指向言語ではないLuaという動的言語を用いていて、コンポーネントシステムは実装されていませんが、Luaの動的な仕様を活用して、動的にゲームオブジェクトに機能を追加したり再利用したりしやすいように設計されています。

　ゲームエンジンやゲームライブラリにおけるゲームロジックの定義方法は、それこそがゲーム開発環境の肝となる部分です。その部分に共通の名称があるわけではありませんが、「オブジェクトシステム」「ゲームオブジェクト管理システム」「ゲームシステム」、あるいは単に「システム」などと呼ばれています。

| moyaiの省力化のしくみ

　moyaiではC++を使っているので、C++のクラスの継承のしくみを使って、Propクラスを基底とするゲームオブジェクトの**クラスの階層構造**と、**アップデート関数の鎖構造**を実装し、省力化できるようにしています。

　k22では、全方向スクロールゲームに最適なオブジェクトシステムが必要です。筆者が実験的につくっていた全方向スクロールゲームで使えそうな部分があったので、それを使うことにしました。地形の描画やキャラクターの基本的な動き、敵、エフェクトの表示などで、再利用できそうなものをコピーします。コピーしたのはpc.cpp/char.cpp/enemy.cpp/field.cpp/effect.cppの5つです[注6]。

注6 k22のリポジトリでは、3a40ba4というコミットをチェックアウトすると、このコピー直後の状態を見ることができます。

5つのファイルのうち、pc.cpp/char.cpp/enemy.cppの3つは、ゲームオブジェクト（キャラクターや敵、弾丸などの常時動いているもの）のクラスのしくみを導入しています。field.cppは、地形の論理データの保持や、地形との当たり判定を実装しているFieldクラスの内容を定義しています。effect.cppは、パーティクルエフェクトを表示するための汎用的なParticleクラスを定義します。

これら5つのファイルには、「ゲームオブジェクトのクラス構成」と「アップデート関数の鎖構造」が含まれています。まずは、クラス構成について押さえておきましょう。

クラスの階層構造　省力化のしくみ❶

k22で画面に描画されるすべてのスプライトは、moyaiのスプライトであるProp2Dか、Prop2Dから派生したクラスのインスタンスになっています。effect.cppで定義しているパーティクルエフェクトは動きが単純で、当たり判定などもなく、Prop2Dが持っている機能だけで実現できるので、新しいクラスを定義せずProp2Dを直接使っていますが、それ以外の敵キャラやプレイヤーキャラクター、地形などについては、それぞれ専用のクラスを定義しています。

k22では、Prop2DからCharを派生し、さらにCharからEnemyやPCを派生し、Enemyから各個別の敵を派生し……というように、クラスを多段階に継承するしくみを利用して、ゲームに登場する個々のオブジェクトを定義します。

このクラスの階層構造によって、コードの重複を減らし、全体のコード量を削減し、作業効率を向上することを目指しています。多段階の継承によって、仮想関数の検索コストが増えるため、大量のキャラクターを表示させるときには、CPU消費量が増えてしまいますが、スプライト数が数万程度までであれば、問題なく対応できることがわかっています。

k22のクラスの派生関係の全体は、**図8.3**のようになっています。

図8.3　k22のクラスの派生関係

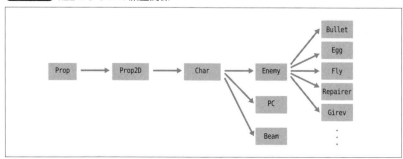

[本格実装] クラウドゲーム

それぞれのクラスが追加している機能は、以下のとおりです。

- Prop：moyaiの中で基本となるオブジェクト。とくに何の機能も持たない
- Prop2D：Propに対して、OpenGLを用いて画面に描画する機能を追加する
- Char：Prop2Dに対して、地形や他のProp2Dとの当たり判定、カテゴリ分け、カテゴリからの検索、世界の端から出たことの判定などを追加する
- Enemy：Charに対して、HP（*Hit Point*）、大きさ、移動速度のベクトルを用いた動き、ビームから撃たれた場合のイベント処理などを追加
- PC：Charに対して、ビームを撃つ機能やノックバック（*knock back*）、キーボード操作への反応などを追加
- Beam：Charに対して、PCが撃つビーム弾。一定距離を飛んだら消える、何かに当たったときに飛び散るエフェクトを出現させる反応を追加する
- Bullet：敵弾。Enemyに対して、アニメーションを追加する
- Egg：幼虫の卵。Enemyに対して、一定時間でWormになる動作を追加する
- Fly：羽虫。Enemyに対して、プレイヤーに向かって曲線的に飛び回る動き、撃たれたときにEggを生成する動作を追加する
- Repairer：ボス（Girev）が射出する敵。Enemyに対して、近いプレイヤーに向かって飛ぶ動きを追加する
- Girev：ボス。Enemyに対して、プレイヤーのほうにゆっくり近づく動き、一定時間ごとに放射状にBulletを生成する動作、Repairerを生成する動作を追加

k22ではProp2DからChar、CharからEnemy、Enemyから各種の敵キャラ、というように機能を追加していきましたが、筆者が過去につくったゲームでは、CharからFlyer、Walkerなど基本的な動きを追加するクラスを派生させ、そこからPlayerやEnemyを派生させるようにしたこともあります。k22では比較的敵の種類が少なく動きも単純であるため、素朴なクラス構成にしました。

アップデート関数の鎖構造　省力化のしくみ❷

もう一つの重要な構造として、**アップデート関数の鎖構造**があります。

ゲームのプログラムに特徴的な動作として、1秒間に約60回繰り返すメインループと、メインループが1回実行されるごとに、すべてのゲームオブジェクトの状態を1回アップデート（更新）する処理があります[注7]。moyaiを用いているk22も、この動作をします。Unityなどでも、ゲームオブジェクトが、ゲームループ1回

注7　ただし、物理計算で高精度が必要であったり、極めて大量のゲームオブジェクトが出現するゲームでは、このような単純なしくみ以外にもさまざまな工夫が組み込まれています。

ごとに、Updateイベントを受信するようなつくりになっています。

さて、moyaiにおいては、アップデートを「poll」と呼んでいます。p.335のメインループで、以下のような記述がありました。これは、moyaiの状態を更新します。moyaiは画面に描画するすべてのスプライトを保持しているので、この関数を呼べば、全ゲームオブジェクトが更新されます。

k22/main.cpp
```
int cnt = g_moyai_client->poll(dt);
```

ここでゲームオブジェクトの例として、羽虫の姿をした敵キャラであるFlyクラスの内容を詳しく見てみましょう。

Flyクラスはヘッダーファイルでは、以下のように定義されています。

k22/enemy.h
```
class Fly : public Enemy {
public:
    double turn_at;
    Fly(Vec2 lc);
    virtual bool enemyPoll(double dt);
};
```

turn_atはターゲット位置を切り替える予定の時刻です。この時刻を過ぎたときに、最も近いプレイヤーの位置に更新します。数秒ごとに更新します。

コンストラクタFly(Vec2 lc);は出現時の位置だけを指定しています。この実体は以下のようになっていて、基本的にはTileDeckやインデックス、大きさなどの見た目を初期化し、速度やHPなどの動きの初期値を設定するだけです。

cc k22/enemy.cpp
```
Fly::Fly(Vec2 lc) : Enemy(lc, g_base_deck, FLYING), turn_at(1) {
    hp = maxhp = 1; // 1回ビームが当たったら破壊可能
    setScl(PPC * 1.5); // 大きさを設定。PPC (Pixel Per Character/キャラクターあたりの
                       //                  ピクセル数）は24なので24 * 1.5 = 36ピクセル
    timeout = ENEMY_DEFAULT_TIMEOUT / 2; // 出現してから数十秒後に強制的に消える
    v = Vec2(0, 0).randomize(PPC * 2); // 速度の初期値はランダムな方向を向いている
    enemy_type = ET_FLY; // 敵の種類コード
}
```

「アップデート関数の鎖」に関係するのはvirtual bool enemyPollで、次のように定義されています。コメントに示したように、Flyという敵の動きはFly::enemyPoll関数を毎フレーム呼び出すことにより実現しています。

[本格実装] クラウドゲーム

```cpp
// k22/enemy.cpp
bool Fly::enemyPoll(double dt) {
  setIndex(B_ATLAS_FLY_BASE + ((int)(accum_time * 10) % 2)); // 羽ばたくアニメーション

  // 1〜2秒ごとに、追跡する対象となるプレイヤーを、範囲内の近いプレイヤーの位置にする
  if (accum_time > turn_at) {
    turn_at = accum_time + range(1,2);
    Vec2 tgt;
    if (g_fld->findEnemyAttackTarget(loc, &tgt, WORM_SHOOT_DISTANCE)) {
      target = tgt;
    } else {
      target = loc.randomize(PPC * 10); // 範囲内にプレイヤーがいない場合は
                                         //               ランダムな位置を選ぶ
    }
  }
  // ターゲット位置に向かってゆっくり加速/減速するような動き（イーズ/ease）にする
  float vel = PPC * 5;
  Vec2 vv = loc.to(target).normalize(vel);
  v += vv * dt;
  v -= v * dt * 0.5;

  // プレイヤーに接触するほど接近したら、プレイヤーを跳ね飛ばして、自身は消える
  if (loc.len(g_pc->loc) < PPC/2) {
    to_clean = true;
    g_pc->onPushed(1, this);
  }
  return true; // 常にループ継続
}
```

ツールで見る関数呼び出しの連鎖

　この関数は**図8.4**のように、メインループのgameUpdate関数から8段階の関数呼び出しを経て呼ばれます。デバッガやプロファイリングツールを用いてプログラムを停止することで、その状態を見やすく確認できます。

　図8.4はmacOSの「アクティビティモニタ」を使って、「プロセスのサンプルを収集」を実行した結果です。gameUpdate関数から、Fly::enemyPoll関数までのアップデート関数までの連鎖が綺麗に見れます。

図8.4 アップデート関数の連鎖

```
▼0.123% gameUpdate()  (in k22) + 167   [0x107a5b9f7]   main.cpp:228
 ▼100.000% MoyaiClient::poll(double)  (in k22) + 41   [0x107ac05c9]
  ▼100.000% Moyai::poll(double)  (in k22) + 206   [0x107a979de]
   ▼100.000% Group::pollAllProps(double)  (in k22) + 147   [0x107a97a93]
    ▼66.667% Prop::basePoll(double)  (in k22) + 162   [0x107a98242]
     ▼100.000% Prop2D::propPoll(double)  (in k22) + 45   [0x107ab67fd]
      ▼100.000% Char::prop2DPoll(double)  (in k22) + 39   [0x107a68be7]   char.cpp:23
       ▼50.000% Enemy::charPoll(double)  (in k22) + 45   [0x107a6d54d]   enemy.cpp:28
        ▼100.000% Fly::enemyPoll(double)  (in k22) + 417   [0x107a6e681]   enemy.cpp:216
```

gameUpdate関数からMoyaiClient::pollを呼び、Moyai::pollが呼ばれます。Prop2Dが登録されているLayerは、moyaiが保持しているGroupの派生クラスで、poll関数はGroupクラスの関数なので、Group::pollAllPropsが呼ばれます。Group::pollAllPropsは保持しているすべてのPropに対して、Prop::basePollを呼びます。その後は、Prop/Prop2D/Char/Enemy/Flyと順番に、poll関数が順次呼び出されることがわかります。

サブモジュールのリビジョン

以下での解説に該当するリビジョンは、p.330で紹介したリビジョンの①にあたります。Gitはリポジトリの特定のリビジョンについて、そこで使っているサブモジュール（k22の場合はmoyai）も、その時点で使われていた対応するサブモジュールのリビジョンを記録してくれます。

たとえば、ここでのmoyaiライブラリの対応するリビジョンは、図8.5のGitHubのリンクを開いて、「moyai@251da47」というリビジョンIDが表示されている部分をクリックして辿ることができます。

図8.5 サブモジュールのリビジョンの確認

コードで見る関数呼び出しの連鎖

先ほどの関数呼び出しの連鎖について、まずはk22のコードを見ておきましょう。gameUpdate関数の内部でMoyaiClient::pollを呼び出します。

```
k22/main.cpp
```

```
g_moyai_client->poll(dt);
```

MoyaiClient::pollの内部では、単純にMoyai::pollを呼び出します[注8]。

注8 ここからしばらくmoyai@251da47のソースについて説明していきます。ソースの引用部分は必要な部分だけを抜粋し、エラー処理や、直接関係ない処理については省略しました。

```
int MoyaiClient::poll(double dt) {
  int cnt = Moyai::poll(dt);
  return cnt;
}
```

moyaiは、画面に描画をしないサーバーとしても使えるようになっており、その場合は、MoyaiClientではなく、moyaiを直接使います。そのようにすることで、OpenGL関連のコードを完全に分離した状態で、OpenGLを持たないLinuxなどのサーバーでも動くようになっています。

Moyai::pollの内部は、Groupの配列をスキャンしてGroup::pollAllPropsを呼びます。Moyai::pollは、アップデート関数を呼び出したPropの合計数を返します。

```
int Moyai::poll(double dt){
  for (int i = 0; i < elementof(groups); i++){
    Group *g = groups[i];
    if (g && g->skip_poll == false) cnt += g->pollAllProps(dt);
  }
  return cnt;
}
```

Group::pollAllPropsは長いですが、重要部分を抜粋すると次のとおりです。

```
int Group::pollAllProps(double dt){
  Prop *cur = prop_top;
  while(cur){
    cur->basePoll(dt);
    cur = cur->next;
  }
}
```

prop_topから、Propが持っているnextというメンバーを使ってリストを辿って、すべてのPropのProp::basePoll関数を順次呼び出していることがわかります。

さらに深く追いかけていきましょう。ここまでは、Propを保持しているコンテナであるGroupやMoyaiの階層でしたが、次の階層からは、Propとその派生クラスの関数呼び出しになります。Prop::basePoll関数は次のとおりです。

```
bool Prop::basePoll(double dt) {
  if (propPoll(dt) == false) {
    return false;
  }
}
```

行っていることは、propPoll関数を呼び出しているだけです。PropのbasePoll関数がfalseを返した場合、MoyaiはそのPropを削除してメモリーも解放します。Groupからも削除されます。Propの派生クラスでも同様の動きにしたいため、propPoll関数の戻り値をそのまま返します。

propPoll関数は仮想関数になっていて、Propから派生したクラスで実体を置き換えることができます。実体を置き換えない場合は、「bool Prop::propPoll(double dt) { return true; }」(moyai/common.h)と定義されている、デフォルトの関数が呼び出されます。

PropクラスからはProp2Dが派生します。Prop2Dのおもな機能は、画面に描画することです。そのため、TileDeckやインデックス番号などの描画に必要な情報を、メンバー変数としてPropに追加しています。

Prop2Dの、virtual bool propPoll(double dt)関数では、アニメーションや子Propの動作をさせるための処理などを省略して、重要な部分だけを抜粋すると、次のようになります。

`moyai/Prop2D.cpp`

```
bool Prop2D::propPoll(double dt) {
  if (prop2DPoll(dt) == false) return false;
}
```

これはProp2D::propPoll関数（moyai@251da47）の冒頭部分です。Prop2D::prop2DPoll関数もまた仮想関数になっていて、Prop2Dから派生したクラスによって置き換えることができます。

続いて、k22の以下のリビジョンでは、プレイヤーキャラクターを画面に表示させるなどの処理を追加しています。その際、char.cppを追加して、Prop2DからCharクラスを派生させ、キャラクターの基本的なしくみを追加しています。

🔗 https://github.com/kengonakajima/k22/commit/**3a40ba4**cb99cb93969643f96e8c911c61d19b1c3

Prop2Dから派生した、Charクラスのprop2DPoll関数を見てみましょう。Charクラスでは、k22に登場するキャラクターに必要だがProp2Dが実装していない、いくつかの機能で、毎ループ実行する必要がある部分を実装しています。

以下は、アップデート関数の連鎖をする部分だけを取り出したものです。実際には、charPoll関数の前後に、Charクラスが追加する機能を実装します。

`k22/char.cpp`

```
bool Char::prop2DPoll(double dt) {
  if (charPoll(dt) == false) return false;
}
```

Charクラスが持つcharPoll関数もまた仮想関数になっていて、Charから派生したクラスによって置き換えることができます。Charから派生したEnemyクラスでは、次のようになっています。

```cpp
// k22/enemy.cpp
bool Enemy::charPoll(double dt) {
  if (enemyPoll(dt) == false) {
    return false;
  }
  // Enemy独自の処理
```

アップデート関数の鎖構造のまとめ

Enemyから派生したFlyクラスのenemyPoll関数については、先ほど紹介しました。Propから各種の敵キャラに至るまでの派生クラスの「アップデート関数の鎖構造」を網羅すると、図8.6のような構成になります。

図8.6 アップデート関数の鎖構造（Fly）

Flyの動きを実現するための、それぞれのアップデート関数において、どのような機能が追加されているかを、改めて整理してみます。

- **Prop::basePoll**：ループカウンターや、のべ生存時間のインクリメント
- **Prop2D::propPoll**：子Propのアップデート関3数を呼び出す（Flyでは子Propは使用していない）
- **Char::prop2DPoll**：ゲームプレイ空間の端から出たら消える。生存可能時間が過ぎたら消える。障害物に当たったら止まる
- **Enemy::charPoll**：PCに当たって、ダメージを与える。ビーム弾に当たって、ダメージを受ける。HPがゼロになったら死ぬ
- **Fly::enemyPoll**：PCから距離をとって、ひらひらと飛び回るアニメーション

このように、アップデート関数の連鎖によって、Fly::enemyPoll関数の内容が最小限になっていることがわかります。

いろいろな種類のゲームオブジェクトを使うゲームでは、似たような動きをするゲームオブジェクトのコードができるだけ重複しないように、何らかの工夫が必要です。moyaiでは階層構造を使って実装しましたが、より柔軟な設計

ができるようにコンポーネントシステムを導入するゲームもあります。LuaやJavaScriptなどの動的言語を使っている場合は、ゲームオブジェクトのアップデート関数を動的に変更することもできます。

❸ 必要なキャラクターの動きと見た目を定義する

前項では、moyaiを使う場合に、Prop2Dを継承してキャラクターのスプライトをどのように定義していくかについて基本的な方法を説明しました。ここではさらに、k22のために必要なキャラクターの動きの内容を見ていきます。

Prop2Dクラスを用いた階層構造やアップデート関数の鎖を、過去のプロジェクトから流用したので、続いてk22のキャラクターを画面に表示します。

まずCharクラスは、最終的に必要なそれぞれのキャラクターの元になるクラスで、それ自体を表示することはありませんが、k22に登場するすべてのキャラクターの基礎になる重要な動きを実装しています。

ここでは、最も重要なプレイヤーキャラクターを出現させるまでのコードを見ていきます。Charクラスの内容から、説明していきます。

クラスの階層構造で説明したとおり、k22ではProp2DクラスからCharクラスを派生させています。Charクラスの機能を説明するため、細かい部分を省略して、メンバー変数とインスタンスメソッドのうち、おもな部分を抜粋します。

```
k22/char.h
class Char : public Prop2D {
public:
  Char(Vec2 loc, TileDeck *dk, Layer *tgtlayer); // コンストラクタ

  Vec2 calcNextLoc(Vec2 from, Vec2 nextloc, float body_size, bool flying);
                              // 次の更新で移動すべき位置を決定する
  bool hit(Prop2D *p, float sz); // 衝突判定。他のProp2Dと当たっているかどうかを調べる
  ~Char();
  virtual bool prop2DPoll(double dt); // Prop2Dのアップデート関数
  virtual bool charPoll(double dt) { return true; } // Charクラスのアップデート関数
  static Char *getNearestByCategory(Vec2 from, CATEGORY cat, Char *except);
                              // 全キャラクターからの検索を行う
};
```

コンストラクタでは、locでゲームプレイ空間内での位置を、dkでTileDeckを、tgtlayerでどのLayerに追加するかを指定します。

Prop2Dで描画が行われるためには、TileDeckと位置以外に、TileDeck内の画像番号と大きさを指定する必要がありますが、画像番号はサブクラスのコンストラクタなどで定義され、大きさは24ピクセルがデフォルトで設定されます。

calcNextLoc関数は、どのキャラクターにも必要な、地形との衝突判定を実装します。

```
Vec2 calcNextLoc(Vec2 from, Vec2 nextloc, float body_size, bool flying);
                                     // 次の更新で移動すべき位置を決定する
```

fromは移動をする前の位置、nextlocは移動しようとする次の位置、body_sizeはキャラクターの大きさ、flyingは飛んでいるかどうかを入力します。

関数の実行結果は、移動後の位置を返します。移動できなかった場合はfromの値がそのまま返され、進む方向に壁があるなどの理由によって完全には移動できなかった場合は、移動できた途中の場所の座標が返されます。

k22では、キャラクターが飛行している場合はどの位置へも移動できますが、地上を歩行している場合は背景の宇宙が見えている位置には移動できません。飛行しているキャラクター（flyingメンバー変数がtrueなキャラクター）がどの位置へも移動できるというのは、移動に失敗することがないということなので、calcNextLoc関数の戻り値はいつもnextlocと同じ座標になります。

したがって、Charから派生したEnemyやPCクラスでは、この関数が提供している地形との衝突判定を使ってキャラクターの動きをつくります。

次のhit関数は、地形ではなく、他のProp2Dとの衝突判定です。

```
bool hit(Prop2D *p, float sz);
```

これはあるCharが、pで特定される他のProp2Dと当たっているかを判定します。その内容は以下のとおりで、簡素な矩形の衝突判定です。

```
bool Char::hit(Prop2D *p, float sz) {
  return (loc.x + sz > p->loc.x - sz) && (loc.y + sz > p->loc.y - sz) &&
    (loc.x - sz < p->loc.x + sz) && (loc.y - sz < p->loc.y + sz);
}
```

他のProp2Dとの当たり判定は、敵がビーム弾に当たったり、プレイヤーキャラクターが敵に当たったりのために、Charを継承するサブクラス（EnemyとPC）で共通に必要なため、再利用できるようにCharに実装しました。

prop2DPoll関数は前述のとおり、Charクラスにおけるアップデート関数です。charPoll関数は、アップデート関数の鎖構造においては、Charクラスの次の階層になるPCやEnemyによって置き換えられるもので、デフォルトの状態では、return true;だけの内容になっています。

getNearestByCategory関数は、特定のCharを操作するための関数ではなく、すべてのCharからの検索を行うための関数です。そのことを明確にするために、staticキーワードが付いています。

```
static Char *getNearestByCategory(Vec2 from, CATEGORY cat, Char *except);
                                          // 全キャラクターからの検索を行う
```

　この関数は、catで指定するカテゴリに属する最も近いCharを検索して返します。これはおもに、敵キャラが最も近いプレイヤーキャラクターを検索して、その方向に向かうために使われます。

プレイヤーキャラクターの登場

　次は、プレイヤーキャラクターを登場させます。プレイヤーキャラクターは、PCクラスで定義されます。PCクラスは、クラスの階層構造の中間にあるCharクラスとは異なり、クラス階層の末端であり、実際に描画されるものです。プレイヤーキャラクターが画面に描画されたら、**図8.7**のようになりました。

　単純なコードから始めます。最終的にはマルチプレイゲームを実装しますが、最初はシングルプレイゲームとして完成に近づけます。k22/main.cppに、「PC *g_pc;」のようにグローバル変数を定義して、gameInitには以下を追加します。

```
g_pc = new PC(Vec2(0,0));
```

　これは、(0,0)の位置にプレイヤーキャラクターを登場させています。PCクラスは、pc.hで定義されています。PCクラスは、過去のプロジェクトからコピーしてきました。そのコードでは、4つのパーツを重ね合わせて、プレイヤーキャラクターを表現していたため、その部分もそのままコピーされています。

図8.7 プレイヤーキャラクターの登場

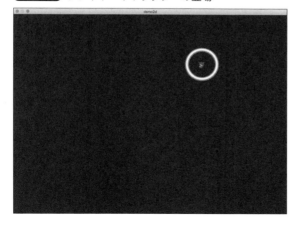

[本格実装] クラウドゲーム

k22のようなドット絵を使った2Dゲームでは、多様なキャラクターの多様性を実現するために、このようなしくみがよく使われます。

子Prop2D　キャラクターのパーツの重ね合わせ

キャラクターのパーツは、TileDeckとして読み込まれるk22base.pngの中で**図8.8**のように整列されています。

一番上の段が髪の毛で2色、次が顔で4色、下の4段が身体で4色あります。k22のキャラクターは移動するときに4方向を向き、それぞれ異なる絵を表示するために、1つの色あたり複数のドット絵が用意されています。

キャラクターが持つ武器も、1つの独立したスプライトとして重ねて表示します。そのためのドット絵も、k22base1024.pngに格納されています（**図8.9**）。

図8.8と図8.9の左から、下向き、右向き、上向きと並んでいます。左向きはなく、右向きを水平反転して使います。これらの身体パーツと武器パーツを重ねて表示し、プレイヤーキャラクターを完成させると**図8.10**のようになります。

moyaiではそれぞれのProp2Dに対して、**子Prop2D**を設定できる機能があるので、4つのパーツをCharの子Prop2Dとして登録しておきます。

moyaiでは、スプライトの描画優先順位を決めるときに、Prop2Dの子Prop2Dをグループ化して決定するため、子Prop2Dを使うことで、2つの親Prop2Dの子同士が複雑に混じり合う可能性をなくせます。子Prop2Dを使うことによって、他のキャラクターとの描画順位の制御が行いやすくなります（**図8.11**）。

図8.11ⓐは、頭パーツ、顔パーツ、身体パーツを別々のスプライトとしてLayerに登録していて、描画優先順位が崩れた場合、濃いグレーと薄いグレーの2人のキャラクターが接近したときに、パーツの重ね合わせ関係が崩れた状況を示しています。これを防ぐためには、それぞれのパーツの優先順位を正確に定義しなければならず、複雑なコードが必要になります。

しかし、子Propをグループ化するしくみがあれば、図8.11ⓑのように、頭、顔、身体パーツのそれぞれの描画優先順位を、グループ内だけで定義できていれば良いため、優先順位の計算を他のキャラクターとは分離して考えることができ、コードが単純になります。多くのゲームエンジンや描画ライブラリでは、このようなグループ化を使って、アプリケーションのロジックを単純にすることができるようになっています。

PCクラスでは、キャラクターをパーツを組み合わせて表現すること以外は、とくに複雑なことをしていません。PCクラスの各要素について、以下、pc.hの定義の中のコメントに説明を追加しました。

図8.8 キャラクターのパーツ

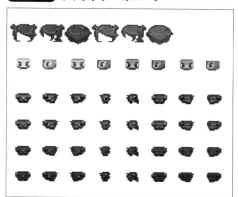

図8.9 キャラクターが持っている武器のスプライト

図8.10 プレイヤーキャラクターの移動時の描画

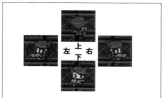

図8.11 スプライトの描画優先順位

k22/pc.h

```
class PC : public Char { // Charクラスを継承
public:
  Vec2 ideal_v; // キャラクターの理想的な場合の移動速度。実際には障害物があってこのとおりに移動できない
  DIR4 dir; // キャラクターの見た目上の向き。キーボードを使って8方向に移動できるが、見た目は4方向しかない
  float body_size; // キャラクターの当たり判定の大きさ
  Vec2 shoot_v; // ビームを撃つ方向。マウスカーソルがある方向に撃つ

  double knockback_until; // 敵に弾き飛ばされる処理のためのタイマー
  Vec2 knockback_v; // 敵に弾き飛ばされているときの速度

  double died_at; // 死んだ時刻。無敵時間のため

  // キャラクターは4つの細かいスプライトのパーツで構成している
  Prop2D *equip_prop; // 武器用  ←以下の4つのProp2Dは、子Prop2D
  Prop2D *body_prop; // 身体用
  Prop2D *face_prop; // 顔用
  Prop2D *hair_prop; // 髪の毛用


  PC(Vec2 lc); // コンストラクタ。出現位置を入力
  virtual bool charPoll(double dt); // CharクラスのcharPoll関数を置換して動きを実装する
  void onAttacked(int dmg, Enemy *e); // 敵から攻撃されたときのコールバック関数
  static PC *getNearestPC(Vec2 from); // 敵が最も近いPCを検索するためのstatic関数
  void respawn(); // 死んだ後に初期出現位置にワープする
```

```
    static Vec2 calcEquipPosition(DIR4 d); // 武器パーツの表示位置を計算する
};
```

　PCの実際の動きはpc.cppのcharPoll関数に実装されていますが、その内容のほとんどは4つのパーツを用いたアニメーション部分です。それについてはここでは割愛して、キーボードのWASDキーを用いてキャラクターを移動させる方法についてだけ説明を行っておきます。

❹ キャラクターをキーボードで操作する

　シングルプレイゲームとしてk22を実装する時点では、キーボードを使ってPCを操作できるようにしました。moyaiライブラリがその基盤として使っているGLFWライブラリは、OpenGLだけでなく、キーボードとマウスとゲームパッドについて、極めて使いやすいAPIを実装していて、OSごとの違いを見事に吸収してくれるため、これらのデバイスを用いてゲームをつくることで、WindowsやLinuxにもほとんどコストをかけずに対応することができます。

　とくにキーボードは、マウスやゲームパッドと異なり、PC向けのゲームならば誰でも持っているため、開発の初期には大変重宝します。開発が進むに連れて、ゲームパッドやマウスへの対応を追加したり、モバイル向けのタッチイベントへの対応を追加していくのが通例となっています。

　k22では、キーボードのWASDキーのどれかを押すと、キャラクターを移動させることができます。キーと方向の関係は、図8.12のとおりです。上と右など同時に2つのキーを押すと、斜めに移動することもできます。

図8.12 WASDキーで、キャラクターの移動

　この段階では、ローカルマシンにあるキーボードから操作情報を受け取りますが、後でマルチプレイにするときは、リモートにあるキーボードからも操作

できるようにする必要があります。

　シングルプレイでの入力を、リモートプレイでの入力にアップグレードする作業を簡単にするため、moyaiでは、キーやマウスなどの操作をいったんKeyboardやMouse（後述）といったクラスの状態として保持し、その内容をゲームロジックのコードで利用するようにしています。

　まずキーボード操作について、シングルプレイの状態では、ローカルマシンで発生したイベントをGLFWライブラリがOSから取得し、それをKeyboardクラスに反映します。リモートからの場合は、ネットワークから来たキーボードイベントの通知をKeyboardに反映します（図8.13）。

図8.13 キーボード操作の取得

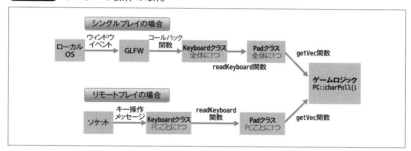

　シングルプレイの場合をもう少し詳しく見ておくと、OSがアプリケーションに対して発行するキー操作のウィンドウイベントをGLFWライブラリがとらえます。アプリケーションであるk22は、GLFWライブラリにキーボードイベントのコールバックを設定することで、GLFWライブラリからキーイベントを取り込み、Keyboardクラスに反映します。

　シングルプレイではKeyboardはアプリケーションのk22全体に一つ、g_keyboardとして初期化され、GLFWからのコールバック関数内で状態が更新されます。

Padクラスと2つのメリット

　ここで登場しているPadクラスは、十字ボタンやアナログスティックのような、キャラクターの移動方向を指示できる入力デバイスと、AボタンやBボタンのような、キャラクターの攻撃動作などを指示できる押しボタンの入力デバイスの状態を保持するためのクラスです。

　moyaiを使ったゲームプログラミングでは、いちいちゲームのアプリケーションコードで、キーボードのWが押されたら左へ移動というようなコードを書

かなくて済むよう、KeyboardクラスのPadクラスに読み込ませるだけで移動方向のベクトルが取得できるようになっています。

このように、KeyboardクラスのをPadクラスに入力するようにしておくことのメリットは、もう一つあります。それは、キーボードではなくUSB接続のゲームコントローラーのようなデバイスを接続したときは、このPadクラスに直接そのボタンの状態を読ませることで、キーボード操作でもゲームコントローラーでも、どちらでも操作ができるゲームを簡単に実装できることです。

Padもg_padとして全体でグローバル変数が一つ初期化され、Pad::readKeyboard関数を用いてKeyboardクラスの状態を読みます。PC::charPollでは、g_padのPad::getVec関数を用いて、どの方角に移動すべきかのベクトルを長さ1の方向ベクトルとして取得し、その方向ベクトルを用いて、次に移動したい位置を計算します。

キーボードから入力をキャラクターの動きに反映させる

ここまでの流れをコードで追ってみましょう。まず、キーイベントを受け取るために、GLFWにコールバック関数を登録します。

```
k22/main.cpp
```

```
glfwSetKeyCallback(g_window, keyboardCallback);
```

keyboardCallback関数の内容は、次のようになっています。

```
k22/main.cpp
```

```
void keyboardCallback(GLFWwindow *window, int key, int scancode, int action, int mods) {
  g_keyboard->update(key, action, mods & GLFW_MOD_SHIFT,
                                  mods & GLFW_MOD_CONTROL, mods & GLFW_MOD_ALT);
}
```

keyboardCallback関数の引数として、windowではどのウィンドウに向けたイベントか、keyで文字としてのキーコード、scancodeはハードウェアにおけるキーコード、actionは押したか離したか、modsは shift などの修飾キーの状態が渡されます。Keyboard::update関数を用いて、g_keyboardの状態を更新するだけの簡単なものです。g_keyboardは、g_keyboard = new Keyboard();として初期化されています。

キーの押し下げ状態をベクトルに変換するPadクラス

Padはg_pad = new Pad();として初期化された後、gameUpdate関数の中で、g_pad->readKeyboard(g_keyboard);としてg_keyboardの内容を読み込みます。

gameUpdateでは、以下のようにして毎ループg_padから方向ベクトルを取り出し、その値をそのままg_pcのideal_vに代入します。

```cpp
// k22/pc.cpp
Vec2 ctl_move;
g_pad->getVec(&ctl_move);
g_pc->ideal_v = ctl_move;
```

pc.cppのPC::charPoll関数の一部では、次のようにして最終的なキャラクターの「次の位置」を決定します。

```cpp
// k22/pc.cpp
float vel = PC_MAX_WALK_SPEED;           // ❶240という定数
Vec2 nextloc = loc + ideal_v * dt * vel; // ❷ideal_v は、g_padのgetVec関数から
                                         // 得られた値そのまま。長さ1の2次元ベクトル
loc = calcNextLoc(loc, nextloc, body_size, NOT_FLYING); // ❸
```

❶ float velは常に240です。これは「1秒間に240進む」という意味です。240の単位はピクセルではなく、ゲームプレイ空間内の空間座標です。地形の1マスは24なので、10マス分進むことになります。画面に描画されるサイズは、Viewportの設定に従います。

❷ Vec2 nextlocは、PCの次の位置を求めます。座標を更新した後はこの位置に行きたいという意味ですが、地形に通れない場所があると、この位置に行けない場合があります。❷の「Vec2 nextloc = loc + ideal_v * dt * vel」は、「次の位置＝現在の位置＋移動したい方向×1ループの経過時間×速度」のように読み替えられます。

障害物や通れない場所の扱い

このようにして、locで示されるA地点から、nextlocで示されるB地点に移動したいわけですが、k22では通れない地形という障害物があります。図8.14で言うと、A地点はプレイヤーがその上を通れるタイルの上にありますが、キーボードのD（右へ移動）が押されている場合、B地点には行けません。

このようにB地点には移動できない場合、ゲームプログラミングでは大きく、

ⓐ移動しない
ⓑできる限り移動する。つまりB'まで移動する

という2つの選択肢があり、ⓐのほうが遥かに実装が簡単です。しかし、ⓐの場合は、幅が1タイルしかない通路に入れないなどの問題が起きるため、k22ではⓑの方法を選択しています。

図8.14 通れない地形

```
k22/pc.cpp
loc = calcNextLoc(loc, nextloc, body_size, NOT_FLYING); // p.353の❸（再掲）
```

calcNextLoc関数は、A地点とB地点とその間のB'も含む、どこかの座標を返します。この座標は、PCの次の位置として採用できます。

キーボードイベントとプレイヤーキャラクターの移動については、ひとまずここまでです。

❺ 背景と地形を表示する

キャラクターを単純に動かせるようにしたので、次は背景と地形を表示します。k22は宇宙空間を題材にしているので、背景は2つの画像を重ねます。1つは星空で、1つは惑星の画像です（**図8.15**）。

図8.15 背景の重ね合わせ※

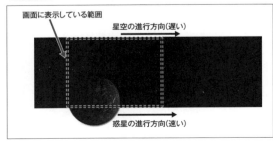

※ 図中の星空などの画像は以下にある。いずれもNASAの著作権フリーの宇宙写真を元にして、Photoshopで加工したもの。
星空：k22/images/spacebg.png　惑星：k22/images/kepler22b_blended.png

まず背景は、図8.15のとおり、3つの大きなスプライトを動かしています。星空の写真のスプライトを2つ横に並べて、切れ目なく無限にスクロールできるようにしています。1枚の写真を無限にスクロールできるようにするためには、このように並べる手法がよく使われます。惑星のスプライトは、星空より手前にあるため、若干速く動かします。右に動かして行って右端に見切れたら、また左側から出現します。

これらの3つのスプライトを初期化する関数がk22/mapview.cppの末尾にあるsetupSpaceBGで、毎フレーム動かすための関数がupdateSpaceBGです。

地形の表示は、地形の論理的データの定義をfield.cppとfield.h、描画をmapview.cppとmapview.hで行っています。

field.hでは、以下のようなenumで地形の要素を定義します。

```
k22/field.h
typedef enum {
  GT_SPACE = 0,
  GT_PANEL = 1,
  GT_HATCH = 2,
} GROUNDTYPE;
```

GT_SPACEが何もないところ、GT_PANELが、キャラクターが移動できる四角いパネル、GT_HATCHがキャラクターが出現する宇宙船の出入り口です（**図8.16**）。地形は、この3種類の24×24ピクセルの大きさのタイルを、moyaiのGridクラスを使って並べることで描画します。

図8.16 地形の要素

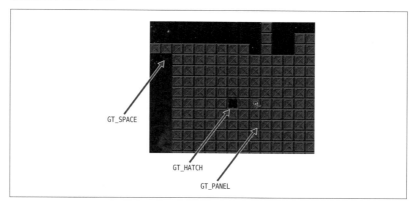

field.cppでは、地形の論理データを保持するためのFieldクラスを定義して、

コンストラクタでまずメモリーを確保します。

```
k22/field.cpp
Field::Field(int w, int h) : width(w), height(h), loc_max(w*PPC, h*PPC) {
    size_t sz = sizeof(Cell) * w * h;
    cells = (Cell*) MALLOC(sz);
    clear();
}
```

引数のwとhはそれぞれ128になっているため、k22のゲームプレイ空間は、128セル×128セル＝16384セルが存在することがわかります。

メモリーを確保した後、Field::generate関数で、マップ全体の自動生成を行います。具体的には、マップの固定の位置(X=10、Y=10)にGT_HATCHを配置し、それ以外の場所に乱数を使ってGT_PANELを適当に配置します。

Fieldクラスは、ゲームマップの論理的な情報(0が何もない、1が歩ける場所、2が出入り口)という情報を保持しているだけです。その論理的な情報を、mapview.cppで描画します。mapview.cppのChunkクラスは、Prop2Dを継承してできたスプライトで、moyaiのGridクラスを1つ持っています。mapview.cppは、k22@8c6f795で導入しています。

k22のフィールドは、128×128(セル)の大きさを持っています。シングルプレイを実装する段階で、最初にmapview.cppを導入したときは、128×128(セル)の大きさを持つmoyaiのGridを1個だけ持っているProp2Dとして、地形の表示を実装しました。k22@8c6f795では、以下のように単純なコードでMapViewを初期化しています。

```
k22/mapview.cpp
MapView::MapView(int w, int h) : Prop2D() {
    setIndex(-1);
    grid = new Grid(w, h);
    grid->setDeck(g_base_deck);
    setScl(24, 24);
    addGrid(grid);
}
```

MapViewはProp2Dから派生した1つのスプライトであり、幅w、高さh(両方とも128)のGridを1つ持っています。Gridの内容は、MapView::update関数を最初に1回だけ呼び出して初期化します。

```
k22/mapview.cpp
void MapView::update(Field *f) {
    for (int y = 0; y < f->height; y++) {
```

```
    for (int x = 0; x < f->width; x++) {
      Cell *c = f->get(x, y);
      assert(c);
      int base_ind = groundTypeToBaseIndex(c->gt, c->subindex);
      grid->set(x, y, base_ind);
    }
  }
}
```

　grid->set(x,y,base_ind)をサイズ分だけ二重ループを回して呼び出し、すべてのセルに値が入るようにしています。groundTypetoBaseIndex関数は、地形の論理データ（GT_SPACEやGT_PANELなど）をTileDeckのインデックス番号に変換するだけの関数です。

チャンキング

　mapview.cppを最初に導入したときは、上記のように、最も単純な実装方法を選択しましたが、これは描画処理のGPU負荷がかなり高い方法なので、最終的に、広大な地形を表示するときには、「チャンキング」（chunking）という手法を使って描画することが必要です。

　「チャンキング」とは、広大なマップを持つゲームにおいて、GPUの処理能力を無駄にしないために、よく使われる手法です。k22のリポジトリでは、チャンキングをしない版で動作確認をした後の、k22@07041b5でチャンキングを導入しています。

　まずチャンキングを使わない場合、**図8.17**のような128×128（セル）のマップを描画するには、1セルあたり2つの三角形を描画する必要があります。

　そのためには通常、4つの頂点と、6つ（3×2）の頂点インデックスデータが必要です。**図8.18**は、マップの1セルを描画するために必要な4つの頂点ABCDと、2つの三角形ポリゴン（ABC, ACD）を示しています。これは、1枚のProp2Dを表示するために必要なデータとまったく同じです。

　A〜Dの4つの頂点を、頂点バッファに入れます。頂点バッファは頂点の配列です。その内容をvb[A,B,C,D]と表現すると、この配列の0番め、つまりvb[0]が頂点A、vb[1]が頂点B……を指します。この0や1が頂点インデックス番号です。三角形を1つ描画するためには3つの頂点が必要なので、頂点インデックスの0/1/2番の3つを指定すれば三角形ABCを描画できます。三角形ACDの頂点インデックスは0/1/3番です。四角形のスプライト個あたり、三角形が2つ必要なので、インデックス番号は3×2=6個必要になります。

図8.17 128セル×128セルのマップ

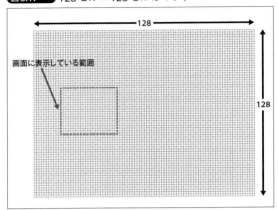

図8.18 マップの1セルを描画する

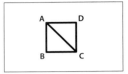

　Gridは内部では、この三角形を必要な数並べています。128×128のマップであれば、頂点データは128×128×4＝65536頂点が必要で、頂点インデックスは128×128×6＝98304個必要です。GPUは、これを毎フレーム描画する必要が生まれます。60フレーム/秒であれば、約393万頂点とインデックス分のレンダリングを毎秒行う必要があるということです。

　128セル四方という面積は、実際に画面に表示している面積よりも遙かに広いため、GPUの処理はほとんどが無駄になってしまいます。

　k22におけるチャンキングは、16×16(セル)の単位でセルをチャンク(塊)として扱い、チャンクごとに描画をしたりしなかったりといった制御をします。この正方形のチャンクは、moyaiではGridとして表現されます。描画するChunkだけ、GPUに対して描画をするようにOpenGL経由で指示します。

　図8.19では、画面に見える範囲には、だいたい30×30（セル）で合計4つのチャンクが含まれます。チャンクのGridが完全に画面の外に出ている場合、moyaiは自動的にそれを判定して、OpenGLの描画指示を行わないようにします。4つのチャンクに含まれる頂点の数は16×16×4頂点×4チャンク＝4096頂点しかありません。チャンキングをする前は、65536頂点を描画していたことを考えると、GPUの処理は単純に16倍の軽量化が行われています。

　チャンキングは、Chunkが画面の外に出ているかどうかの判定を、GPUではなく、CPUで行うため、CPUの処理が増えます。したがって、あまりにもチャンクの数が多い場合は、GPUではなく、CPUがボトルネックになり得ます。

　実際のゲームにおいては、チャンクの大きさを調整したり、ゲーム内容を調整してあまり遠くが見えないようにしたりといった工夫をして、GPUやCPUに負荷がかかり過ぎないように調整する必要があります。

図8.19 画面に見える範囲に含まれるチャンク

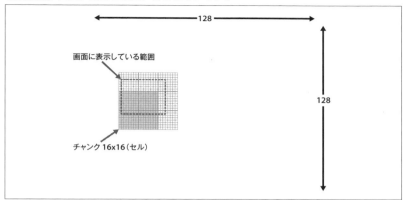

以上のようにして、背景と地形を表示するようになりました（**図8.20**）。

次項では、続いて作業を行った、プレイヤーキャラクターが、ビーム弾を撃つ部分の実装を見てみましょう。

図8.20 背景と地形が表示できた

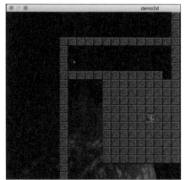

❻ ビーム弾を撃つ

k22では、マウスボタンをクリックすると、画面上のマウスカーソルの位置に向けてビーム弾を発射します。ボタンを押しっぱなしで、自動的に連射されます（**図8.21**）。

図8.21　ビーム弾を発射

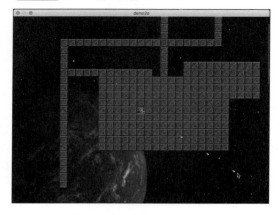

　マウスの操作は、**図8.22**のように、moyaiのMouseクラスを経由して、ボタンとカーソル位置の情報をゲームロジックに伝達します。

　シングルプレイの場合は、k22アプリケーション全体で1つのMouse *g_mouseを初期化し、GLFWライブラリがOSから受け取ったイベントをg_mouseに格納し、gameUpdateでg_mouseから状態を読み出します。各段階のコードを抜粋すると、次のようになります。まずg_mouseが初期化されています。

k22/main.cpp

```
g_mouse = new Mouse();
glfwSetMouseButtonCallback(g_window, mouseButtonCallback);
glfwSetCursorPosCallback(g_window, cursorPosCallback);
```

　mouseButtonCallback関数は、GLFWがマウスボタンの操作イベントをOSから受け取ったときに呼ばれる、アプリケーションが定義している関数です。

図8.22　マウス操作の取得

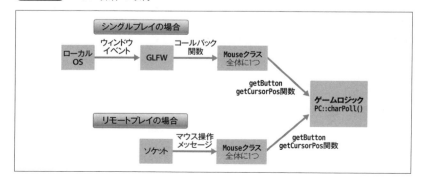

同様に、cursorPosCallback関数は、マウスカーソルの移動イベントをアプリケーションに渡すための関数です。

それぞれのコールバック関数では次のようにして、g_mouseのupdateButton関数とupdateCursorPosition関数を呼び出して、Mouseクラスの内部状態を更新します。

```
                                                                    k22/main.cpp @78ad725
void mouseButtonCallback(GLFWwindow *window, int button, int action, int mods) {
  g_mouse->updateButton(button, action, mods & GLFW_MOD_SHIFT,
                        mods & GLFW_MOD_CONTROL, mods & GLFW_MOD_ALT);
}
void cursorPosCallback(GLFWwindow *window, double x, double y) {
  g_mouse->updateCursorPosition(x, y);
}
```

毎ループ呼ばれるgameUpdate関数で、g_mouseの内部状態を読み出してg_pcに渡す部分は、次のようになっています。

```
                                                                      k22/pc.cpp @78ad725
Vec2 cursor_pos = g_mouse->getCursorPos();      // まずウィンドウ内のカーソル位置を取得
Vec2 cursor_wloc = screenPosToWorldLoc(cursor_pos);
                              // ウィンドウ内の位置をゲームプレイ空間の座標系に変換
Vec2 shootdir = cursor_wloc - g_pc->loc;       // ビームを撃つ方向ベクトルをshootdirに求める
Vec2 ctl_shoot = shootdir.normalize(1.0f);     // 方向ベクトルの長さを1にする
if (!g_mouse->getButton(0)) ctl_shoot*=0;      // ボタンが押されていないときは(0,0)にする（撃たない）
g_pc->shoot_v = ctl_shoot;                     // g_pcのshoot_vメンバーを上書きする
```

k22では、プレイヤーキャラクターがゲームプレイ空間内を移動しても、Cameraが常にプレイヤーキャラクターが画面の真ん中に表示されるように、追跡し続けるようにしています。そのため、画面上の同じ位置をクリックしても、Cameraの座標次第ではゲームプレイ空間の同じ位置をクリックしているとは限りません。これは、Cameraの座標を単純に足せば解決できます。

それ以外にも、マウスカーソルは画面の左上が(0,0)で、右下が(SCRW,SCRH)であるのに対し、k22のOpenGLのViewportの座標系は画面の真ん中が(0,0)で、画右上が(SCRW/2,SCRH/2)であるため、Y軸の反転を含む調整が必要です。

screenPosToWorldLoc関数は、以下のような内容になっています。

```
                                                                    k22/main.cpp @78ad725
Vec2 screenPosToWorldLoc(Vec2 scrpos) {
  return Vec2(scrpos.x - SCRW/2, (scrpos.y - SCRH/2) * -1)
                                                          + g_camera->loc;
}
```

[本格実装]クラウドゲーム

PCクラスのcharPoll関数では、毎回tryShoot関数を呼びます。tryShoot関数の全体は、次のようになっています。

```
void PC::tryShoot() {
  if (shoot_v.len() == 0) return;   // マウスボタンが押されてないときは撃たない
  if (last_shoot_at > accum_time - getShootIntervalSec()) return;
                                    // 前回撃ってから0.2秒経過していないときは撃たない
  last_shoot_at = accum_time;
  Vec2 handv = getHandLocalLoc(shoot_v);  // キャラクターの「手」の位置を、
                    // 向いている方向から求める。武器の先端からビームが出るようにしたいため
  g_shoot_sound->play();   // 効果音を鳴らす
  new Beam(loc + handv, loc + shoot_v + handv, BEAMTYPE_WIDE, B_ATLAS_WIDE_BEAM);
                    // Beamクラスを新規作成する（ビーム弾のキャラクターが出現する）
}
```

Beamクラスのインスタンスを生成することが、ビーム弾を撃つことになります。コンストラクタBeamの第1引数は初期位置、第2引数はどの位置に向かうか、第3引数はビームの種類、第4引数はTileDeckにおける画像インデックス番号を設定しています。

❼ 音を鳴らす

ビーム弾を撃つときに射撃音が出ないと、大変さびしいものです。シューティングゲームの爽快感には、射撃と爆発の音は欠かせません。

そこで、射撃の実装と同時に、音も鳴るようにしました。以下では、k22/sounds/ディレクトリにある、いくつかのWAVファイルをmoyaiのSoundSystemクラスに与えて、新しいSoundクラスのインスタンスを生成しています。

```k22/main.cpp
g_shoot_sound = g_sound_system->newSound("sounds/shoot.wav", 0.5, false);
                                    // PCがビームを撃つときの音
g_shoot_sig_sound = g_sound_system->newSound("sounds/shoot_sig.wav", 0.3, false);
                                    // 敵がミサイルを撃つときの音
g_kill_sound = g_sound_system->newSound("sounds/machine_explo.wav", 0.3, false);
                                    // 敵が破壊されたときの音
g_hurt_sound = g_sound_system->newSound("sounds/hurt.wav", 0.5, false);
                                    // PCがダメージを受けたときの音
g_beamhit_sound = g_sound_system->newSound("sounds/beamhithard.wav", 0.5, false);
                                    // 硬い敵にビームを当てたときのカチンという音
```

g_shoot_soundは射撃音、g_shoot_sig_soundは敵のミサイル発射音、g_kill_soundは敵を倒した音、g_hurt_soundはPCがダメージを受けた音、g_beamhit_soundは硬い敵にビームを当てたときのカチンという音です。これら5種類の音を、筆者のサウンドライブラリーから適当に選んで追加しました。

❽ 敵を出現させて倒す

最初は、何かのキーを押したら敵が出現するようにします。keyboardCallback 関数に以下のようにdebugKeyPressed関数を追加し、debugKeyPressed関数で、いつも同じ、PCに対して右上に(100,100)の位置に出現するようにします。

```
k22/main.cpp @69e8480
void keyboardCallback(GLFWwindow *window, int key, int scancode, int action, int mods) {
  <中略>
  if (action) {
    debugKeyPressed(key);
  }
}
```

Flyクラスのコンストラクタに座標を指定してnewすることで、新しい敵を1つ登場させることができます。他の敵も出現させるときのために、switch文を使って分岐するようにしておきます。

```
k22/main.cpp @69e8480
void debugKeyPressed(int key) {
  switch(key) {
  case 'T':
    new Fly(g_pc->loc + Vec2(100,100));
    break;
  }
}
```

Flyは羽虫の敵で、前項でも説明したとおり、近くのプレイヤーキャラクターに向かって追跡を続けます。プレイヤーに接触するほど接近したら、プレイヤーを跳ね飛ばして、自身は消えます。

その部分のコードを再掲すると、以下のようになっています。

```
k22/enemy.cpp @3a40ba4
if (loc.len(g_pc->loc) < PPC/2) {
  to_clean = true;
  g_pc->onPushed(1, this);
}
```

シングルプレイなのでプレイヤーキャラクターは常に1人しかおらず、g_pc というグローバル変数でコードのどこでも取得できます。PC::onPushedは、プレイヤーが跳ね飛ばされたことを通知するための関数です。

Fly::enemyPoll関数には、ビーム弾に当たる判定は書かれていません。ビーム弾と敵の当たり判定は、Beam::charPoll関数にあります。Beamクラスの

charPoll関数の重要な部分を、以下に抜粋します。

```cpp
// k22/char.cpp
bool Beam::charPoll(double dt) {
  loc += v * dt; // 等速直線運動

  // 敵に当たる処理
  Char *cur = (Char*) g_char_layer->prop_top;
  while (cur) {
    if (cur->isEnemyCategory()) { // Enemyについてだけ処理対象とする。PCは除く
      Enemy *e = (Enemy*) cur;
      if (e->hit(this, PPC/2) && e->beam_hits) { // 当たり判定
        int dmg = 1;   // 現状ではダメージは常に1
        if (dmg > e->hp) dmg = e->hp;
        e->notifyHitBeam(this, dmg);  // Enemyにビームが当たったことを通知する
        createSparkEffect();          // ビームが飛散するエフェクトを生成する
        to_clean = true;
      }
    }
    cur = (Char*) cur->next;
  }
  return true;
}
```

敵に当たる処理は少々長いですが、簡単に言うとg_char_layerというLayerに登録されているすべてのキャラクターを走査し、Char::hit関数を使って当たり判定を行い、当たっていたらダメージを与えます。

g_char_layerは敵、敵の弾、プレイヤーキャラクターを含むCharの派生クラスだけが登録されています。g_char_layer->prop_topから、propのnextポインターを用いて辿ることができるリストになっています。

Enemy::notifyHitBeamの内部では、細かいことを除けば、applyDamage関数を呼び出しています。

applyDamage関数では、hpからdmgを引いて、hpが0以下になれば死んでいると判定し、to_cleanフラグを立てます。to_cleanフラグを立てると、アップデート関数の呼び出しが終わって描画される前にProp2Dが削除されます。

```cpp
// k22/enemy.cpp
void Enemy::notifyHitBeam(Beam *b, int dmg) {
  applyDamage(dmg);
}
// 破壊されたときはtrueを返す
bool Enemy::applyDamage(int dmg) {
  hp -= dmg ;
```

```
if (hp <= 0) {
  createExplosion(loc, 1, 2); // 爆発エフェクトを生成
  g_kill_sound->play(); // 効果音を鳴らす
  to_clean = true; // このスプライトを消去するためのフラグを立てる
  return true;
} else {
  return false;
}
}
```

ビームとの判定はEnemyクラスに定義されているので、Enemyクラスから派生したすべての敵キャラは、同じ動作をすることになります。

Fly以外にもTakwashi、Girev、Repairerなど10種類近くの敵キャラの実装を行いました。敵キャラの種類を増やしていく作業は、基本的にはFlyと同様に進められますので、個別のキャラクターの説明は割愛します。

第1段階のまとめ　シングルプレイの段階で楽しめる要素をひととおり実装する

ここまでの実装で、ひととおりプレイヤーキャラクターをマップ上で操作し、敵キャラを出現させ、それをビーム弾で撃って倒すところまで、シングルプレイでできるようになりました。

全方向シューティングゲームとして、撃つ楽しさを何とか実現できたという感触が得られたのではないでしょうか。

ゲームの楽しめる要素がひととおり実装できたので、これ以降ゲームの完成度を上げていくには、キャラクターや地形の種類を増やしたり、バランス調整をしたりといった作業が中心になります。

筆者の経験からは考えると、ここまでがゲーム開発の「序盤」です。ゲームの主要な要素がひととおり遊べるが、バグが多かったり量が足りなかったり描画性能が足りなかったりする状態で、プロトタイプ（*prototype*）バージョン、あるいは、アルファ（*alpha*）バージョン、場合によってはバーティカルスライス（*vertical slice*）などと呼ばれることもあります。

続いて、マルチプレイ化のステップへ進みましょう。

[本格実装] クラウドゲーム

8.3
第2段階:マルチプレイ化

前節で、シングルプレイがあらかた実装できました。

k22はマルチプレイが主体のゲームであるため、今後の開発を進めるためには、時々実際にマルチプレイのテストを行ってバランスを確認したりといった作業が必要です。したがって、このタイミングで、マルチプレイを実装するのが最適と考えました。

マルチプレイ化の流れ

シングルプレイ状態のk22をマルチプレイ化する作業では、いくつかの段階を踏みます。k22はmoyaiを使っているため、RemoteHeadを適切に初期化し、プレイヤーキャラクターの増加と減少を行う処理を書き、マウスやキーボードなどのコールバックを定義し、個別化の処理を追加する必要があります。

実際の作業は、次のとおりです[注9]。順番に見ていきましょう。

❶ gameInit関数でRemoteHeadを初期化する部分を追加
❷ (main.cppに各リモートイベントを受ける)コールバック関数を追加
❸ main.cppにaddPC、delPCなどを追加
❹ グローバル変数g_mouse、g_keyboardなどをPCクラスのメンバー変数に変更
❺ PCクラスのコンストラクタで、keyboardやmouseなどのメンバー変数を初期化
❻ キーボード操作イベントの処理内容を変更
❼ マウス操作イベントの処理内容を変更
❽ PC::charPoll関数でグローバル変数ではなく、メンバー変数を使うように変更

❶ gameInit関数でRemoteHeadを初期化する部分を追加

moyaiでは、クラウドゲーム用の機能は**RemoteHead**というクラスに集約されています。

RemoteHeadの初期化をするためのコードは、moyai_samplesリポジトリの

注9　この8つの修正を含んでいるk22リポジトリのコミットは、p.330の❸から参照できます。

samples_main.cppにあるので、それをコピーし、main.cppに追加します。

まず、RemoteHeadへのポインターを、グローバル変数に1つ用意します。

```
RemoteHead *g_rh;
```
k22/main.cpp

次にgameInit関数で、g_rhを初期化し、スプライトストリームを送信するために必要な設定をします。以下のコードはその全体です。エラー処理や細かな部分は省略しています。

k22/main.cpp
```
// ❶RemoteHeadの初期化
Moyai::globalInitNetwork(); // moyaiのネットワーク機能自体を一度だけ初期化する
g_rh = new RemoteHead();    // RemoteHeadのためのメモリーを割り当てる
g_rh->startServer(HEADLESS_SERVER_PORT);
             // 現状ではTCPの22222番ポートを使用してTCPのサーバーを準備し、LISTEN状態にする
g_rh->enableSpriteStream(); // スプライトストリームを有効にする
g_rh->enableVideoStream(SCRW*RETINA,SCRH*RETINA,3);
                            // ビデオストリームを有効にする。スプライトストリームと併用可能
g_rh->enableReprecation(REPRECATOR_SERVER_PORT); // レプリケーションも有効にする

// ❷MoyaiClientとRemoteHeadを互いに結び付ける
g_moyai_client->setRemoteHead(g_rh);
g_rh->setTargetMoyaiClient(g_moyai_client);

// ❸SoundSystemとRemoteHeadを互いに結び付ける
g_sound_system->setRemoteHead(g_rh);
g_rh->setTargetSoundSystem(g_sound_system);

// ❹RemoteHeadに各種のコールバック関数を登録する
g_rh->setOnConnectCallback(onConnectCallback);
g_rh->setOnDisconnectCallback(onDisconnectCallback);
g_rh->setOnKeyboardCallback(onRemoteKeyboardCallback);
g_rh->setOnMouseButtonCallback(onRemoteMouseButtonCallback);
g_rh->setOnMouseCursorCallback(onRemoteMouseCursorCallback);

// スプライトストリームの更新パケットの送信頻度を調整する
g_rh->setLinearSyncScoreThres(50);
                        // 線形補間モード(LOCSYNCMODE_LINEAR)の閾値を設定する
g_rh->setNonLinearSyncScoreThres(200); // 非線形モード(LOCSYNCMODE_DEFAULT)の閾値を設定する
g_rh->setSortSyncThres(20);
    // スプライトストリーム送信前の、変化度によるソートをするときの足切りの値を設定する

// TIMESTAMPパケットの送信をしないようにする
if (g_disable_timestamp) g_rh->disableTimestamp();

// 事前に送信しておきたいスプライトのTileDeckを登録する
g_rh->addPrerequisites(g_girev_deck);
```

[本格実装] クラウドゲーム

❶のRemoteHeadの初期化部分を少し説明しておくと、Moyai::globalInitNetwork関数（moyai/Remote.cpp）では、WindowsにおいてWinsockの初期化をするのと、Unix系システムでSIGPIPEを無視するように設定しています。

RemoteHead::startServer関数（moyai/Remote.cpp）は、ポート番号を指定してTCPのサーバーソケットを作成します。socket/bind/listenという3つの関数を呼び出します。RemoteHeadクラスの関数は、RemoteHead::startServer関数以外のものも含めて、moyai/Remote.cppファイルで定義されています。

RemoteHead::startServerが成功したときは、netstatコマンドで確認したときに、22222ポートで以下のようにLISTEN状態であることを確認できます。

```
$ netstat -tan | grep LISTEN
tcp4       0      0  *.22222                *.*                    LISTEN
```

RemoteHeadクラスのenableSpriteStream関数、enableVideoStream関数、enableReprecation関数は、3つとも必ず呼び出す必要はありません。スプライトストリームを有効にせずビデオストリームだけを有効にしたい場合は、enableVideoStream関数だけでかまいません。

また、レプリケーションを使わないときは、enableReprecation関数を呼び出す必要はありません。enableReprecation関数の第1引数は、TCPのポート番号を指定します。startServerに与えている値とは異なる番号で、指定する必要があります。これはRemoteHeadが、レプリケーション用には別のTCPポートを使うようになっているためです。

bindに失敗したらエラーを返すのですが、ここではエラー処理を省略しています。エラー処理も含めたコードについては、k22リポジトリのmain.cppを参照してください。

RemoteHeadの初期化ができたら、次に❷❸でRemoteHeadがゲームプレイ空間の変更を解析できるように関連付けをします。

k22のゲームプレイ空間のうち、リモートのViewerクライアントに伝える必要があるものは、当たり前のことですが、画面に描画をするものと、再生している音声の情報です。

k22では、画面に描画するすべてのものはProp2Dから派生したもので、何らかのLayerに登録されています。そのすべてのLayerはMoyaiClientに登録されているので、MoyaiClientとRemoteHeadが関連するように互いに紐付けます。

再生している音声は、SoundSystemがその状態を保持しています。そのため、MoyaiClientと同様の方法で、SoundSystemとRemoteHeadを関連付けます。

以上のコードで、スプライトストリームの送信をするために必要な設定がで

368

きましたが、これだけだと出力しかできません。

プレイヤーはViewerを使って入力をするので、入力も受け入れられるように設定する必要があります。

❷ コールバック関数を追加

RemoteHeadのAPIでは、入力はすべてコールバック関数を用いて受け入れるようになっています。p.367のコード中の❹では、5つのコールバック関数を設定しています。ここで設定しているコールバック関数は、それぞれ次のタイミングでRemoteHeadから呼び出されます。

- **onConnectCallack**：Viewerからの新しい接続を受け入れたとき
- **onDisconnectCallback**：Viewerが接続を切断したとき
- **onRemoteKeyboardCallback**：Viewerが送信したキーボード操作のイベントを受信したとき
- **onRemoteMouseButtonCallback**：Viewerが送信したマウスボタン操作のイベントを受信したとき
- **onRemoteMouseCursorCallback**：Viewerが送信したマウスカーソル位置変化のイベントを受信したとき

上記のコールバック関数はすべて、レプリケーションサーバーにおいてイベントが発生したときも呼び出されます。コールバック関数の内容は、moyai_samplesのscrollからコピーして、若干修正したものです。

以下、それぞれのコールバック関数の修正内容について、見ていきましょう。

❸ main.cppにaddPC、delPCなどを追加

onConnectCallback、onDisconnectCallback

onConnectCallback関数は、単純です。

```
k22/main.cpp
```
```
void onConnectCallback(RemoteHead *rh, Client *cl) {
  addPC(cl);
}
```

addPCは、プレイヤーキャラクターを1人増やします。k22ではscrollの仕様を踏襲し、Viewerからの接続があったときにプレイヤーキャラクターを1人追加して、接続が切れたときにプレイヤーキャラクターを削除するようにしました。

これは『Minecraft』のマルチプレイサーバーや、他の多くのMMOGと同じような仕様です。addPCは、以下のようになっています。

```
ObjectPool<PC> g_pc_cl_pool; // クライアントIDから検索

PC *addPC(Client *cl) {
  PC *pc = new PC(cl); ····················①
  pc->respawn(); ·························②
  g_pc_cl_pool.set(cl->id, pc); ·······③
  return pc;
}
```

g_pc_cl_poolは、moyaiに含まれているint型のクライアントID（番号）からPCのポインターを検索するための、std::unordered_mapを利用したコンテナです。std::unordered_mapは、C++のSTL（*Standard Template Library*）に含まれる、高速に検索ができるmapの一種で、どんな型のオブジェクトでもint型の番号から検索をすることができます。

新しい接続を受け入れたときに、RemoteHeadがクライアントIDを採番し、Clientを初期化します。これ以降は、このClientを使ってゲームプレイ空間におけるPCのオブジェクトと、プレイヤーが操作しているViewerを関連付けることができます。PCクラスを新しく1つ生成するとき、Clientを渡すことで関連付けをしています。

①でPCクラスを作成したら、次は初期位置を設定します（②）。その次に、g_pc_cl_poolに対して登録します（③）。

ゲームによっては、新しく接続を受け入れた後に、すぐにPCを作成せず、どの場所から開始したいかをプレイヤーに設定させるためにGUIを表示するなど、行いたいかもしれません。その場合は、onConnectCallback関数の内容は異なったものになるでしょう。

次に、**onDisconnectCallback**関数は、接続が切断されたときに呼ばれます。内容はいたって簡単で、onConnectCallbackとは反対に、PCを削除するだけです。

```
void onDisconnectCallback(RemoteHead *rh, Client *cl) {
  PC *pc = g_pc_cl_pool.get(cl->id);
  delPC(pc);
}
```

delPCでは以下のようにして、g_pc_cl_poolからPCの要素を1つ削除します。

```
                                                      k22/main.cpp
void delPC(PC *pc) {
  g_pc_cl_pool.del(pc->cl->id);
  pc->to_clean = true;
}
```

　g_pc_cl_poolコンテナから削除するときに、pc->to_clean=true; として、ゲームプレイ空間からも同時に削除します。

　このように、接続が切れた瞬間にProp2Dを削除すると、切断したときにゲームプレイ空間からキャラクターがいなくなってしまいます。

　ということは、敵に囲まれたときにすぐ切断してキャラクターが死ぬことを回避することが可能になります。多くのMMORPGなど、キャラクターの死や戦闘の扱いがシビアなゲームでは、切断をしてから一定時間の間はキャラクターをゲームプレイ空間に残すなどの工夫をしています。

　なお、『Minecraft』などの、キャラクターのステータスを少しずつ成長させていくのがメインではないようなゲームでは、k22と同様に、切断したらすぐ削除という仕様になっているものもあります。

❹ グローバル変数g_mouse、g_keyboardなどをPCクラスのメンバー変数に変更

　シングルプレイ版とマルチプレイ版の重要な違いは、シングルプレイ版では、キーボードは全体に1つのグローバル変数g_keyboardであったのに対し、マルチプレイ版では、g_keyboardが削除され、PCクラスのメンバー変数になっていることです。

　実はKeyboard以外にも、シングルプレイ版ではグローバル変数として1つだけあったものが、PCクラスのメンバーになっているものが他にもあります。pc.hから引用します。

```
                                                        k22/pc.h
Mouse *mouse;
Keyboard *keyboard;
Pad *pad;
Camera *camera;
Viewport *viewport;
```

　MouseとKeyboard、Padがプレイヤーの入力に対応するために必要なもの、CameraとViewportが描画をするために必要なものです。

k22では、「それぞれのプレイヤーが独立してゲームプレイ空間に存在し、独立して移動を含む動作ができる」というゲーム内容になっているため、MouseとKeyboard、Padについては、それぞれのPCごとに個別に保持するようにしました。しかし、もし1人のプレイヤーキャラクターを、複数のプレイヤーが交代で操作したり、途中で介入ができたりするようなゲームの場合には、g_keyboardのままで良いことになります。

クラウドゲームだからと言って、k22のように独立した動作が可能であるようにする必要はありません。実現したいゲームの内容によって、KeyboardやMouseをどのように保持すれば良いかをそれぞれ考えれば良いのです。

k22とrvのキーボード/マウスの操作イベントの流れの違い
参加者全員でキーボードとマウスを共有するrv

moyaiでは、人間であるプレイヤーと操作の対象となるキーボードやマウスの対応関係は、柔軟にプログラミングすることができます。それを説明するために、第7章のサンプルゲームrvの、マウス操作イベントの扱いを見てみましょう。

rvではオセロの盤は1つしかなく、CameraもViewportも全体で1つしかありません。プレイヤーごとに別々のCameraを用意しなくても問題なくプレイできるため、g_mouseを1つだけ割り当てて2人のプレイヤーのマウス操作が混じってしまうことを許しています。rvにおけるマウス操作イベントの流れを図にすると、**図8.23**のようになります。

図8.23 rvにおけるマウス操作イベント

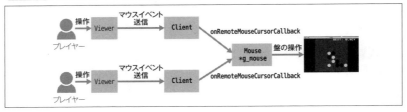

2つのプレイヤーが、2つの独立したViewerを操作し、マウスイベントを送信します。ゲームサーバーは**onRemoteMouseCursorCallback**関数を経由してイベントを受信し、グローバル変数であるg_mouseの状態を更新します。マウスをクリックしたときに盤の上のどの位置に駒を置くかは、g_mouseに記憶されているカーソル座標によって決まります。

ここで、マウスカーソル移動のイベントは、後から到着したイベントによって上書きされます。rvではマウスボタンを押されるとピースを置きますが、その

イベントも、2つのViewerのうち、どちらから送信されたかにかかわらず、何らかの左ボタンが押されたら置くようになっています。

rvがこのようにg_mouseを共有していることで起き得る問題は、たとえば、子供がプレイする場合など、自分の手番ではないのにクリックしてしまった結果、自分の手番の色のピースを相手が置いてしまったり、あるいは、この仕様を使う形で他のプレイヤーを困らせることができてしまうかもしれません。そのような問題を防ぎたい場合、手番以外のクライアントからのイベントは無視するなどの判定を追加すると良いでしょう。

k22では、rvとは異なり、それぞれのViewerが異なる視点から見られるように、プレイヤーキャラクターのPCクラスがそれぞれ別のCameraとViewportを保持ししています。さらに、それぞれのViewerからのイベントも、プレイヤーキャラクターが個別に異なるMouseとKeyboardを1つずつ持つことで、独立させています。イベントの流れは図8.24のようになります。

図8.24 イベントの流れ

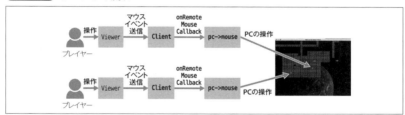

❺ PCクラスのコンストラクタで、keyboardやmouseなどのメンバー変数を初期化

マルチプレイ版では、mouseやkeyboardがPCクラスのメンバー変数になると説明しました。それぞれのポインターは、PCクラスのコンストラクタである、PC::PC(Client *cl)で初期化します。

マルチプレイ化する際には、以下の初期化部分を追加します。

k22/pc.cpp

```
PC::PC(Client *cl) {
    // Mouse、Keyboard、Pad、Cameraを新規作成する
    mouse = new Mouse();
    keyboard = new Keyboard();
    pad = new Pad();
    camera = new Camera(cl);

    // k22は各プレイヤーが異なる位置を見るので、LayerのDynamic Camera機能を設定する
```

[本格実装] クラウドゲーム

```
g_char_layer->addDynamicCamera(camera);
g_effect_layer->addDynamicCamera(camera);
g_field_layer->addDynamicCamera(camera);

// ViewportもCameraと同様に初期化する
viewport = new Viewport(cl);
viewport->setSize(SCRW,SCRH);
viewport->setScale2D(SCRW,SCRH);
g_char_layer->addDynamicViewport(viewport);
g_effect_layer->addDynamicViewport(viewport);
g_field_layer->addDynamicViewport(viewport);
}
```

これによって、それぞれのPCごとに異なる視点から、ゲームプレイ空間を見ることが可能になります。

❻ キーボード操作イベントの処理内容を変更

onRemoteKeyboardCallback関数は、Viewerが送信したキーボード操作のイベントをゲームサーバーが受信したときに呼ばれます。

k22/main.cpp
```
void onRemoteKeyboardCallback(Client *cl, int kc, int act, int modshift,
                                            int modctrl, int modalt) {
  PC *pc = getPC(cl);
  pc->keyboard->update(kc, act, modshift, modctrl, modalt);
}
```

引数の意味は、clはイベントを送信したクライアント、kcはキーコード、actは押されたら1、離されたら0、リピートなら2、modshift/modctrl/modaltは、それぞれ shift / ctrl / alt キーが押されていたら1です。

getPCでClientからPCのポインターを検索し、pcが持っているkeyboardの状態をKeyboard::update関数を使って更新します。シングルプレイ版と比較してみましょう。

k22/main.cpp
```
void keyboardCallback(GLFWwindow *window, int key, int scancode, int action,
                                                    int mods) {
  g_keyboard->update(key, action, mods & GLFW_MOD_SHIFT, mods & GLFW_MOD_CONTROL,
                                                  mods & GLFW_MOD_ALT);
}
```

シングルプレイ版は、リモートに存在するキーボードではないため、関数名がkeyboardCallbackになっています。また、ローカルのウィンドウシステムから取得したイベントであるため、どのウィンドウに対するイベントなのかを、GLFWのウィンドウ(GLFWWindow)のポインターとして第1引数で受けています。

❼ マウス操作イベントの処理内容を変更

onRemoteMouseButtonCallback、onRemoteMouseCursorCallback

続いて、k22のマウス操作イベントのコールバック関数の内容を確認しましょう。**onRemoteMouseButtonCallback**関数は、Viewerが送信したマウスボタン操作のイベントを受信したときに呼ばれます。

```cpp
// k22/main.cpp
void onRemoteMouseButtonCallback(Client *cl, int btn, int act, int modshift,
                                                   int modctrl, int modalt) {
  PC *pc = getPC(cl);
  pc->mouse->updateButton(btn, act, modshift, modctrl, modalt);
}
```

Mouse::updateButton関数を呼び出すのはシングルプレイ用と同じですが、呼び出す対象がg_mouseではなくpc->mouseに変わっています。

onRemoteMouseCursorCallback関数は、Viewerが送信したマウスカーソル位置が変化したイベントを受信したときに呼ばれます。これもマウスのボタンと同様に、Mouse::updateCursorPosition関数を呼び出す対象となるMouseのインスタンスが、g_mouseではなく、pc->mouseに変わっています。

```cpp
// k22/main.cpp
void onRemoteMouseCursorCallback(Client *cl, int x, int y) {
  PC *pc = getPC(cl);
  pc->mouse->updateCursorPosition(x, y);
}
```

❽ PC::charPoll関数でグローバル変数ではなく、メンバー変数を使うように変更

シングルプレイ版ではアプリケーション全体でg_mouseとg_keyboardを共有していましたが、マルチプレイ版ではそれらが削除され、PCクラスのメンバー変数になりました。その影響で、PCの操作のために、g_mouseやg_keyboardにアクセスしている部分について、マウスはpc->mouseを、キーボードはpc->keyboardを使うように修正が必要です。

キーボードについては、シングルプレイでは、gameUpdate関数で以下のようにして、毎ループg_keyboardの状態をg_padに反映し、さらにg_padから方向ベクトルを取り出し、その値をそのままg_pcのideal_vに代入していました。

PCは、ideal_vの示す方向に向かって移動します。

以下は、gameUpdate関数内の、PCの移動方向のベクトルideal_vを設定する部分のコードです。g_keyboardやg_padなどの変数名の冒頭に「g_」が付いているものは、グローバル変数を意味しています。また、以下にあるctl_moveという変数はローカル変数で、ここだけで使って捨てられます（g_pad->getVec関数の出力をg_pc->ideal_vに代入するための仮の変数）。

```
k22/pc.cpp
g_pad->readKeyboard(g_keyboard);
Vec2 ctl_move;
g_pad->getVec(&ctl_move);
g_pc->ideal_v = ctl_move;
```

上記の部分はマルチプレイ化では削除し、pc.cppのPC::charPollに次のようなコードを追加します。padやkeyboardはPCクラスのメンバー変数であるため、グローバル変数を意味する「g_」という接頭語がなくなっています。

```
k22/pc.cpp
bool PC::charPoll(double dt) {
  pad->readKeyboard(keyboard);
  Vec2 ctl_move;
  pad->getVec(&ctl_move);
  ideal_v = ctl_move;
}
```

マウスについても同様に、g_mouseを削除して、PCのmouseメンバー変数を使うように修正します。

このように、1人のPCあたり、1つのKeyboardやMouseが対応している点が、マルチプレイ版の重要なポイントです。

第2段階のまとめ　桁違いに小さな作業でマルチプレイ化

k22の開発ではシングルプレイ版を実装してから、それをマルチプレイ版に変更するという手順でゲームを実装しました。マルチプレイ化のための作業は、ここまでの説明ですべてです。マルチプレイ化のために必要になった変更については、p.366で示した8つの作業内容を必要に応じて確認してみてください。

以上の修正で、シングルプレイゲームであったk22がマルチプレイ化でき、MMOGになりました。通常のMMOGを作成する手順に比べると、桁違いに小さな作業であることが伝わったでしょうか。

8.4
第3段階:プログラムの性能測定と運用コスト予測

　ここまでの開発で、k22はマルチプレイ可能な、スプライトストリームを送信するMMOGのクラウドゲームとして実装できました。ただし、プログラムの構成としてはMMOGとして実装できましたが、実運用が可能なレベルの性能が達成されているかを検証できていません。本節で、その点を見ておきましょう。

k22の運営のためのコストの概観

　k22の運営にはどの程度のコストがかかるのかを、第2段階で完成したプログラムや、moyai付属のサンプルプログラムなどを用いて測定することで、ある程度見積もることができます。サーバーの維持をしていくために必要なコストを、大まかに分けると以下の3つになります。

- **開発人件費**
- **インフラ費用**
- 宣伝費用

　このうち、開発人件費と宣伝費用は、本書の範囲から外れているので除外します。ここでは、インフラ費用の内訳を見てみましょう。ネットワークサービスには、以下のようなインフラ費用が必要です。

- **CPU消費量にかかる費用**
- **通信帯域にかかる費用**
- DBやストレージにかかる費用
- ログ解析、監視、バックアップ、DNS、CDN(*Content Delivery Network*)などの周辺サービスにかかる費用

　k22はMMOGなので、キャラクターの状態を含むゲームプレイの状態を、DBやファイルなどを用いて保存する必要があります。ただし、k22のゲーム内容は大きなDBや多量のストレージを必要としない作りになっているため、他の一般的なMMOGやソーシャルゲームなどに比べても、とくに多くのストレージが必要にはなりません。また、インメモリDB(*in-memory database*)などの高性能で費用も高いDBも必要になりません。したがって、本書のここでの説明では、DBやストレージにかかる費用については省略します。

[本格実装] クラウドゲーム

　また、ログ解析や監視などの周辺サービスにかかる費用は、k22では一般的なオンラインゲームのサービスと同等で、クラウドゲームに特有の追加的な費用は発生しません。この費用は、ゲームのユーザー数に比例して増加することもないため、本書では周辺サービスの費用については説明を省略します。

　CPUと**通信帯域**には、k22の**同時接続数に比例**して多くの費用がかかります。k22はクラウドゲームなので、とくに使用する通信帯域の費用が通常のMMOGよりも高額になる可能性があります。しっかり押さえておきましょう。

ゲームアプリにおけるインフラ費用予測
同時接続数から考える

　一般向けのゲームと、業務用のアプリとの大きな違いは、ゲームでは一体、いつ、どの程度の人数のユーザーが使うことになるのかが読めない点です。そのため、いつ、どの程度の総費用がかかるかを正確に予測することはできません。

　しかし、ゲームアプリでも、「ユーザー数あたりのインフラ費用」を予測することはできます。設計上のユーザー数あたりのコストを予想し、それとユーザー数あたりの課金予定額を比較して、採算が問題ないことを確認してからサービスインすれば、インフラ費用が大き過ぎて困ることは防げます。

　オンラインゲームのユーザー数あたりの必要費用は、「登録ユーザー数あたり」と「同時プレイユーザー数あたり」の両方を考えることができ、サーバーのインフラ費用を決定付けるのは後者です。

　クラウドゲームでは**同時プレイユーザー数**がそのまま**同時接続数**になるため、**同時接続数あたりの費用**をここでは検討します。同時接続数あたりの費用とは、スプライトストリームのサーバーに接続しているプレイヤーの人数（TCP接続の数）あたりの費用です。moyaiのスプライトストリームを使うサーバープロセスを、AWSなどのIaaS上で稼働させる場合を考えてみましょう。

CPU消費量　k22は何のためにCPUを消費しているか

　まず、CPU消費量については、ゲームの内容によって、大幅に消費量が変化します。たとえば、k22の敵の動きは、現在は、最も近いプレイヤーキャラクターを検索してそちらに向かうという、単純なものになっています。そのため、敵が進む方向に床のタイルがない部分がある場合、プレイヤーキャラクターに近づくことができず、止まってしまいます。図8.25では、白い虫が画面なかほどの黒い穴に阻まれて、それ以上進めずに詰まっています。

図8.25 白い虫が進めず詰まっている

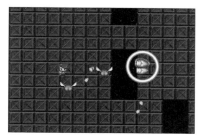

　この仕様を変更して、敵がA*アルゴリズムなどを使って経路探索を行い、複雑な形状の障害物を避けてプレイヤーキャラクターに近づくようにすることも可能です。このような処理はCPU負荷を大幅に増加させてしまいます。使用するアルゴリズム次第では、数倍や数十倍という具合に増加します。k22のプログラムではどうでしょうか。

　k22のサーバーを起動するときに、サーバーで描画を行わない--disable-renderingオプションを付けて起動すると、純粋なゲームロジックの処理負荷を測定することができます。これは、GPUを持たないサーバーインスタンス上で稼働させる場合の負荷になります。

　動作確認を行ったマシン（Core i7 2.3GHz）では、敵が300体ほど出ている状態で測定すると、CPU消費量は約3%となりました。k22のプログラムはデバッグのために最適化オプションをOFF(-O0)にしていますが、最適化オプションを追加していくことによって、これは約2倍速くなることがわかっています。

　実際にゲームを運用する場合でも、運用中の不具合の原因を特定しやすくするため、ゲームが安定する前は最適化オプションは最低限に抑えておく必要があるため、ここでの負荷予測は最適化オプションをOFFにして進めます。

キャラクターを動かす処理と通信のための処理

　k22は、何のためにCPUを消費しているのでしょうか。main.cppのメインループを抜粋すると、次のようになっています。

```
while (!done){
  gameUpdate();
  gameRender();
}
```

　gameUpdate関数では、キャラクターを動かし、必要に応じてスプライトス

トリームをつくって、ネットワークに対する送信も行います。gameRender関数では、OpenGLを用いて画面に描画を行います。k22をサーバーで運用する場合は、gameRenderは何もしません。つまり、k22をサーバーで運用する場合のCPU消費は、大まかに次の2つに分けられます。

- キャラクターを動かす処理
- 通信のための処理

まず、**キャラクターを動かす処理**は、スプライトストリームを使うかどうかに関係なく、純粋にゲームの内容を実現するために必要な処理です。

k22には、特別に処理負荷の高いキャラクターというものは存在しないため、キャラクターを動かす処理の総量は、**キャラクターの数**に正比例（1乗に比例）します。より正確にはキャラクターではなく、**スプライトの数**に比例します。

通信のための処理とは、キャラクターを動かすことによって変化したキャラクターの新しい状態を、スプライトストリームにしてViewerに送信するために必要な処理です。

通信のための処理は**スプライトの数**が増えると増加しますが、それだけではなく、スプライトストリームを送信する先の、サーバーに接続している**Viewerの数**が増えることによっても増加します。この関係は複雑ですが、

ⓐキャラクターの数に、正比例して増加
ⓑキャラクターの数とViewerの数の掛け算の結果に、正比例して増加

ⓐとⓑの間で、ⓐに近い負荷になります。ⓐに近い理由は、スプライトの座標や表示内容に変更があったかどうかの抽出をするための処理が、送信処理自体よりもコストが高いためです。

7.3節で、moyaiのサンプルプログラムbenchを用いて測定したときは、スプライトの数が6551個のときにCPUが96.5%、スプライトストリームの通信量が約50Mbpsという結果が得られています。この値は、後でCPUあたりのスループットを、より正確に推測するために使います。

キャラクターを動かす処理とCPU消費量

k22のスプライトの数は、プレイヤーの数によって増加します。ただし、単純に比例するわけでもありません。k22に登場するスプライトには、以下のものがあります。

- プレイヤーキャラクター：常にViewerの数に一致
- プレイヤーキャラクターが撃つビーム：Viewerの数にほぼ正比例

- 爆発やビームが散るエフェクト：Viewerの数にほぼ正比例
- 敵や敵の弾：状況による
- 地形：常に一定（8×8＝64個）

敵や敵弾の数が状況によるという点について、少し補足しておきます。k22では、敵を出現（ポップ）させるときは次のような処理を行います。

❶ある時間間隔（プレイヤー数が増えると少し頻度を上げる）ごとに、フィールド全体(0,0)から(128,128)までのどこかの位置をランダムに選ぶ

❷❶で選んだ位置がいずれかのプレイヤーキャラクターから近い位置（図中の円の内部）であれば出現させる（ただし、プレイヤーキャラクターに対して近すぎる場合は不自然なのであきらめる）。これを「ポップ範囲円」と呼ぶ（**図8.26**）

❸円の外であれば、あきらめる

図8.26 ポップ範囲円

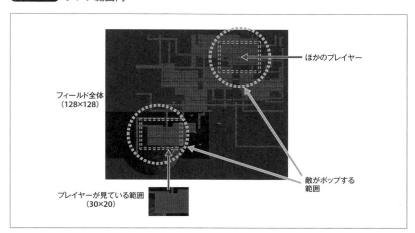

敵を出現させるアルゴリズムがこのようになっているため、フィールド内部におけるポップ範囲円の内部の面積が最大であるときに、敵が最も多いという状態になります。

k22のゲームプレイ空間において敵が最も多く出現するのは、それぞれのプレイヤーのポップ範囲円が互いに重ならない程度に離れている状態ということです。逆に、プレイヤー（Viewer）が100人いても、全員が同じ位置に集まっていたらポップ範囲円はすべて重なっているため、敵はほとんど出現しません。

このアルゴリズムを採用した結果として、k22では、複数のプレイヤーが集

[本格実装]クラウドゲーム

団で行動すると、敵にやられにくく安全になると言えます。

敵をポップさせるアルゴリズムは、ゲームの内容をどうしたいかによって、まったく異なるものになります。たとえば、プレイヤーが集団で行動していることを検出したら、強いボスが出現するようにすれば、ボスの弾などにより多数のスプライトが発生することになります。

k22では複雑なアルゴリズムを実装する時間がとれなかったため、このような簡易的なしくみのままになっていて、結果としてスプライトの数を予測しやすくなっていますが、実際のゲームではもっと複雑になるはずです。

実際の開発では、CPU消費量の単純な予測ができないため、何度もプロトタイプをしながら、CPU消費量を測定してデータを蓄積しながら進める必要があります。--disable-renderingオプションを使った測定では、300スプライトでCPU消費量が3%だったため、CPUコアあたり、だいたいその30倍の9000〜10000スプライト程度を超えることはできないだろうという予想ができます。

通信のための処理とCPU消費量

次に、通信のための処理に、必要なCPU消費量を見てみます。通信のための処理は、次のようないくつかのことをします。

- スプライトの変化を抽出する
- 送信するかどうかを決定する
- 送信するバイト列を作成する
- 作成したバイト列を圧縮する
- 送信する(TCPソケットにwriteする)

これらのうち、CPU消費量への影響が大きいものを調べていきます。

まず、スプライトストリームを、ある程度の数のViewerに対して送信しなければなりません。そのために、moyaiに含まれている「dummycli.js」を使います。

これはNode.js用で、moyaiで実装されたスプライトストリームのサーバーに多数のTCP接続を確立し、スプライトストリームを受信して、受信したバイト数を計測します。Node.jsをセットアップ[注10]してから、次のように起動します。

```
$ node dummycli.js 10 localhost
```

注10 brewコマンドでbrew install nodeとすれば、nodeコマンドとnpmコマンドがインストールされます。動作確認時点では、nodeはv10.0.0、npmは5.6.0がインストールされました。

すると、localhostで動作しているスプライトストリームのサーバーに、同時に10個のTCP接続を確立します。**図8.27**はdummycli.jsの実行中の様子です。

図8.27 dummycli.js

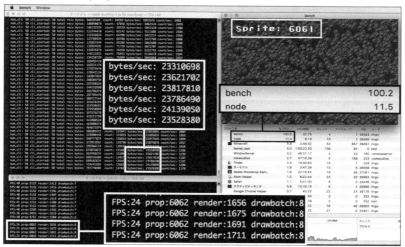

図中右上がサンプルプログラムbenchの画面で、スプライトが6061個表示されています[注11]。

図中右下がmacOSの「アクティビティモニタ」の状態で、「bench」が100.2％と、CPUコア1つ分を専有していることがわかります。benchはシングルスレッドプログラムですので、これ以上のスループット向上を望めないことがわかります。benchの次に、CPUを多く消費しているのが「node」で、スプライトストリームを受信するだけのために、11.5％のCPUを使っています。

図中左上のdummycli.jsのログは、1秒に1回更新され、過去1秒間に受信したデータ量を表示します。ここでは毎秒23〜24MBのデータを受信しています。

図中左下がbenchのログで、スプライトの数が6062個と表示されています。

| **CPU消費量の内訳を確認**　「プロセスのサンプルを収集」

この状態で、macOSの「アクティビティモニタ」を操作し、「プロセスのサンプルを収集」を実行します。すると、**図8.28**のような結果が得られます。「プロ

注11 レンダリングをOFFにするとCPU消費量が若干減少しますが、ここではわかりやすくするためにレンダリングはOFFにしていません。

セスのサンプルを収集」とは、CPUがプログラムのどの部分を実行中であるかを数千回調べ、関数呼び出しの関係を調べ上げて統計をとることでした。

図8.28 「アクティビティモニタ」で「プロセスのサンプルを収集」

この図では、主スレッドであるThread_1077013の実行時間（100％）のうち、99.964％がstart関数の中で消費され、さらにstart関数の実行時間のうち93.287％がmain関数で、さらにその99.961％がsampleCommonUpdate関数で、さらにその中で98.200％がMoyaiCLient::poll関数で消費され……となっていることがわかります。

この表示からわかるのは、実行時間のほとんどが、MoyaiClient::poll関数の中で消費されているということです。

この画面から、さらにMoyaiClient::poll関数の消費時間の内訳を知ることができます。RemoteHead::flushBufferToNetwork関数が約77％、RemoteHead::track2D関数が残りの20％程度、それ以外はわずかであることがわかります。

CPU消費のほとんどを占める、RemoteHead::flushBufferToNetwork関数が、その内部で何を行っているか、ここで折りたたまれている部分をクリックしていくと、さらに調べることができます（**図8.29**）。

図8.29 RemoteHead::flushBufferToNetwork関数の内部を調査

圧縮機能と、CPU＆通信帯域の消費量

　サンプルプログラムbenchでは、CPUのかなりの時間をmemCompressSnappy関数のために消費していることがわかりました。この関数は、送信するスプライトストリームを圧縮する関数です。前述のとおり、Snappyを使って圧縮を行っています。スプライトストリームの圧縮をすることによって、Viewerに対する送信量を大幅に削減することができるため、とくにモバイル端末用のゲームを実装するときには有効です。

　スプライトストリームの圧縮はデフォルトでは有効になっていますが、benchでは、起動時に--disable-compressionオプションを追加することで、圧縮機能を無効にできます。スプライト数が6061個のとき、圧縮機能を無効にした場合の通信帯域は、約84MB/秒でした。圧縮ありのときには約24MB/秒だったので、3倍以上多くの帯域を消費してしまう計算になります。

　使用する帯域幅が大幅に増える一方で、使用するCPU時間は減少します。どの程度減少したかは、プロセスのサンプルから確認できます。図8.30の結果を要約すると、RemoteHead::track2D関数がだいたい60％、約18％がsleepMilliSec、それ以外がMoyaiClient::renderとなっています。プロセスのサンプルを収集した結果表示されるCPU時間の内訳は、次のようにして概算できます。

　Thread_1613691が、サンプルが最も多く収集されたスレッドです。moyaiライブラリを使ったゲームでは、ほぼすべての処理をメインのスレッドで実行するため、このスレッドだけを見れば問題がありません。関数呼び出しのツリーは膨大な量になっていて、図8.30の下にも長いリストが表示されています。

　関数の名前は、サンプル数が多い順番に並んでいますが、その中でもとくに多そうなもの、ここではRemoteHead::track2Dに目星をつけます。

　いくつかあるRemoteHead::track2D関数のうち、一番上の行の「89.536％」は、その上の行のRemoteHead::heartbeat関数の実行時間の89.536％が、その関数の中で呼ばれているRemoteHead::track2Dの実行時間であるという意味です。

　スレッドの一番上から見ていくと、1秒のCPU時間のうち、100％がstart関数、そのうち84.434％がmain関数、そのうち70.635％がsampleCommonUpdate関数……と内訳を辿っていくことができます。

　最初のRemoteHead::track2D関数については、すべてを掛け算して、1.0 × 0.84434 × 0.70635 × 0.93459 × 0.91319 × 0.89536 = 0.45574秒を使っていると計算できます。RemoteHead::track2Dは2行め以降にも、またこの図に見えている以外の部分にも多数登場していて、それを全部合計すると、だいたい55〜60％ぐらいになると目視で概算することができるのです。他の関数についても

図8.30 圧縮機能を有効にしてCPU時間の内訳を確認

同様に見ることができます。

同じ数のスプライトのスプライトストリームを送信している状態で、プロセスがsleepしている時間が18％で2割近くということから、CPU時間が余っていることがわかります。実際、圧縮が有効になっていると、「アクティビティモニタ」におけるbenchのCPU使用率は100.2％（100％として良い）でしたが、圧縮をOFFにすると、60％程度まで落ちました。

「プロセスのサンプルを取得」で、「圧縮を無効にすると、CPU消費量が30～40％低下するが、消費する帯域幅は3倍以上に増加する」ことがわかりました。

通信帯域の測定

k22のマルチプレイ化を進める作業の中で、ゲームをViewerを通じてプレイしていれば、Viewerの画面上に、現在どの程度の量の通信をしているかが常時表示されています。スプライトストリームを使う場合は、この値を観察しながら開発作業をします。これが、多過ぎるか少な過ぎるかを常に評価しながら、ゲームの実装を進めていきます。

図8.31 k22の通信帯域の比較

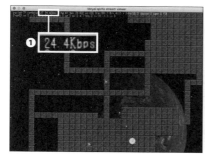

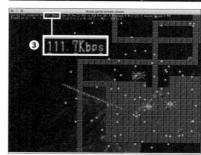

図8.31では、k22をプレイ中に消費している通信帯域を比較しています。

図中❶は、敵が少ない状態でプレイヤーが射撃をしていますが、この状態では24.4Kbpsと表示されています。動いている状態だと、だいたい10〜30Kbpsの間で推移します。

❷は、ボスが1体と、ミサイルを連射してくる敵が出ている状態で、62.0Kbpsとなっています。

❸は、ボスを複数出現させ、画面中に敵や敵弾だらけになっている状態です。この状態では、111.7Kbpsと表示されています。たくさん射撃をすると、一瞬だけ150Kbpsぐらいに上がることもあります。

この測定結果は、k22のデフォルトの設定から変更していないことに注意してください。差分スコアリングの閾値を小さく変更すれば、より多くの通信を行うことと引き換えに、敵キャラクターの動きがなめらかになります。

k22の簡易的な負荷テスト

前項では、ベンチマーク用のbenchを使って調べましたが、次は、k22のサーバーを使って負荷テストを行います。実際のゲームプログラムはベンチマー

クプログラムよりも動作が複雑なので、ベンチマークプログラムとは異なる事実が判明するかもしれません。

k22をスプライトストリームの圧縮を有効にした状態でサービスするとき、どの程度のCPUや通信帯域が必要になるかを確認しましょう。

負荷テストで見積もるCPU&通信帯域の消費量

以前紹介したdummycli.jsは、サンプルコードだけではなく、k22の負荷テストにも使えます。だんだん接続数を増やした結果、動作確認を行ったマシン（Core i7 2.3GHz）では、150人を接続したところで、k22のゲームサーバーのCPU使用率が97.3％と100％に近づきました（**図8.32**）。

プレイヤーの数が多いので、敵の出現も多くなり、敵だらけになってしまっています。Viewerの画面では、polledが995となり、995個のスプライトが出現していることがわかります。

dummycli.jsの起動時は、次のようなオプションを与えました。

```
$ node dummycli.js 150 localhost
```

この状態で、dummycli.jsは、次のようなログを出力しました。

```
num_cli: 150 cli_started: 150 total recv bytes: 1822048673  count: 522402
bytes/sec: 17264900 count/sec: 8426
```

図8.32 150人接続して確認

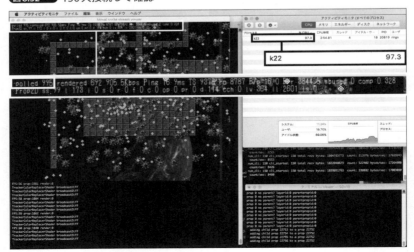

このログの「bytes/sec」の項目を見ると、1秒間に1726万バイトで、約17.26MBytes/秒（138.08Mbps）のスプライトストリームを受信しています。このときの負荷のほとんどが、スプライトストリームを圧縮するための負荷です。

負荷テストと実運用

dummycli.jsは、ゲームサーバーに接続して、その後は何もせず、スプライトストリームを受信し続けるだけなので、150人分のプレイヤーキャラクターはすべて初期位置から移動しません。

そのため、前項で説明したとおり、多数のプレイヤーが多量のスプライトが見える範囲に集中して存在していると、送信量が多くなり、圧縮する必要がある送信データの量も増えます。

この負荷テストの動作の仕方から、dummycli.jsをk22で用いた場合のCPU負荷と送信量は、実際の運営をした場合よりも、同時接続数あたり、かなり高めになると考えられます。

ゲームの負荷テストは、実際の人間の動きを完全に再現することはできないので、その結果には何らかの偏りが生じます。そのため、負荷テストの結果を採用するときには、何らかの仮定を追加する必要があります。

k22の場合は、同時接続数あたり、実際の運営ではもっとプレイヤーキャラクターがまばらに動いていると考えられるため、dummycli.jsの半分程度の負荷がかかると仮定すると、CPUの1コアあたり同時接続数にして2倍の300に対応できる計算になります。

k22については「1コアあたり300同時接続で頭打ちになる」という目安が得られました。これを元に、サービスの規模に対する必要なCPUコア数を計算することができますから、この目安はゲームの採算性や継続性を考えるための基本的な情報になります。

続いて、通信帯域についても、負荷テストと実運用における違いを考えます。

スプライトストリームは、表示しているスプライトの数に比例して送信量が増えます。k22の負荷テストでは、すべてのプレイヤーが同じ位置に立って、全員が敵だらけの状態に置かれていたことになります。

k22は広いフィールドの中をプレイヤーが動き回るゲームなので、全員が敵に囲まれ続けているということはない（そのように、つくらないようにする）ため、150同時接続で138Mbpsという結果をそのまま使うのではなく、実際に即した仮定を置く必要があります。これもCPUと同様に、実際は約2分の1に負荷になると仮定し、ここでは65Mbpsと考えます。

メモリー消費量

ここまでの説明では、k22が消費するメモリーの量を含めていませんでしたが、サーバーが必要とするメモリーの量についても考えておく必要があります。

k22のゲームサーバーのメモリー消費量は、ゲームプレイの状況にもよりますが、だいたい1プロセスあたり50〜100MBです。1コアあたり最大の300同時接続の場合でも、100MBを超えることはありません。

『Minecraft』のサーバーが、同時プレイ数が10であっても1GB以上のメモリーを消費するのとはかなり違いますが、これは『Minecraft』が3Dゲームであることや、『Minecraft』がJavaで実装されているため、メモリー消費が大きくなりがちであることによります。

メモリーについては、「1プロセスあたり最大100MB」をインフラ計画の基本情報として進めていきます。

インフラ費用試算の目安の値　k22のCPU、メモリー、通信帯域の消費量

上記をまとめると、次のように結論できます。

- **dummycli.jsを用いた負荷テストの実測値**：150同時接続でCPU1コアが100%となり、メモリーを100MB以下使い、138Mbpsの通信帯域を消費した
- **実運用における仮定の値**：300同時接続でCPU1コアが100%となり、メモリーを100MB以下使い、65Mbpsの通信帯域を消費する

インフラ費用の試算

moyaiのスプライトストリームについても、どの程度のCPUやメモリー、通信帯域を必要とするかについて、前項までの調査である程度把握することができました。ここでは、さらに一歩踏み込んで、前項までの結果に基づいて、費用がどのくらいかかるのかを試算していきましょう。

スプライトストリームのサーバーを運用するためには、サーバープロセスを動作させるマシンと、プレイヤーがサーバーにアクセスするための回線が必要です。つまり、インターネットに接続された状態の、Linux、macOS、Windowsいずれかのマシンが必要です。大抵、以下のいずれかで準備します。

❶自宅や外出先でマシン（PC）を起動し、インターネットに接続し、通信ポートを外部開放する

❷AWSやGCPなどのサービスを利用してサーバーインスタンスを起動しておく

携帯電話の電波が入らないところでデモや開発をしたいといった場合以外は、❷を使うのが費用も時間もかかりません。本書では❷に絞って説明をします。

クラウドサービスの利用　　コンテナと仮想マシン

クラウドサービスを使ってmoyaiのゲームサーバーを構築するためには、LinuxなどのOSがインストールされている仮想マシンの単位で借りる方法と、コンテナの単位で借りる方法のどちらもが利用可能です[注12]。

コンテナを借りる場合でも、仮想マシンを借りる場合でも、消費する計算機資源（CPU、メモリー、通信帯域）の費用について、同じように考えることができます。たとえば、AWSの場合は、コンテナを実行するために必要な仮想マシンを選択する際の選択肢は、仮想マシンの製品ラインアップと同じになっています。これはGoogleやMicrosoftなどの他のクラウドサービスを使う場合でも基本的には同じで、結局はコンテナを稼働させる仮想マシンの種類を選択する必要があります。

大手クラウドサービスのサービス内容が基本的には似ていて、料金体系も使用した時間や量に比例して支払うモデルであり、価格帯も大きく異ることはないため、以下では、筆者が最もよく使っているAWSで仮想マシンを借りる場合を例にとって、具体的に説明を行います。GoogleやMicrosoft、IBMなど各社が提供するサービスでは、用語は同じとは限らないことに注意してください。

仮想マシンの費用　　CPUとメモリーの使用料金

仮想マシンを借りるには、どのIaaS業者を使う場合でも、多数の仮想マシンタイプがあるため、仮想マシンの種類を決定する必要があります。AWSをはじめとして大手の業者が提供する仮想マシンは、管理するためのWebサービスが提供されています。どのタイプの仮想マシンでも同じような手順で操作ができるように設計されていて、仮想マシンのタイプの変更が簡単です。

AWSには数百種類以上のインスタンスがあります。以下、最新ではないものを除く、インスタンスタイプのおもなシリーズを簡単に紹介します。

注12　「借りる」というのは、1分や1時間、1日、1ヵ月といった期間、その環境を専有して使う権利を、ある料金で買うことを意味します。契約した期間を過ぎると返却しなくてはいけませんので、ここでは「借りる」と表現しています。

[本格実装]クラウドゲーム

- T2：汎用。バーストパフォーマンスタイプ
- M4：汎用。バランスされたインスタンス
- C5：CPU最適化。CPUが多くメモリーが少なめ
- X1：巨大インスタンス。エンタープライズ向け
- R4：メモリー最適化。CPUに対してメモリーが多め。巨大なメモリーも可能

前項までの調査で、k22のサーバーは1プロセスあたり100MB以内のメモリーを使い、300同時接続までのプレイヤーに対応できることがわかっています。

k22のサーバーは、moyaiのデフォルトどおりにシングルスレッドプログラムとして実装されているため、1つのk22ゲームサーバーのプロセスの最高性能はそのまま1スレッド、すなわちCPUの1コアを専有した状態の性能に一致します。つまり、CPU1コアあたり100MBのメモリーが必要であって、それ以上は不要です。

AWSの現在のラインアップでは、CPUの1コアあたりのメモリー量では、だいたい1〜2GB以上のものしかありません。これはk22が必要としている量（100MB）よりもかなり多いです。多い理由は、AWSなどのクラウドサービスの用途が基本的にWebサービスであって、PythonやRuby、Javaなどのメモリー消費量の多い処理系を使ってサービスすることが多いためでしょう。したがって、k22のサーバーにおいてはメモリーの量あたりではなく、CPUの1コアあたりの費用が最も安いものを選択するのが良いということになります。

AWSのラインアップではCPUコストが比較的安いものとして、C5インスタンスがあります。AWSのWebサイトでは、「オンデマンドインスタンス」の現在価格が常に明示されています。2018年8月の東京における現在価格は、**表8.1**のように表示されています。ここでは、最新世代のC5について抜粋して説明します。

表8.1 オマンドインタンスの価格表（AWS）

	vCPU	ECU	メモリー（GiB）	インスタンスストレージ（GB）	Linux/UNIX料金
c5.large	2	9	4	EBSのみ	0.107ドル/時間
c5.xlarge	4	17	8	EBSのみ	0.214ドル/時間
c5.2xlarge	8	34	16	EBSのみ	0.428ドル/時間
c5.4xlarge	16	68	32	EBSのみ	0.856ドル/時間
c5.9xlarge	36	141	72	EBSのみ	1.926ドル/時間

この表は次のように読みます。まず左端の列のc5.largeからc5.9xlargeまでが**インスタンスタイプ**（種類）です。**vCPU**は、各インスタンスを起動したときにOSから見える、CPUのコアの数（並列実行可能なスレッドの数）です。

CPUはコンピューターにおいて最も高価なパーツの一つであるため、AWS

においては、CPUの数を増やすためには、より単位時間あたり値段の高い仮想マシンの契約が必要になります。表の2CPU並列マシンでは、CPUが2個あるため、vCPUの数値も2ということになります。AWSでは、CPUが1個のものから、64個以上ある強力なマシンまで、さまざまな選択肢が提供されています。

Linuxにおいては、vCPUの数だけCPUコアが認識できているかを、/proc/cpuinfoの内容をcatなどのコマンドで出力すると確認できます。

ECUは、AWSのEC2サービス内部でのCPU処理能力の相対的な大きさを示します。ECUが導入されたのは、各種のインスタンスタイプの間で基本性能が異なるプロセッサが含まれる場合でも、ある程度の正確さでCPUの総合的な性能を比較できるようにするためです。

C5インスタンスは、他のインスタンスファミリーと比べると、vCPUあるいはECUの1あたりの費用が5〜20％ほど安いようです。

表の**メモリー**はGiBの単位で比較されています。

表の**インスタンスストレージ**はディスクの種類で、**EBS**というのは柔軟な容量を持つ、仮想化されたストレージです。マシンに直接接続されたHDDやSSDと異なり、容量の変更をするとすぐに（数分で）反映されます。「EBSのみ」は、固定容量のHDDやSSDを搭載することは不可能ということを示します。古いタイプのインスタンスではそれは可能でしたが、現在の最新世代では使用不可になっています。

表の右端の**Linux/UNIX料金**が実際の料金です。AWSではWindowsを使用するときは少し割高に設定されています。moyaiではおもにLinuxでの利用を想定していますので、Linuxでの利用で考えます。0.107ドル/時間というのはこのマシンを1時間専有するための料金で、1時間あたり0.107ドル（2018年8月の為替レートは110USD/JPYくらいなので11.77円）ということは、1日で282円程度、1ヵ月で8474円の費用が発生する計算になります。ただし、AWSではインスタンスを使っていないときに停止させることができ、その間は費用が発生しません[注13]。

以上、C5インスタンスは2 vCPUで、CPUコアが事実上2つあると考えて良いことと、k22はメモリ消費量が大きくないため、巨大なメモリを搭載しているインスタンスを使う必要がないことが言えます。このことから、インスタン

注13　インスタンスを停止すれば費用がかからないという条件のため、たとえば、夜間のアクセスが少ない時だけインスタンスを減らすといった運用をすることでインフラのコストを削減することが可能です。そのような運用をする顧客が多いことを見越して、AWSではT系のシリーズという、CPU消費量が一定値より低いときにポイント（CPUクレジット）が貯まり、CPU消費量が多いときにそのクレジットを消費し、クレジットが余っている限りは、かなり安価に使えるというシリーズもあります。ただし、これは使えるインスタンス数の上限が決まっているなどいろいろな条件が付いていて複雑なので、ここでは詳しく説明しませんが、多くの場合にはかなり有効な選択肢になっています。

[本格実装]クラウドゲーム

ス費用について非常にざっくりとまとめるならば、

- CPUの1コアあたり、1ヵ月でだいたい約5000円(8474円の半分)
- ただし、契約の仕方を工夫することによって、50%以上の大幅な割引を受けることは可能

ということが言えます。これはAWS以外のサービスでもだいたい同じです。1コアあたり、1ヵ月で5000円より大幅に安い場合は、CPU性能が時間帯によっては低下する場合があるなどの技術的制約や、「いま契約したお客さまだけ……」といったキャンペーン中であったりといった可能性が高いので注意してください。

Column

AWSの各種インスタンス

本編で取り上げているのはAWSの標準的な製品である「オンデマンド(on-demand)インスタンス」と呼ばれるもので、いつでも契約(利用開始)して、いつでも停止(解約)できます。言い換えると、インスタンスの利用者が自ら停止の操作をしない限り、ずっと稼働し続けます。

AWSには、インスタンスの利用開始や利用停止の条件に制限を付けることで、大幅な割引を受けることができる製品もあります。**リザーブド**(reserved)**インスタンス**は、1年または3年の長期契約をすることで、40～75%の割引を受けることができるもので、似たような長期契約の割引はGCPにもあります。

また、AWSのデータセンターにおいて余ってしまったインスタンスを格安で入札して購入できる**スポット**(spot)**インスタンス**という製品もあります。これも筆者が見たところでは70%以上の割引ができることも多く、かなり良い選択肢になり得ます。

ただし、スポットインスタンスでは、いくつかの技術的制約があるため、何らかの解決策が必要です。まず、インスタンスの利用を開始するときに、入札額を指定して競売をするため、取引が成立するまでに時間がかかることがあるため、必要になったときに即時に起動することができません。次に、インスタンスの使用期限がAWSによって強制的に決定されます。スポットインスタンスの停止は、強制的にマシンがシャットダウンされる2分前に通知されます。その通知はAWSが提供するサーバーの特定のURLに対してHTTPで通信することで確認できるため、スポットインスタンスを使うときには、10秒ごとにそのサーバーに状態を確認して、停止が予定された場合は自動的にサーバーの終了処理を行うか、いつ強制終了しても問題がないようにアプリケーションを設計しておく必要があります。

通信帯域の費用

　通信帯域の費用は、CPUやメモリーの使用料金とは異なる基準で計算されます。AWSをはじめ、大半のクラウドサービスでは、サーバーが通信を行った量（バイト数）に比例して課金されます。サーバーが行った通信のうち、**外部インターネットを使った通信だけが課金**され、クラウドサービスのデータセンター内部のLAN、インスタンス間の通信については基本的には課金されません。

　AWSでは、外部インターネットへの送信（プレイヤーあるいはViewerに対するスプライトストリームの送信。Internet boundとも呼ばれる）だけが課金され、インターネットからサーバーへの送信（プレイヤーの入力）については課金されませんが、AWS以外のクラウドサービスでは、インターネットからサーバーへの送信と受信との合算で課金されるものもあります。

　さらに、AWSを含む多くのクラウドサービスでは、「XXが無償」といった条件が付いていたりします。たとえば、1ヵ月あたりの最初の1GBが無償、次の10TBまでが1GBあたり0.14ドル、次の40TBが1GBあたり0.135ドルといったように、大量に通信をする場合は割引率がだんだんと増えていくようになるなどします。

　細部に違いはあるものの、大半のクラウドサービスにおいて、実験用途などではなく、ごく少量ではない通信をする場合の料金は、サーバーが1GB送信するごとに10円程度の費用がかかると考えておくと良いでしょう。

　p.390では、k22のスプライトストリームについて、負荷テストでの測定結果を元にして、実運用における負荷を以下のように仮定しました。

- CPU1コアあたり300同時接続
- 通信は65Mbps
- メモリーは100MB以下（小さいので無視できる）

　仮に、65Mbpsで1ヵ月間通信をし続けたときの費用は、65Mbit × 60秒 × 60分 × 24時間 × 30日 /8/1024 = 20566GB = 約20TBとなります。AWSで40TB以下の場合は、最初の10TB（1万GB）が0.14ドル/GB、次の30TB（3万GB）について0.135ドル/GBであるため、10000 × 0.14 + 10000 × 0.135 = 2750ドル、すなわち14万9900円となります。

コスト試算の結果　k22のサーバーをAWSで運用した場合

　CPUが1コアあたり、契約の工夫をしなくても月額5000円程度と考えると、通信が、CPUに比べて圧倒的に高コストであるどころか、CPUの費用がほとんど誤差であって、費用のほぼすべてが通信費用になることがわかるかと思います。

アクセス量の変動とピーク調整比

k22のサーバーが、1ヵ月間、ずっとフル稼働（同時接続が300でCPUが100％の状態）であれば、この費用が発生することになりますが、実際にはそうはなりません。一般的にゲームのサービスは、時間帯や曜日や宣伝の方法などによって、アクセス量に変動があるからです。

k22のようなゲームであれば、時差のない一つの地域だけにサービスを提供する場合は、夜間は昼間の5分の1から10分の1以下のアクセス量に減ることが想像されます。1ヵ月を通したアクセスの量は**図8.33**のようなグラフになります。これは参考用に別のサービスのものを引用しているだけで、k22の商用運用の結果ではないことに注意してください。

図8.33 1ヵ月を通したアクセスの量

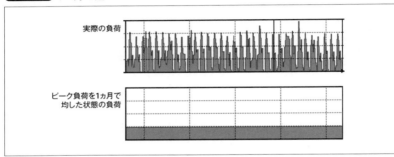

この図は、1ヵ月（30日間）を3時間ごとに区切って240個のサンプル値を取得してグラフ化しています。3時間単位でサンプルを取得しているので、朝方と夕方のアクセス量の違いが見えるようになっています。

図中の上のグラフが実際の通信量を示しています。これは通信量を監視するツールの出力画面です。1ヵ月の間、毎晩、通信がほとんどない状態に減りますが、夕方の短い時間帯だけ通信量が多い状態になります。

これを1ヵ月単位にして、サンプル数（240）で割り、同じグラフにプロットすると図の下のグラフのように、低いところで平らになります。

上下のグラフのグレーの部分の面積は同じです。下のグラフの高さはだいたい4分の1、つまり25％になっています。この25％というのが、「1ヵ月平均の負荷」と呼べるもので、これが実際にかかる通信費用の基準になります。筆者はこれを「ピーク調整比25％」などと呼んだりしますが、各社でさまざまな呼び名があるようです。

ピーク調整比を加味した、通信費用とマシン費用の予測

ゲームのピーク調整比がどの程度の値になるのかは、経験を積んだゲーム開発者でもほとんど予想することができないため、ゲームの設計段階では、経験からある程度の幅を持たせて考えておき、クローズドベータテストなどを行ったときの結果から、精度を上げることになります。

k22の設計段階では、ピーク調整比は5〜10％の間のどこかになると予想できそうです。仮に10％とすると、月額14万9900円の10％なので、1万4990円の通信費用がかかる計算になります。

CPUについても、ピークではないときにCPU消費量が下がります。AWSでは、T2インスタンスを使うことで、この問題に対処できます。T2インスタンスは、プロトタイプサーバーやゲームのプレオープンでのテストなどで、よく使われます。詳細は割愛しますが、k22は使うメモリーが少ないため、t2.micro（1コア、2GB）を使えて、1コアあたり月額1267円程度にまで下げられます。

ピークの同時接続数300の場合は、次のようになります。

- 通信費用：月額1万4990円
- マシン費用：月額1267円

以上で、通信とマシンの費用全体について、見積もることができました。以降は、同時接続数が600なら2倍、3000なら10倍と、比例して増えていきます。

第3段階のまとめ

開発の第3段階では、k22のゲームサーバープログラムの負荷テストの結果に基づいて、AWSなどの上で稼働させたときに必要な運用コストを見積もりました。その結果、ある程度具体的な金額が得られました。

サーバーのインフラ費用のうち、通信費用がほとんどを占めることがわかりました。その金額は、同時接続数が300で月額1万4990円という数値になりました。

この値は、ビジネスモデルを工夫すれば、運営が不可能とは言えないレベルに思えますが、それで十分なのでしょうか。現在はプロトタイプに近い状態なので、ゲーム内容が分厚くなれば1人あたりの売り上げが増えて問題なくなるでしょうか。あるいは、もっと通信量を削減して、採算ラインを下げる必要があるでしょうか。

MMOGはソフトウェア製品であると同時にサービス業でもあるので、開発は続いていくことになります。その中で、さまざまな改善点が考えられますが、何をどのように進めていけば良いかという点にも少し触れておきます。次の段階では、将来の開発に向けた見通しについて押さえておくことにしましょう。

8.5
第4段階:将来に向けた開発を見通す

　将来に向けて、どのような開発を行う必要があるでしょうか。クラウドゲームでは、インターネットに対する送信量が多いため、送信にかかる費用を削減するための改善が、かなりのウェイトを占めそうです。それとは別に、ゲーム内容を拡張したり、追加したりといったゲーム内容の更新作業も必要です。

　第4段階では、「通信量の削減」「管理コストを下げるためのツール開発」「ゲーム内容の追加」という3つの大きな作業について考えてみます。

通信量の削減　　最も効果の大きいところから順番に変更せよ

　第6章や第7章で紹介したように、現在のmoyaiでは、サーバーから送出されるデータ量を極力減らすために、さまざまな最適化を行っています。

　k22のように、多量のスプライトがリアルタイムに動き続けるゲーム内容であっても、位置の同期モードの「線形補間」と「差分スコアリング」がとくに大きな効果を発揮することで、それらを無効にした場合よりも5～10倍の通信量の削減ができるようになりました。通信量の最適化を行った後、k22で測定したところ、通常の状態で50～100Kbps、敵が非常に多い状態でも200Kbps程度の通信量で抑えられました。スプライトストリームに必要な通信帯域が、モバイル端末においても十分プレイ可能なレベルにまで削減されました。

　しかし、プレイヤーの数が増えたら、やはり通信費用はかさみます。moyaiにおいて、これ以上の通信量を少なくすることは不可能なのでしょうか。

　結論から言うと、最適化はまだ可能です。ここでのトレードオフは、スプライトの差分の送信をする条件の細分化をしたり、オプションの細分化を進めるとCPU消費量が少し増えるということです。

　通信量の削減など、最適化作業をする際の原則は、「最も効果の大きいところから順番に変更せよ」ということです。そのために、毎フレームに何バイト送信したかをログする機能を実装し、何らかのゲームの操作をしたときに、その量が急激に上昇するような操作を見つけて修正していきます。

　筆者がログを見ていると、k22では、プレイヤーキャラクターが撃つビームが敵に当たったときに出る緑色のパーティクル(実際の画面では緑色の小さな粒)が、妙に多くの通信量を発生させることに気が付きました。緑色のパーティクルは、ビーム(画面なかほどの光の尾のある物体)が敵に当たったときに1回

あたり5つずつ生成され、0.2秒だけ飛び散った後に消えます（**図8.34**）。

図8.34 ビームと、（緑色の）小さな粒のパーティクル

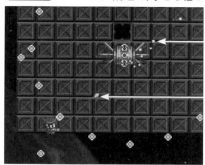

敵が出ている状態だと80Kbpsなのに、ビームを当てると130Kbpsに跳ね上がることを発見しました。これを、ビームのプログラムを数行修正することによって、通信量がほとんど上昇しないように抑えることができました。

ビームのプログラムは、以下のように修正しました。

```
#if 0
    // 微妙に大きさを変化させながら粒子が飛散するバージョン
    Particle *e = new Particle(loc, range(0.5, 1), range(0.5, 1),
                                       0, 0.2, 0, index+AU, g_base_deck, true);
#else
    // 一定の大きさで粒子が飛散するバージョン。通信帯域の消費がかなり抑えられる
    float scl = range(0.5, 1);
    Particle *e = new Particle(loc, scl, scl, 0, 0.2, 0, index+AU, g_base_deck, true);
    e->setLocSyncMode(LOCSYNCMODE_LINEAR);
#endif
    e->v = (v*0.7).randomize(200);
```

プリプロセッサの`#if 0`でコメントアウトしている部分が元のコードで、`#else`の部分が修正後のものです。

ビームが飛散するときは、Particleを出現させます。Particleの生成は、new Particleとしますが、このコンストラクタの引数の意味は次のようになります。

```
Particle::Particle(Vec2 lc, float start_scl, float max_scl, float fin_scl,
        float attack_dur, float sustain_dur, int atlas_index, TileDeck *deck , float g)
```

Particleは、「大きさを変化させながらまっすぐ移動して消える」という動作をします。ビームの飛散以外では、敵の爆発にもParticleを使っています。

lcは位置、start_sclは出現時の大きさ、max_sclは最大の大きさ、fin_sclは最終的な大きさ、attack_durは、出現時から最大になるまでの時間の長さ

（秒）、sustain_durは最大になってから最終的な大きさになるまでの秒数、atlas_indexはTileDeckのインデックス番号、gは重力の強さです。

if 0でコメントアウトしている元のコードでは、start_sclとmax_sclが異なっています。つまり、「だんだん大きくなりながら飛んでいく」（Prop2Dの拡大率sclの値を増やしながら動いていく）という動きにしていたわけです。

現在のスプライトストリームの仕様では、位置と大きさが同時に変わったスプライトについては、PROP2D_LOC_SCLを用いて小さなパケットを送信するようにしており、そのサイズは20バイトです。それが5つ、0.2秒間（12フレーム）飛ぶので、ビームが1回何かに当たるごとに20 × 5 × 12 = 1200バイトを送信していました。

修正後は、start_sclとmax_sclを同じ値にしています。つまり、「だんだん大きくなりながら飛散する」というのをやめて、「一定の大きさで飛散する」としています。また、まっすぐ飛ぶので、初期位置と初速度を1回だけ送信したら良いと考えることができます。したがって、setLocSyncMode(LOCSYNCMODE_LINEAR)を呼び出し、毎フレーム送信することをやめました。

これによって、64バイトのPROP2D_SNAPSHOTを5つ分で、合計320バイトのみ送信するようになりました。ビームが何かに当たるのは非常に頻度が高いため、1200バイトが320バイトになった効果はかなり見込めます。

実際には、この320バイトは、そこに含まれる5つのスプライトについて、大きさ以外のインデックス番号やTileDeckのID、回転、反転などは同じなので、Snappyによる圧縮が効果的に働くため、約200バイトにまで小さくなっています。つまり、ビームが1回ヒットするたびに、1000バイトの節約ができている計算になります。

1分間のプレイで20回はビームが当たるとすれば、1回あたり1000バイトの節約が20回で20KBです。300同時接続の状態では、ピーク調整比率が10％なので30を掛けると、20KB × 30 = 600KB/分の節約で、1ヵ月（60 × 24 × 30）あたり、それを掛けると約25GB/月の節約になります。1GBあたり0.135ドルであれば、1ヵ月あたり約3.3ドルの節約ができます。ピーク時同時接続300の場合、1ヵ月あたり約370円の節約を、この数行の修正で実現できることになります。なお、この修正は、CPU消費量を増やすことはありません。

さて、この削減効果のために、プログラムを修正するべきかどうかですが、今回は修正を行いました。プログラムの修正には、もちろんコストがかかります。いまプログラミング作業の時間を費やすことにより、1ヵ月でどの程度の費用の削減が見込めるのか、上記のように、それを計算して見積もることで、作業の優先順位を決定する助けとすることができるでしょう。

サーバーの運用/管理を支援するツールの開発

k22を、プロトタイプゲームではなく、商用のゲームサービスとして一般ユーザーに提供する場合は、以下のような課題を解決していく必要があります。

- スケーラビリティをどう確保するか
- サーバーのプログラムやデータをどう更新するか
- 複数のサーバーバージョンを同時に運用する方法
- ゲームサーバーのデバッグ
- マッチング（どのゲームサーバーにユーザーを誘導するかの決定）[注14]
- プレイヤーの認証
- ゲームプレイに課金する場合の、外部の課金サービスとの連携
  ⋮

クラウドゲームにおいても、これらの課題はいずれも、クラウドゲームではないタイプの、伝統的なオンラインゲームで必要な要素と同じなので、『オンラインゲームを支える技術』の「オンラインゲームの補助的システム」の項目で説明しているしくみや方法を使うことができます。

ゲーム内容の追加/修正

k22の運営では、ゲーム内容を追加したり修正したりする必要があります。その具体的な内容は、以下のようなものが含まれるでしょう。

- 敵キャラを追加
- プレイヤーキャラクターの武器や能力を追加
- 地形の種類、動きや効果を追加
- エフェクトを格好良くする
- グラフィックスを追加変更
- 効果音を追加変更
- ステージ選択や武器選択などのGUI要素を追加する
- ゲームの進行を保存/ロードするセーブデータ機能

注14　ユーザー数が何千、何万と増えた場合は、ゲームサーバーのプロセス、そしてマシンを多数ホストしなければなりません。その場合は、プレイヤーがどのゲームサーバーで遊びたいか自分の意思で選択したり、反対にシステムが自動的にゲームサーバーを選択したりするマッチングのしくみが必要です。

moyaiを使っている場合は、画面に描画するものについては、GUIを含めて、k22で準備したProp2Dを継承しているオブジェクトシステムですべてを実装できます。Prop2Dを使う限りはスプライトストリームが自動的に送信されるため、ゲームの内容を追加したとしても、新しく通信に関するコードを書く必要はほぼありません。従来のMMOGのつくり方であれば、ネットワークに送信する定数を定義したり、関数を追加したりといった作業が必要ですが、スプライトストリームを使えば、その必要がないからです。

ただし、LOCSYNCMODE_LINEARを使用する場合はBulletクラスのコンストラクタで setLocSyncMode(LOCSYNCMODE_LINEAR); と呼び出しているように、ゲームオブジェクトの初期化時に1行の設定を追加する必要があります[注15]。

クラウドゲームにおいては、開発中にも、運用中にも、ネットワークの知識なしで、ゲーム内容の実装作業ができるのです。とくに運用中は、ネットワークの知識とゲームプログラミングの知識の両方を持つ熟練したプログラマーは、次の新作ゲームにアサイン（assign、割り当て）されるなどが原因で、既存のプロジェクトに継続的に割り当てることができないことがあるため、ゲームプログラミングの知識のみを持つプログラマーでも内容の追加ができることは、運用上の大きなメリットになります。

ただし、大量のパーティクルを出現させるなどのProp2Dを用いた表現の仕方によっては、ネットワークの負荷がかかることになるので、負荷の測定作業は継続的に行う必要があります。

第1段階から第4段階までの実装時間

k22の開発において、第1段階から第4段階まで、どの程度の時間がかかったのかを、筆者のコミット履歴から調べたら、およそ次のようになりました。

❶ シングルプレイゲームを実装：1週間
❷ マルチプレイ化：2日
❸ 通信量などを測定して評価する：1日
❹ 通信帯域の削減のためのmoyaiとk22の改良：3ヵ月（moyaiがほとんど。k22は1日程度）

実は、これまでの説明では第3段階と第4段階を明確に分けていましたが、本

注15 従来型のMMOGの通信内容については、典型的なものとして『Minecraft』のプロトコルを参考にすると良いでしょう。ゲーム内のそれぞれの要素について、さまざまな関数がRPCとして定義されており、スプライトストリームの内容と大きく違うことがわかります。　URL http://wiki.vg/Protocol/

書の執筆中にmoyaiを実装していたため、moyaiの改善作業のほとんどを第3段階の途中に行っていました。しかも、そのほとんどは「通信量の削減」にかけた時間です。

通信量の削減のために必要だった作業の内容は、線形補間(LOCSYNCMODE_LINEAR)や差分スコアリングによる送信量削減など、moyaiのスプライトストリームの改良です。

❸で測定した結果、敵が少ない状態でも、1Mbpsもの通信帯域を消費していることが判明したため、moyaiの大幅な改良をしないとサンプルとして不十分であると考えました。改良作業の結果、特別な条件のないゲームで、通常状態では30～100Kbps以下という、スマートフォンのモバイルネットワークでもプレイできるまでに削減することができました。

moyaiのスプライトストリームは改善を行っていて、線形補間やソートの機能は、大抵どのゲームでも利用可能であるため、通信量の削減作業のうち、moyai自体の大きな変更作業は、将来においてはそれほど発生しないはずです。

これは仮定の話になりますが、moyaiの線形補間とソート方式などの実装が終わっている段階でk22の実装に着手できるならば、❶～❹で合計2週間かからない作業量になるでしょう。

8.6 思考実験
非クラウドゲームとして実装していたら、どうなっただろうか

本章では、k22をmoyaiのスプライトストリームとして実装しました。本書のむすびに、仮に非クラウドゲームとして実装していたらどうなっていたかについても、少し考えておきましょう。

ネットワークプログラミングなしと各種のトレードオフ
通信帯域、CPU負荷

k22ではmoyaiのスプライトストリームを使ったため、ゲームのアプリケーションコードにおいて、ネットワークにデータを送信したり、受信した内容に応じてデータの更新を行うようなネットワークコードを書く一切必要はありませんでした。これが、本書で定義するクラウドゲームの最重要ポイントです。

しかし、ネットワークコードを書く必要がない反面、消費する通信帯域は、スプライトストリームを使わず、伝統的な方法でMMOGをつくった場合よりも増えます。k22のスプライトストリームの場合、敵が少ないような状態で10〜30Kbps、数百の敵が動いている状態で100〜200Kbpsほど、通信帯域を消費していました。

また、ピーク時で300同時接続の時点で、CPU負荷がおもに圧縮アルゴリズムによって飽和することがわかりました。

これらが、スプライトストリームを使わない場合はどう変わるのでしょうか。

スプライトストリームのクラウドゲーム×伝統的なMMOG

k22をスプライトストリームを使わない、伝統的なMMOGとして実装する時間までは今回はとれなかったため、ここでは理論的な考察をしてみましょう。

p.329で列挙した、k22において画面に描画するもののリストから考えます。MMOG/MOGを含む典型的なマルチプレイゲームでは、p.329で列挙していた地形やキャラクターなどはそれぞれ、どのように実装されるのでしょうか。

ここでは例として、MMOGである『Minecraft』のマルチプレイサーバーの実装を見ます。『Minecraft』のマルチプレイ用サーバーは、サーバー側とクライアント側が別個にゲームのオブジェクトを動かし、定期的に同期（強制的に一致させる）するという、できるだけ通信量が少ないように設計されています。

『Minecraft』は極めてプレイヤー数が多く、サーバーにコンテンツを追加するためのプラグインであるMOD（*modification*）パッケージの一般ユーザーによる開発や、カスタムサーバーの開発も活発であるため、通信プロトコルが多くの開発者によって研究され、ドキュメントが整備されています[注16]。

k22を『Minecraft』と同様のつくり方をする場合、どうするのが自然かを考えます。それを理解するときに必要な『Minecraft』に特有の概念を2つ紹介します。

- **Tick**：「ティック」と呼ぶ。『Minecraft』のゲームプレイ空間における最も小さい時間の単位で、1秒間に20回（50ミリ秒）起きるイベントである。すべての事象が1ティックごとに進む。弓矢や飛ぶものについての物理シミュレーションはもっと細かい内部クロックを持っているようだが、ネットワーク通信には関係ないので、ここでは考えずにおく
- **Entity**：敵キャラなど、地面に固定されているブロック以外の、動くものを指す。Unityなどのゲームエンジンでは「GameObject」のように呼ばれているもの。Entityは1ティックごとに1回、動作する

注16 公式ドキュメントではないものの、前述のとおり「マインクラフトのプロトコル」が参考になるでしょう。 `URL` http://wiki.vg/Protocol/

出現するものごとの比較

さて、k22 に出現するものについて、スプライトストリームで起きることと、『Minecraft』のプロトコルに準拠したときに起きることでどう違うかを比較します。p.329 で列挙しているリストにあるものを、順に検討していきましょう。

- PC（プレイヤーキャラクター）
  PC は非線形な動きをするため、線形補間（LOCSYNCMODE_LINEAR）による通信量の削減ができない。そのため、k22 でも『Minecraft』でも似たような通信量が必要になる。k22 では、自分のキャラクターが動いた場合もスプライトストリームを送信するが、『Minecraft』ではクライアント側で PC を動かしてその位置をサーバーに送るだけなので、サーバーからクライアントへの送信は発生しない。他のプレイヤーについて動きがあったら、スプライトストリームと似た方法で位置や向きを送信する

- Beam
  Beam は線形補間可能な動きをする。スプライトストリームでは、撃たれたときに位置と方角を通知し、消えたときに消去を通知する。『Minecraft』では、衝突判定まですべてクライアントで行うことで、消える判定の送信を省略できる。ただし、サーバーとクライアントが認識している座標がわずかにずれていることで衝突判定が狂い、弓矢が残ったままになるというような問題がよく発生する。それを避けて「念のための消去プロトコル」をサーバーからクライアントに向けて送信する場合は、スプライトストリームも『Minecraft』も同等の通信量になる。
  スプライトストリームは、線形補間するときの同期の閾値を大きくすることで送信頻度を下げる調整ができるが、同期の通信を完全に1回だけにするにはその調整が必要である

- Particle
  Particle は敵の爆発とビームの飛散エフェクトがある。まず敵の爆発は、毎フレーム大きさが変化するアニメーションをするため、スプライトストリームでは、その生存時間（0.5秒）の間、大きさの変化を通知するパケットを 30 回送る。これは 600 バイトにもなる。それに対して『Minecraft』では、爆発の開始位置を1回だけ送信すれば、クライアントがそのアニメーションについてすべての処理を行うため、サーバーからクライアントに対して、途中経過を送る必要がない。したがって、20 バイトを1回だけ送るだけで済む。600 バイトに対して 20 バイトとなる。爆発の頻度はかなり高いので、インパクトが大きいと考えられる。
  次にビームの飛散は、スプライトストリームでは、5つのスプライトを初期化するために 64 × 5 ＝ 320 バイト送信する。動きは線形なので1回だけ初期位置と初速を送信すれば良いが、消えるときにも5つ分で 12 バイト=60 バイト送信が必要である。合計で 380 バイトになる。
  『Minecraft』では、ビームの飛散が発生した位置と向きを 20 バイトで通知すれば、それ以降の表現はすべてクライアントのプログラムが行うことになる。よって、380 バイトに対して 20 バイトに削減される

[本格実装] クラウドゲーム

- **Worm**
  Worm（幼虫）は周囲にいるプレイヤーの位置を見て次の動きを決定する。そのため、線形補間は使えず、スプライトストリームでは毎フレーム位置と向きを送信する。『Minecraft』では、クライアント側で各プレイヤーの位置を把握しているので、幼虫の思考ルーチンはクライアント側で動かす。したがって、幼虫についても出現したときの位置だけを通信すれば良いことになる。ただし、サーバーが認識しているプレイヤーの位置とクライアントが認識しているプレイヤーの位置が少しだけずれていることによって、虫の動き方が大幅に異なってしまうことがあるため、数秒に1回は幼虫の位置を同期する必要がある。

  仮に、1体の虫が10秒間出現していた場合、幼虫の動きは遅いため、変化量のスコアが増えるペースが遅く、10秒間で600フレームあるものの、30フレームに1回程度位置の同期をすれば十分となる。したがって、スプライトストリームでは20バイト×20回＝400バイトを送信することになる。『Minecraft』では2秒に1回の同期で良いとすると、20バイト×5＝100バイトとなり、通信量は400バイトに対して100バイト、すなわち4倍の開きが生まれる

- **Egg**
  Egg（ハエの卵）はまったく動かない。そのため、線形補間が完全に使える。つまり、出現するときに1回（64バイト）、消えるときに1回（12バイト）の合計2回の通信だけで問題ない。このように、動かないスプライトについては、スプライトストリームと『Minecraft』での通信量は、どちらも無視できるほど少量になる

- **Fly/Repairer**
  Fly（ハエ）とRepairer飛行物体は、幼虫と同様に非線形な動きをするが、幼虫よりも遙かに高速に飛び回るため、ほぼ2フレームに1回の同期が必要である。したがって、10秒間出現している場合、300回の送信が必要で、20バイト×300＝6KBの送信が必要である。『Minecraft』ではクライアントでハエを動かすので、幼虫と同じ通信量で良く、20バイト×5回＝100バイトで済む。ハエについては、6KBに対して100バイトで60倍の差が発生している

- **Bullet**
  Bullet（敵弾）については、等速直線運動をするため、線形補間が完全に使える。スプライトストリームでは、出現と消去を送信する。64バイトと12バイトで合計76バイト程度。『Minecraft』では出現だけを送信すれば良く、詳しい内容は省略するが、20バイト程度の送信量で済む

- **Takwashi/Girev**
  これら敵もプレイヤーの位置を見て動きを決めるため線形補間は使えない。また、幼虫と同程度に遅いので、通信量の違いは幼虫と同じである

- **BG**
  一定速度で動いているだけなので、線形補間が使える。スプライトストリームでは念のために数秒ごとに同期しているため、わずかに通信量が発生するが、『Minecraft』ではそもそも同期する必要がないため、完全にクライアントだけで完結していて、通信量はゼロである

スプライトストリームと典型的なオンラインマルチプレイの違い

上記で挙げたスプライトストリームと『Minecraft』の違いを整理すると、

- 複数を同時に発生するような画面効果（パーティクルエフェクト）については、差が大きくなる➡『Minecraft』のほうが大幅に小さな送信量で済む
- 線形補間が使えない動きをするものについては差が大きい。とくに動きが速いと差が大きくなる➡スプライトストリームのほうが何倍も多い送信量が発生する
- 『Minecraft』ではオブジェクトの消去を通知する必要がない

ということがわかります。

簡単にまとめると、スプライトストリームによって大幅に通信量が増えるのは、「敵が、うようよいる」ような状況や、エフェクトのパーティクルが大量に発生するような表現、たとえば、大規模な火災の演出で煙や炎のアニメーションが大量に描画されていたりが考えられます。

ただし、ここでは、空間的/時間的なスプライトの分布が重要な決定要因になっていることに注意してください。

空間的とは、moyaiでは画面描画の範囲外の、遠くのスプライトについてはスプライトストリームのパケットを送らないため、通信が発生しないということです。

時間的とは、敵が多いゲームでも、プレイヤーはいつも敵に囲まれているわけではなく、敵が少ない時間帯も多く、そのときには通信が少ないということです。ゲームプレイ空間全体に大量のスプライトが含まれていたとしても、敵から逃げているときや安全な場所にいるとき、ゲーム内でGUIを操作しているときなどの時間が実際には多いため、総合的な通信量はゲーム内容に依存して決まります。

moyaiのスプライトストリームにおいて、パーティクルエフェクトについては改善の余地があると考えられます。たとえば、爆発のアニメーションであれば、PACKETTYPE_PARTICLEというパケットを新規に定義し、Particleクラスのコンストラクタに与えている7つの引数をパケットに詰めて送信すれば、1回の送信だけで済みます。

また、ビームの飛散は、5つのParticleを同時に生成するようになっていますが、Particleのコンストラクタにある範囲のランダムな値を与えているだけなので、いくつ生成するかのオプションとランダムな初期値を与える範囲のオプションをPACKETTYPE_PARTICLEに追加することで対応できそうです。

これらのことから、以下のように結論できます。

> 非線形な動きをする敵キャラが画面中に多数出現するようなゲームの場合、クラウドゲームでは伝統的な手法よりも数倍以上の帯域を消費することがある

[本格実装] クラウドゲーム

ここではCPU消費量は扱いませんでしたが、圧縮のアルゴリズムについては通信量が少なければ負荷が小さくなり、また、MMOGではスプライトが変化したかを抽出するコードが不要になるため、CPU消費量はかなり小さくなります。筆者の感覚では、スプライトストリームの半分以下になります。

8.7 本章のまとめ

第8章では、大量のオブジェクトが動き回るMMOシューティングゲームを実際に制作し、プレイテストおよび負荷テストを行い、その結果を元にCPU消費量と通信量を測定し、運用コストを計算しました。

その結果、スプライトストリームを用いてk22を実装した場合、開発の手間は大きく削減できたが、数倍の通信帯域を消費することがあると結論しました。

開発の手間を大きく削減できたのは、まず、moyaiのローカルレンダリングを用いたシングルプレイゲームとして実装し、キーボードとマウスを使って遊べるゲームを作り、それを、ごく簡単な手順でマルチプレイ化するだけという手順でMMOGを実装できたからです。

一方で、スプライトストリームは、ビデオストリームに比べて抽象度が高いとは言え、スプライト一つ一つの動きを送信する必要があるため、やはり個別のコマンドをアプリケーションごとに実装する伝統的なMMOGの作り方に比べると、通信量が増えてしまうことがわかりました。

スプライトストリームは端的に言えば、通信帯域に多くの費用を支払うことで、ゲーム開発の実装スピードを稼ぐことができる、新しい選択肢になったのです。ほとんどのゲームは、k22のように大量のオブジェクトを動かさないので、おそらくk22は、最大でこれぐらいの費用になる、という目安になります。

しかしやはり、通信費用は大きな課題になるはずです。今後、通信帯域などの費用は安くなっていくでしょうか？

AWSの通信費用は、ここ何年かあまり変化がありませんが、2018年現在では、AWSよりもさらに通信費用が安いクラウドサービスがいろいろと登場してきています（AzureやLinodeなど）。

クラウドを支える企業は、激しい競争を続けているため、今後もCPUや通信の費用が小さくなっていくことは間違いありません。そうすれば、スプライトストリームが利用できるゲームの範囲も、増えていくことでしょう。

索引

●記号/数字

- --disable-compression ... 288, 385
- --disable-rendering ... 327, 379, 382
- --disable-timestamp ... 288, 327
- --headless ... 243
- --linear-sync-score-thres ... 299, 300
- --log_all ... 241, 243
- --noenemy ... 327
- --nonlinear-sync-score-thres ... 299, 300
- --reprecation ... 288, 327
- --send_wait_ms ... 261, 262
- --singlecamera ... 327
- --skiplinear ... 327
- --sort-sync-thres ... 299, 300
- --ss/--vs ... 282, 288, 327
- --whole-view ... 327
- /proc/cpuinfo ... 393
- 1:1 ... 69, 72, 185
- 1:N ... 72, 74, 83, 87, 185
- 2Dゲーム ... 178
- 3Dゲーム ... 179
- 3ウェイハンドシェイク ... 231
- 4G ... 101
- 5G ... 30, 95

●アルファベット

- accept ... 232
- Allegro ... 126, 128
- Angry Birds ... 81
- API ... 126
- **arglen** ... 242
- Aseprite ... 143
- atlas ... 286
- AWS ... 18, 55, 79, 97, 261
- Azure ... 55, 408
- A*アルゴリズム ... 123, 379
- BBR ... 221
- bench ... 275, 289, 383
- bind ... 230, 232
- **bpp** ... 292
- Bresenham ... 13
- broadcast ... 256
- bzip2 ... 111
- C# ... 121, 124
- C++ ... 121, 126
- C/S MMO ... 40, 45, 47, 61
- C5 ... 392
- Call of Duty ... 79
- Camera ... 134
- cat ... 393
- CCR ... 189
- CCU ... 73, 188
- Charクラス ... 343
- Cities: Skylines ... 79, 80
- Citrix WinFrame ... 78
- close ... 231, 232
- Cocos2d-JS ... 126
- Cocos2d-x ... 104, 116, 126, 127, 128, 169
- connect ... 231, 232, 234
- CPU ... 18, 98
  - CPU消費量 ... 378, 388
- CUBIC ... 221
- DB ... 84
- demo2d ... 259
- demo2d.html ... 182
- Diablo ... 94
- DirectX ... 21
- dm ... 275, 293
- DrawBatch ... 133, 324
- **drawcall** ... 175
- duel ... 275, 310
- dummycli.js ... 382, 388
- Dynamic Camera/Dynamic Viewport ... 315, 319
- eスポーツ ... 90
- ECU ... 393
- enableReprecation/enableSpriteStream ... 368
- Enemyクラス ... 344
- ENet ... 223, 312
- Entity ... 404
- Entity Component System ... 117, 126
- epoll ... 233, 235
- Ethernet ... 215
- F2P ... 36
- Factorio ... 16
- FCS ... 227
- Flash ... 81, 89
- Flyクラス ... 344
- FMOD ... 111
- FPS ... 88, 93, 95
- **FPS** ... 175
- Freetype GL ... 110, 111, 291
- **func** ... 242, 243
- g++ ... 276
- g_ ... 376
- g_char_layer ... 364
- g_enable_linearsync ... 300
- g_keyboard ... 371, 375
- g_mouse ... 308, 360, 372, 375
- g_pad ... 375
- g_pc ... 363
- g_pcs ... 313
- g_rh ... 367
- G3インスタンス ... 99
- Gクラスタ ... 24, 26, 29, 53, 107
- GameCloud ... 26
- gameFinish ... 335
- gameInit ... 333, 367
- GameMaker ... 38, 104
- GameObject ... 108, 122, 404
- gameRender ... 335, 380
- GameStream ... 27
- gameUpdate ... 335, 379
- GamingAnywhere ... 26, 107
- GeForce ... 80
- GeForce NOW ... 26, 53
- GetComponent ... 122
- GetPosition ... 122

glBindTexture	171	MMORTS	117, 118
glBufferData	157	Moai SDK	104, 116, 117, 126, 127, 336
glDrawElements	102, 129, 146, 150, 157, 171, 172	MOBA	88, 196
GLEW	111	MOD	404
GLFW	106, 110, 111, 117	moyai	110, 127, 128, 289
glfwCreateWindow	136	MoyaiClient	133
glGen	129	MSS	260
glGenBuffers	156, 157	MTU	215
glGenTextures	146	N:N	73, 185
glReadPixels	162	Nagle	261
GLUT	111	name（OpenGL）	146
GPU	3, 18, 54, 76, 144, 154	NATトラバーサル	191, 193, 206, 238
Gridクラス	355	nearstat	256
Homebrew	277	**netem**	295
HP	338, 339	netstat	230, 231, 368
HTTP	228, 234, 237	Nintendo Switch	27, 42
HUD	266	Node.js	121, 180, 233, 382
IaaS	81	NVIDIA Capture SDK	107
ICMP ECHO	91, 212, 297	NVIDIA GRID	107
ideal_v	375	od	143
ImageMagick	81, 144	Ogg Vorbis	115
In-Home Streaming	27	onConnectCallack	369
Instant Apps	24	onDisconnectCallback	369, 370
Internet bound	395	OnLive	26
IOCP	233, 235	onRemoteKeyboardCallback	369, 374
ioctl	234	onRemoteMouseButtonCallback	369, 375
IP再構成/IPリアセンブリ	216	onRemoteMouseCursorCallback	369, 372, 375
IP断片化/IPフラグメント	215	OpenAL	110
IPv4	216, 227, 259	Open Broadcaster Software	107, 162, 170
IPv6	227, 260	OpenGL	21, 81, 102, 110
Java	389	〜の仮想化	162, 165, 173
JavaScript	121	OpenGL関数	171
jpeg-8d	111	OpenGL ES	157
Kepler 22b/k22	326	OpenGL LAN仮想化方式	162, 165
Kbps	178, 283	OpenGLインターネット仮想化方式	162, 166, 167
kqueue	233	Oryx Design Lab	137
Layer	133, 134	P2P MO	40, 45, 46
LibGD	81	PackDeck	150
libpng	9	PacketProp2Dsnapshot構造体	250, 271
libuv	111, 233, 245, 291	PACKETTYPE_	267
Linode	32, 281, 408	Padクラス	351
listen	230, 232	Paperspace	25
LOCSYNCMODE_DEFAULT	367	PCM	114
LOCSYNCMODE_LINEAR	327, 367, 400, 405	Photoshop	143
LOD	80	**ping**	90, 91, 208, 296
LodePNG	111	Ping	178, 283
Love2D	116	PlayStation Now	5, 26, 53
LTE	92, 95	PNG画像	143
LuaJIT	121	Pokémon GO	53
M:N	73, 185	poll	233, 339
MACアドレス	227	**polled**	178, 283, 388
Material	108	POOL_SCAN	265
MAU	98	Processingストリーム	168, 240
Mesh	108	**prop**	175
min	275, 285	Propクラス	343
min2d	132, 174, 245	Prop2D	128, 133
Minecraft	15, 36, 80, 125, 179, 389, 404	〜のスナップショット	250
〜のビデオ設定の画面	94	PROP2D_DELETE	301
MMOG	65, 87, 126	PROP2D_LOC_SCL	400
伝統的なMMOG	196	PROP2D_LOC_VEL	301
MMORPG	88, 118	PROP2D_SNAPSHOT	242, 301, 400

Prop2Dクラス	343	TCP	206, 217, 220, 259
〜のAPI	241	〜の状態遷移	229
PvP	88, 95	TCPパケット	228
Python	121	**tcpdump**	262
QUIC	223	TDLRオーダー	144
Quick Sync Video	23	TeamViewer	25
Radeon	80	Telnet	220, 261
Rainway	27	Tesla	16, 17
rc	291	Texture	142
RDP/RDS	51	three.js	181, 183
read	232	Tick	404
recv	232, 234	TileDeck	141, 142, 150, 151, 171, 258
Remote Desktop	6, 25, 51, 78	TIMESTAMP	178, 204, 243, 244, 262, 288, 327
RemoteHead	178, 251, 289, 299, 366	to_cleanフラグ	364
rendered	178, 283	top	309
replayerツール	186, 204, 262	TPS	88, 94
Retinaモード	136	traceroute	208, 211, 296
RGBAフォーマット	142, 144	**TS**	178, 283
RPC	162, 238	Twitch	194
RPCの関数ID	237, 238, 239, 241, 242, 267	Ubitus	26, 54
RTS	88, 120	UDP	206, 221, 259, 312
RTT	91, 295	Unity	21, 38, 50, 89, 104, 116, 124
Ruby	121	Unreal Engine	38, 104
RUDP	222, 223, 229, 231, 232	Unreal Tournament	79
rv	275, 302	UNTZ	111
S2C_PROP2D_LOC	265, 292	uv_accept	245
S2C_PROP2D_SNAPSHOT	243, 247	uv_run	235
S2C_TILEDECK_SIZE	243	uv_tcp_connect	235
S2C_WINDOW_SIZE	243	uv_write	235
S2R_CAMERA_LOC	240	UV座標	146
S2R_VIEWPORT_SCALE	240	vCPU	392
sample_common.cpp/.h	286	vGPU	6, 51
SAMPLE_COMMON_MAIN_FUNCTION	286	Viewer	22, 31, 171, 190
sampleCommonUpdate	291	Viewport	134
scanSendAllPrerequisites	245	VirtualGL	162, 172
scanSendAllProp2DSnapshot	247	VR	3, 88, 90
scroll	275, 325	WebAssembly	105
SDL	103, 106	WebGL	181, 188
select	233, 234	websockify	180
send	232	Wi-Fi	101
setDeck	142	Winsock	368
setIndex	142	WondershipQ	112, 117
setLoc	142	Workspaces	25
setScale2D	136	World Of Warcraft	121
setScl	142	write	232
setsockopt	261	Xcode	276
SFD	227	X Window System	78
shutdown	231, 232	Yahoo!ゲーム	26
SIGPIPE	368	Youtube	100
Skype	25	YUV	22
SMTP	228	zlib	111
Snappy	111, 258, 385		
socket	232	●かな	
SoundSystem	289, 368	アクティビティモニタ	290, 340, 383
Space Sweeper	117, 119, 120, 123	アクティブオープン	231, 236
std::unordered_map	370	アクティブクローズ	231
STL	370	圧縮	258, 385
StreamMyGame	26	アップデート関数	123
T系	393	〜の鎖構造	338, 344
t2.micro	294, 309, 397	位置の同期モード	252, 398
tc	295		

インスタンスタイプ	391
インデックスバッファ	146, 156, 324
インプットストリーム	113, 272
インフラ	29, 31
〜の性能	30
インフラ費用	39, 52, 378, 390
インベントリ	266
エンジン音	115
オシロスコープ	215
オーディオイベントストリーム/オーディオサンプルストリーム	114
オブジェクト（ゲームオブジェクト）	117, 118, 336
オブジェクトシステム	126
オブジェクト総数	119
大量の〜	119
オフラインゲーム	57
オフラインマルチプレイ	43, 52
オンラインゲーム	40, 96, 261
オンラインマルチプレイ	45, 52
開発環境	103
外部機器方式	162
可視判定	188, 248, 256, 257
仮想関数	122, 337, 343, 344
仮想マシン（クラウドサービス）	391
仮想マシン（言語）	124
描画準備	177, 268, 270
カリング	134, 138, 200, 248, 263
疑似オフラインマルチプレイ	44
キャプチャーボード方式	162, 163
共有メモリー	84
区切り	224
クライアントサイドレプリケーション	190, 199
クライアントサイドレンダリング	5, 56, 57, 64, 77, 82, 87, 160
クラウドゲーム	6, 30
〜用の機能	366
クラウドマルチプレイ	44, 49, 52
クラスの階層構造	337
グラフィックスハードウェア構成	153
グラフィックスライブラリ	3, 21, 102
グローバルIPアドレス	281
継続的入力方式	94
経路探索	123
ゲームエンジン	104, 110
ゲームサーバー（スプライトストリーム）	188
ゲーム内蔵方式	108, 162, 164
ゲーム内容に特化した抽象化	61, 64
ゲームプレイ空間	40, 46, 48, 58, 70, 72, 83, 119
ゲームライブラリ	110, 112
ゲームロジック	1, 2, 30, 37, 44, 188
検索	122, 337
子Prop2D	348
個人用ツール	26
コプロセッサ	146
個別化	319
コマンドストリーム	197
コマンドラインツール（Xcode）	276
コミットID	330
コンテナ（クラウドサービス）	391
コンテナ（言語）	122
コントローラー	43

コンポーネント	336
再構成	216, 224
最適化オプション	379
サーバーサイドレプリケーション	197
サーバーサイドレンダリング	5, 55, 70, 76, 82
サーバーサイドレンダリング（Web分野）	4
座標変換	12
サブモジュール	341
差分	23
差分スコアリング	118, 248, 252, 257, 398
差分送信	177, 243, 248
差分ソート	253, 257
算術API	126
シェーダ言語	125
シグナル	233
システムコール	233
自動操作	311
出力	42, 43
シューティングゲーム	93, 122
状態の変化	309
状態表示	178, 283
消費電力	80
処理落ち	134
シンクライアントPC	25
シングルプレイ	68, 331
垂直統合/水平分業	34
スクロール	140
ストール/ストールする	206, 209, 219
ストリーム	113, 224
ストリーム指向プロトコル	224
スナップショット送信	177, 243, 247
スーパーマリオブラザーズ	93, 120
スプライト	61, 129, 133, 141, 142, 148, 152, 167
〜が持つ情報	171
スプライトシート	141, 148, 152, 159
スプライトシステム（moyai）	128, 131, 160
スプライトストリーム	38, 52, 61, 64, 97, 114, 131, 161, 162, 167, 251, 284
〜のデータとパケットヘッダー	237
スローイスタート	219
線形補間	253, 299, 327, 367, 398, 405
送信頻度	299
〜の変更オプション	299
ソケット	40, 85, 232, 233
ソケットAPI	40, 90, 230, 232, 309
ソケットラッパー	233
ソフトウェアレンダリング	81, 82, 169
タイミングゲーム	93
タスクシステム	126
断片/断片化	215, 224
ターンベースゲーム	93
チェックサム	200
遅延	6, 39, 88, 118, 123, 296
総合的な〜	92
チャンキング	357
抽象度の高い通信方式	162, 166, 167, 173
頂点シェーダ	156
頂点バッファ	21, 146, 156, 324
通信帯域	100, 292, 298, 387, 390
通信費用	118
テクスチャ	61, 129, 152, 159

～をバックする	149	物理データ	324
テクスチャ座標	146	ぷよぷよ	96
テクスチャバッファ	156, 324	フラグメント	215
テクスチャ描画機能	142	フラグメントシェーダ	156
データストリーム	113	プラットフォーム	31
デリミタ	238	プリアンブル	226
同期モード	252	プリレンダリング	15
同時接続/同時接続数	56, 97, 188	プレイヤーキャラクター	345
透視投影変換	12	フレーム間予測	23, 114
等速直線運動	253, 299, 406	フレームバッファ	14, 22, 90, 108
独立ソフトウェア方式	107, 162, 164	フレームレート	1, 94, 100
ドラゴンクエスト	93	フローコントロール	219
ドローコール	153, 159	プロセス間通信	84, 233
入力	43, 57, 58	プロセスのサンプルを収集	291, 340, 383
入力デバイス	89	ブロッキング	233
ネットワークバイトオーダー	238	プロトタイプ	365
ネットワークプログラミング	85, 309	平行投影変換	17
ノンブロッキング	233	並列	18
ハイエンドグラフィックス	79	ベクターグラフィックスライブラリ	81
バイトコード処理系	89, 105	ベストエフォート	214
バイナリダンプ	143	ヘッダー圧縮	259
パケットの再送	217	ヘッドレス	76
パケットロス	91, 206, 209, 211	変化判定	188
ハック&スラッシュ	94	ポイント&クリック入力	94
パッシブオープン	230, 236	ポップ範囲円	381
パッシブクローズ	231	ポリゴン	13
バッチ化	153, 157, 172	ポリゴンデータ	3, 128, 153, 324
バッチレンダリング	133	ポリゴン描画性能	15
バッファオブジェクト	146, 155, 157, 244, 324	マリオカート8デラックス	42
バッファリング	224, 259	マルチプレイ	68, 366
バーティカルスライス	365	マルチプレイゲーム	40, 83
パーティクル	125, 398	メッセージ指向プロトコル	224
ハードウェア	153	メモリー消費量	389
バルーンファイト	41	メンバー参照	121
ピクセルデータ	61	モバイル環境/端末/通信	101, 157, 304, 385
ピーク調整比	396	もやい結び	127
非線形	100	モンスターハンター	74
～な動き	405, 406, 407	ラウンドロビン	193
非線形モード	367	ラスタライザー	13
ビッグエンディアン	238	ラッパー	109
ビットレート	100	リアルタイムゲーム	93
ビデオストリーム	23, 29, 38, 54, 55, 70, 90, 97, 114, 162, 284	リアルタイムレンダリング	15
～のフォーマット	70	リダイレクト	237
ビデオメモリー	54, 146	リトルエンディアン	238
非同期	85, 233	リバースエンジニアリング	38
ビーム弾	359	リビジョンID	330
描画機能 (moyai)	128, 131, 160	リプレイ	186, 204, 262
描画準備	243, 245	リモートデスクトップ	33, 78
描画バッチ	128, 324	リモートプレイ (PlayStation)	27
描画バッチ送信方式	61	リモートレンダリング	4, 128, 160
ファイナルファンタジー	17	レイトレーシング	14
ファイル	84, 233	レースゲーム	88, 93
ファミリーコンピュータ	40	レスポンス	6
フィルレート	9, 13, 15	レプリケーション	116, 184, 263
フォールバック	223	レンダラー	7
負荷テスト	387	レンダリング	4, 6, 128
輻輳	213	ローカルレンダリング	4, 128, 154, 160, 251
輻輳制御	219	ロギングサーバー	186
輻輳制御アルゴリズム	220	論理ID	129
物理ID	129, 155, 324	論理データ	3, 128, 132, 141, 153, 160, 324

著者プロフィール

中嶋 謙互 Nakajima Kengo

小学生の時からゲームプログラミングを始める。90年代後半には、Javaアプレットを用いたブラウザ向けMMORPGを制作。商用サービス、PC用マルチプレイゲーム、家庭用ゲームを経て、2000年に、オンラインゲーム用ミドルウェアVCEを制作、販売開始、日本でトップシェアを達成。2011年、『オンラインゲームを支える技術』(技術評論社)執筆。2013年から、シンラ・テクノロジーでクラウドゲームの開発プラットフォームを実装。2016年夏より、㈱モノビットのCTOとして通信ミドルウェア事業の開発を担当している。現在は富山の稲作地帯において、仕事と子育てに明け暮れる日々を送る。

・仕事歴：https://github.com/kengonakajima/profile/

装丁・本文デザイン	西岡 裕二
図版	さいとう 歩美
本文レイアウト	酒徳 葉子(技術評論社)

WEB+DB PRESS plus シリーズ

クラウドゲームをつくる技術
マルチプレイゲーム開発の新戦力

2018年10月4日　初版　第1刷発行

著者	中嶋 謙互
発行者	片岡 巌
発行所	株式会社技術評論社 東京都新宿区市谷左内町21-13 電話　03-3513-6150　販売促進部 　　　03-3513-6175　雑誌編集部
印刷／製本	日経印刷株式会社

- 定価はカバーに表示してあります。
- 本書の一部または全部を著作権法の定める範囲を超え、無断で複写、複製、転載、あるいはファイルに落とすことを禁じます。
- 造本には細心の注意を払っておりますが、万一、乱丁(ページの乱れ)や落丁(ページの抜け)がございましたら、小社販売促進部までお送りください。送料小社負担にてお取り替えいたします。

©2018　中嶋 謙互
ISBN 978-4-7741-9941-2 C3055
Printed in Japan

●お問い合わせについて
本書に関するご質問は記載内容についてのみとさせていただきます。本書の内容以外のご質問には一切応じられませんのであらかじめご了承ください。なお、お電話でのご質問は受け付けておりませんので、書面または小社Webサイトのお問い合わせフォームをご利用ください。

〒162-0846　東京都新宿区市谷左内町21-13
株式会社技術評論社　『クラウドゲームをつくる技術』係
URL https://gihyo.jp/(技術評論社Webサイト)

ご質問の際に記載いただいた個人情報は回答以外の目的に使用することはありません。使用後は速やかに個人情報を廃棄ください。